Zhejiang

浙江卷·中卷

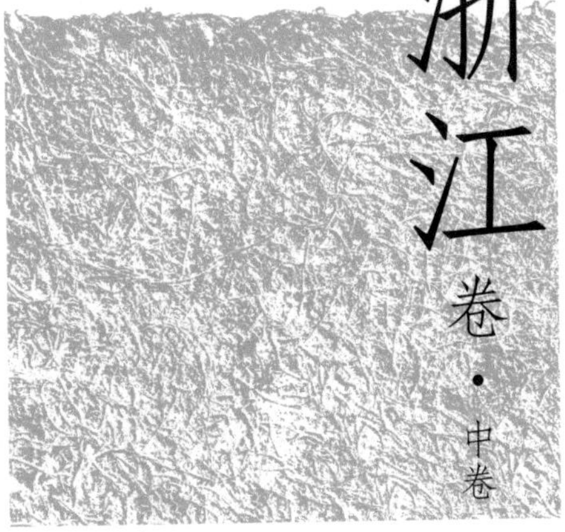

珍稀收藏版
Special Edition

编号
No. 1183

国家出版基金项目
NATIONAL PUBLICATION FOUNDATION

中国手工纸文库

Library of Chinese Handmade Paper

汤书昆
总主编

浙江卷

·中卷

珍稀收藏版

Zhejiang Ⅱ

Special Edition

汤书昆

主 编

中国科学技术大学出版社

University of Science and Technology of China Press

图书在版编目（CIP）数据

中国手工纸文库.浙江卷.中卷:珍稀收藏版/汤书昆主编.—合肥：中国科学技术大学出版社，2021.5
国家出版基金项目
“十三五”国家重点出版物出版规划项目
ISBN 978-7-312-04968-2

I. 中… II. 汤… III. 手工纸—介绍—浙江
IV. TS766

中国版本图书馆CIP数据核字（2020）第090654号

中国手工纸文库

浙江卷·中卷

项目负责 伍传平 项赟飚
责任编辑 蒋劲柏 李攀峰 胡雪吟
艺术指导 吕敬人
书籍设计 敬人书籍设计
吕 旻+黄晓飞

出版发行 中国科学技术大学出版社
地址 安徽省合肥市金寨路96号
邮编 230026
印 刷 北京雅昌艺术印刷有限公司
经 销 全国新华书店
开 本 880 mm×1230 mm 1/16
印 张 29.5
字 数 931千
版 次 2021年5月第1版
印 次 2021年5月第1次印刷
定 价 4980.00元

总 序

造纸技艺是人类文明的重要成就。正是在这一伟大发明的推动下，我们的社会才得以在一个相当长的历史阶段获得比人类使用口语的表达与交流更便于传承的介质。纸为这个世界创造了五彩缤纷的文化记录，使一代代的后来者能够通过纸介质上绘制的图画与符号、书写的文字与数字，了解历史，学习历代文明积累的知识，从而担负起由传承而创新的文化使命。

中国是手工造纸的发源地。不仅人类文明中最早的造纸技艺发源自中国，而且中华大地上遍布着手工造纸的作坊。中国是全世界手工纸制作技艺提炼精纯与丰富的文明体。可以说，在使用手工技艺完成植物纤维制浆成纸的历史中，中国一直是人类造纸技艺与文化的主要精神家园。下图是中国早期造纸技艺刚刚萌芽阶段实物样本的一件遗存——西汉放马滩古纸。

西汉放马滩古纸残片
纸上绘制的是地图
1986年出土于甘肃省天水市
现藏于甘肃省博物馆

Map drawn on paper from
Fangmatan Shoals
in the Western Han Dynasty
Unearthed in Tianshui City,
Gansu Province in 1986
Kept by Gansu Provincial Museum

Preface

Papermaking technique illuminates human culture by endowing the human race with a more traceable medium than oral tradition. Thanks to cultural heritage preserved in the form of images, symbols, words and figures on paper, human beings have accumulated knowledge of history and culture, and then undertaken the mission of culture transmission and innovation.

Handmade paper originated in China, one of the largest cultural communities enjoying advanced handmade papermaking techniques in abundance. China witnessed the earliest papermaking efforts in human history and embraced papermaking mills all over the country. In the history of handmade paper involving vegetable fiber pulping skills, China has always been the dominant centre. The picture illustrates ancient paper from Fangmatan Shoals in the Western Han Dynasty, which is one of the paper samples in the early period of papermaking techniques unearthed in China.

一

本项目的缘起

从2002年开始，我有较多的机缘前往东邻日本，在文化与学术交流考察的同时，多次在东京的书店街——神田神保町的旧书店里，发现日本学术界整理出版的传统手工制作和纸（日本纸的简称）的研究典籍，先后购得近20种，内容包括日本全国的手工造纸调查研究，县（相当于中国的省）一级的调查分析，更小地域和造纸家族的案例实证研究，以及日、中、韩等东亚国家手工造纸的比较研究等。如：每日新闻社主持编撰的《手漉和纸大鉴》五大本，日本东京每日新闻社昭和四十九年（1974年）五月出版，共印1 000套；久米康生著的《手漉和纸精髓》，日本东京讲谈社昭和五十年（1975年）九月出版，共印1 500本；菅野新一编的《白石纸》，日本东京美术出版社昭和四十年（1965年）十一月出版等。这些出版物多出自几十年前的日本昭和年间（1926~1988年），不仅图文并茂，而且几乎都附有系列的实物纸样，有些还有较为规范的手工纸性能、应用效果对比等技术分析数据。我阅后耳目一新，觉得这种出版物形态既有非常直观的阅读效果，又散发出很强的艺术气息。

1. Origin of the Study

Since 2002, I have been invited to Japan several times for cultural and academic communication. I have taken those opportunities to hunt for books on traditional Japanese handmade paper studies, mainly from old bookstores in Kanda Jinbo-cho, Tokyo. The books I bought cover about 20 different categories, typified by surveys on handmade paper at the national, provincial, or even lower levels, case studies of the papermaking families, as well as comparative studies of East Asian countries like Japan, Korea and China. The books include five volumes of *Tesukiwashi Taikan* (*A Collection of Traditional Handmade Japanese Papers*) compiled and published by Mainichi Shimbun in Tokyo in May 1974, which released 1 000 sets, *The Essence of Japanese Paper* by Kume Yasuo, which published 1 500 copies in September 1975 by Kodansha in Tokyo, Japan, *Shiraishi Paper* by Kanno Shinichi, published by Fine Arts Publishing House in Tokyo in November 1965. The books which were mostly published between 1926 and 1988 among the Showa reigning years, are delicately illustrated with pictures and series of paper samples, some even with data analysis on performance comparison. I was extremely impressed by the intuitive and aesthetic nature of the books.

我几乎立刻想起在中国看到的手工造纸技艺及相关的研究成果，在我们这个世界手工造纸的发源国，似乎尚未看到这种表达丰富且叙述格局如此完整出色的研究成果。对中国辽阔地域上的手工造纸技艺与文化遗存现状，研究界尚较少给予关注。除了若干名纸业态，如安徽省的泾县宣纸、四川省的夹江竹纸、浙江省的富阳竹纸与温州皮纸、云南省的香格里拉东巴纸和河北省的迁安桑皮纸等之外，大多数中国手工造纸的当代研究与传播基本上处于寂寂无闻的状态。

此后，我不断与国内一些从事非物质文化遗产及传统工艺研究的同仁交流，他们一致认为在当代中国工业化、城镇化大规模推进的背景下，如果不能在我们这一代人手中进行手工造纸技艺与文化的整体性记录、整理与传播，传统手工造纸这一中国文明的结晶很可能会在未来的时空中失去系统记忆，那真是一种令人难安的结局。但是，这种愿景宏大的文化工程又该如何着手？我们一时觉得难觅头绪。

《手漉和纸精髓》
附实物纸样的内文页
A page from *The Essence of Japanese Paper* with a sample

《白石纸》
随书的宣传夹页
A folder page from *Shiraishi Paper*

The books reminded me of handmade papermaking techniques and related researches in China, and I felt a great sadness that as the country of origin for handmade paper, China has failed to present such distinguished studies excelling both in presentation and research design, owing to the indifference to both papermaking technique and our cultural heritage. Most handmade papermaking mills remain unknown to academia and the media, but there are some famous paper brands, including Xuan paper in Jingxian County of Anhui Province, bamboo paper in Jiajiang County of Sichuan Province, bamboo paper in Fuyang District and bast paper in Wenzhou City of Zhejiang Province, Dongba paper in Shangri-la County of Yunnan Province, and mulberry paper in Qian'an City of Hebei Province.

Constant discussion with fellow colleagues in the field of intangible cultural heritage and traditional craft studies lead to a consensus that if we fail to record, clarify, and transmit handmade papermaking techniques in this age featured by a prevailing trend of industrialization and urbanization in China, regret at the loss will be irreparable. However, a workable research plan on such a grand cultural project eluded us.

2004年，中国科学技术大学人文与社会科学学院获准建设国家“985工程”的“科技史与科技文明哲学社会科学创新基地”，经基地学术委员会讨论，“中国手工纸研究与性能分析”作为一项建设性工作由基地立项支持，并成立了手工纸分析测试实验室和手工纸研究所。这一特别的机缘促成了我们对中国手工纸研究的正式启动。

2007年，中华人民共和国新闻出版总署的“十一五”国家重点图书出版规划项目开始申报。中国科学技术大学出版社时任社长郝诗仙此前知晓我们正在从事中国手工纸研究工作，于是建议正式形成出版中国手工纸研究系列成果的计划。在这一年中，我们经过国际国内的预调研及内部研讨设计，完成了《中国手工纸文库》的撰写框架设计，以及对中国手工造纸现存业态进行全国范围调查记录的田野工作计划，并将其作为国家“十一五”规划重点图书上报，获立项批准。于是，仿佛在不经意间，一项日后令我们常有难履使命之忧的工程便正式展开了。

2008年1月，《中国手工纸文库》项目组经过精心的准备，派出第一个田野调查组（一行7人）前往云南省的滇西北地区进行田野调查，这是计划中全中国手工造纸田野考察的第一站。按照项目设计，将会有很多批次的调查组走向全中国手工造纸现场，采集能获

In 2004, the Philosophy and Social Sciences Innovation Platform of History of Science and S&T Civilization of USTC was approved and supported by the National 985 Project. The academic committee members of the Platform all agreed to support a new project, “Studies and Performance Analysis of Chinese Handmade Paper”. Thus, the Handmade Paper Analyzing and Testing Laboratory, and the Handmade Paper Institute were set up. Hence, the journey of Chinese handmade paper studies officially set off.

In 2007, the General Administration of Press and Publication of the People’s Republic of China initiated the program of key books that will be funded by the National 11th Five-Year Plan. The former President of USTC Press, Mr. Hao Shixian, advocated that our handmade paper studies could take the opportunity to work on research designs. We immediately constructed a framework for a series of books, *Library of Chinese Handmade Paper*, and drew up the fieldwork plans aiming to study the current status of handmade paper all over China, through arduous pre-research and discussion. Our project was successfully approved and listed in the 11th Five-Year Plan for National Key Books, and then our promising yet difficult journey began.

The seven members of the *Library of Chinese Handmade Paper* Project embarked on our initial, well-prepared fieldwork journey to the northwest area of Yunnan

取的中国手工造纸的完整技艺与文化信息及实物标本。

2009年，国家出版基金首次评审重点支持的出版项目时，将《中国手工纸文库》列入首批国家重要出版物的资助计划，于是我们的中国手工纸研究设计方案与工作规划发育成为国家层面传统技艺与文化研究所关注及期待的对象。

此后，田野调查、技术分析与撰稿工作坚持不懈地推进，中国科学技术大学出版社新一届领导班子全面调动和组织社内骨干编辑，使《中国手工纸文库》的出版工程得以顺利进行。2017年，《中国手工纸文库》被列为“十三五”国家重点出版物出版规划项目。

二 对项目架构设计的说明

作为纸质媒介出版物的《中国手工纸文库》，将汇集文字记

调查组成员在香格里拉县白地村调查
2008年1月

Researchers visiting Baidi Village of Shangri-la County
January 2008

Province in January 2008. After that, based on our research design, many investigation groups would visit various handmade papermaking mills all over China, aiming to record and collect every possible papermaking technique, cultural information and sample.

In 2009, the National Publishing Fund announced the funded book list gaining its key support. Luckily, *Library of Chinese Handmade Paper* was included. Therefore, the Chinese handmade paper research plan we proposed was promoted to the national level, invariably attracting attention and expectation from the field of traditional crafts and culture studies.

Since then, field investigation, technical analysis and writing of the book have been unremittingly promoted, and the new leadership team of USTC Press has fully mobilized and organized the key editors of the press to guarantee the successful publishing of *Library of Chinese Handmade Paper*. In 2017, the book was listed in the 13th Five-Year Plan for the Publication of National Key Publications.

2. Description of Project Structure

Library of Chinese Handmade Paper compiles with many forms of ideography language: detailed descriptions and records, photographs, illustrations of paper fiber structure and transmittance images, data analysis, distribution of the papermaking sites, guide map

录与描述、摄影图片记录、样纸纤维形态及透光成像采集、实验分析数据表达、造纸地分布与到达图导引、实物纸样随文印证等多种表意语言形式，希望通过这种高度复合的叙述形态，多角度地描述中国手工造纸的技艺与文化活态。在中国手工造纸这一经典非物质文化遗产样式上，《中国手工纸文库》的这种表达方式尚属稀见。如果所有设想最终能够实现，其表达技艺与文化活态的语言方式或许会为中国非物质文化遗产研究界和保护界开辟一条新的途径。

项目无疑是围绕纸质媒介出版物《中国手工纸文库》这一中心目标展开的，但承担这一工作的项目团队已经意识到，由于采用复合度很强且极丰富的记录与刻画形态，当项目工程顺利完成后，必然会形成非常有价值的中国手工纸研究与保护的其他重要后续工作空间，以及相应的资源平台。我们预期，中国当代整体（计划覆盖34个省、市、自治区与特别行政区）的手工造纸业态按照上述记录与表述方式完成后，会留下与《中国手工纸文库》伴生的中国手工纸图像库、中国手工纸技术分析数据库、中国手工纸实物纸样库，以及中国手工纸的影像资源汇集等。基于这些伴生的集成资源的丰富性，并且这些资源集成均为首次，其后续的价值延展空间也不容小视。中国手工造纸传承与发展的创新拓展或许会给有志于继续关注中国手工造纸技艺与文化的同仁提供

to the papermaking sites, and paper samples, etc. Through such complicated and diverse presentation forms, we intend to display the technique and culture of handmade paper in China thoroughly and vividly. In the field of intangible cultural heritage, our way of presenting Chinese handmade paper was rather rare. If we could eventually achieve our goal, this new form of presentation may open up a brand-new perspective to research and preservation of Chinese intangible cultural heritage.

Undoubtedly, the *Library of Chinese Handmade Paper* Project developed with a focus on paper-based media. However, the team members realized that due to complicated and diverse ways of recording and displaying, there will be valuable follow-up work for further research and preservation of Chinese handmade paper and other related resource platforms after the completion of the project. We expect that when contemporary handmade papermaking industry in China, consisting of 34 provinces, cities, autonomous regions and special administrative regions as planned, is recorded and displayed in the above mentioned way, a Chinese handmade paper image library, a Chinese handmade paper technical data library, a Chinese handmade paper sample library, and a Chinese handmade paper video information collection will come into being, aside from the *Library of Chinese Handmade Paper*. Because of the richness of these byproducts, we should not overlook these possible follow-up

更多元的机遇。

毫无疑问，《中国手工纸文库》工作团队整体上都非常认同这一工作的历史价值与现实意义。这种认同给了我们持续的动力与激情，但在实际的推进中，确实有若干挑战使大家深感困惑。

三
我们的困惑和愿景

困惑一：

中国当代手工造纸的范围与边界在国家层面完全不清晰，因此无法在项目的田野工作完成前了解到中国到底有多少当代手工造纸地点，有多少种手工纸产品；同时也基本无法获知大多数省级区域手工造纸分布地点的情况与存活、存续状况。从调查组2008~2016年集中进行的中国南方地区（云南、贵州、广西、四川、广东、海南、浙江、安徽等）的田野与文献工作来看，能够提供上述信息支持的现状令人失望。这导致了项目组的田野工作规划处于“摸着石头过河”的境地，也带来了《中国手工纸文库》整体设计及分卷方案等工作的不确定性。

developments. Moving forward, the innovation and development of Chinese handmade paper may offer more opportunities to researchers who are interested in the techniques and culture of Chinese handmade papermaking.

Unquestionably, the whole team acknowledges the value and significance of the project, which has continuously supplied the team with motivation and passion. However, the presence of some problems have challenged us in implementing the project.

3. Our Confusions and Expectations

Problem One:

From the nationwide point of view, the scope of Chinese contemporary handmade papermaking sites is so obscure that it was impossible to know the extent of manufacturing sites and product types of present handmade paper before the fieldwork plan of the project was drawn up. At the same time, it is difficult to get information on the locations of handmade papermaking sites and their survival and subsisting situation at the provincial level. Based on the field work and literature of South China, including Yunnan, Guizhou, Guangxi, Sichuan, Guangdong, Hainan, Zhejiang and Anhui etc., carried out between 2008 and 2016, the ability to provide the information mentioned above is rather difficult. Accordingly, it placed the planning of the project's fieldwork into an obscure unplanned route,

困惑二：

中国正高速工业化与城镇化，手工造纸作为一种传统的手工技艺，面临着经济效益、环境保护、集成运营、技术进步、消费转移等重要产业与社会变迁的压力。调查组在已展开了九年的田野调查工作中发现，除了泾县、夹江、富阳等为数不多的手工造纸业态聚集地，多数乡土性手工造纸业态都处于生存的"孤岛"困境中。令人深感无奈的现状包括：大批造纸点在调查组到达时已经停止生产多年，有些在调查组到达时刚刚停止生产，有些在调查组补充回访时停止生产，仅一位老人或一对老纸工夫妇在造纸而无传承人……中国手工造纸的业态正陷于剧烈的演化阶段。这使得项目组的田野调查与实物采样工作处于非常紧迫且频繁的调整之中。

困惑三：

作为国家级重点出版物规划项目，《中国手工纸文库》在撰写开卷总序的时候，按照规范的说明要求，应该清楚地叙述分卷的标准与每一卷的覆盖范围，同时提供中国手工造纸业态及地点分布现

贵州省仁怀市五马镇
取缔手工造纸作坊的横幅
2009年4月

Banner of a handmade papermaking mill in Wuma Town of Renhuai City in Guizhou Province, saying "Handmade papermaking mills should be closed as encouraged by the local government"
April 2009

which also led to uncertainty in the planning of *Library of Chinese Handmade Paper* and that of each volume.

Problem Two:
China is currently under the process of rapid industrialization and urbanization. As a traditional manual technique, the industry of handmade papermaking is being confronted with pressures such as economic benefits, environmental protection, integrated operation, technological progress, consumption transfer, and many other important changes in industry and society. During nine years of field work, the project team found out that most handmade papermaking mills are on the verge of extinction, except a few gathering places of handmade paper production like Jingxian, Jiajiang, Fuyang, etc. Some handmade papermaking mills stopped production long before the team arrived or had just recently ceased production; others stopped production when the team paid a second visit to the mills. In some mills, only one old papermaker or an elderly couple were working, without any inheritor to learn their techniques... The whole picture of this industry is in great transition, which left our field work and sample collection scrambling with hasty and frequent changes.

Problem Three:
As a national key publication project, the preface of *Library of Chinese Handmade Paper* should clarify the standard and the scope of each volume according to the research plan. At the same time, general information such as the map with locations of Chinese handmade

状图等整体性信息。但由于前述的不确定性，开宗明义的工作只能等待田野调查全部完成或进行到尾声时再来弥补。当然，这样的流程一定程度上会给阅读者带来系统认知的先期缺失，以及项目组工作推进中的迷茫。尽管如此，作为拓荒性的中国手工造纸整体研究与田野调查就在这样的现状下全力推进着！

当然，我们的团队对《中国手工纸文库》的未来仍然满怀信心与憧憬，期待着通过项目组与国际国内支持群体的协同合作，尽最大努力实现尽可能完善的田野调查与分析研究，从而在我们这一代人手中为中国经典的非物质文化遗产样本——中国手工造纸技艺留下当代的全面记录与文化叙述，在中国非物质文化遗产基因库里绘制一份较为完整的当代手工纸文化记忆图谱。

汤书昆

2017年12月

papermaking industry should be provided. However, due to the uncertainty mentioned above, those tasks cannot be fulfilled, until all the field surveys have been completed or almost completed. Certainly, such a process will give rise to the obvious loss of readers' systematic comprehension and the team members' confusion during the following phases. Nevertheless, the pioneer research and field work of Chinese handmade paper have set out on the first step.

There is no doubt that, with confidence and anticipation, our team will make great efforts to perfect the field research and analysis as much as possible, counting on cooperation within the team, as well as help from domestic and international communities. It is our goal to keep a comprehensive record, a cultural narration of Chinese handmade paper craft as one sample of most classic intangible cultural heritage, to draw a comparatively complete map of contemporary handmade paper in the Chinese intangible cultural heritage gene library.

Tang Shukun

December 2017

编撰说明

1

关于类目的划分标准,《中国手工纸文库·浙江卷》(以下简称《浙江卷》)在充分考虑浙江地域当代手工造纸高度聚集于杭州市富阳区(县级区划)一地,而且手工纸在富阳区的传承品种依然相当丰富的特点后,决定将富阳区以外浙江造纸厂坊按市、县(区)地域分布来划分类目,如第五章“湖州市”;章之下的二级类目以县一级内的造纸企业或家庭纸坊为单元,形成节的类目,如“安吉县龙王村手工竹纸”。富阳区则按照调查时现存纸种来分类,即按照元书纸、祭祀竹纸、皮纸、造纸工具的方式划分第一级类目,形成“章”的类目单元,如第十章“富阳区祭祀竹纸”。章之下的二级类目仍以造纸企业或家庭纸坊为单元,形成“节”的类目,如第九章第四节“杭州富阳逸古斋元书纸有限公司”。

2

《浙江卷》成书内容丰富,篇幅较大,从适宜读者阅读和装帧牢固角度考虑,将其分为上、中、下三卷。上卷内容为概述及富阳区以外浙江现存手工造纸厂坊,按照地级市来分类,包括:第一章“浙江省手工纸概述”、第二章“衢州市”、第三章“温州市”、第四章“绍兴市”、第五章“湖州市”、第六章“宁波市”、第七章“丽水市”、第八章“杭州市”(不含富阳区);中卷内容为富阳区的元书纸,包括第九章的14节;下卷内容为富阳区的祭祀竹纸、皮纸与造纸工具,包括第十章“富阳区祭祀竹纸”、第十一章“富阳区皮纸”、第十二章“工具”以及“附录”。

3

《浙江卷》第一章为概述,其格式与先期出版的《中国手工纸文库·云南卷》(以下简称《云南卷》)、《中国手工纸文库·贵州卷》(以下简称《贵州卷》)等类似。其余各章各节的标准撰写格式则因有手工纸业态高度密集的县级

Introduction to the Writing Norms

1. In *Library of Chinese Handmade Paper: Zhejiang*, the categorization standards are different from the past. After fully considering the characteristics of high concentration in Fuyang District (county-level) of Hangzhou City, the papermaking factories (mills) in the rest of Zhejiang Province are classified according to the regional distribution of cities and counties (districts), e.g., Chapter V “Huzhou City”. Each chapter consists of sections accordingly listing different paper factories or family-based paper mills in counties. For instance, “Handmade Paper in Longwang Village of Anji County”. For Fuyang District, chapters are set based on paper types, i.e., Yuanshu paper, bamboo paper for Sacrificial Purposes, bast paper, papermaking tools, e.g., Chapter X “Bamboo Paper for Sacrificial Purposes in Fuyang District”. Sections in each chapter include papermaking enterprises or family-based paper mills, e.g. Chapter IX Section 4 “Hangzhou Fuyang Yiguzhai Yuanshu Paper Co., Ltd.”.

2. Due to its rich content and great length, *Library of Chinese Handmade Paper: Zhejiang* is further divided into three sub-volumes (I, II, III) for convenience of the readers and bookbinding. Volume I consists of Chapter I “Introduction to Handmade Paper in Zhejiang Province”, Chapter II “Quzhou City”, Chapter III “Wenzhou City”, Chapter IV “Shaoxing City”, Chapter V “Huzhou City”, Chapter VI “Ningbo City”, Chapter VII “Lishui City”, Chapter VIII “Hangzhou City” (except Fuyang District); Volume II contains 14 sections of Chapter IX about Yuanshu paper in Fuyang District; Volume III is composed of three chapters, including Chapter X “Bamboo Paper for Sacrificial Purposes in Fuyang District”, Chapter XI “Bast Paper in Fuyang District”, Chapter XII “Tools”, and “Appendices”.

3. First chapter of Volume I is an introduction, which follows the format of *Library of Chinese Handmade Paper: Yunnan* and *Library of Chinese Handmade Paper: Guizhou*, which have already been released. Sections of other chapters follow two different writing norms, because of the concentrated distribution of county-level handmade papermaking practice, and this is different from two volumes that have been published.

First type of writing norm is similar to the *Library of Chinese Handmade Paper: Yunnan* and *Library of Chinese Handmade Paper: Guizhou*, namely, “Basic Information and Distribution” “The

区域存在，故与《云南卷》《贵州卷》所具有的单一标准撰写格式有所不同，分为两类标准撰写格式。

第一类与《云南卷》《贵州卷》相近，适应一个县域内手工造纸厂坊不密集、品种相对单纯的业态分布。通常的格式及大致名称为："××××纸的基础信息及分布""××××纸生产的人文地理环境""××××纸的历史与传承""××××纸的生产工艺与技术分析""××××纸的用途与销售情况""××××纸的品牌文化与习俗故事""××××纸的保护现状与发展思考"。如遇某一部分田野调查和文献资料均未能采集到信息，则按照实事求是原则略去标准撰写格式的相应部分。

第二类主要针对富阳区造纸厂坊聚集分布的特征，或者一个纸厂纸品很丰富、不适合采用第一类撰写格式时采用。通常的格式及大致名称为："××××纸（纸厂）的基础信息与生产环境""××××纸（纸厂）的历史与传承""××××纸（纸厂）的代表纸品及其用途与技术分析""××××纸（纸厂）的生产原料、工艺与设备""××××纸（纸厂）的市场经营状况""××××纸（纸厂）的品牌文化与习俗故事""××××纸（纸厂）的业态传承现状与发展思考"。

4

《浙江卷》选择作为专门一节记述的手工造纸厂坊的正常入选标准是：(1) 项目组进行田野调查时仍在生产；(2) 项目组田野调查时虽已不再生产，但保留着较完整的生产环境与设备，造纸技师仍能演示或讲述手工造纸完整技艺和相关知识。

考虑到浙江省历史上嵊州藤纸、绍兴鹿鸣纸、富阳桃花纸、温州皮纸曾经是非常著名的传统纸品，而当代业态萎缩特别明显，或处于几近消亡状态，或处于技艺刚刚恢复的试制初期，因此调查组在调查样本上放宽了"保留着较完整的生产环境与设备"这一标准。

5

《浙江卷》调查涉及的造纸点均参照国家地图标准绘制两幅示意图，一幅为造纸点在浙江省和所属县（区）的地理分布位置图，另一幅为由该县（区）县城前往造纸点的路线图，但在具体出图时，部分节会将两图合一呈现。在标示地名时，均统一标示出县城、乡镇两级，乡镇下一级则直接标注造纸点所在村，而不再做行政村、自然村、村民组之区别。示意图上的行政区划名称及编制规则均依

Cultural Geographic Environment" "History and Inheritance" "Papermaking Technique and Technical Analysis" "Uses and Sales" "Folk Customs and Culture" "Preservation and Development". Omission is also acceptable if our fieldwork efforts and literature review fail to collect certain information. This writing norm applies to the handmade papermaking practice in the area where mills and factories are not dense, and the paper produced is of single variety.

A second writing norm is applied to Fuyang District, which harbors abundant paper factories or mills, or where one factory produces diverse paper types. In this chapter, sections are usually named as: "Basic Information and Production Environment" "History and Inheritance" "Representative Paper, Its Uses and Technical Analysis" "Raw Materials, Papermaking Techniques and Tools" "Marketing Status" "Brand Culture and Traditional Stories" "Reflection on Current Status and Future Development".

4. The handmade papermaking factories (mills) included in each section of the volume conforms to the following standards: firstly, it was still under production when the research group did their fieldwork. Secondly, the papermaking tools and major sites were well preserved, and the handmade papermakers were still able to demonstrate the papermaking techniques and relevant knowledge of handmade paper, in case of ceased production.

Because Teng paper in Shengzhou City, Luming paper in Shaoxing City, Taohua paper in Fuyang District and Bast paper in Wenzhou City, are historically renowned traditional paper, their practice shrank greatly or even lingering on extinction in current days, or now in trial production to recover the papermaking practice. Thus, the research team decided to omit the requirement of comparatively complete preservation of production environment and equipment.

5. For each handmade papermaking site, we draw two standard illustrations, i.e. distribution map and roadmap from county centre to the papermaking sites (in some sections, two figures are combined). We do not distinguish the administrative village, natural village or villagers' group, and we provide county name, town name and village name of each site based on standards released by Sinomaps Press.

6. For each type of representative paper investigated in the paper factories (mills) with sufficient output included in the special

据中国地图出版社出版的相关地图。

6

《浙江卷》原则上对每一个所调查的造纸厂坊的代表纸品，均在珍稀收藏版书中相应章节后附调查组实地采集的实物纸样。采样量足的造纸点代表纸品附全页纸样；由于各种限制因素采集量不足的，附2/3、1/2、1/4或更小规格的纸样；个别因停产或小批量试验生产等，导致未能获得纸样或采样严重不足的，则不附实物纸样。

7

《浙江卷》原则上对所有在章节中具体介绍原料与工艺的代表纸品进行技术分析，包括在书中呈现实物纸样的类型，以及个别只有极少量纸样遗存，可以满足测试要求而无法在"珍稀收藏版"中附上实物纸样的类型。

全卷对所采集纸样进行的测试参考了中国宣纸的技术测试分析标准（GB/T 18739—2008），并根据浙江地域手工纸的多样性特色做了必要的调适。实测、计算了所有满足测试分析标示足量需求，并已采样的手工纸中的元书纸类、书画纸类、皮纸类、藤纸类的定量、厚度、紧度、抗张力、抗张强度、撕裂度、湿强度、白（色）度、耐老化度下降、尘埃度、吸水性、伸缩性、纤维长度和纤维宽度共14个指标；加工纸类的定量、厚度、紧度、抗张力、抗张强度、撕裂度、色度、吸水性共8个指标；竹纸类的定量、厚度、紧度、抗张力、抗张强度、色度、纤维长度和纤维宽度共8个指标。由于所采集的浙江省各类手工纸纸样的生产标准化程度不同，因而若干纸种纸品所测数据与机制纸、宣纸的标准存在一定差距。

8

测试指标说明及使用的测试设备如下：

（1） 定量 ▸ 所测纸的定量指标是指单位面积纸的质量，通过测定试样的面积及其质量，并计算定量，以g/m^2为单位。
所用仪器 ▸ 上海方瑞仪器有限公司3003电子天平。

（2） 厚度 ▸ 所测纸的厚度指标是指纸在两块测量板间受一定压力时直接测量得到的厚度。根据纸的厚薄不同，可采取多层指标测量、单层指标测量，以单层指标测量的结果表示纸的厚度，以mm为单位。

edition volume, a full page is attached. We attach a piece of paper sample (2/3, 1/2 or 1/4 of a page, or even smaller) if we do not have sufficient sample available to the corresponding section. For some sections, no sample is attached for the shortage of sample paper (e.g. the papermakers had ceased production or were in trial production).

7. All the paper samples elaborated in this volume, in terms of raw materials and papermaking techniques, were tested, including those attached to the special edition, or not attached to the volume due to scarce sample which only enough for technical analysis.

The test was based on the technical analysis standards of Chinese Xuan Paper (GB/T 18739—2008), with modifications adopted according to the specific features of the handmade paper in Zhejiang Province. All paper with sufficient samples, such as Yuanshu paper, calligraphy and painting paper, bast paper, Teng paper, were tested in terms of 14 indicators, including mass per unit area, thickness, tightness, resistance force, tensile strength, tear resistance, wet strength, whiteness, ageing resistance, dirt count, absorption of water, elasticity, fiber length and width. Processed paper was tested in terms of 8 indicators, including mass per unit area, thickness, tightness, resistance force, tensile strength, tear resistance, whiteness, and absorption of water. Bamboo paper was tested in terms of 8 indicators, including mass per unit area, thickness, tightness, resistance force, tensile strength, whiteness, fiber length and width. Due to the various production standards involved in papermaking in Zhejiang Province, the data might vary from those standards of machine-made paper and Xuan paper.

8. Test indicators and devices:
(1) Mass per unit area: the values obtained by measuring the sample mass divided by area, with the measurement unit g/m^2. Electronic balance (specification: 3003) we employed is produced by Fangrui Instrument Co., Ltd., Shanghai City.
(2) Thickness: the values obtained by using two measuring boards pressing the paper. In the measuring process, single layer or multiple layers of paper were employed depending on the thickness of the paper, and the single layer measurement unit is mm. The thickness measuring instruments employed are produced by Yueming Small Testing Instrument Co., Ltd., Changchun City (specification: JX-HI) and Pinxiang Science and Technology Co., Ltd., Hangzhou City (specification: PN-PT6).
(3) Tightness: mass per unit volume, obtained by measuring the

所用仪器▶长春市月明小型试验机有限责任公司JX-HI型纸张厚度仪、杭州品享科技有限公司PN-PT6厚度测定仪。

(3) 紧度▶所测纸的紧度指标是指单位体积纸的质量，由同一试样的定量和厚度计算而得，以g/m^3为单位。

(4) 抗张力▶所测纸的抗张力指标是指在标准试验方法规定的条件下，纸断裂前所能承受的最大张力，以N为单位。

所用仪器▶杭州高新自动化仪器仪表公司DN-KZ电脑抗张力试验机、杭州品享科技有限公司PN-HT300卧式电脑拉力仪。

(5) 抗张强度▶所测纸的抗张强度指标一般用在抗张强度试验仪上所测出的抗张力除以样品宽度来表示，也称为纸的绝对抗张强度，以kN/m为单位。

《浙江卷》采用的是恒速加荷法，其原理是使用抗张强度试验仪在恒速加荷的条件下，把规定尺寸的纸样拉伸至撕裂，测其抗张力，计算出抗张强度。公式如下：

$$S=F/W$$

式中，S为试样的抗张强度（kN/m），F为试样的绝对抗张力（N），W为试样的宽度（mm）。

(6) 撕裂度▶所测纸张撕裂强度的一种量度，即在测定撕裂度的仪器上，拉开预先切开一小切口的纸达到一定长度时所需要的力，以mN为单位。

所用仪器▶长春市月明小型试验机有限责任公司ZSE-1000型纸张撕裂度测定仪、杭州品享科技有限公司PN-TT1000电脑纸张撕裂度测定仪。

(7) 湿强度▶所测纸张在水中浸润规定时间后，在润湿状态下测得的机械强度，以mN为单位。

所用仪器▶长春市月明小型试验机有限责任公司ZSE-1000型纸张撕裂度测定仪、杭州品享科技有限公司PN-TT1000电脑纸张撕裂度测定仪。

(8) 白（色）度▶白度是指被测物体的表面在可见光区域内与完全白（标准白）物体漫反射辐射能的大小的比值，用百分数（%）来表示，即白色的程度。所测纸的白度指标是指在D65光源、漫射/垂射照明观测条件下，纸对主波长475 nm蓝光的漫反射因数。

所用仪器▶杭州纸邦仪器有限公司ZB-A色度测定仪、杭州品享科技有限公司PN-48A白度颜色测定仪。

(9) 耐老化度下降▶指所测纸张进行高温试验的温度环境变化后的参数及性能。本测试采用105℃高温恒温放置72小时后进行测试，以百分数（%）表示。

所用仪器▶上海一实仪器设备厂3GW-100型高温老化试验箱、杭州

mass per unit area and thickness, with the measurement unit g/cm^3.
(4) Resistance force: the maximum tension that the sample paper can withstand without tearing apart, when tested by the standard experimental methods. The measurement unit is N. The tensile strength testing instrument (specification: DN-KZ) is produced by Hangzhou Gaoxin Technology Company, Hangzhou City and PN-HT300 horizontal computer tensionmeter by Pinxiang Science and Technology Co., Ltd., Hangzhou City.
(5) Tensile strength: the values obtained by measuring the sample maximum resistance force against the constant loading, then divided the maximum force by the sample width, with the measurement unit kN/m.
In this volume, constant loading method was employed to measure the maximum tension the material can withstand without tearing apart. The formula is:

$$S=F/W$$

S stands for tensile strength (kN/m), F is resistance force (N) and W represents sample width (mm).
(6) Tear resistance: a measure of how well a piece of paper can withstand the effects of tearing. It measures the strength the test specimen resists the growth of any cuts when under tension. The measurement unit is mN. Paper tear resistance testing instrument (specification: ZSE-1000), produced by Yueming Small Testing Instrument Co., Ltd., Changchun City and computerized paper tear resistance testing instrument (specification: PN-TT1000) produced by Pinxiang Science and Technology Co., Ltd.
(7) Wet strength: a measure of how well the paper can resist a force of rupture when the paper is soaked in the water for a set time. The measurement unit is mN. Paper tear resistance testing instrument (specification: ZSE-1000), produced by Yueming Small Testing Instrument Co., Ltd., Changchun City and computerized paper tear resistance testing instrument (specification: PN-TT1000) produced by Pinxiang Science and Technology Co., Ltd., Hangzhou City.
(8) Whiteness: degree of whiteness, represented by percentage(%), which is the ratio obtained by comparing the radiation diffusion value of the test object in visible region to that of the completely white (standard white) object. Whiteness test in our study employed D65 light source, with dominant wavelength 475 nm of blue light, under the circumstances of diffuse reflection or vertical reflection. The whiteness testing instrument (specification: ZB-A) is produced by Zhibang Instrument Co., Ltd., Hangzhou City and whiteness tester (specification PN-48A) produced by Pinxiang Science and Technology Co., Ltd., Hangzhou City respectively.
(9) Ageing resistance: the performance and parameters of

品享科技有限公司YNK/GW100-C50耐老化测试箱。

(10) 尘埃度 ▸ 所测纸张单位面积上尘埃涉及的黑点、黄茎和双浆团个数。测试时按照标准要求计算出每一张试样正反面每组尘埃的个数，将4张试样合并计算，然后换算成每平方米的尘埃个数，计算结果取整数，以个/m²为单位。

所用仪器 ▸ 杭州品享科技有限公司PN-PDT尘埃度测定仪。

(11) 吸水性 ▸ 所测纸张在水中能吸收水分的性质。测试时使用一条垂直悬挂的纸张试样，其下端浸入水中，测定一定时间后的纸张吸液高度，以mm为单位。

所用仪器 ▸ 四川长江造纸仪器有限责任公司J-CBY100型纸与纸板吸水性测定仪、杭州品享科技有限公司PN-KLM纸张吸水率测定仪。

(12) 伸缩性 ▸ 所测纸张由于张力、潮湿的缘故，尺寸变大、变小的倾向性。分为浸湿伸缩性和风干伸缩性，以百分数（%）表示。

所用仪器 ▸ 50 cm × 50 cm × 20 cm长方形容器。

(13) 纤维长度/宽度 ▸ 所测纸的纤维长度/宽度是指从所测纸里取样，测其纸浆中纤维的自身长度/宽度，分别以mm和μm为单位。测试时，取少量纸样，用水湿润，用Herzberg试剂染色，制成显微镜试片，置于显微分析仪下采用10倍及20倍物镜进行观测，部分显微镜试片在观测过程中使用了40倍物镜，并显示相应纤维形态图各一幅。

所用仪器 ▸ 珠海华伦造纸科技有限公司XWY-VI型纤维测量仪和XWY-VII型纤维测量仪。

9

《浙江卷》对每一种调查采集的纸样均采用透光摄影的方式制作成图像，以显示透光环境下的纸样纤维纹理影像，作为实物纸样的另一种表达方式。其制作过程为：先使用透光台显示纯白影像，作为拍摄手工纸纹理透光影像的背景底，然后将纸样铺平在透光台上进行拍摄。拍摄相机为佳能5D-III。

10

《浙江卷》引述的历史与当代文献均以当页脚注形式标注。所引文献原则上要求为一手文献来源，并按统一标准注释，如“陈伟权．棠云竹纸的文明传奇[J]．文化交流，2016（5）：50-52.”“袁代绪．浙江省手工造纸业[M]．北京：科学出版社，1959：30-33.”“浙江设计委员会统计部．浙江之纸业[Z]．1930：232-234.”“谷

the sample paper when put in high temperature. In our test, temperature is set 105 degrees centigrade, and the paper is put in the environment for 72 hours. It is measured in percentage (%). The high temperature ageing test box (specification: 3GW-100) is produced by Yishi Testing Instrument Factory in Shanghai City; Ageing test box (specification: YNK/GW100-C50) produced by Pinxiang Science and Technology Co., Ltd., Hangzhou City.

(10) Dirt count: fine particles (black dots, yellow stems, fiber knots) in the test paper. It is measured by counting fine particles in every side of four pieces of sample paper, adding up and then calculate the number (integer only) of particles every square meter. It is measured by number of particles/m². Dust tester (specification: PN-PDT) produced by Pinxiang Science and Technology Co., Ltd., Hangzhou City.

(11) Absorption of water: it measures how sample paper absorbs water by dipping the sample paper vertically in water and testing the level of water. It is measured in mm. Paper and paper board water absorption tester (specification: J-CBY100) produced by Changjiang Papermaking Instrument Co., Ltd., Sichuan Province and water absorption tester (specification: PN-KLM) produced by Pinxiang Science and Technology Co., Ltd., Hangzhou City.

(12) Elasticity: continuum mechanics of paper that deform under stress or wet. It is measured in %, consists of two types, i.e. wet elasticity and dry elasticity. Testing with a rectangle container (50 cm × 50 cm × 20 cm).

(13) Fiber length (mm) and width (μm): analyzed by dying the moist sample paper with Herzberg reagent, and the fiber pictures were taken through ten times and twenty times objective lens of the microscope (part of the samples were taken through four times objective lens). And the corresponding photo of fiber was displayed respectively. We used the fiber testing instrument (specifications: XWY-VI and XWY-VII) produced by Hualun Papermaking Technology Co., Ltd., Zhuhai City.

9. Each paper sample included in *Library of Chinese Handmade Paper: Zhejiang* was photographed against a luminous background, which vividly demonstrated the fiber veins of the samples. This is a different way to present the status of our paper sample. Each piece of paper sample was spread flat-out on the LCD monitor giving white light, and photographs were taken with Canon 5D-III camera.

10. All the quoted literature are original first-hand resources and the footnotes are used for documentation with a uniform standard. For instance, “Chen Weiquan. The Legend of Bamboo Paper in Tangyun Village[J]. Culture Exchange, 2016(5): 50-52.”

宇. 浙江地区传统造纸工艺的保护研究[D]. 上海：复旦大学，2014：5.”等。

11

《浙江卷》所引述的田野调查信息原则上要求标示出调查信息的一手来源，如“调查组于2016年8月11日第一次前往作坊现场考察，通过朱金浩介绍和实地参观了解到……”“盛建桥在访谈时表示……”等。

12

《浙江卷》所使用的摄影图片主体部分为调查组成员在实地调查时所拍摄的图片，也有项目组成员在既往田野工作中积累的图片，另有少量属撰稿过程中所采用的非项目组成员的摄影作品。由于项目组成员在完成全卷过程中形成的图片的著作权属集体著作权，且在调查过程中多位成员轮流拍摄或并行拍摄为工作常态，因而全卷对图片均不标示项目组成员作者。项目组成员既往积累的图片，以及非项目组成员拍摄的图片在图题文字或后记中特别说明，并承认其个人图片著作权。

13

考虑到《浙江卷》中文简体版的国际交流需要，编著者对全卷重要或提要性内容同步给出英文表述，以便英文读者结合照片和实物纸样领略全卷的基本语义。对于文中一些晦涩的古代文献，英文翻译采用意译的方式进行解读。英文内容包括：总序、编撰说明、目录、概述、图目、表目、术语、后记，以及所有章节的标题，全部图题、表题与实物纸样名。

“浙江省手工造纸概述”为全卷正文第一章，为保持与后续各章节体例一致，除保留章节英文标题及图表标题英文名外，全章的英文译文作为附录出现。

14

《浙江卷》的名词术语附录兼有术语表、中英文对照表和索引的三重功能。其中收集了全卷中与手工纸有关的地理名、纸品名、原料与相关植物名、工艺技术和工具设备、历史文化等5类术语。各个类别的名词术语按术语的汉语拼音顺序排列。每条中文名词术语后都给以英文直译，可以作中英文对照表使用，也可以当作名词索引使用。

“Yuan Daixu. Handmade Papermaking Industry in Zhejiang Province[M]. Beijing: Science Press, 1959:30-33.” “Statistics Department of Zhejiang Design Committee. Zhejiang Paper Industry[Z]. 1930:232-234.” and “Gu Yu. Protection of Traditional Papermaking Techniques in Zhejiang Region[D]. Shanghai: Fudan University, 2014:5.”etc.

11. Sources of field investigation information were attached in this volume. For instance, “On August 11, 2016, the research team firstly visited the paper mill, where through Zhu Jinhao’s introduction and field trip we got that ...” “According to Sheng Jianqiao’s words in the interview ...”.

12. The majority of photographs included in the volume were taken by the researchers when they were doing fieldworks of the research. Others were taken by our researchers in even earlier fieldwork errands, or by the photographers who were not involved in our research. We do not give the names of the photographers in the book, because almost all our researchers are involved in the task and they agreed to share the intellectual property of the photos. Yet, as we have claimed in the epilogue or the caption, we officially admit the copyright of all the photographers, including those who are not our researchers.

13. For the purpose of international academic exchange, English version of some important parts is provided, so that the English readers can have a basic understanding of the volume based on the English parts together with photos and samples. For the ancient literature which is hard to understand, free translation is employed to present the basic idea. English part includes Preface, Introduction to the Writing Norms, Contents, Introduction, Figures, Tables, Terminology, Epilogue, and all the titles, figure and table captions and paper sample names.

Among them, “Introduction to Handmade Paper in Zhejiang Province” is the first chapter of the volume and its translation is appended in the appendix part, apart from the section titles and table and figure titles in the chapter.

14. Terminology is appended in *Library of Chinese Handmade Paper: Zhejiang*, which covers five categories of Places, Paper Types, Raw Materials and Plants, Techniques and Tools, History and Culture, relevant to our handmade paper research. All the terms are listed following the alphabetical order of the Chinese character. The Chinese and English parts in the Terminology can be used as check list and index.

目 录
Contents

第九章
富阳区元书纸

Chapter IX
Yuanshu Paper in Fuyang District

第一节
新三元书纸品厂

浙江省
Zhejiang Province

杭州市
Hangzhou City

富阳区
Fuyang District

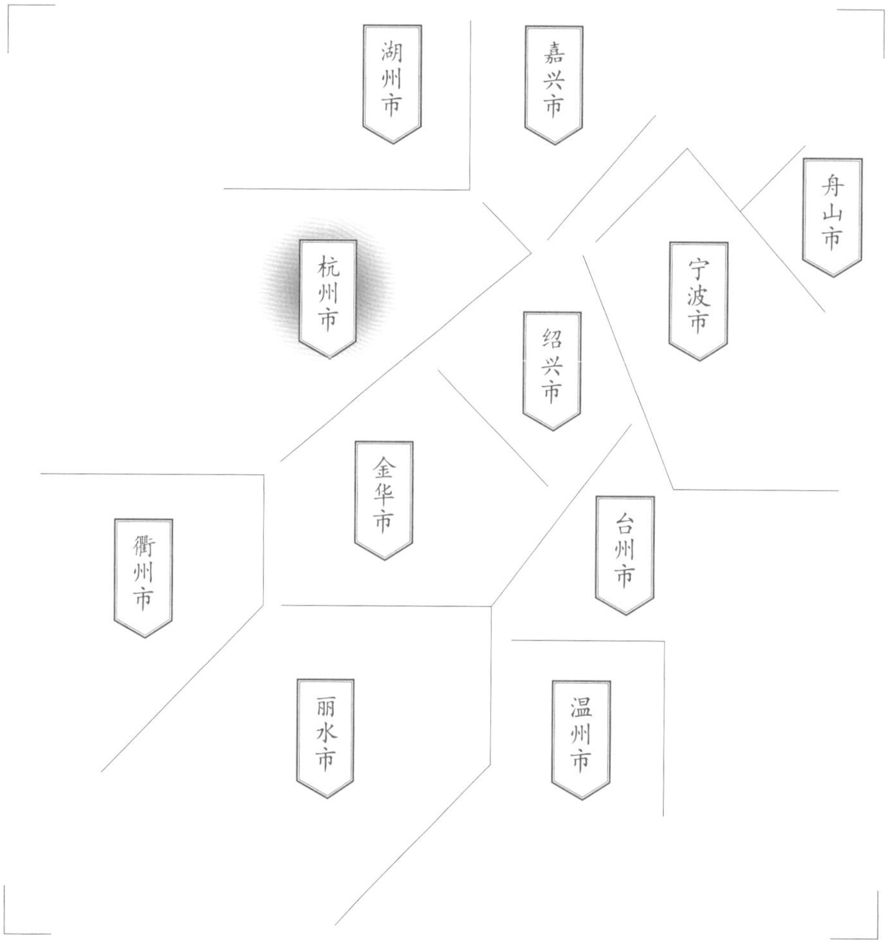

调查对象

富阳区湖源乡新三村
新三元书纸品厂
竹纸

Section 1
Xinsan Yuanshu Paper Factory

Subject

Bamboo Paper in Xinsan Yuanshu Paper Factory in Xinsan Village of Huyuan Town in Fuyang District

一
新三元书纸品厂的基础信息与生产环境

1
Basic Information and Production Environment of Xinsan Yuanshu Paper Factory

富阳区（原富阳县，1994年撤县建富阳市，2014年改市建区）坐落于杭州市的西南角，属杭州市管辖，古称富春，是中国元代著名画家黄公望的隐居地与名画《富春山居图》的诞生地。富阳是中国著名的手工造纸业态聚集区，有“中国竹纸之乡”誉称。辖区总面积1 831 km²，历史上一直以林木和优质水资源丰富著称，为手工造纸产业提供了充沛的原料。截至2016年，地方统计数据显示：全区森林覆盖率63.1%，林业用地面积1 300 km²，其中竹类面积330 km²，毛竹林290 km²。境内水路交通发达，著名的富春江横贯全境，经富春江、钱塘江、杭州湾可顺江直下抵达杭州、上海、宁波等长三角中心都市和港口，在传统大宗货物依靠水路运输的年代里，富阳是兼具通江达海之便和怀拥山水林木资源优势的汇集地。

富阳区的地貌特征是山区与丘陵相错，按照乡先贤的说法，是一个“八山半水分半田”的半山区，整体地貌以天目山、仙露岭、富春江的“两山夹江”为最大特征。辖区地理范围为：东经119°25′～120°19.5′，北纬29°44′45″～30°11′58.5″。富阳地域是历史悠久、名人辈出的文化名衢。公元前221年，即秦王政二十六年秦始皇正式统一中国称帝那年，始建富春县；东晋太元十九年（394年）因避皇太后讳改名富阳县，建县至今已有2 200余年之久。富阳是三国时期东吴君王孙权、孙策的故里，晚唐著名诗人罗隐，清代父子宰相董皓、董邦达，现代文学名家郁达夫等名人的出生地。

路线图
富阳城区
↓
新三元书纸品厂
Road map from Fuyang District centre to Xinsan Yuanshu Paper Factory

新三元书纸品厂位置示意图

Location map of Xinsan Yuanshu Paper Factory

考察时间
2016年8月 / 2019年1月

Investigation Date
Aug. 2016/Jan. 2019

地域名称

A 富阳区
1 湖源乡
2 常安镇
3 洞桥镇
4 新登镇
5 灵桥镇
6 新义乡
7 大源镇

造纸点名称

造纸点 新三元书纸品厂

位置分布

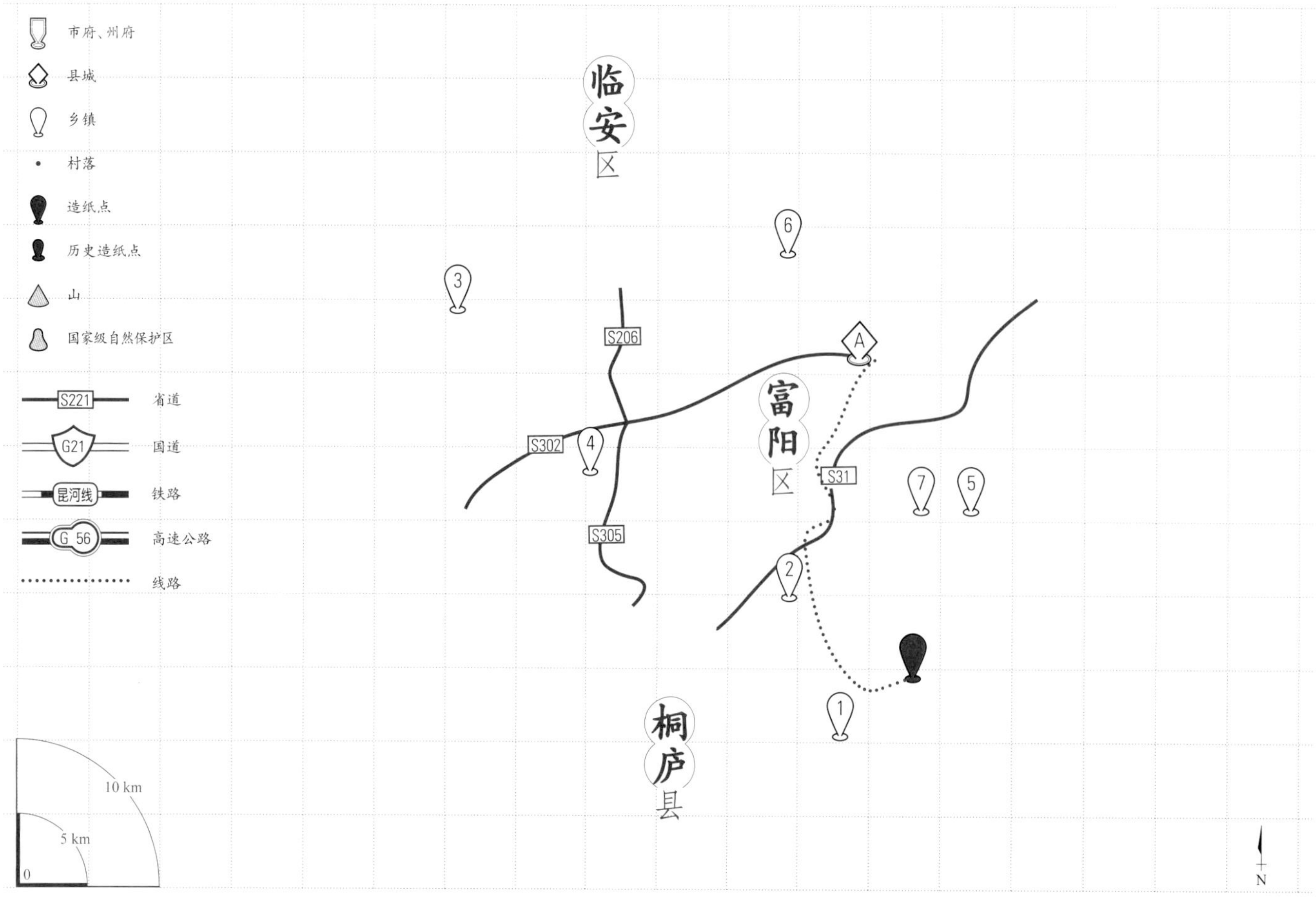

⊙1

富阳手工造纸已有千年以上的历史。2008年发现并考古发掘的富阳高桥镇泗州村的宋代造纸作坊群遗址，东西长约145 m，南北宽125 m，占地面积约16 000 m^2，是中国迄今发现的年代最早、规模最大、保存最完整的古代造纸遗址，基本判断是南宋前期的官办竹纸工场。之所以在泗州村设立这样大型的造纸工场，猜测与南宋朝廷定都杭州，富阳既有较早的造纸技艺和技术工人积累，竹原料和水资源丰富，又有较为便利的运输条件，经富春江直航钱塘江1～2天可到杭州有关。富阳“元书纸”为著名的大宗纸品，南宋即开始流行，曾在数百年间作为朝廷与地方官府办公用纸，同时也成为朝廷锦夹奏章和科举试卷的上品用纸，以质地光润、细密、坚韧以及性价比优而获得读书人青睐，有“京都状元富阳纸，十件元书考进士”的专门赞誉。

⊙2

⊙1 富春江江观 Scenery of Fuchunjiang

⊙2 冠形塔村村口的指路标示牌 Road sign at the entrance of Guanxingta Village

新三元书纸品厂地处富阳区湖源乡新三行政村冠形塔村民组，地理坐标为：东经119° 59′ 57″，北纬29° 49′ 3″。湖源乡位于富阳区最南端，东南接诸暨市，西邻桐庐县，北接本区的常安镇和常绿镇，乡政府驻地为新一村。调查中了解到：湖源本名壶源，以流经的壶源溪而得名，1956年改称湖源，一来同音，二来据说有“五湖四海同一源”的寓意。2016年湖源乡管辖行政村10个，新三村是其中的一个行政村。全乡有村民组163个，总户数4 175户，总人口14 361人。

2016年8月8日，调查组成员前往新三元书纸品厂进行入厂调查，获得的基础生产信息为：由于天气十分炎热，温度高达40 ℃，厂区只有2个槽位在生产，现场有工人10人在操作。据纸厂负责人李法儿介绍，冠形塔村目前只有4～5家纸坊与纸厂在从事以手工造纸工艺为主的造纸，除新三元书纸品厂外，其他几家均是生产小规格的元书纸及用来祭祀的低端竹纸。新三元书纸品厂在原料制备时用工人数最多，为50人左右。纸厂共有厂房4间，8个浸泡池，3台打浆机器，1个抄纸车间（内有6口槽），1个晒纸车间（内有2面焙墙），1个剪纸车间兼储纸仓库，占地面积约1 300 m^2。2019年1月19日，调查组再次对新三元书纸品厂进行了回访与信息补充。

⊙1

⊙2

⊙3

⊙4

⊙1
新三元书纸品厂外的乡村过境公路
Country road alongside Xinsan Yuanshu Paper Factory

⊙2
新三元书纸品厂厂区入口及门牌
Entrance and doorplate of Xinsan Yuanshu Paper Factory

⊙3/4
新三元书纸品厂内外场景
Internal and external view of Xinsan Yuanshu Paper Factory

二
新三元书纸品厂的历史与传承情况

2
History and Inheritance of Xinsan Yuanshu Paper Factory

新三元书纸品厂注册地为浙江省杭州市富阳区湖源乡新三村，投资人为李法儿。2016年现场调查时，据李法儿口述，新三元书纸品厂的传承前身往远可以追溯到明代嘉靖年间（1522～1566年），李法儿本人认为这是富阳今天已经很少的完整继承了古代原村落传统“元书纸”制作技艺的基地，不过对于上溯到约500年前造纸情况的文献（如家谱）或口述谱系，李法儿未能提供相关依据。据李法儿所说，家族的祖先们一直把制造元书纸视为“活命之本”，其家族生产的元书纸，称为“裕”字号元书纸。“裕”字号元书纸是李法儿不知哪一代祖上创立的品牌，2019年1月回访时，李法儿表示“裕”有富裕丰盈之意，蕴含了祖辈们对造纸的热情和期盼。李法儿表示老辈人说“裕”字号元书纸一经生产出来就供不应求，是元书纸里很有名的产品，主要销往天津、苏州。但在祖辈的传承过程中，于20世纪50年代不慎将“裕”字号系列印章遗失，之后才改用“冠形塔”商标。

⊙5

⊙5 调查人员与李法儿聊『裕』字号元书纸
Researchers talking with Li Fa'er about "Yu" Yuanshu paper

访谈时李法儿回忆，记忆中祖辈都是从事元书纸生产的。父亲李煜南1918年出生，1981年去世，长期在当地村里的生产队担任队长。李煜南自小在父亲和村里师傅们身边，耳濡目染下习得造纸技艺，精通抄纸和晒纸工序。爷爷李宗杰1890年出生，1926年去世，一直从事元书纸的生产，自己也爱好书画写作。叔叔李煜定生卒年不详，26岁左右去世，抄纸技艺纯熟。李法儿这一辈有兄弟姐妹5人，哥哥李木生1947年出生，小时候曾接触过造纸，后转行做医生，其他3个兄弟姐妹则未习得相关造纸技艺。李法儿育有一儿一女，女儿李海霞在湖源乡从事养猪行业，儿子李军伟1967年出生，曾学习过完整的造纸技艺，抄纸和晒纸技艺较熟练，因造纸收入不高转行去富阳经商。孙子李子航，2003年出生，在富阳城里读高中，对造纸有较高兴趣，表示以后会回来继承造纸事业，但目前尚未习得一线的造纸技艺。只有儿媳妇潘筱英目前在从事元书纸的经营与销售工作，2010年以“缘竹坊”为品牌名的店铺诞生后就由潘筱英负责销售。因经营等问题，2014年“缘竹坊”停止店铺经营。2015年，潘筱英前往北京以“越竹斋”为自有品牌开设店铺销售纸品，继续开展网络销售业务并与多方形成了合作。例如同北京“荣宝斋”合作，模式是由李法儿提供规格为70 cm × 138 cm的富春雅纸，再由“荣宝斋”包装盖印后销售，自2015年至今，同“荣宝斋”合作带来的年销售额达70万～80万元，其中具体运作均由潘筱英主持。

李法儿，1950年生，从小在家庭造纸环境下耳濡目染，对造纸技艺与文化较为熟悉，上学期间也经常给自家的纸坊做杂工，1966年前后停学回家从事造纸及纸厂管理。1980年前后，当地生产的元书纸出现滞销现象，头脑灵活、擅长交流的李法儿被抽调到乡政府，到富阳之外的地方从事元书纸的推广销售与市场开拓工作。从事营销在市场上摸爬滚打了几年之后，通过与经销商和书画家客户的直接接触和探讨，李法儿明白了元书纸在市场上滞销的主要原因并不是品质，而是

⊙1

⊙1 李法儿家中存放的富春雅纸 Fuchunya paper at Li Fa'er's home

由于传统元书纸46 cm×46 cm的“小”规格不能适应现在书画家的“大”要求，限制了元书纸的销售。

表9.1　李法儿家族有记忆的传承谱系
Table 9.1　Li Fa'er's family genealogy of papermaking inheritors

传承代数	姓名	性别	与李法儿关系	基本情况
第一代	李宗杰	男	爷爷	生于1890年，卒于1926年。从事元书纸生产，对抄纸技艺很熟悉
第二代	李煜南	男	父亲	生于1918年，卒于1981年，自小从父亲与师傅们学习造纸，熟练掌握造纸各项工序
	李煜定	男	叔叔	生卒年不详，熟悉造纸各项技艺，对抄纸技艺尤为熟练
第三代	李法儿	男	—	生于1950年，新三元书纸品厂技术指导，熟练掌握造纸各项工艺
第四代	李子航	男	孙子	生于2003年，在读高中，开始了解造纸相关工序，但尚未学习技艺

1987年，李法儿回到家中作坊，重新调整制作了纸帘等工具，尝试制作60 cm×60 cm、70 cm×138 cm、70 cm×290 cm 三种大规格尺寸元书纸，产品推向市场后，果然受到了书画家的青睐。1993年，李法儿在新三村创办新三元书纸品厂。2007年和2012年，李法儿先后被授予浙江省级和国家级非物质文化遗产保护项目——富阳竹纸制作技艺的代表性传承人。

据李法儿介绍，纸坊在兴盛时期有6口槽，2014－2015年员工数量达到最高，有20位纸工；之后慢慢减少到2019年回访时的2口槽，在职纸工不到10人。纸工年龄最小的60多岁，最大的76岁，都是本地人，纸厂一年工资支出4万～5万元。人员分工为2人捞纸，2人晒纸，3人榨纸，其他人从事杂活。削竹工人多为从当地请的临时工，一般集中一段时间在当地找十多人开始削竹，工资每天300多元，每天工作11小时左右，通常从小满前1周开始工作到小满后10天。

⊙3

⊙4

⊙2

⊙2　国家非物质文化遗产代表性传承人证书
Certificate of National Intangible Cultural Heritage Inheritor

⊙3　国家非物质文化遗产代表性传承人奖牌
Medal of National Intangible Cultural Heritage Inheritor

⊙4　国家非物质文化遗产代表性传承人奖章
Medal of National Intangible Cultural Heritage Inheritor

三 新三元书纸品厂的代表纸品及其用途与技术分析

3
Representative Paper and Its Uses and Technical Analysis of Xinsan Yuanshu Paper Factory

（一）新三元书纸品厂代表纸品及其用途

通过现场调查及李法儿的介绍得知，新三元书纸品厂的主流产品包括漂白元书纸、本色仿古元书纸、小元书纸和古籍印刷纸几大类。调查组成员2016年8月8日调查的信息是：正在生产的纸主要是本色仿古元书纸和漂白元书纸，平时会生产一些书画用的较大尺幅纸以及加工元书信笺等纸品。当问到最有代表性的纸品时，李法儿认为是本色仿古元书纸。本色仿古元书纸采用的是未经削皮和漂白的竹料，不同于削皮漂白的漂白元书纸，新制本色仿古元书纸颜色偏白，但在纸张生产后的2～3年内会渐渐回归为质朴美观的本色，多用为书法家用纸。2019年1月19日回访时了解到，结合客户的实际需求，近几年纸坊也会生产含皮料的白唐纸或书画家定制规格的富春雅纸，纸品多用于国画或书法作品的创作，以及用作装裱的衬纸。

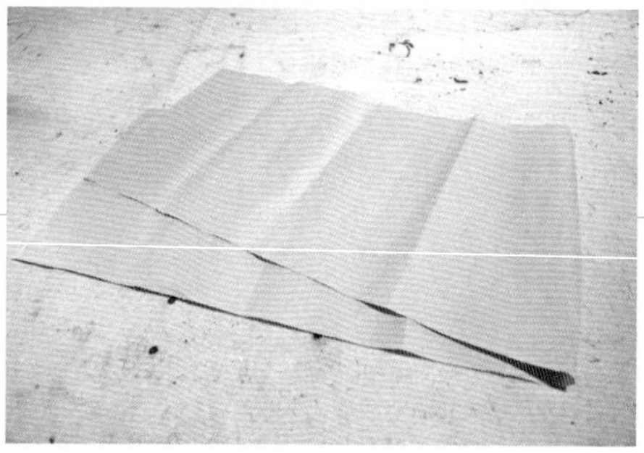

⊙1

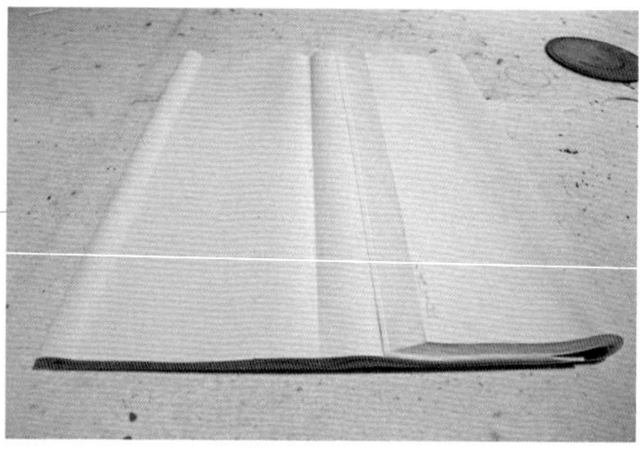

⊙2

新三元书纸品厂仿古元书纸为100%毛竹浆生产而成，可生产标准四尺、六尺条屏（60 cm × 190 cm）、尺八屏（75 cm × 190 cm）等常规品种，也可以按照市场或客户需求生产其他规格的纸。李法儿表示，新三元书纸品厂的仿古元书纸纸质柔软，防虫蛀，适宜勾线人物、花鸟等小写意类绘画创作。

⊙1 对联纸 Couplet paper

⊙2 遵循明清古法生产的本色仿古元书纸 Antique Yuanshu paper with original color in accordance with the ancient papermaking techniques of the Ming and Qing Dynasties

（二）新三元书纸品厂代表纸品性能分析

测试小组对采样自新三元书纸品厂本色仿古元书纸所做的性能分析，主要包括定量、厚度、紧度、抗张力、抗张强度、撕裂度、湿强度、白度、耐老化度下降、尘埃度、吸水性、伸缩性、纤维长度和纤维宽度等。按相应要求，每一指标都重复测量若干次后求平均值，其中定量抽取5个样本进行测试，厚度抽取10个样本进行测试，抗张力抽取20个样本进行测试，撕裂度抽取10个样本进行测试，湿强度抽取20个样本进行测试，白度抽取10个样本进行测试，耐老化度下降抽取10个样本进行测试，尘埃度抽取4个样本进行测试，吸水性抽取10个样本进行测试，伸缩性抽取4个样本进行测试，纤维长度测试了200根纤维，纤维宽度测试了300根纤维。对新三元书纸品厂本色仿古元书纸进行测试分析所得到的相关性能参数见表9.2，表中列出了各参数的最大值、最小值及测量若干次所得到的平均值或者计算结果。

表9.2　新三元书纸品厂本色仿古元书纸相关性能参数
Table 9.2　Performance parameters of antique Yuanshu paper with original color in Xinsan Yuanshu Paper Factory

指标		单位	最大值	最小值	平均值	结果
定量		g/m²				34.0
厚度		mm	0.141	0.107	0.114	0.114
紧度		g/cm³				0.298
抗张力	纵向	N	17.1	11.5	14.3	14.3
	横向	N	9.7	7.8	9.0	9.0
抗张强度		kN/m				0.78
撕裂度	纵向	mN	221.6	145.8	169.4	169.4
	横向	mN	160.4	125.3	145.4	145.4
撕裂指数		mN·m²/g				4.6
湿强度	纵向	mN	808	756	787	787
	横向	mN	594	497	557	557
白度		%	43.2	42.8	42.9	42.9
耐老化度下降		%	37.8	36.7	37.5	5.4
尘埃度	黑点	个/m²				44
	黄茎	个/m²				236
	双浆团	个/m²				0
吸水性	纵向	mm	10	7	9	3
	横向	mm	8	5	7	2
伸缩性	浸湿	%				1.00
	风干	%				0.75
纤维	长度	mm	2.0	0.1	0.7	0.7
	宽度	μm	62.1	0.7	12.8	12.8

中国手工纸文库

Library of Chinese Handmade Paper

由表9.2可知，所测新三元书纸品厂本色仿古元书纸的平均定量为34.0 g/m²。新三元书纸品厂本色仿古元书纸最厚约是最薄的1.318倍，经计算，其相对标准偏差为0.085。通过计算可知，新三元书纸品厂本色仿古元书纸紧度为0.298 g/cm³，抗张强度为0.78 kN/m。所测新三元书纸品厂本色仿古元书纸撕裂指数为4.6 mN·m²/g。湿强度纵横平均值为672 mN，湿强度较小。

所测新三元书纸品厂本色仿古元书纸平均白度为42.9%。白度最大值是最小值的1.009倍，相对标准偏差为0.004，白度差异相对较小。经过耐老化测试后，耐老化度下降5.4%。

所测新三元书纸品厂本色仿古元书纸尘埃度指标中黑点为44个/m²，黄茎为236个/m²，双浆团为0。吸水性纵横平均值为3 mm，纵横差为2 mm。伸缩性指标中浸湿后伸缩差为1.00 %，风干后伸缩差为0.75 %。

新三元书纸品厂本色仿古元书纸在10倍和20倍物镜下观测的纤维形态分别如图★1、图★2所示。所测新三元书纸品厂本色仿古元书纸纤维长度：最长2.0 mm，最短0.1 mm，平均长度为0.7 mm；纤维宽度：最宽62.1 μm，最窄0.7 μm，平均宽度为12.8 μm。

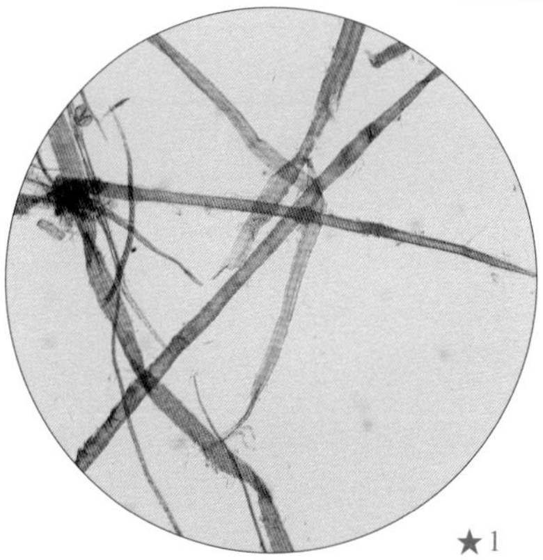

★1

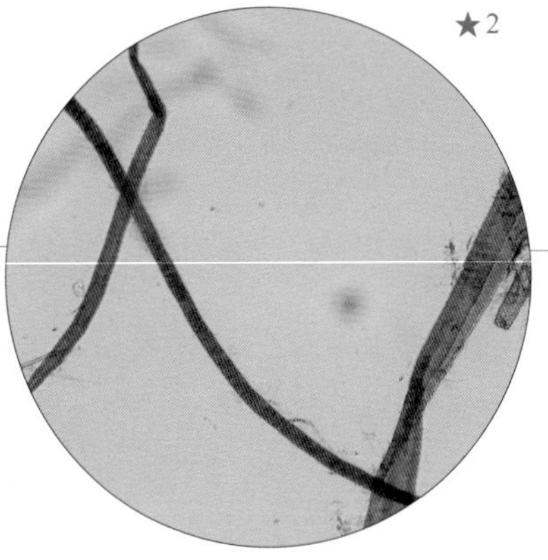

★2

⊙1

Xinsan Yuanshu Paper Factory

★1
新三元书纸品厂本色仿古元书纸纤维形态图（10×）
Fibers of antique Yuanshu paper with original color in Xinsan Yuanshu Paper Factory (10× objective)

★2
新三元书纸品厂本色仿古元书纸纤维形态图（20×）
Fibers of antique Yuanshu paper with original color in Xinsan Yuanshu Paper Factory (20× objective)

⊙1
新三元书纸品厂本色仿古元书纸润墨性效果
Writing performance of antique Yuanshu paper with original color in Xinsan Yuanshu Paper Factory

四 “缘竹坊”牌元书纸的生产原料、工艺与设备

4
Raw Materials, Papermaking Techniques and Tools of “Yuanzhufang” Yuanshu Paper

（一）“缘竹坊”牌元书纸的生产原料

1. 主料：嫩毛竹

据李法儿介绍，用嫩竹作为原材料造出来的纸微含竹子清香，可抄出薄如蝉翼而韧力又似绸的纸，并且具有易着墨不渗漏、久藏不蛀不变色的出色特性。

新三元书纸品厂选用的是小满前后10～15天上山砍下的嫩毛竹，有时根据天气冷暖程度以及竹子生长情况，时间会略有提前或者推迟，但前后也就几天而已。通常判断是否适宜砍竹的目测依据是当年生嫩竹竹头欲分叉而又未分叉。新三元书纸品厂从当地雇村民上山砍伐嫩竹，2016年1个砍竹工人的费用约为200元/天，毛竹收购价格是50元/100 kg。李法儿表示收购前他会去现场看砍下竹子的情况，大致在心里先毛估一下竹子的重量，看够不够。

⊙2

⊙3

⊙2 砍伐后还未运下山的嫩竹原料 Tender bamboo after lopping

⊙3 造纸取水水源——厂区附近的山泉水小溪 Water source of papermaking: stream near the factory

2. 辅料：水

水质的好坏一定程度上决定着纸的好坏。富阳山地丘陵地带众多，富含山泉水资源。新三元书纸品厂选用的是生产厂区附近山上流淌下来的山泉水，水质清澈。据调查组成员现场测试，“缘竹坊”牌元书纸制作所用的水pH为6.8，接近中性，微偏弱酸性。

（二）“缘竹坊”牌元书纸的生产工艺流程

元书纸的制作工艺非常繁琐复杂，从一根毛竹到变成纸，前前后后需经过几十道工序，从最初的选竹、砍竹，到最后的烘焙、裁剪，都靠一双巧手。据李法儿介绍及调查组调查后的归纳，“缘竹坊”牌元书纸生产工艺流程为：

壹	贰	叁	肆	伍	陆	柒	捌	玖	拾
砍竹	断青	削青	拷白	落塘	断料	浸坯	蒸煮	翻滩	捆料

拾壹	拾贰	拾叁	拾肆	拾伍	拾陆	拾柒	拾捌	拾玖
淋尿	落塘	榨水	打浆	抄纸	压榨	晒纸	检验剪纸	成品包装

壹 砍竹

1 ⊙1

根据气温和竹子长势，在农历小满前后的10～15天上山砍伐当年生长的嫩毛竹，从根部处砍，砍下的竹子由人工搬运下山。

⊙1 砍竹 Cutting bamboo

贰
断　青

2　⊙2

将砍下山的嫩毛竹运到空旷的地方，用砍刀将竹子砍成2 m长左右的竹段。

⊙2

叁
削　青

3　⊙3

将嫩竹表面青色的皮去掉。此时，削竹者面朝扶桩，左腿前跨成左弓步，右手在前，左手在后，两手握刀一前一后平行推动进行削竹。

⊙3

肆
拷　白

4　⊙4

工人拿着削去青皮的竹段使劲向地上砸，使完整的竹筒开裂成片。对于难以砸破的地方，通常会用尖嘴榔头顺着裂缝敲打破开。

⊙4

伍
落　塘

5　⊙5

拷白处理后的竹片用塑料绳扎成小捆，放入料塘中浸泡。顺序是先放白坯到料塘里，再放满水。浸泡10天左右，具体时间有时会根据气温情况相应调整，气温高时可以相应缩短浸泡时间。

⊙5

陆
断　料

6

将浸泡好的白坯从料塘中取出，稍微沥干后砍断成40 cm左右的竹段，然后用绳捆成17～18 kg重的小捆。

⊙2 断青 Cutting the bamboo into sections

⊙3 削青 Stripping the bamboo

⊙4 拷白 Breaking the stripped bamboo into pieces

⊙5 用于泡料的料塘 Soaking pool

工
艺
流
程

016

中国手工纸文库
Library of Chinese Handmade Paper

浙
江 卷·中卷
Zhejiang II

Xinsan Yuanshu Paper Factory

柒 浸　坯
7　⊙6

将捆好的白坯放入石灰水池中。坯放到石灰水中，石灰水会因化学反应而放热沸腾。坯入水后表面形成一层石灰膜，即可知浸入石灰的量够了。竹捆充分浸入石灰后从池中拿出，放在一边堆放到第二天。

⊙6

捌 蒸　煮
8　⊙7

第二天，将堆放好的白坯一圈圈整齐码放入蒸锅内蒸煮，上面盖上塑料布，烧到水沸腾后再持续蒸煮约一整天时间。

⊙7

玖 翻　滩
9

传统的做法是将煮好的竹料从蒸煮的大锅里取出摊放，待温度降低后拿到水池中用流动的山泉水反复洗刷，将料上和料里的石灰冲刷洗干净。

拾 捆　料
10

将洗好的竹料用干净的塑料绳重新一捆捆捆扎起来。

拾贰 落　塘
12　⊙9

将淋完尿液堆放发酵好的竹料竖着放在料塘里，放满清水，浸泡30天左右，期间需要换清水2次，让尿液充分挥发稀释，直到池中的水变红或者变黑，一般竹料表面长出菌丝或蘑菇即可拿出来使用。

⊙9

⊙8

拾壹 淋　尿
11　⊙8

淋尿是富阳元书纸制作中一道比较特别的工序。把洗净捆好的竹料捆放在尿桶或专门建的淋尿池里，从下到上用尿液浇灌浸泡一遍，然后将淋完尿液的竹料放在一旁堆放起来等待发酵。堆放的时间依据气温高低而有不同，一般夏季需要15天，冬季需要30天左右。李法儿表示，因为传统说法是童子尿最好，因此新三元书纸品厂一直从当地的湖源小学收集尿液。

⊙6
浸泡白坯
Soaked bamboo

⊙7
蒸煮用的锅炉
Stone boiler for steaming and boiling

⊙8
厂里专门砌的淋尿池
Urine pool for fermenting

⊙9
新三元书纸品厂内的浸泡池
Soaking pool in Xinsan Yuanshu Paper Factory

拾叁

榨　　水

13

将拿出来清水洗净的竹料直接用千斤顶（传统使用木榨）压榨，将水份挤出到基本成半干料，此时的竹料叫白料。

拾肆

打　　浆

14　　⊙10

先用石磨将白料磨成粉状，一般用石磨机器研磨40～50分钟即可达到标准；然后将磨好的粉状白料加清水搅拌，制成捞纸用的竹浆。

⊙10

拾伍

抄　　纸

15　　⊙11

正式抄纸前，首先需要将和单槽棍从自己身前方向向外按照顺时针椭圆状反复推开，此时的动作要领是一定要匀速，等和到纸槽中心成旋涡状水纹即可。然后抄纸工双手端抄纸帘，从上到下倾斜20°左右将纸帘下插到槽内浆水中，再缓慢向身前方向提上来，当纸帘出水面时有一个纸帘朝前倾斜的动作，目的是将纸帘上多余的纸浆匀出。最后将纸帘从帘架上抬起，把抄好的一张张湿纸膜转身倒扣在旁边的纸帖垛上。纸帖稍稍倾斜放，这样可以让水流向一边，不容易弄湿衣服。新三元书纸品厂一般一个工人一天可以捞10多刀纸，工资按合格件计价，一天300元左右。

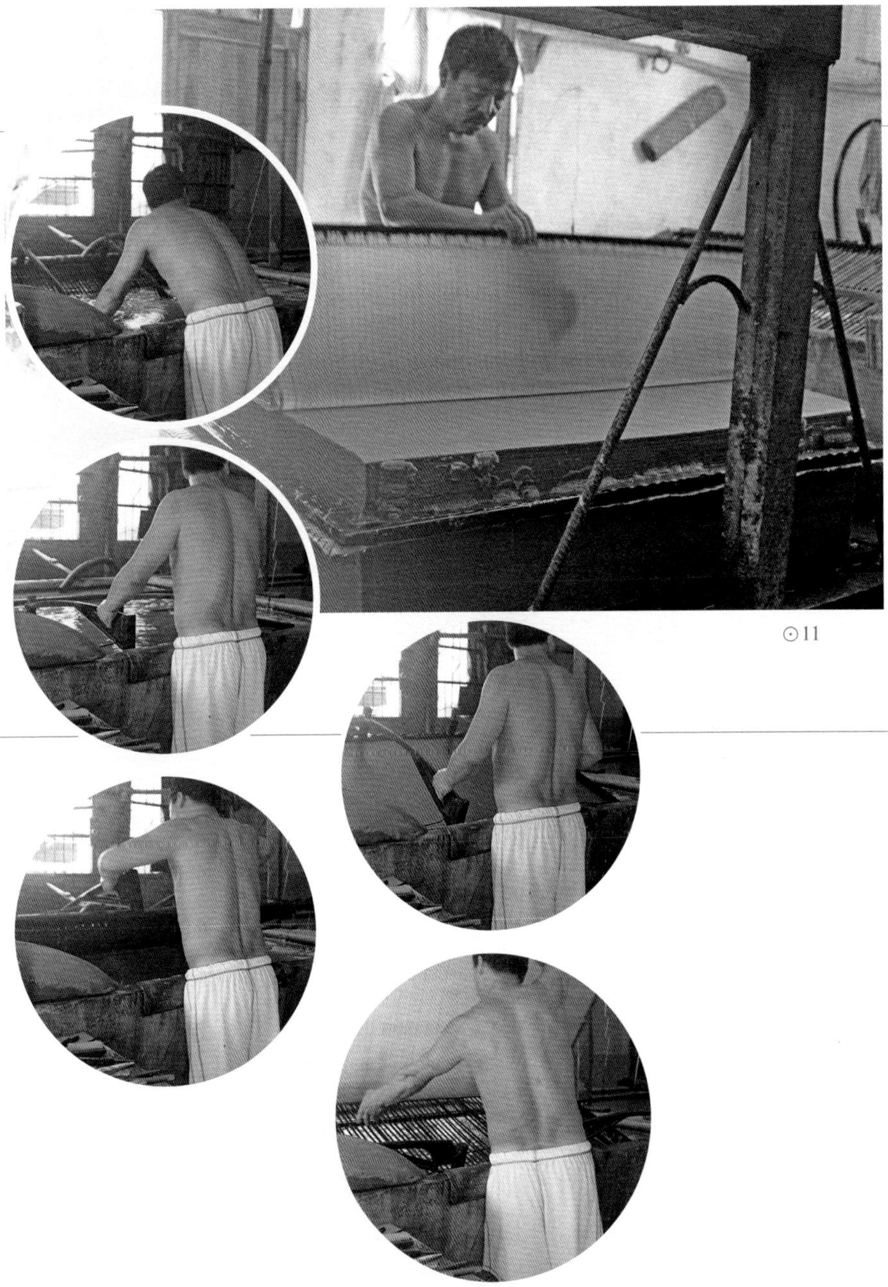

⊙11

⊙ 11
抄纸工序的几个重要动作节点
Major procedures of papermaking

⊙ 10
混合竹浆和清水的打浆池
Beating pool with bamboo pulp and water

冨阳区元书纸｜Yuanshu Paper in Fuyang District

Section 1 第一节

新三元书纸品厂

拾陆 压榨

16 ⊙12

通常抄纸工人捞完每天额定量的湿纸后，形成湿纸垛，将这些湿纸放在木榨板上，使用千斤顶缓慢压榨出湿纸水分。压榨结束，抬入晒纸房里烘干，一般是当天晚上压榨第二天即可晒纸。

拾柒 晒纸

17 ⊙13

晒纸的工序又可细分为多步：第一步，用鹅榔头在压干的纸帖四边划一下，让经过压榨变得紧密的纸帖松散开；第二步，捏住纸的右上角捻一下，这样右上角的纸就翘起来了，再用嘴巴吹一下，一角粘在一起的纸就分开了；第三步，晒纸工人用手沿着纸的右上角将纸帖上的纸揭下来，贴上铁焙，一边贴一边刷，使纸表面平整；第四步，重复揭纸贴焙，贴满整个铁焙一面后，从开始晒纸处依次将已经蒸发干的纸揭取下来。

拾捌 检验剪纸

18 ⊙14

对晒好的纸进行检验，挑选出合格的纸，用刀裁齐毛边。裁下的毛边和挑选出的不合格的纸回笼打浆循环利用。

拾玖 成品包装

19 ⊙15

剪好的纸放在仓库，按照100张一刀理好，盖上“缘竹坊”商标、品名、尺寸等印章，包上“缘竹坊”品牌包装纸壳。成立自有品牌“越竹斋”后，纸品在包装前都会加盖带有“越竹斋”与纸品类别字样的印章。

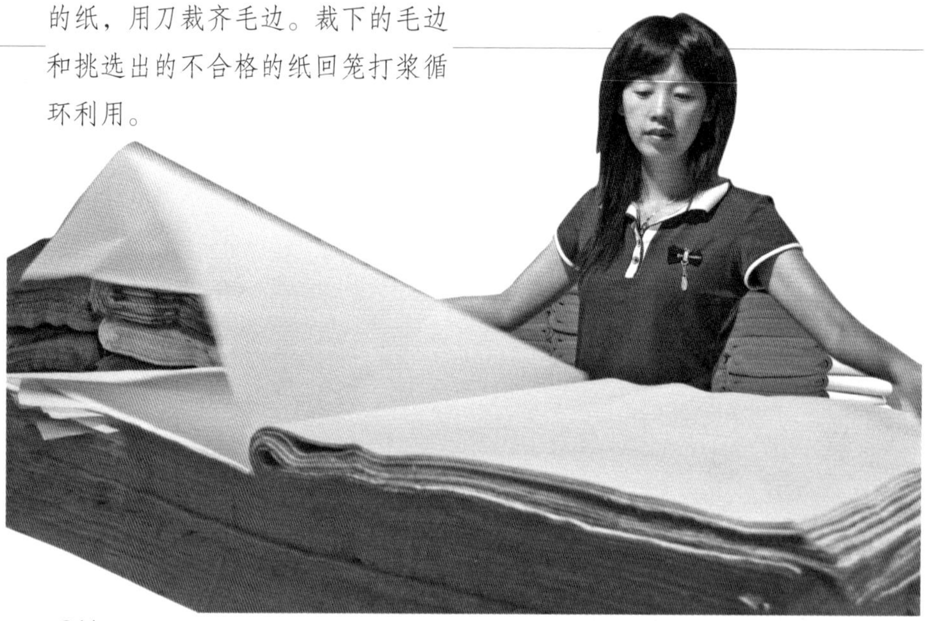

⊙12 压榨机
Pressing machine

⊙13 工人在刷纸上焙墙
A papermaker pasting the paper on drying wall

⊙14 正在检验纸张的潘筱英
Pan Xiaoying checking the paper

⊙15 『越竹斋』牌南宫金版纸
"Yuezhuzhai" Nangongjinban paper

（三）“缘竹坊”牌元书纸的主要制作工具

壹 石磨 1

用来磨竹料，磨成粉进而打浆。实测新三元书纸品厂所用的石磨尺寸为：底盘上圆表面直径268 cm，高61 cm；石磨上竖立的小磨直径112 cm，厚45 cm。

⊙16

贰 纸帘 2

用于抄纸，苦竹丝编织而成。李法儿介绍，他们用的纸帘是从富阳区大源镇的制帘户处购买的，2015～2016年1张四尺纸帘需500元左右，可用1年时间。实测新三元书纸品厂所用的四尺纸帘尺寸为：长146 cm，宽76 cm。

⊙17

叁 帘架 3

支撑纸帘的木质帘托，硬木制作。实测新三元书纸品厂所用的四尺帘架尺寸为：长156 cm，宽76 cm，高4 cm。

⊙18

肆 鹅榔头 4

刷纸上墙前打松纸帖的工具，主要用途是方便从半干纸帖上揭纸。实测新二元书纸品厂所用的鹅榔头尺寸为：长35 cm，直径3.5 cm。

⊙19

伍 松毛刷 5

晒纸时将湿纸刷上铁焙的工具，刷柄为木制，刷毛为松毛。实测新三元书纸品厂所用的松毛刷尺寸为：长45 cm，宽13 cm。

⊙20

陆 焙墙 6

用来晒纸。实测新三元书纸品厂所用的焙墙尺寸为：长670 cm，高273 cm，上宽40 cm，下宽52 cm。

⊙21

⊙16 石磨 Stone Roller

⊙17 不同规格的纸帘 Papermaking screen in different size

⊙18 帘架 Frame for supporting the papermaking screen

⊙19 鹅榔头 Wooden hammer for separating the paper layers

⊙20 松毛刷 Brush made of pine needles

⊙21 焙墙 Drying wall

五
新三元书纸品厂的市场经营状况

5
Marketing Status of Xinsan Yuanshu Paper Factory

李法儿说，在他的主持下，新三元书纸品厂在发展过程中一直坚持市场与客户导向，关注市场对新产品的需求。例如，富阳传统毛竹元书纸基本上都是43 cm × 43 cm或46 cm × 46 cm等小尺寸的，李法儿在经营中发现不少客户对大尺寸的元书纸有需求，供需不能完全对应。毛竹的竹纤维短，富阳造纸界习惯上认为生产不出大尺寸的元书纸。为了造出大规格、多品种的元书纸，李法儿请教造元书纸的同乡老前辈，请教中国美术学院教授及书画家，尝试嫁接现代工艺，改进传统工艺，调整传统纸帘大小和原料配比。经过1997～2007年10年不懈的努力，李法儿终于造出了能满足书画家需求的各种尺寸的元书纸，产品一经推出，就受到消费市场的欢迎。

据李法儿提供的数据，近5年来，新三元书纸品厂的年销售额动态保持在300万～500万元之间，境内主要销往北京，境外以日本、韩国和中国台湾为主，后者约占总销量的三分之一。除了生产传统纯竹浆元书纸，李法儿会在原料因季节限制不充足的情况下，利用空闲时间做一些质量相对较次的书画印刷用纸。主要制作草浆纸，原料龙须草浆板主要从河南南阳地区购买，2010年的价格每吨为10 000多元。2019年1月回访时了解到，其在2010年之前用南阳的龙须草浆板，2010年之后在富阳地区有少量采购，因购买不多加上价格浮动大，未能得出明确采购价格。后期因配方调整，也会应客户需求在造纸竹浆中适量加入山桠皮或桑皮。每年生产的纸约60%销往北京；因日方价格压

第九章 Chapter IX

富阳区元书纸
Yuanshu Paper in Fuyang District

第一节 Section 1

新三元书纸品厂

低，已有10多年未与其合作；偶尔会销往韩国；每年销往中国台湾地区约700刀纸。

2019年1月调查组回访时，潘筱英介绍目前"越竹斋"主要的销售渠道有两种：一是与具有影响力的纸商开展合作，由他们协议代销。截至2019年1月，"越竹斋"已在北京、广东、上海等地建立多个合作代销渠道，其中不乏像"荣宝斋"这样有着过百年经营文房四宝历史的老字号店铺。二是同知名书法家或机构建立长期合作关系，依靠口碑推荐与纸品质量拓展销售渠道。"越竹斋"品牌的白唐纸因其色泽白净、墨与水不易浸透等优点，近两年来一直是中国美术学院考试的专供纸品，为中国国家画院、北京大学、中国国家图书馆等单位供纸也有3年多了。

"越竹斋"尚未自主开拓线上销售渠道，线上多由"荣宝斋"等合作商代销。回访时，潘筱英表示未来会考虑自己建设线上渠道。目前"越竹斋"销售的代表纸品为混合竹料与皮料的玉竹纸，色调古雅、宜施粉黛的南宫金版纸，适用于各种绘画笔法的六法画纸等。接受高端纸品定制，各纸品的定价因定制尺寸等要求不同而上下浮动。2018年，"越竹斋"纸品当年销售额为300多万元。

⊙2

⊙1

⊙ 1
『越竹斋』品牌白唐纸
"Yuezhuzhai" Baitang paper

⊙ 2
供给中国国家图书馆的竹纸礼盒
Bamboo paper gift box for the National Library of China

六 新三元书纸品厂品牌文化与习俗故事

6
Brand Culture and Stories of Xinsan Yuanshu Paper Factory

⊙1

（一）品牌文化轶事

1. “冠形塔”商标名称来历

据李法儿介绍，新三元书纸品厂在成立之初，为了出口日本需要，以当地地名创立了“冠形塔”商标。冠形塔为新三行政村冠形塔村村口的一块石头，高约1.7 m，石头上尖下宽形似官帽。以“冠形塔”名之，一方面表示村里曾出现不少杰出人才，另一方面也蕴含了冠形塔村村民对美好生活的向往和积极进取的精神。因此，2017年冠形塔村进行道路整修拓宽工程时，并未因石头阻碍将其移除，反而作为村子的标志保留了下来。

2. “缘竹坊”品牌名称的由来

2011年，潘筱英取“因以竹造纸的历史，与天下书法家而结缘”之意，正式确定品牌名称为“缘竹坊”。之后，“缘竹坊”纸品因墨韵效果好，不发灰，纸面细腻等特点，逐渐在书画家的圈子中建立了良好口碑。书画家间的口口相传也使知名书法家黄琦同“缘竹坊”结缘，2012年，中国书法家协会副主席黄琦题字“缘竹坊”。此后在2010年注册商标“缘竹坊”，停止使用“冠形塔”商标，但是企业仍享有保有权。因经营等问题，2014年起停止使用“缘竹坊”品牌，纸厂生产的纸品统一使用“越竹斋”为品牌标识。

⊙2

⊙1 冠形塔村村口被称作『冠形塔』的石头
"Guanxingta" Stone at the entrance of Guanxingta Village

⊙2 『缘竹坊』商标
"Yuanzhufang" trademark

3. “越竹斋”品牌名称的由来

2015年，潘筱英开始在北京运营自有品牌“越竹斋”。谈及创立“越竹斋”的过程，潘筱英表示自己对纸的热爱源于自己的父亲潘贤水与公公李法儿。潘贤水并未习得造纸的各工序技艺，其毕生心血都花在造纸原材料——竹子身上。旧时种植竹子被乡亲看作是傻行为，但潘贤水一直坚持着，他认为，好的环境加上用心栽培才会有好的竹纤维。至今，生产“越竹斋”纸品的竹料大多源自潘贤水的竹山基地。李法儿则认为纸作为中国的四大发明之一，是中国文化传承的重要媒介，上百道造纸工序的不断磨炼，才能让一根竹蜕变为一张纸。李法儿与潘筱英均表示：好纸，应当以保存时间为重要衡量标准。因此有“人生有限纸无限”的说法。

潘筱英初到北京时，发现市场中人们大多知道安徽宣纸，但对富阳纸却并未有太多了解，出于对富阳竹纸的热爱及推广家乡纸的目的，潘筱英创立了“越竹斋”品牌。据潘筱英介绍，在历史长河中，王羲之、苏东坡等著名书法家都曾使用过富阳纸。将“越”字放入品牌名称中，是为了在推广过程中让人们理解古代“越地”与富阳纸的渊源，让其更具知名度。

（二）与纸相关的习俗

1. 开山祭典

访谈中据李法儿介绍：现在每年5月小满前要上山砍竹时，他都会带着工人上山拜山神，举行

⊙3 『越竹斋』宣传图 Advert of “Yuezhuzhai” paper

开山祭祀的仪式，祈求山公山母（山神）保佑，不要出现被蛇虫咬伤、竹子砸到等安全事故。通过祈福消灾，祝愿生意兴隆。案台上放着猪头、水果和香台。点香后主祭人先在火盆中焚烧火烧纸，表示通知山公山母仪式即将开始。主祭人拜过三拜，磕三次头后，说出祭祀祈愿和吉利话，用黄酒在地上浇一个圆圈，寓意圆满。随后一同参与祭典的人依年纪大小的顺序，一个个在香案前三拜三叩，默念心中祈愿，再泼洒杯中酒。整个仪式持续约30分钟。

⊙1

2. 大元书纸的由来

传统元书纸的尺寸规格较小，逐渐无法满足书画家们的需求。为了适应市场变化，1980年李法儿开始进行市场调研，根据市场调研的反馈，得出的结论是传统元书纸的尺寸必须改大。调研中李法儿印象最深刻的是1983年时苏州大学一位谢姓老师的评价："传统小元书纸纸质非常好，但尺寸不符合当下书法的使用要求。"改大尺寸的难处有三点：首先是纸帘大小的调整。对此，李法儿向大源镇的匠人定制了70 cm×70 cm尺寸的纸帘。其次是做纸原料的不断调整。李法儿跑了多地，在2～3年后寻到了龙游山桠皮和海宁桑皮，形成了纸料的新配方。生产中根据客户的要求，考虑是否添加皮料，但常规元书纸仍使用100%嫩竹制作。最后是抄纸工人。找到有过硬本领的抄纸工人是一件难事，李法儿在当地四处寻访，或是请知名的抄纸师傅传授技艺，组建了一支抄纸技艺高超的抄纸工人队伍。调整元书纸尺寸的工作自1997年开始，直到2007年左右才诞生了现在大型元书纸的雏形。

⊙2

⊙1
开山祭典仪式
Opening ceremony

⊙2
李法儿家中的传统元书纸
Traditional Yuanshu paper at Li Fa'er's home

七
新三元书纸品厂的业态传承现状与发展思考

7
Current Status and Development of Xinsan Yuanshu Paper Factory

（一）后继无人的困扰与无奈

到调查时的21世纪初叶，“富阳一张纸，行销十八省”的旧日辉煌局面早已不复存在，从宋代开始闻名，拥有近千年技艺传承历史的富阳元书纸和许多古老的民间工艺一样，正遭遇着生存与发展的困境。在富阳，技艺传承最大的问题是传统造纸技艺后继乏人：掌握造纸技术的工艺传人普遍年事已高，年轻人则因为不愿意从事收入相对不高又非常辛苦的手工活而不愿意学艺，几乎每一家造纸户都面临这一切实挑战。李法儿在访谈中表示，新三元书纸品厂现有员工年龄基本都在60岁以上，最大的都76岁了，这些年他想了不少办法，但终归无济于事。李法儿无奈地说，他认为富阳当地很难有年轻人愿意从事辛苦而寂寞的手工造纸行业了。

⊙3

调查组访谈中了解到的情况是，并不是这几年造纸工人渐渐老了才想到后继无人的问题，早些年，李法儿最大的心愿就是能找到接班人，使元书纸这一传统工艺能一代代传下去。令他稍感欣慰的是，2011年时儿媳妇潘筱英和外甥章群标接过纸厂的销售业务模块，用500万元注册资金创建了缘竹坊文化用品有限公司，主要从事新三元书纸品厂所造元书纸及延

⊙3
『浙江老字号』牌匾
Zhejiang Timehonored Brand plaque

伸文化创意产品的市场推广，同时也及时将市场与消费者的最新需求传递给在家乡的造纸基地。“缘竹坊”由潘筱英任董事长，章群标任总经理，李法儿则担任技术总监。2019年1月回访时，李法儿表示目前纸坊的传承寄托在自己的孙子李子航身上，孙子今年16岁，还在读高中，计划在学业完成后回来继承纸坊。潘筱英也表示支持自己的孩子从事造纸这项“伟大的事”。现在李子航已在学习书法绘画、笔墨纸砚等与手工纸相关的文化知识，对于造纸各环节的技艺也在逐步熟悉。

⊙1

（二）以纸为本，开辟文创体验新空间

考虑到纸厂员工因年龄增加逐渐减少，潘筱英计划将“越竹斋”作为对外宣传推广的窗口。在“越竹斋”造纸体验中感兴趣并愿意致力于从事这一行的年轻人，纸厂将以合作制的方式同他们签订协议。具体来说，纸厂计划通过提高员工薪资水平和加强团建活动等方式吸收“新鲜血液”，在北京教授年轻人造纸的各项技艺，再将他们转移到位于富阳的造纸基地进一步学习体验。

调查时李法儿提供的产量数据是：“目前我们的年产量是2万刀纸，1刀是100张。而‘顶级’手工‘宣纸’（注：富阳从20世纪中期后，一直将书画用途的元书纸也称为‘宣纸’，实际与产自安徽泾县用青檀树皮、沙田稻草混合原料生产的宣纸有较大不同）的年产量只有1万刀。”对于未来的展望，李法儿表示，他们纸厂计划用3年的时间，将产量提高到10万刀，并整合当地的竹纸生产资源，打造富阳元书纸的文化产业基地。

⊙1
『越竹斋』造纸工序体验
Experiencing "Yuezhuzhai" papermaking procedures

但新三元书纸品厂后续发展计划需要的大量资金支持尚未落实，李法儿希望的资金来源方式是通过股东投资、银行贷款等方式进行融资。“目前也有一些投资机构跟我们谈，但是我希望能找到志同道合的机构，在保护非物质文化遗产的前提下进行商业运作，而不是纯粹奔着商业利益而来。”

2019年1月回访时谈及未来发展规划，潘筱英表示：未来的发展重点是打造研学游活动，将从线上与线下两个方面着手规划。线下通过体验馆宣传。潘筱英2013年到北京考察，2015～2017年间逐步在北京建立了3个体验场馆，通过体验馆内的造纸体验或举办与造纸相关的文化活动，吸引并引导目标群体参与。线上的渠道主要依靠微信公众号等新媒体平台进行宣传。“越竹斋”推广的研学游以书画爱好者为主，内容除造纸外，还将与亲子互动、文创体验、文房四宝等元素相结合，目前研学游已在计划中，预计将在2020年正式推广。

⊙2

⊙2
以『越竹斋』名义举办的体验沙龙
Experiencing salon in the name of "Yuezhuzhai"

元书纸

Yuanshu Paper
of Xinsan Yuanshu Paper Factory

本色仿古元书纸透光摄影图
A photo of antique Yuanshu paper with original color seen through the light

第二节

杭州富春江宣纸有限公司

浙江省
Zhejiang Province

杭州市
Hangzhou City

富阳区
Fuyang District

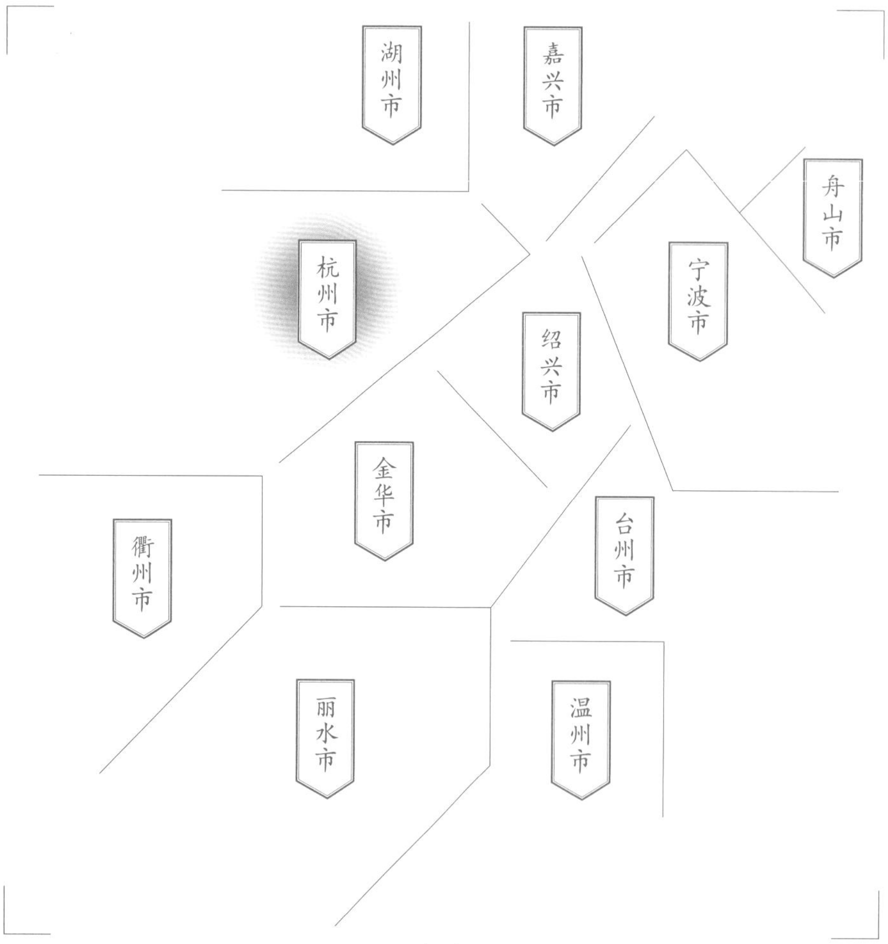

调查对象

富阳区大源镇大同村
杭州富春江宣纸有限公司
竹纸

Section 2

Hangzhou Fuchunjiang Xuan Paper Co., Ltd.

Subject

Bamboo Paper in Hangzhou Fuchunjiang Xuan Paper Co., Ltd. in Datong Village of Dayuan Town in Fuyang District

一
杭州富春江宣纸有限公司的基础信息与生产环境

1

Basic Information and Production Environment of Hangzhou Fuchunjiang Xuan Paper Co., Ltd.

杭州富春江宣纸有限公司（简称富春江宣纸公司）位于富阳区大源镇大同村方家地村民组，距杭千高速5 km，靠近杭州市富阳区新庄线，地理坐标为：东经121°5′10″，北纬29°58′2″。

富春江宣纸公司前身是富阳县庄家古籍书画厂，现任纸厂（公司）总经理为庄富泉。2007年，庄富泉被列为中国第一批国家非物质文化遗产项目富阳竹纸制作技艺的代表性传承人。

大源镇位于富阳区南部、富春江南岸，东接灵桥镇，南与萧山区地域一岭之隔，西邻环山乡，北依春江街道，距杭州市中心区37 km，区域总面积105 km²。2016年8月11日入厂调查时，全镇辖15个行政村，1个居委会，常住人口3.6万余人，外来人口1万余人。

大源镇为秦汉时设置的行政区划，建镇距今已有2 200年左右。据文献与乡土传说，大源镇自古读书尚学、崇文尚德之风盛行，据传三国东吴大帝孙权的祖父孙钟曾隐居镇区西边的阳平山读书，中国当代著名作家麦家也是令乡人自豪的大源镇蒋家村出生与长大的。大源镇造纸界比较知名的是史尧臣，他在当地可以说是个传奇人物。

第九章
Chapter IX

富阳区元书纸

Yuanshu Paper in Fuyang District

第二节
Section 2

杭州富春江宣纸有限公司

⊙1

1
富春江宣纸公司办公楼
Office building of Fuchunjiang Xuan Paper Co., Ltd.

2
史氏祠堂中的史尧臣像
Portrait of Shi Yaochen in ancestral hall

⊙2

杭州富春江宣纸有限公司位置示意图

Location map of Hangzhou Fuchunjiang Xuan Paper Co., Ltd.

考察时间
2016年8月 / 2019年1月

Investigation Date
Aug. 2016/Jan. 2019

路线图
富阳城区
↓
杭州富春江宣纸有限公司
Road map from Fuyang District centre
to Hangzhou Fuchunjiang Xuan Paper Co., Ltd.

地域名称

造纸点名称

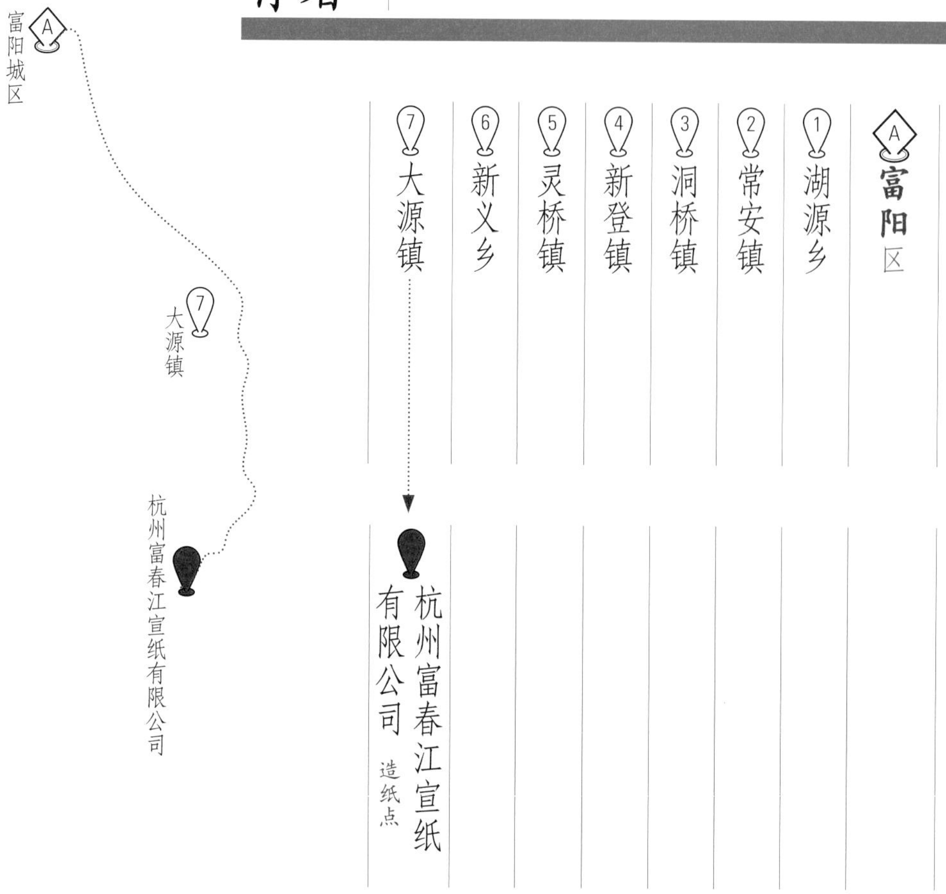

位置分布

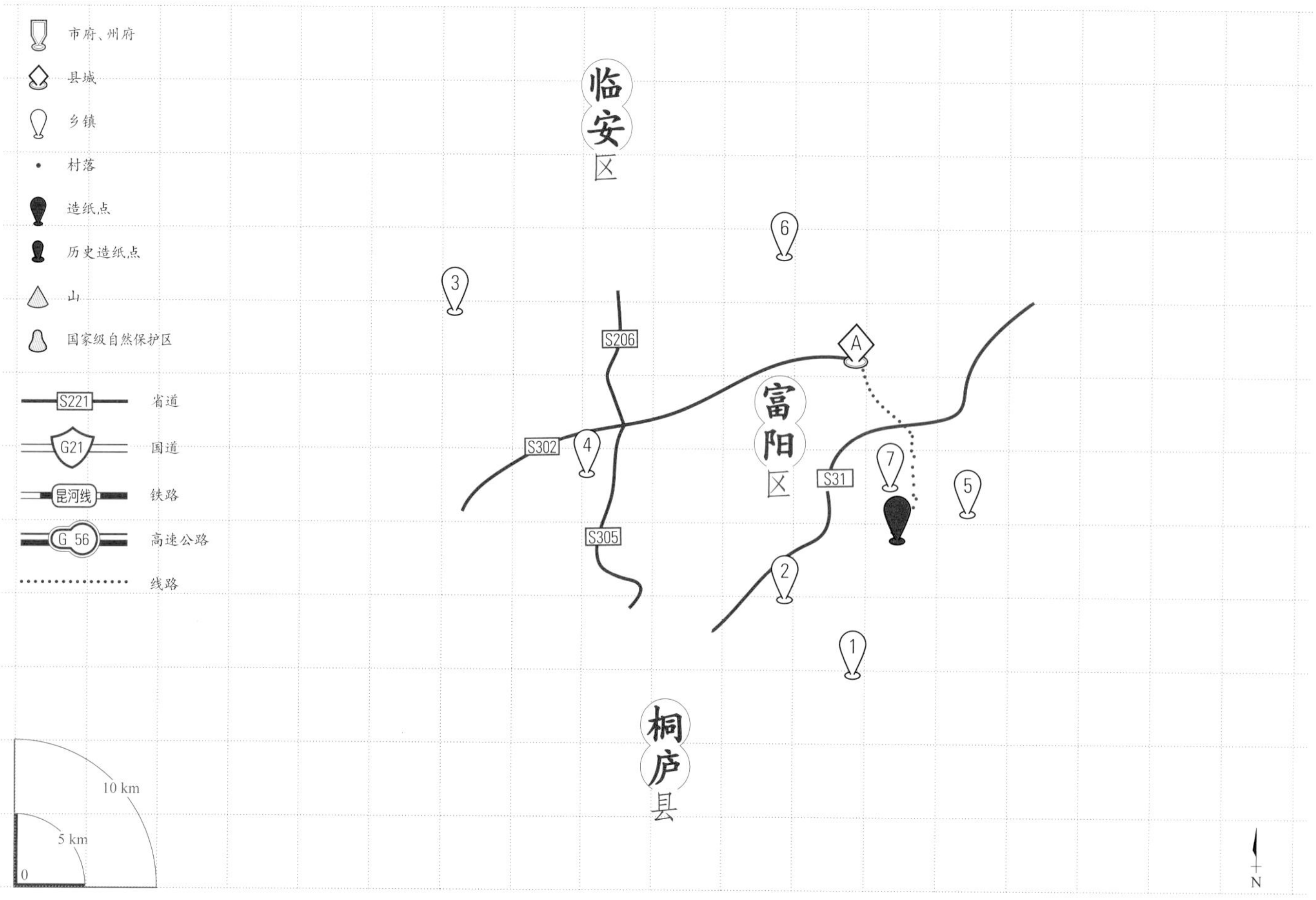

据富阳造纸名人史尧臣第八代传人史祖庭介绍：史尧臣生于清康熙五十八年（1719年），自小家境贫寒，靠做农活和帮槽户做纸为生。成亲之后时来运转，在其夫人楼氏的协助之下，“以致田园日扩，家资万金”，成为富甲一方的财主。之后开始发展并扩大自己的纸业。史尧臣陆续买下了18个山坞的毛竹山，从牛头岭到大黄领之间的山坞都是他的，有$3.5\times10^6\sim4.0\times10^6$ kg立竹量；鼎盛时拥有48只皮镬，100多家槽厂。当时富春江南民间曾流传着这样的歌谣：“朱禄年（注：灵桥人）的谷，史尧臣的竹”，可见其产业规模之大。史尧臣纸坊的代表纸品为元书纸、六千纸、海放纸，主要销往江苏、天津等地，据说只要纸上面盖着“富春史尧臣”的印记，便是一路放行，畅通无阻，史尧臣纸坊的闻名程度可见一斑。[1]

⊙1

⊙1 牛头岭 Niutou Ridge

[1] 浙江省富阳市政协文史委员会.中国富阳纸业[M].北京:人民出版社,2005:52-53.

关于富阳及大源镇造纸的起源，当地不少百姓以及庄富泉本人都说用竹子造纸已有1 700多年历史，即富阳造竹纸始于东晋，但调查组在历史文献与乡土资料中均未能获得任何信史记载的信息。

调查组通过访谈庄富泉及查询浙江省工商行政管理局网站得知，杭州富春江宣纸有限公司登记的企业法人为庄富泉，公司成立于2002年4月16日，注册资本300万元，主要经营“宣纸”、古籍印刷用纸、工艺实用纸、画心纸、吸油纸、包装袋纸、钞带纸、彩色封面纸、“宣纸”信纸制品等产品。

浙江省工商行政管理局网站还显示，2010年起，富春江宣纸公司共申请了“庄富泉本槽”“富泉FuQuan”“黄子久”“富泉”和“富春江元书”等5个注册商标。

⊙1

2008年浙江省经济贸易委员会认定杭州富春江宣纸有限公司（使用商标“富泉”牌）为“浙江老字号”，2009年杭州市人民政府认定杭州富春江宣纸有限公司（使用商标“富泉”牌）为“杭州老字号”。

2016年8月11日调查组入厂调查时富春江宣纸公司的基础生产信息是：共有8口手工纸槽，调查当天，据庄富泉表示因为季节关系，有6口槽在生产，3个工人负责一口槽。2019年1月18日，调查组回访得知，富春江宣纸公司至少有45个常年造纸的工人，手工纸工人有20多人，机械纸工人有25人。庄富泉正打算2019年3月份开始新建厂房、扩大规模，将手工纸槽加至12口。

⊙2

⊙3

⊙1
系列商标证书
Trademark certificates

⊙2
老字号牌匾
Time-honored brand plaques

⊙3
厂区内手工纸生产场景
Handmade papermaking scene in the factory

二
杭州富春江宣纸有限公司的历史与传承情况

2
History and Inheritance of Hangzhou Fuchunjiang Xuan Paper Co., Ltd.

访谈中据庄富泉的口述：他本人1955年出生于大源镇，有3个弟兄，分别是生于1952年的大哥庄雪标，1960年的老三庄孝泉，1964年的老四庄仕泉。年幼时家境很贫困，三弟四弟在17岁的时候就外出当兵，调查时三弟担任富阳区文广新局的纪委书记，四弟在庄家村里当村支书。

庄富泉的祖先先从福建的建阳迁到安徽徽州府的歙县，具体什么年代已经记不清楚。明代宣德年间（1426～1435年），庄家祖先不知什么原因又从歙县的绵潭村（此村今日为著名的新安江山水画廊景区的核心区）顺新安江、富春江下迁到浙江富阳县的双溪坞，以烧炭、垦荒种粮维持生计。明代万历年间（1572～1620年），随着人口增加、劳动力增多，越来越多的人以烧炭为生，使得山上可供砍伐烧炭的树木越来越少，于是其祖先开始学习造土纸的技艺，据说还仿造过老家歙县一带“宣纸”的工艺（此为访谈中庄富泉一再坚持的说法，但调查组没有获得相关支持其祖先仿歙县造“宣纸”这一说法的凭据），如果这一说法可靠，庄富泉家族在富阳造纸已经有400余年。

⊙4

⊙4
庄富泉（右）向调查人员展示纸品小样
Zhuang Fuquan (right) showing samples to a researcher

庄富泉表示，元书纸是古代流行的书写用纸，元书纸这一名称还是宋朝皇帝“御口”封的呢。传说北宋前期，当时富阳出生的吏部大臣谢景初（1020—1084年）用家乡人采嫩毛竹造的好竹纸写呈送给皇帝的奏章，皇帝见此纸字迹清晰，手扣有音，闻有清香，很有兴趣，自己试用后认为这个纸用来书写非常好用，而且纸的颜色是淡黄色的，可以祭祖，于是当即下旨让富阳地方上贡此纸。皇帝又觉得此纸当时的名字“赤亭纸”不好听，于是御口改为“元书纸”。“元书纸”遂成为天下流行的书写名纸，号称“富阳一张纸，行销十八省”。富阳当地流行一句话，“京都状元富阳纸，十件元书考进士”，描绘的就是元书纸与读书人之间的亲密关系。

检索中国浙江非物质文化遗产网，对庄富泉家族从事竹纸制作技艺的传承谱系是这样介绍的：太祖父庄明邦，在清朝最早期的顺治年间（1643～1661年）利用竹料生产元书纸、祭祀竹纸；曾祖父庄玉张和祖父庄渭林，一生都从事竹纸生产，庄富泉家中还有曾祖父庄玉张在1861年造的竹纸，祖辈一直流传下来；父亲庄安根一生从事元书纸生产。其中，庄安根的削竹技术很高超，在当时的造纸师傅中非常有名。提起父亲出神入化的削竹技艺，庄富泉很是自豪地宣称：“我父亲削下的半青半黄的皮都可以推牌九。在当时，要造好纸，最好是用我父亲削下来的竹来造。”

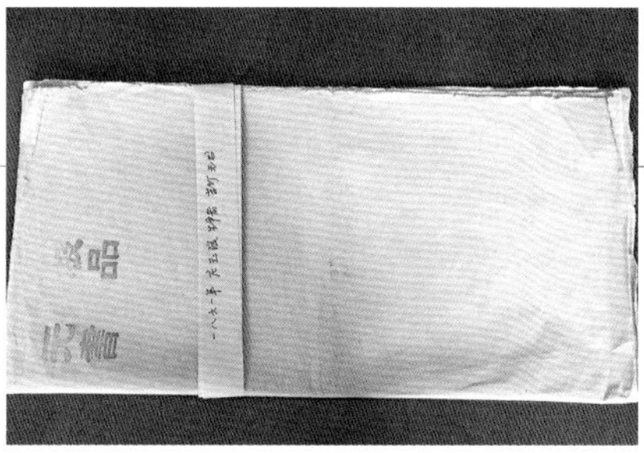
⊙1

1971年初中毕业后，15岁的庄富泉开始在当时的生产队里工作。当年村里每个生产队（相当于今天的自然村）有3～5口纸槽，年轻的庄富泉白天做篾工的活以及诸如打浆料等各种杂活，同时挤出时间看造纸师傅的动作，“偷偷学造纸术”；晚上9点之后，纸槽的工人们都下班了，庄富泉就偷偷摸摸点着洋油灯来到纸槽内练习削

⊙1
150多年前庄玉张手造并流传下来的竹纸
Handmade bamboo paper by Zhuang Yuzhang 150years ago

竹、抄纸等技术。庄富泉表示，那个时候很多造纸师傅不愿意带徒弟，怕“教会徒弟饿死师傅”，所以只能偷偷学、偷偷练。

调查中庄富泉告诉调查组，他的兄弟姐妹同辈中没有继承家族造纸事业的。他有两个孩子，女儿庄丹萍，儿子庄丹枫。女儿本来在他的造纸公司上班，后来结婚生子脱离公司，目前在经营服装生意；儿子现在在日本读书，今年24岁。至于下一代是否学习或掌握造纸技艺，庄富泉的说法是：女婿董文杰已于2018年7月进入公司主管销售方面的事务，儿子庄丹枫跟着庄富泉也学会了造纸技术，等从日本学成归来之后或许会传承纸业。2013年杭州萧山区举办文博会时，庄丹枫曾在文博会现场演示了造纸技艺。庄富泉的妻子池雪凤也已经55岁了，其跟随庄富泉学会了造纸技艺，但是平时不做，只有参加文博会等活动时，才会在现场表演造纸。

⊙2

⊙2 庄丹枫在文博会现场演示造纸技艺
Zhuang Danfeng showing papermaking at China (Shenzhen) International Cultural Industry Fair

表9.3 庄富泉家族造纸传承谱系
Table 9.3 Zhuang Fuquan's family genealogy of papermaking inheritors

传承代数	姓名	性别	民族	基本情况
第一代	庄明邦	男	汉	生卒年不详，清顺治（1643～1661年）年间利用竹料生产元书纸、祭祀竹纸
第二代	庄玉张	男	汉	生于19世纪50年代，卒年不详，以造纸为生
第三代	庄渭飞	男	汉	生于1891年，卒年不详。会踏料
	庄渭林	男	汉	生于1893年，卒于1971年。会踏料
	庄渭荣	男	汉	生于1896年，卒年不详。踏料技术最好，因一直弯腰踏料导致驼背
第四代	庄安根	男	汉	生于1911年，卒于1992年。自小学习造纸，除晒纸之外的流程都会，其中削竹的技术最好
	庄木根	男	汉	生于1922年，卒于2015年。晒纸技艺最好
第五代	庄富泉	男	汉	生于1955年，高中文化程度，1972年随父从事竹纸生产，能熟练掌握和操作全套竹纸制作技艺。第一批国家级非物质文化遗产项目竹纸制作技艺代表性传承人，富春江宣纸公司厂长、董事长
第六代	庄丹枫	男	汉	生于1994年，现在日本读大学，跟着父亲庄富泉学会了抄纸

1972年9月至1978年9月，庄富泉在庄家村土纸厂工作。庄富泉说，那一时期富阳人到安徽泾县去学习造宣纸，还专门在大源镇建了一个大的宣纸厂。后来改革开放了，个人造纸开槽也自由了，当地出现了很多生产富阳“宣纸”的造纸户。但是富阳造的“宣纸”比不上泾县宣纸，有一段时期推销不出去。由于能吃苦又擅长与人打交道，庄富泉于是承担起将村里的“宣纸”集中起来卖出去的业务。庄富泉回忆说，他当时在村里集体办的五金厂工作，有“介绍信”，在当年对民间自由市场交易严格控制的背景下，能够合法地去全国各地卖纸。

提到“介绍信”，庄富泉讲述了他当年年少时得到介绍信、走南闯北的趣事。1980年初，村里的纸开始滞销。1983年在一次“豆腐饭”席上，庄富泉表示他可以去外面推销村里滞销的纸，但是需要村里给发介绍信。当时没有人相信这个才20多岁的小伙子，村副主任更是不屑地认为庄富泉没有资格，此时庄富泉心高气傲地表示自己会在“7天之内销光3个村子所有的纸”。之后在集体企业庄家宣纸厂厂长的支持下，庄富泉拿到了介绍信，去外面销货。

庄富泉也是有策略的：第一步，他先跑到杭州的书画社，将全国各地产的纸，如安徽宣纸、云南纸、四川纸等，买回去研究了3天，观察不同的纸将墨滴上后渗开的情况。通过仔细研究，庄富泉掌握了这样的一项技能：只要将一滴墨滴到纸上，看到渗开的情况，他就知道是什么纸。

第二步，庄富泉跑到天津杨柳青书画社推销纸，结果当时的主管人员对他说：富阳纸不好，他们不用。庄富泉不服气，一直问不好、不用的原

⊙1 访谈中的庄富泉 Zhuang Fuquan in the interview

因，杨柳青的负责人看他年纪小，便认为庄富泉是不懂纸的，不想和他多话。而固执的庄富泉并不愿意就这样无功而返，就跟杨柳青的负责人说："随便一张纸，你不用告诉我单位，滴一滴墨，我就知道是哪种纸、哪里的纸。"这样一番试验之后，庄富泉和杨柳青书画社建立了初步的联系。之后的3天，经过庄富泉的软磨硬泡，终于顺利签订了300件（1件=2 000张）纸的订单。第一笔订单到手之后，庄富泉有了底气，先后去了上海的书画社以及其他一些城市的书画社上门推销，后来将3个村子积了3年的纸都销掉了，一共销了好几千件纸。

1985年左右，当地生产的"宣纸"通过浙江省工艺品进出口公司开始远销韩国、日本等地。据庄富泉的口述，由于推销大获成功，1985年之后，庄家村的手工纸厂都是将纸先卖给庄富泉，他再将纸推销出去。后来因为日本、韩国对出口手工纸的质量要求高，村里老百姓做的纸质量不好，往往造成退货和品质纠纷，庄富泉渐渐减少了收纸。交流中庄富泉表示，他为村里推销手工纸的工作一直做到1999年左右，由于当年个人外贸自营权没有开放，外销纸都是经过安徽和浙江的工艺品进出口公司代理出口。1991年左右，庄富泉被推选为村主任，一直做到2007年，连续当了17年村主任。

调查中了解到，庄富泉办造纸工厂的历史很早。1979年，庄富泉通过3人合资的方式，与亲戚合作，创办了庄家古籍书画纸厂，同时兼任集体企业庄家宣纸厂的厂长。1985年始，庄富泉开发用龙须草浆板与竹浆为原料生产书画纸，主要的浆板靠外购，其中毛竹浆板来自四川和贵州，龙须草浆板来自河南南阳。2003年，庄富泉开发用竹料生产水果袋纸。

⊙2

⊙2
富春江宣纸公司的旧厂房
Old workshop of Fuchunjiang Xuan Paper Co., Ltd.

1983年，庄家宣纸厂更名为富春江宣纸厂，2002年，富春江宣纸厂更名为杭州富春江宣纸有限公司，自注册公司后，富阳市富春江宣纸厂的名称就不再使用了。

三
杭州富春江宣纸有限公司的代表纸品及其用途与技术分析

3
Representative Paper and Its Uses and Technical Analysis of Hangzhou Fuchunjiang Xuan Paper Co., Ltd.

（一）富春江宣纸公司代表纸品及其用途

庄富泉介绍，他们厂代表纸品比较多，如富春竹宣、小元书、富春山居宣、富泉牌泼墨宣、半熟（白唐纸）、富春元书、富春龙宣、陈年白唐、极品蚕丝纸等。纸品光外销的就有48种，主要销往韩国、日本。富春江宣纸公司的纸主要是做书画和古籍印刷等用途。

富春竹宣规格大小为70 cm × 138 cm，原料配比为老毛竹70%、龙须草30%，价格为150元/盒（一盒50张）；小元书用料是100%毛竹，规格大小为39 cm × 46 cm，价格为25元/刀；白唐纸规格大小为70 cm × 138 cm，原料配比为老毛竹60%、龙须草30%、混合木浆10%，价格为380元/刀；富春龙宣规格大小为70 cm × 138 cm，由55%白竹浆、35%龙须草和10%其他原料制成，价格为560元/刀；富春元书规格大小也为70 cm × 138 cm，用上好的嫩竹料70%、龙须草20%、其他原料10%制成，价格为1 200元/刀。另有两种“宣纸”，庄富泉不便透露原料及其配比情况，分别是富春山居宣以及富泉牌泼墨宣，规格大小均为70 cm × 138 cm，价格分别为3 000元/刀和3 900元/刀。调查中庄富泉透露，纸厂价格最高的纸品——极品蚕丝纸，规格为70 cm × 138 cm，为60%蚕丝和其他8种材料配比而成，价格为10万元/刀。由于没有采样测试，调查组无法印证庄富泉对这一神秘纸品材料构成的说法。

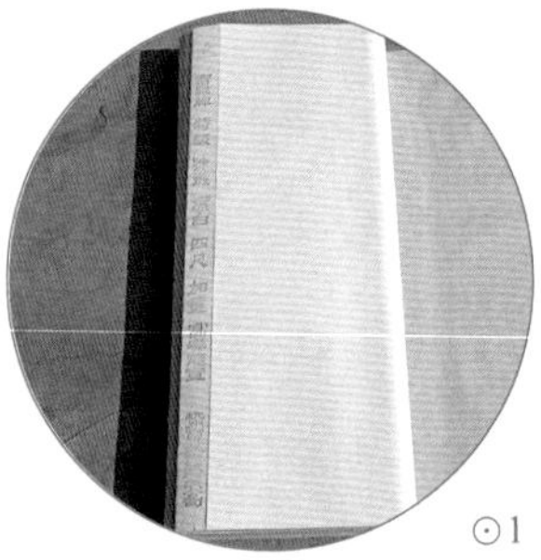
⊙1

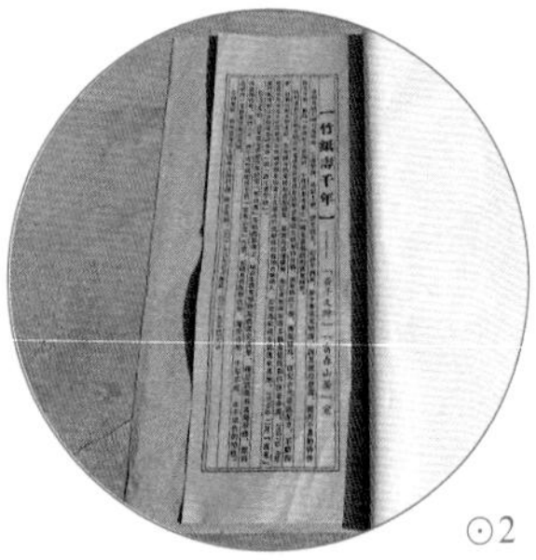
⊙2

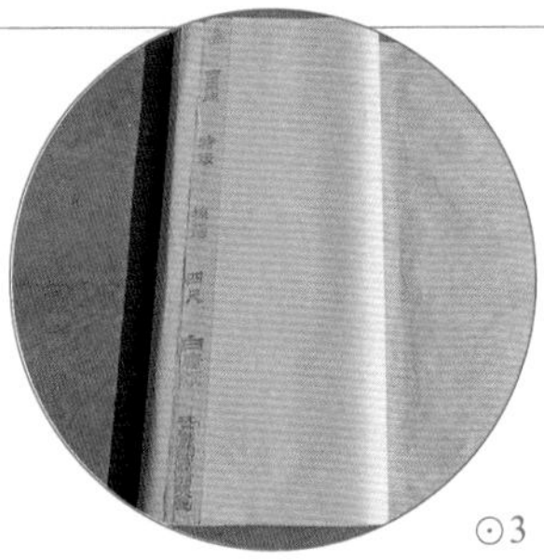
⊙3

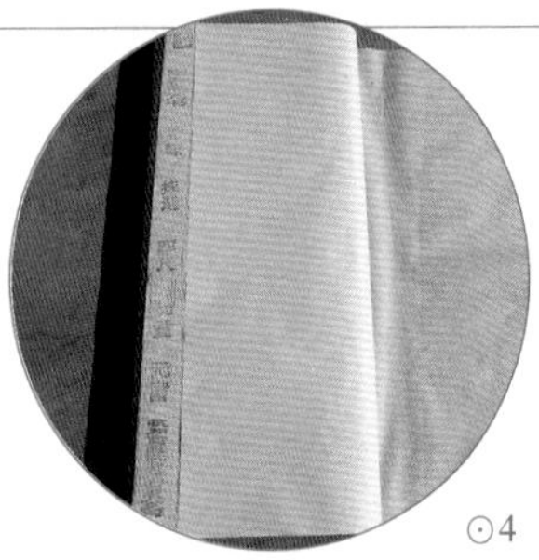
⊙4

⊙5

⊙6

⊙1 富春龙宣 Fuchun Long Xuan paperr

⊙2 富春山居宣 Fuchun Shanju Xuan paper

⊙3 白唐纸 Baitang paper

⊙4 富春元书 Fuchun Yuanshu paper

⊙5 小元书 Small-sized Yuanshu paper

⊙6 极品蚕丝纸 Superb silk paper

（二）富春江宣纸公司代表纸品性能分析

测试小组对采样自富春江宣纸公司的竹宣纸所做的性能分析，主要包括定量、厚度、紧度、抗张力、抗张强度、撕裂度、湿强度、白度、耐老化度下降、尘埃度、吸水性、伸缩性、纤维长度和纤维宽度等。按相应要求，每一指标都重复测量若干次后求平均值，其中定量抽取5个样本进行测试，厚度抽取10个样本进行测试，抗张力抽取20个样本进行测试，撕裂度抽取10个样本进行测试，湿强度抽取20个样本进行测试，白度抽取10个样本进行测试，耐老化度下降抽取10个样本进行测试，尘埃度抽取4个样本进行测试，吸水性抽取10个样本进行测试，伸缩性抽取4个样本进行测试，纤维长度测试了200根纤维，纤维宽度测试了300根纤维。对富春江宣纸公司竹宣纸进行测试分析所得到的相关性能参数见表9.4，表中列出了各参数的最大值、最小值及测量若干次所得到的平均值或者计算结果。

表9.4　富春江宣纸公司竹宣纸相关性能参数
Table 9.4　Performance parameters of bamboo Xuan paper in Fuchunjiang Xuan Paper Co., Ltd.

指标		单位	最大值	最小值	平均值	结果
定量		g/m^2				34.8
厚度		mm	0.101	0.080	0.090	0.090
紧度		g/cm^3				0.387
抗张力	纵向	N	14.0	10.0	11.6	11.6
	横向	N	7.3	5.4	6.3	6.3
抗张强度		kN/m				0.600
撕裂度	纵向	mN	254.0	217.1	233.0	233.0
	横向	mN	250.2	208.2	240.1	240.1
撕裂指数		$mN \cdot m^2/g$				13.6
湿强度	纵向	mN				不吸水
	横向	mN				
白度		%	27.9	26.4	27.4	27.4

指标		单位	最大值	最小值	平均值	结果
耐老化度下降		%	27.5	26.3	27.1	0.3
尘埃度	黑点	个/m^2				68
	黄茎	个/m^2				0
	双浆团	个/m^2				0
吸水性	纵向	mm				不吸水
	横向	mm				不吸水
伸缩性	浸湿	%				0.00
	风干	%				0.00
纤维	长度	mm	2.0	0.2	0.8	0.8
	宽度	μm	58.5	0.4	11.0	11.0

由表9.4可知，所测富春江宣纸公司竹宣纸的平均定量为34.8 g/m^2。富春江宣纸公司竹宣纸最厚约是最薄的1.262倍，经计算，其相对标准偏差为0.083。通过计算可知，富春江宣纸公司竹宣纸抗张强度为0.600 kN/m。所测富春江宣纸公司竹宣纸撕裂指数为13.6 mN·m^2/g。

所测富春江宣纸公司竹宣纸平均白度为27.4%。白度最大值是最小值的1.057倍，相对标准偏差为0.009，白度差异相对较小。经过耐老化测试后，耐老化度下降0.3%。

所测富春江宣纸公司竹宣纸尘埃度指标中黑点为68个/m^2，黄茎为0，双浆团为0。基本无吸水性。伸缩性指标中浸湿后伸缩差为0，风干后伸缩差为0，说明富春江宣纸公司竹宣纸伸缩差异不大。

富春江宣纸公司竹宣纸在10倍和20倍物镜下观测的纤维形态分别如图★1、图★2所示。所测竹宣纸纤维长度：最长2.0 mm，最短0.2 mm，平均长度为0.8 mm；纤维宽度：最宽58.5 μm，最窄0.4 μm，平均宽度为11.0 μm。

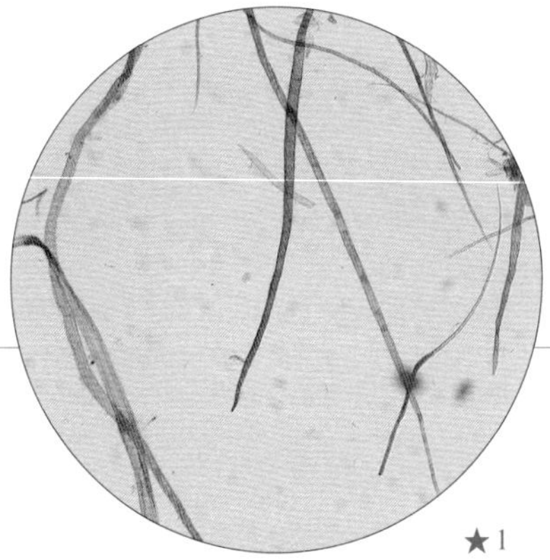

★1

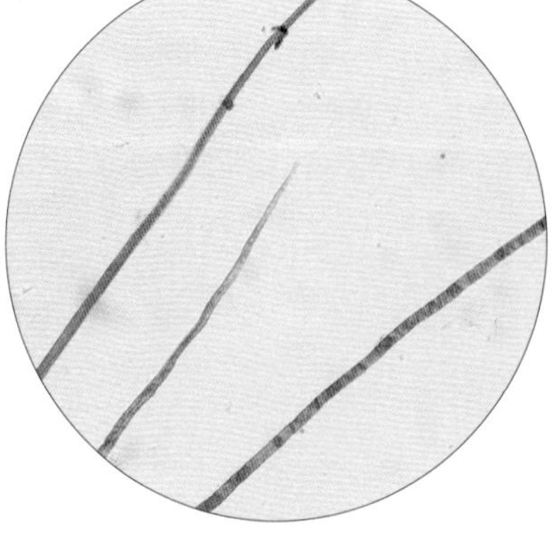

★2

⊙1

★1 富春江宣纸公司竹宣纸纤维形态图（10×）
Fibers of bamboo Xuan paper in Fuchunjiang Xuan Paper Co., Ltd. (10× objective)

★2 富春江宣纸公司竹宣纸纤维形态图（20×）
Fibers of bamboo Xuan paper in Fuchunjiang Xuan Paper Co., Ltd. (20× objective)

⊙1 富春江宣纸公司竹宣纸润墨性效果
Writing Performance of bamboo Xuan paper in Fuchunjiang Xuan Paper Co., Ltd.

四
杭州富春江宣纸有限公司竹纸的生产原料、工艺与设备

4
Raw Materials, Papermaking Techniques and Tools of Bamboo Paper in Hangzhou Fuchunjinag Xuan Paper Co., Ltd.

（一）富春江宣纸公司竹纸的生产原料

1. 主料：毛竹

庄富泉介绍，按照大源镇一带的工艺传统，造书画用竹纸需砍当年生的嫩毛竹，而且需在规定时间（通常在5月21日至31日）内砍下，最合适的时间只有10天左右，用按时砍下的嫩毛竹做纸，才会造出一张好纸。用5月31日之后砍下来的毛竹做纸，每超过10天，做出的纸就会差一个级别。

⊙2

2. 辅料：水

大源镇一带造纸人往往会说：纸的好坏，关键是水；"水越重，造出的纸越好"。关于"水重"，庄富泉解释是指水里的矿物质多，也就是说，水里的矿物质多，造出来的纸就好，但此说到底有什么科学依据，庄富泉未能提供进一步的解释。

富春江宣纸公司造纸用的水是地下水，厂区内有一口3 m宽、10 m深的水井。庄富泉认为井里抽出的地下水比村里其他造纸户用的水要好，但好在什么地方未能有更详细的说明。庄富泉介绍，大源镇紧邻富春江，以山清水秀、水质出色著称，之前村里造纸用的水，比现在人吃的水还要好，现在造纸用的水，水质已经远远没有以前好了。实测富春江宣纸公司造纸用的水pH为6，偏酸性。

⊙3

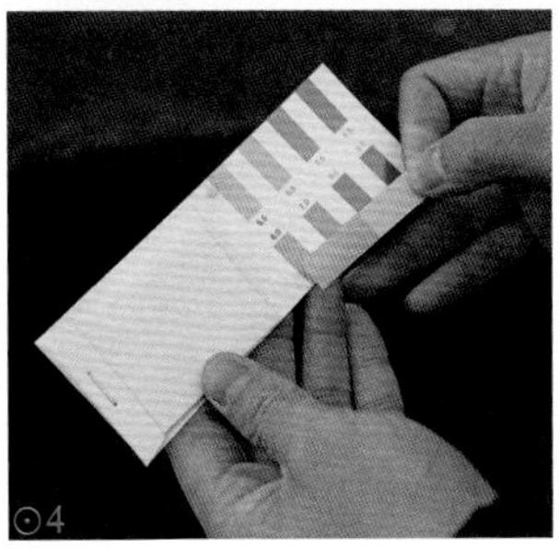

⊙4

⊙2 小村边的毛竹林 *Phyllostachys edulis* forest near the village

⊙3 水井 A well

⊙4 水的pH比照 Comparison of water pH value

（二）富春江宣纸公司元书纸的生产工艺流程

根据富春江宣纸公司负责人庄富泉的介绍，以及调查组的现场观察，归纳该公司元书纸的生产工艺流程为：

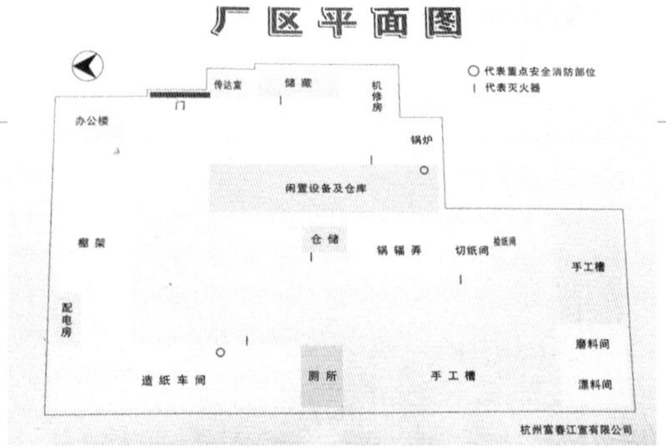

⊙1

壹	贰	叁	肆	伍	陆	柒	捌	玖	拾	拾壹
上山娘竹	砍毛竹	截断	削竹	拷白	落塘	断料	石灰浸泡	皮镬蒸煮	出镬翻洗	淋尿

拾贰	拾叁	拾肆	拾伍	拾陆	拾柒	拾捌	拾玖	贰拾	贰拾壹
发酵	清水浸泡	榨干	石碾碾碎	入槽	抄纸	压榨去水	晒纸	数纸检纸	整理成件

壹 上山娘竹

1

娘竹，大源镇当地指人上山观察并选择长势良好的竹子，将它留下来保护好，以待明年发出较好的新竹。当地人认为这就像是选定明年发出新竹的“母亲竹”一样，所以称为“娘竹”。

庄富泉介绍：富阳地区传统手工造竹纸行业的习俗里，有经验的纸工上山砍竹一般都会在竹林中“留三砍四”，不能一下子把新生竹全部砍掉，要选择若干长势良好的当年生毛竹留下来作为母竹，以保证来年新竹萌发茂盛。

据李少军著《富阳竹纸》一书中介绍的旧日传统：富阳山区毛竹有大番年和小番年之分，大番年出笋率高，小番年不出笋或少量出笋。因此每家槽户（作坊户）两年中就有一年需要出外采购，以补充小番年原料之不足。槽户在自己地方上采伐加工的原料叫“本山白料”，而到外地去收购毛竹或原料的过程，当地人称为“上判山”，在外地采伐加工的原料便称为“过山白料”。有按山林面积估计数量和计数根株的“判山”方法，买卖双方口头论价，按时价银子多少，当场付银成交；也有按竹子采伐的实际过磅数“判山”的方法。[2]

⊙1 厂区平面指示图 Factory layout diagram

⊙2 纸坊附近山边的毛竹林 *Phyllostachys edulis* forest near the papermaking mill

[2] 李少军.富阳竹纸[M].北京：中国科学技术出版社，2010:45.

⊙3

⊙4

贰 砍毛竹

2 ⊙3

砍毛竹又称砍青，即上山采伐青竹（嫩竹）。富阳竹纸的主要原料是当年生的嫩毛竹，每年农历小满前后上山采伐，以嫩竹未萌枝叶者为佳。

叁 截断

3 ⊙4

将砍伐下的嫩竹削去枝梢，截成约2 m长的竹段。

肆 削竹

4 ⊙5

用削青刀削去竹子的青皮，青皮可用于制造黄纸，也就是俗称的“迷信纸”“黄表纸”一类，竹肉（俗称“白筒”）用于抄制白度好的纸。

⊙5

伍 拷白

5 ⊙6

用拷白榔头将竹节击碎，将竹片敲裂，然后用竹篾打成捆，一捆50 kg左右。

⊙7

陆 落塘

6 ⊙7

把已经打成捆的竹片放入清水塘中浸泡，以当天砍竹截竹，当天削青成捆，当天落塘浸泡的为上等原料。落塘浸泡的时间需要看天气，一般来说浸泡7天的料造纸最好。

⊙6

⊙3
庄富泉女婿董文杰示范砍竹动作
Dong Wenjie (Zhuang Fuquan's son-in-law) showing how to cut the bamboo

⊙4
断青（图片来源于《中国富阳纸业》）
Cutting the bamboo into sections (photo from *Fuyang Paper Industry in China*)

⊙5
削竹（图片来源于《中国富阳纸业》）
Stripping the bamboo (photo from *Fuyang Paper Industry in China*)

⊙6
拷白场地与工具
Place and tool for beating the bamboo into sections

⊙7
泡竹料的水塘
Pool for soaking the bamboo materials

柒
断　料
7　⊙8

将清水浸泡后的竹料从塘中取出，用钩刀或铡刀切断成33.33 cm左右的长度，然后扎成小捆，一捆15 kg左右。

⊙8

⊙9

捌
石　灰　浸　泡
8　⊙9

将扎成小捆的竹料放在盛满石灰液的灰池中浸泡1～2天。

⊙12

玖
皮　镬　蒸　煮
9　⊙10⊙11

把经过石灰液浸泡后的竹料装入皮镬，即底下烧着柴火的大楻锅，加水浸没竹片，在下面点火煮料。庄富泉的说法是一般嫩料需煮48～50小时，老一点的竹料需煮60小时左右。煮料时，需2个人轮流看守，一人负责白天，一人负责晚上，不能熄火。

⊙10

拾
出　镬　翻　洗
10　⊙12

把蒸煮好的竹料从皮镬中取出，放入溪水中连续翻洗5～6次。

⊙11

⊙8 断料（图片来源于《中国富阳纸业》）
Cutting the bamboo materials into pieces (photo from *Fuyang Paper Industry in China*)

⊙9 撒石灰（图片来源于《中国富阳纸业》）
Liming the bamboo materials (photo from *Fuyang Paper Industry in China*)

⊙10 蒸煮竹料的皮镬
Stone pot for steaming and boiling the bamboo materials

⊙11 入镬煮料（图片来源于《中国富阳纸业》）
Putting the bamboo materials into the pot (photo from *Fuyang Paper Industry in China*)

⊙12 出镬翻洗（图片来源于《中国富阳纸业》）
Cleaning the bamboo materials (photo from *Fuyang Paper Industry in China*)

拾壹
淋尿

11 ⊙13

把翻洗好的竹料放入尿桶浸透或放在尿淋板上浇透。用淋尿发酵后的竹浆造纸，有防虫蛀、防渗墨的功效，在竹纸生产体系里，这一工艺为富阳纸工独创。庄富泉说，他们厂里用的人尿均是提前买来的，中间也使用过尿素，但是效果明显没有人尿好。

拾贰
发酵

12

淋尿后的竹料横放堆叠，周围用干草覆盖，堆置时间视气候而定，天气热时6～7天，冷时15天左右。

⊙14

⊙13

拾叁
清水浸泡

13 ⊙14⊙15

将完成堆置发酵后的竹料搬入料塘堆叠，引入清水浸泡10～15天进行中和，水色转红变黑后，浆料即成熟了。

拾肆
榨干

14

将已发酵成熟的竹料用木榨榨干，去掉污水，呈半干半湿状态。

拾伍
石碾碾碎

15 ⊙16

把榨去污水的竹料掰碎，放到石碾上，用机器带动石碾，把竹料碾碎。

⊙16

⊙13 淋尿（图片来源于《中国富阳纸业》）
Soaking the bamboo in urine (photo from *Fuyang Paper Industry in China*)

⊙14 堆叠浸泡
Soaking in piles

⊙15 浸泡发黑的浆料
Soaked bamboo materials

⊙16 石碾
Stone roller

拾陆

入 槽

16 ⊙17

传统工艺是将碾碎后的竹料放入纸槽，加入清水，用和浆木耙搅拌均匀并捞去粗筋。现在则多用电动混浆设备。

⊙17

⊙19

拾捌

压 榨 去 水

18 ⊙19

当天下午，将抄制完毕的湿纸帖移至榨床，用木榨或千斤顶缓缓压去水分，使纸帖成半干燥状态。压榨的过程一般持续60分钟。

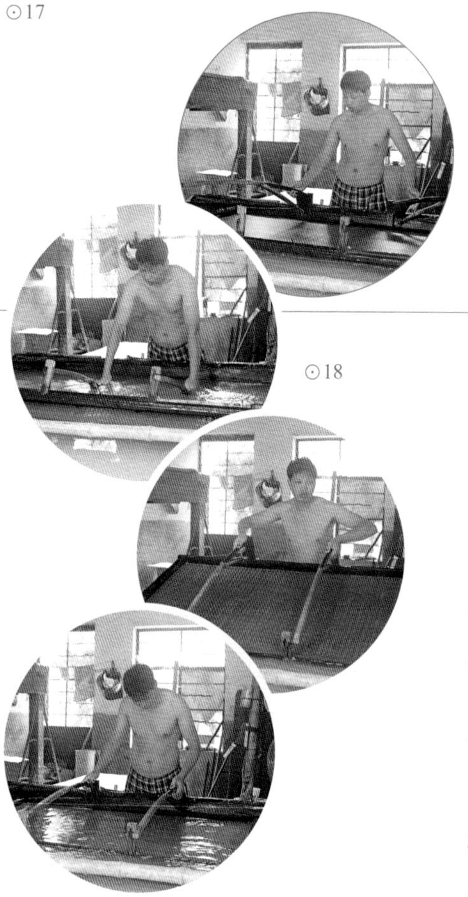

⊙18

拾柒

抄 纸

17 ⊙18

举帘抄纸是造纸工艺中的重要环节，纸张厚薄均匀与否，多依赖于抄纸工人现场的控制。在长期的生产实践中，富阳形成了与众不同、独具特色的“打浪法”，抄纸技艺被全国手工纸业界称为“富阳法”。据李少军著《富阳竹纸》的记载：第一步，开始抄纸前，首先起耙，将槽耙在外槽面轻轻勾动，然后用帘床梢栟推动浪花，使浆料活动起来。第二步，开始抄纸时，双手握住帘尺环（手柄）向前推水（也叫落水），意思是帘床梢栟在水面上带水推开。第三步，起帘时，先翻开帘尺，右手撮住梢爿（pán），部位根据纸张门幅大小而定，向胸前拖同时提升，帘快悬空的瞬间，左手迅速用拇、食、中三指撮住帘部竹，手撮部离碰梢5～8 cm。最后，经过一连串的动作，一张湿纸被捞在帘上，再将湿纸轻轻由帘上整齐地刷放到纸桩上。[3]

拾玖

晒 纸

19 ⊙20⊙21

晒纸或称烘纸的焙壁有泥焙壁和铁焙壁两种，前者为传统工具，后者为富阳现在普遍使用的工具。通常是砌成夹墙，中有火道相通，两面都能晒纸。焙垅用柴薪焚烧，通过热水使泥壁或铁壁加温加热。纸工揭开湿纸，逐张用松毛刷刷在壁上，后数张刷上，前数张已干，反复循环，烘干成纸。

⊙20

⊙21

⊙17 和浆槽 Mixing trough

⊙18 工人抄纸 A worker making the paper

⊙19 榨床 Pressing table

⊙20 铁焙壁 Iron drying wall

⊙21 晒纸 Drying the paper

[3] 李少军.富阳竹纸[M].北京:中国科学技术出版社,2010:172-173.

贰拾 数纸检纸

20 ⊙22

将烘干后的纸张放置于检纸台上数纸检纸，挑去破纸及有瑕疵和纸病的纸张，数100张为1刀。

⊙22

贰拾壹 整理成件

21 ⊙23～⊙27

每50刀一件为“五千元书纸”，60刀一件为“六千元书纸”，用竹篾捆绑成件。

据庄富泉介绍，从2008年开始，富春江宣纸公司造竹料书画纸使用的都是从四川和贵州茅台镇购买的浆板原料。2016年毛竹浆板分为两种，质量高一点的每吨约7 500元，一般的每吨约7 000元；龙须草浆板从河南购买，每吨约12 600元。

浆板造纸过程：先将买回来的浆板浸泡24小时，然后用石磨磨成浆，通常需磨一个多小时，然后入塘，一塘放150 kg左右。再根据所造纸品类的不同，将龙须草浆板或者其他浆料和竹浆浆板混合。一般来说，龙须草浆板原料加入得越多，纸的质量越好。浆混合好后，可以直接捞纸。

⊙27

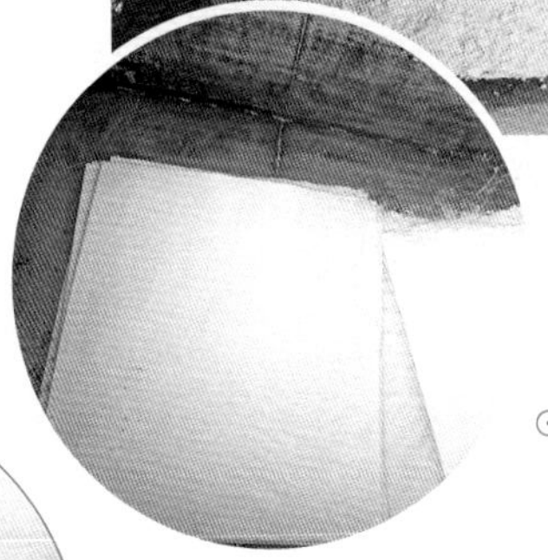

⊙26

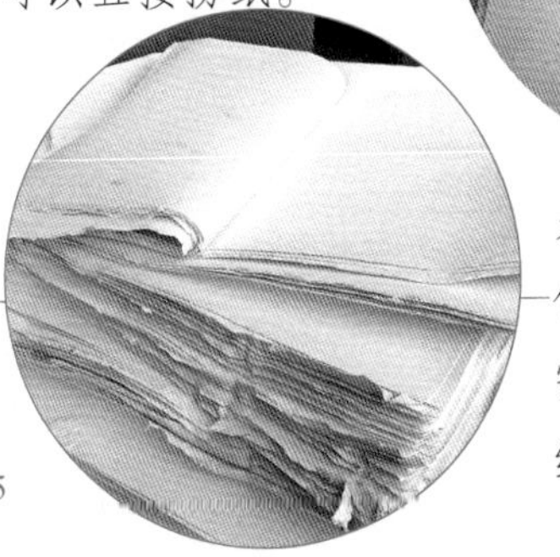

⊙25

另外，据庄富泉介绍，龙须草和竹浆混合造的纸，是短纤维，不需要加纸药，如果加入树皮类长纤维原料，就要加纸药了。

⊙23

⊙24

⊙22 检验纸张 Checking the paper

⊙23 裁纸机 Paper cutting machine

⊙24 不同规格的纸品 Paper products in different size

⊙25 龙须草浆板 *Eulaliopsis binata* pulp board

⊙26 浸泡浆板 Soaking the pulp board

⊙27 碾碎浆板及其他原料 Grinding the pulp board and other raw materials

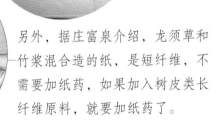

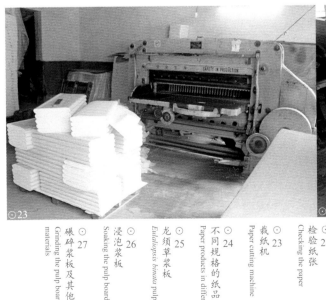

（三）富春江宣纸公司的主要造纸工具

壹 榔头 1

用于晒纸前打松纸帖的工具。实测富春江宣纸公司所用的榔头尺寸为：长40 cm，直径5.6 cm。

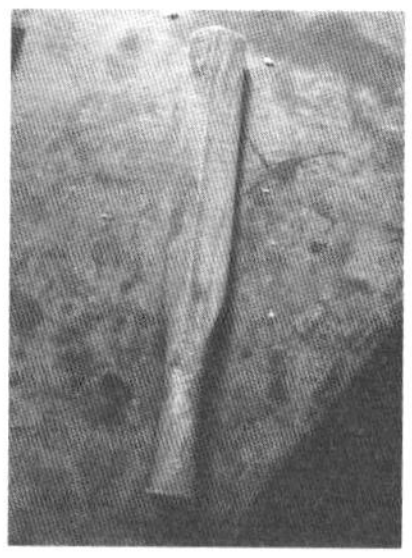

⊙1

贰 松毛刷 2

用于晒纸时将纸刷上铁焙的硬毛刷，刷柄为木制，刷毛为松毛。实测富春江宣纸公司所用的松毛刷尺寸为：长44 cm，宽12 cm。

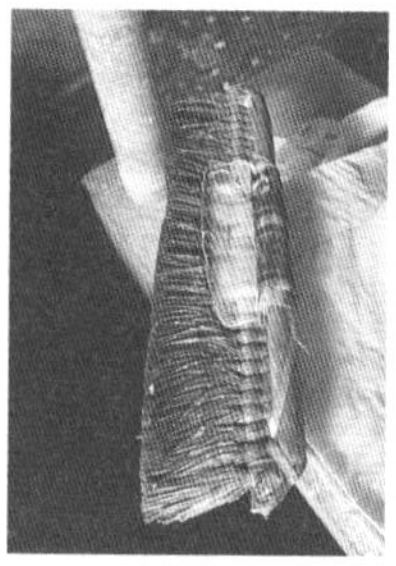

⊙2

叁 鹅榔头 3

用于牵纸前打松纸帖的工具，杉木制作。实测富春江宣纸公司所用的鹅榔头尺寸为：长22 cm，直径3 cm。

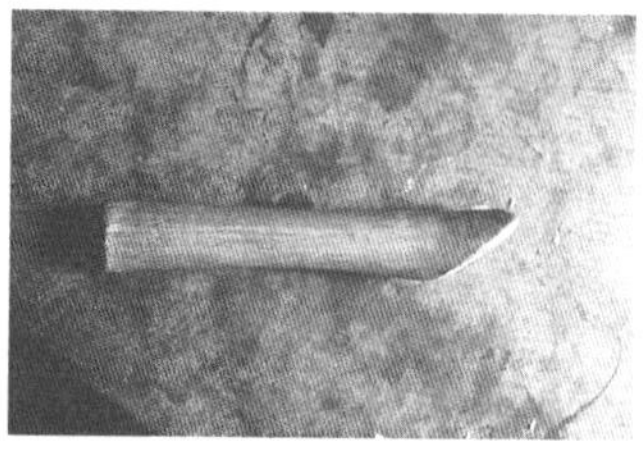

⊙3

肆 纸帘 4

用于从纸槽里抄出湿纸膜的工具，苦竹丝编织而成。从富阳区大源镇永庆纸帘厂购买。实测富春江宣纸公司所用的四尺纸帘尺寸为：长154 cm，宽82 cm。庄富泉介绍，他买的四尺纸帘2016年每张要600元左右，技术好的抄纸师傅一张帘能做50件纸（20刀一件），即1 000刀纸；如果抄纸工人技术不好，做10件左右帘就坏了。

⊙4

伍 帘架 5

托撑纸帘的架子，硬木制作。实测富春江宣纸公司所用的四尺帘架尺寸为：长164 cm，宽90 cm，高4 cm。

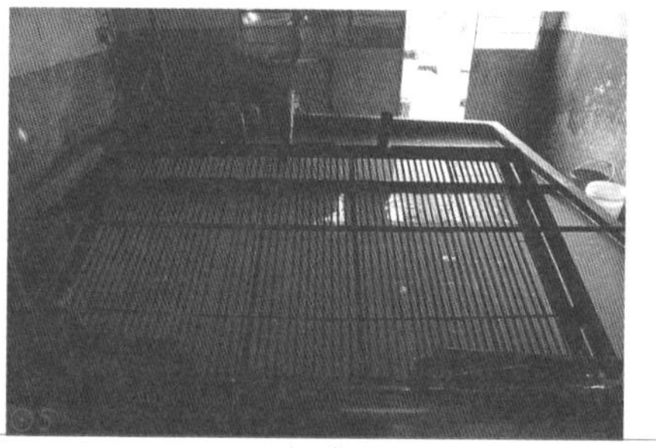

⊙5

陆 龙刨 6

磨纸工具，磨纸时用它磨纸平面，使其平整。形状似船，长30 cm。翘起船头为手柄，手柄背上光滑圆润，下面呈钩形；船身圆润，身阔6.5～7 cm；船底横向安装刀片，刀片间距1.2 cm，共有18～20把刀片，从中心分开每把刀单向起刀锋。

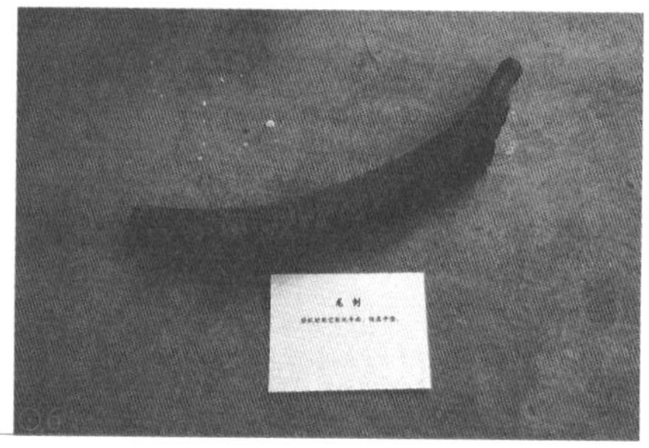

⊙6

⊙1 木制榔头 Wooden hammer

⊙2 松毛刷 Brush made of pine needles

⊙3 鹅榔头 Wooden hammer for separating the paper layers

⊙4 纸帘 Papermaking screen

⊙5 帘架 Frame for supporting the papermaking screen

⊙6 龙刨 Tool for flattening the paper

Hangzhou Fuchunjiang Xuan Paper Co., Ltd.

五
杭州富春江宣纸有限公司的市场经营状况

5
Marketing Status of Hangzhou Fuchunjiang Xuan Paper Co., Ltd.

调查中据庄富泉介绍：厂里共有8口手工纸槽，2016年调查时有6口槽在生产。2016年时，富春江宣纸公司生产了50 000刀手工纸，手工纸的销售额约为600余万元，利润率5%，可以赚取30万～40万元。2019年调查组回访得到的数据为每年自家生产手工纸约35 000刀、机械纸1 000多吨，同时提供配方让别人代加工约20 000刀纸，总销售额在1 800万元左右，手工纸占其中的40%，即720万元。据庄富泉透露，利润率较前两年有所提升，但是仍然在10%以下，公司主要依靠高端纸赚点钱。

提及线上销售的情况，庄富泉表示，早几年就在网上开了淘宝店，但是苦于无人经营管理，又没有什么销量，渐渐地就关掉了。2018年底，新的网店正在筹备，目前由女婿董文杰管理，正在招聘运营网店的工作人员，大概2019年3月份能正式上线运营。

2019年1月回访时，调查组也向庄富泉问询了未来筹划。对于接下来的计划，庄富泉自信满满，很高兴地表示2019年他要做两件大事：第一是准备扩大厂区规模，增加纸槽，多招工人；二是把筹备很久的中国土纸艺术博物馆给

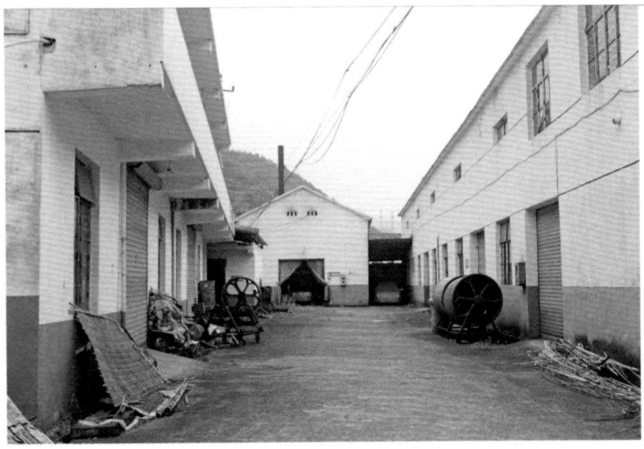

⊙7

⊙8

⊙7 生产区厂房 Workshops in production area

⊙8 《黄公望造像图》 Portrait of Huang Gongwang

⊙1

Library of Chinese Handmade Paper

中国手工纸文库

建造起来。这两项工程均计划2019年3月份动工，共占地8 000 m²，投入资金近2 000万元。

　　庄富泉表示之前就有建中国土纸艺术博物馆这个想法，家里有很多与中国土纸工艺有关的造纸物件，也有很多书画家赠送的书画作品，如张秀华、张一舟绘，孙海题诗作品《黄公望造像图》，书画家吴国辉的试纸作品，王汝波、韩宁宁等书画家的作品，这些都是可以展览出来供大家观赏的，让大家更能感受手工造纸文化。

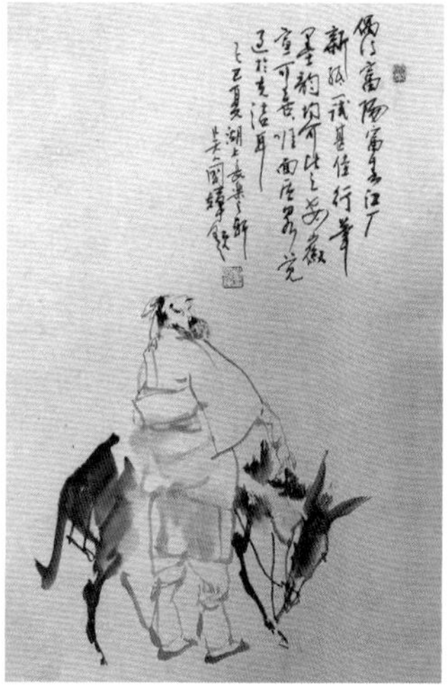

⊙2

⊙
1
庄富泉家中的书画作品
Calligraphy and painting works at Zhuang Fuquan's home

2
书画家吴国辉的试纸作品
Wu Guohui's work on the testing paper

六 杭州富春江宣纸有限公司的品牌文化与习俗故事

6 Brand Culture and Stories of Hangzhou Fuchunjiang Xuan Paper Co., Ltd.

（一）富春江宣纸公司的品牌文化故事

1. “手工画心纸”得遇有缘人

小小一张纸，让造纸人和用纸人从古至今结下了不解之缘。对庄富泉来说，作为一个造纸人，他接触过很多的书法家、画家，其中不乏知名书画家。在多年的相交中，有很多让庄富泉印象深刻的书法界名人，其中一位就是为庄富泉题了厂名的书法家王汝波。庄富泉与王汝波的相识缘于一场颁奖典礼。那是1994年的10月份，庄富泉所研制的名为“手工画心纸”的机械书画纸得到全国林业名特优新产品博览会银奖，那一场颁奖典礼之后，北京的很多书画家都听说了庄富泉的名字和他的纸，其中正有王汝波。王汝波主动找到庄富泉，看他的纸、试他的纸，也给他提出试纸意见，渐渐地两人成为了相交20多年的老相识。2002年庄富泉注册成立公司，王汝波欣然为其公司题名。

⊙3

2.《中国土纸工艺》与国家非遗传承人申报故事

作为浙江富阳的国家级非物质文化遗产项目——竹纸制作技艺的代表性传承人，庄富泉很自豪地向调查组讲起了他当年申报国家级非遗传承人的历程。

庄富泉拿出一本《中国土纸工艺》，感叹地说：“当年我就是靠着这本画册！”说着将画

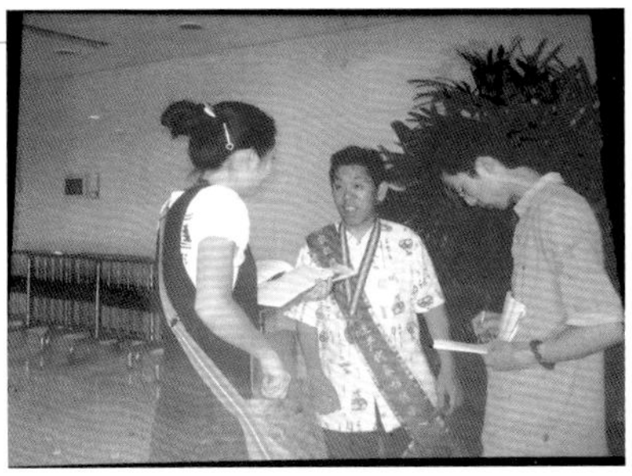

⊙4

⊙3 王汝波题厂名 Factory name inscribed by Wang Rubo

⊙4 庄富泉国家级非遗传承人授予大会留影 Photo of Zhuang Fuquan conferred the title of National Intangible Cultural Heritage Inheritor

册展开，摊开了其中的一幅画作，回忆起曾经的往事。

2007年评选竹纸制作技艺代表性传承人的时候，庄富泉找到64岁的堂哥庄关福，告诉他自己对于富阳竹纸技艺的感知和未来发展的构想，想要借着堂哥庄关福的笔和画功将自己心中对富阳竹纸的理解、构想等付诸纸上。他们一起商量，庄富泉提供思路，启发庄关福如何下笔，并支付一定的工资给他，就这样两人合力完成了这本《中国土纸工艺》，并将其作为申报材料的附件一起交了上去。

在这本画册里，庄富泉和庄关福除了用通俗易懂的图画形式还原了整个造纸流程之外，更重要的是将自己对富阳竹纸的希望和信心表达了出来。庄富泉觉得造纸术不能故步自封，应该将造纸和旅游结合在一起，认为发展竹纸工艺需要结合富阳周边的环境和景点打造完整的旅游区，他在画册中将大源各个地方的特色景点通过故事串联在一起，增强了旅游区各景点间的凝聚性和可行性。庄富泉还建议建立融生产、展示、销售于一体，以“工业旅游+文化旅游”为运营模式的中国土纸艺术博物馆。即将动工建造的土纸博物馆，正是计划的第一步。

（二）富春江宣纸公司的相关造纸习俗

1. 禁止女性经过料塘

庄富泉介绍，富阳造纸行当的老辈人迷信，认为女人在浸泡竹料的料池边走一圈，造出来的纸就会下降一个等级，料放在塘里泡，本来可以造出一级的纸，一旦女人经过后就只能造

⊙1

⊙1 庄富泉（左）展示《中国土纸工艺》画册内部图
Zhuang Fuquan (left) showing pictures in *Handmade Papermaking Techniques in China*

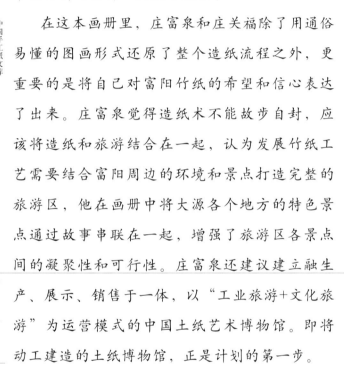

⊙2

出二级的纸了。因此那时候有专人24小时看守，禁止女人经过料塘。这是大同村自古流传下来的习俗，自从改革开放之后，这些习俗和规矩也就渐渐放开了。

庄富泉介绍，当时造纸的时候对纸的质量抓得很紧，各个工序都需要严格把关。尤其是在造超级元书纸的时候，连村民饮水的质量都达不到造纸的要求，要用刚流下来的山泉水，为了防止山泉水被污染，都是直接用毛竹打通连接把水引到纸坊里面。

2. 香烟纸上的水滴

据庄富泉自述，1985年，由于毛竹作为建筑脚手架的用途被开发，富阳的毛竹原料非常紧张，庄富泉当时也苦于造纸用毛竹原料的紧缺和价高。有一天，他点燃一根烟蹲在小溪边思考问题，这时溪边树上掉下来的一滴水滴在了他的香烟上。庄富泉看到水在香烟纸上立刻就化开了，这让他兴奋不已，因为他发现香烟纸的特性与宣纸差不多。隔天，庄富泉便跑到浙江华丰造纸厂去了解，得知卷烟纸的原材料是一种叫龙须草的植物。回到厂里后经过反复试验，庄富泉成功用龙须草生产出了润墨性能上乘的“宣纸”，解决了竹纸制作原料短缺价高的问题。

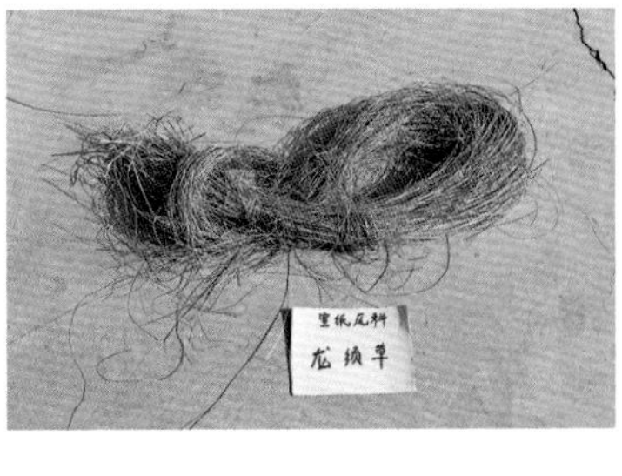

⊙3

⊙2 料塘 Soaking pool

⊙3 龙须草 *Eulaliopsis binata*

七
杭州富春江宣纸有限公司的业态传承现状与发展思考

7
Current Status and Development of Hangzhou Fuchunjiang Xuan Paper Co., Ltd.

(一) 富春江宣纸公司的业态传承现状

1. 工艺演化

庄富泉的另一个称号是"国内机械'宣纸'第一人"。1991年，他开始尝试用机械来造"宣纸"；1992年，庄富泉投资137万元购进一套"1092"双缸双网中型造纸设备并高薪聘请专家安装指导；1993年4月底，第一次洒金加工纸试制完成。第一批样品出来，在天津市邮政器材公司大观印社进行产品检验后，专家的评价是：纸张太单薄，罗纹不舒坦，金箔不均匀。又经过了若干次的挫折与失败，1993年6月，第一批机械造的12吨"仿宣纸"试销到北京、天津等地，大受行家赞赏。

谈及当初为何会有造机械"宣纸"的想法，庄富泉无奈地告诉调查组：20世纪90年代初期，大源镇各个村被称为"寡妇村"，中青年人都外出务工了，村里严重缺少劳动力，更别提会造手工纸的工人了。面对急缺人工的困境，庄富泉想到尝试用机械代替人力，从而提高效率、降低人工成本。虽然这一举措付出了很多，也被人质疑，但是庄富泉认为这是值得的，他也认为自家的纸坊目前的情况就是机械纸在反哺手工纸，这也可以让他更有信心、有底气去发展手工纸。

庄富泉感叹当初将龙须草引入原料中做纸的时候就是因为竹料不够用，之后发明机械"宣纸"的时候也一样，因为人不够用。每一步路都是因为形势所迫，为了满足市场需求，为了纸厂还能生存下去，就不能太过保守、故步自封。

⊙1 机械纸生产设备
Equipments for making machine-made paper

⊙1

2. 环保问题

时隔两年多的时间，当调查组于2019年1月回访富春江宣纸公司的时候，采访中刚好遇到环保部门来访。庄富泉告知，仅2018年，他在环保上面的投入就花了100多万元，包括污水排放设施建设、土地保护、天然气改造等。同时因为环保问题，富春江宣纸公司的厂房也搬迁过一次：2015年由于污水排放和烧柴火的问题，从大同村搬到工业园区，开始用天然气生产。2018年因工业园区被拆，又搬回了大同村。庄富泉说，目前他们正在想办法希望可以解决掉污水排放的问题，而且已经有点头绪了。但环保问题还是很让他忧心，毕竟富春江宣纸公司是机械纸和手工纸并存的，环保问题也比单纯的手工纸作坊更为严峻。

⊙2

3. 人工传承问题

面对造纸工人普遍年纪比较大，年轻人不愿意学，人工短缺极大限制产量等严峻的现实环境，虽然庄富泉对人工传承的问题也比较无奈，但是他并没有显得非常的忧虑，而是提出了他心中的解决之道。

庄富泉认为：一定要清醒，未来必定是属于年轻人的。庄富泉计划等儿子庄丹枫回来接手公司之后，对公司实行一定的制度改革和经营模式变革。

⊙2
污水处理池
Sewage treatment pool

⊙1

他认为让年轻人愿意去学这门手艺，并能够以此为生，甚至将这门技术传承下去，光凭“情怀”是远远不够的，至少要让他们看到这个行业的希望。他认为吸引年轻人，要按照目前年轻人的工作方式来改革，改善纸厂“脏”“乱”“差”的工作环境，提高工资标准，提高生活环境和待遇，缩短工作时间，有周末，有住所等福利保障，这是吸引年轻人进入这个行业的第一步。

（二）富春江宣纸公司面临的发展问题

1. 地方政府扶持不足

访谈中庄富泉表示，富阳造纸户享受的扶持政策，没有四川夹江好，“四川土地不要钱，还能免费贷款”，而富阳当地政府在保护造纸户方面，除了国家级非遗传承人有2万块钱的补助之外，其他的政策都没有。当调查组成员问及上面四川夹江的诱人政策是从何处得知时，庄富泉说是听四川那边卖纸的经销商介绍的。

2. 销售中的价格混战

访谈中庄富泉介绍：这几年手工纸的销售市场比较混乱，缺乏良好的控制与秩序，造纸户互相压价问题突出，富春江宣纸公司目前不仅

⊙1 目前纸厂『脏』『乱』『差』的工作环境
Bad working environment of present paper factory

⊙2

销售量比之前下降明显，而且价格也比之前低不少。同时，3年间原料涨价，浆板价格上涨了30%，人工工资上涨了20%～30%，运输费用也上涨了30%，导致手工造纸生存困难。没有办法的情况下，庄富泉做出了手工纸部分以浆板原料为主的改变，同时生产量大价廉的机制书画纸，以机制书画纸反哺手工书画纸，在兼顾不同消费群体的同时，使公司生存的基本利润得到保障。庄富泉认为，面对销售中的价格混战，有一句话要时刻谨记："价格要坚持自己的底线，没有底线永远办不下去。"

3. 人工问题

庄富泉在访谈时提到，造纸工人现在越来越难找，他工厂中的工人均是外地人，从贵州、江西请来的人，年龄在40岁以上60岁以下，本地几乎找不到肯做手工纸的人了。但是现在贵州、江西的经济上去了，富阳对这些外地造纸工人的吸引力日渐下降，说不定哪一天开始，这些造纸师傅就会离开富春江宣纸公司回老家去不再回来。因此，吸引年轻群体学习和传承造纸迫在眉睫。

⊙3

⊙2 待出售的成品纸
Paper products for sale

⊙3 年迈的工人在数纸
An aged worker counting the paper

杭州富春江宣纸有限公司

竹宣纸

Bamboo Xuan Paper
of Hangzhou Fuchunjiang Xuan Paper Co., Ltd.

竹宣纸（毛竹+龙须草浆）透光摄影图
A photo of bamboo Xuan paper (*Phyllostachys edulis*+*Eulaliopsis binata* pulp) seen through the light

第三节

杭州富阳蔡氏文化创意有限公司

浙江省
Zhejiang Province

杭州市
Hangzhou City

富阳区
Fuyang District

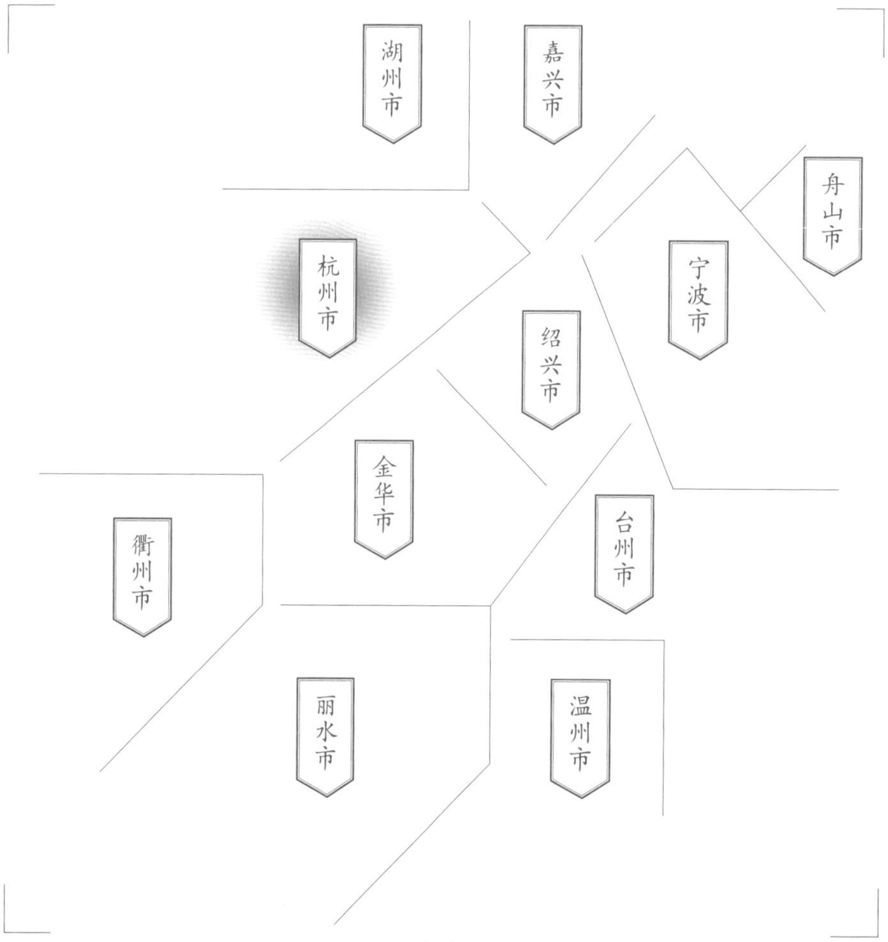

调查对象

富阳区灵桥镇蔡家坞村
杭州富阳蔡氏文化创意有限公司
竹纸

Section 3

Hangzhou Fuyang Caishi Cultural and Creative Co., Ltd.

Subject

Bamboo Paper in Hangzhou Fuyang Caishi Cultural and Creative Co., Ltd. in Caijiawu Village of Lingqiao Town in Fuyang District

一 杭州富阳蔡氏文化创意有限公司的基础信息与生产环境

1 Basic Information and Production Environment of Hangzhou Fuyang Caishi Cultural and Creative Co., Ltd.

蔡氏文化创意有限公司（简称蔡氏纸坊）是一家专注于竹料元书纸生产的小型手工纸厂，位于富阳区灵桥镇蔡家坞村，地理坐标为东经120° 5′ 10″，北纬29° 58′ 2″。公司2014年8月29日注册，法定代表人蔡项菲。

调查组于2016年8月5日、2016年9月30日、2019年1月17日3次前往纸厂现场调查，通过蔡项菲的描述了解到的基础生产信息为：2016年蔡氏纸坊共有员工5人（包括蔡项菲及其父母），纸槽1帘，料塘2口，厂房占地面积约100 m^2，主要生产特级元书纸与京放纸。2018年3月蔡氏纸坊搬进附近新建的厂房，占地面积1 733 m^2，员工增至8人（包括蔡项菲丈夫赵小龙），纸槽增至4帘，料塘增至19口。从规模和从业人员数量来看，实际上是一个制作纯手工书画用途竹纸的家庭式纸坊。

蔡家坞村位于富阳区灵桥镇南部，灵桥镇礼源溪的上游，三面环山，竹林茂盛。2018年全村山林总面积约62万m^2，土地11万m^2，总人口1 290人，农户390户，主要由巴、赵、蔡三大姓组成。[4]蔡家坞属富阳区的边界地段，与杭州萧山区地界相邻。

坞，指地势周围高中间凹的地方。调查组进村时看到，蔡家坞村地形狭长，山林资源丰富但土地资源较为稀缺，村民房屋基本沿礼源溪而建。蔡家坞村手工造纸的历史悠久，村里随处可见古时造纸作坊与工具遗迹。

访谈时蔡项菲介绍，20世纪 80年代，原生产队集体造纸模式解散初期，蔡家坞村造纸户数量达到现代阶段的顶峰，全村约有三分之二的农户从事手工造纸。2016年8月初第一次入村调查时，蔡家坞村造纸户还有30户左右；2019年1月17日第二次入村调查时有20户左右，但仅有蔡项菲1户生产中高档书画用途元书纸，其他造纸户只生产低端竹料祭祀火纸，当地习称为“迷信纸”。

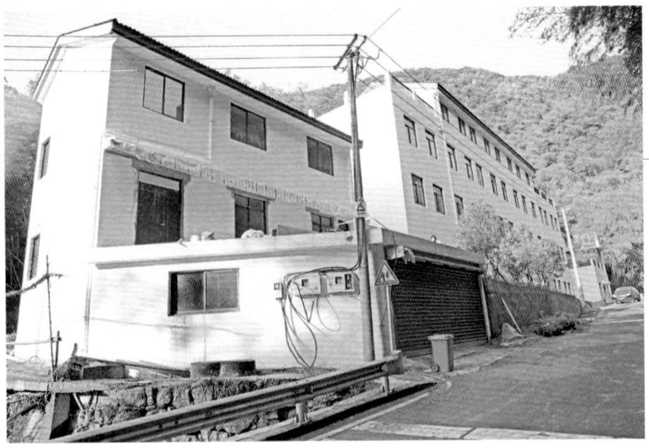
⊙1

⊙2

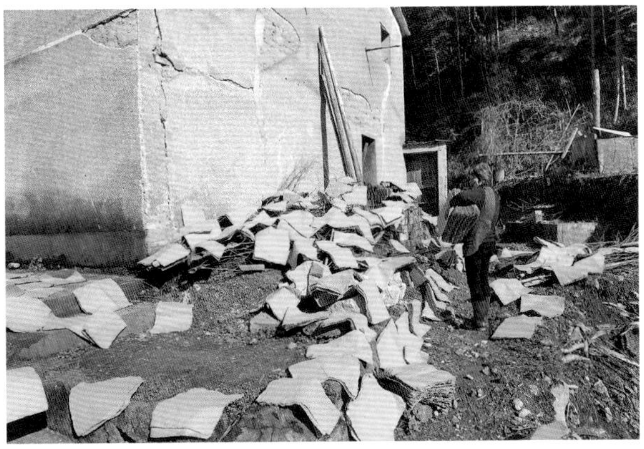
⊙3

⊙1 蔡氏纸坊新厂房 New factory building of Caishi Paper Mill

⊙2 蔡家坞村遗存的废弃皮镬 Abandoned stone pot in Caijiawu Village

⊙3 蔡家坞村仍在生产的低端竹料火纸 Low-end bamboo paper still in production in Caijiawu Village

[4] 富阳新闻网.蔡家坞简介[EB/OL].(2011-08-22)[2019-01-20]. http://web2.fynews.com.cn/lqzcjw/page/bcjj/index.php.

路线图
富阳城区
↓
杭州富阳蔡氏文化创意有限公司
Road map from Fuyang District centre to Hangzhou Fuyang Caishi Cultural and Creative Co., Ltd.

杭州富阳蔡氏文化创意有限公司位置示意图

Location map of Hangzhou Fuyang Caishi Cultural and Creative Co., Ltd.

考察时间
2016年8月 / 2016年9月 / 2019年1月

Investigation Date
Aug. 2016/Sept. 2016/Jan. 2019

地域名称

造纸点名称

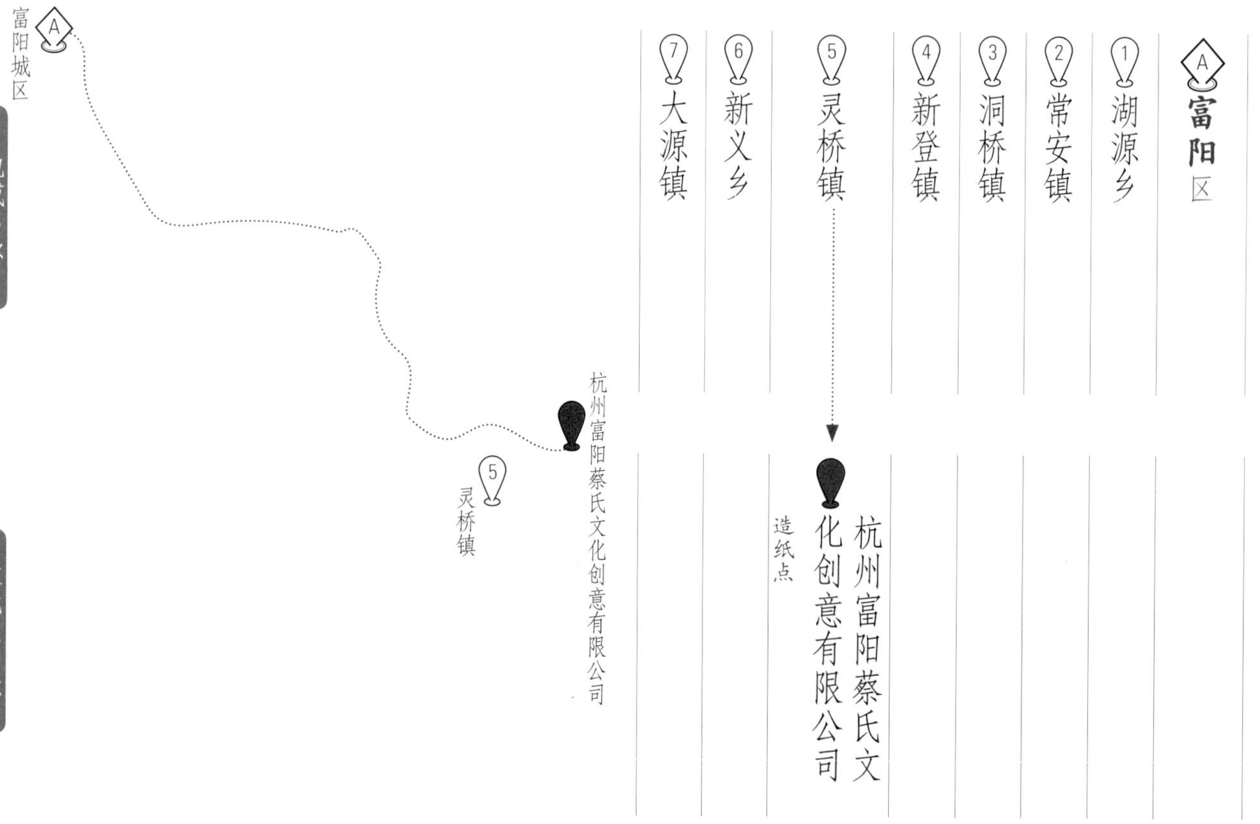

位置分布

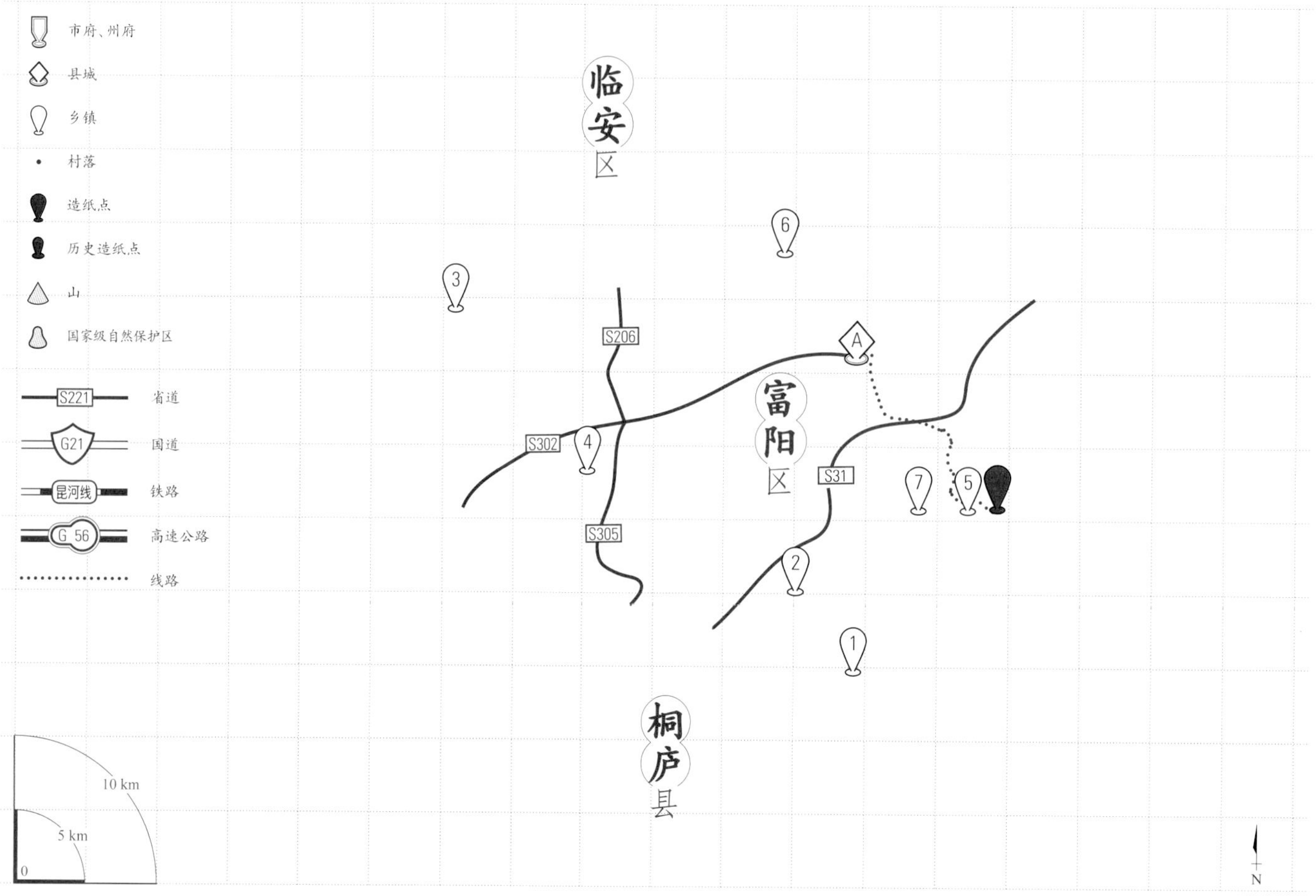

二 杭州富阳蔡氏文化创意有限公司的历史与传承

2 History and Inheritance of Hangzhou Fuyang Caishi Cultural and Creative Co., Ltd.

调查组了解到，虽然蔡氏文化创意有限公司的历史很短，首次调查时公司正式工商注册仅两年，但蔡氏纸坊的传承历史与技艺传习时间却并不短。

蔡玉华为蔡氏纸坊的技艺持有人与生产负责人，1954年出生于蔡家坞村的一个造纸户家庭。据蔡玉华口述，蔡家坞村蔡氏已有500多年造纸历史。蔡氏祖籍河南省上蔡县，最初迁至浙江新昌县，约700年前的元朝时迁至萧山县，明代前期迁至富阳并定居蔡家坞村。蔡家坞村蔡氏的第一代祖先族内称为俞公（由于第一次续家谱在清朝乾隆时期，时间久远家谱失传，具体信息已经不明），传到蔡玉华是第十七代。蔡玉华访谈中能记得并引以为傲的是其高祖父曾是道光十九年（1839年）的举人。

1949年中华人民共和国成立前，蔡家坞村造纸业态的聚集形态较为突出，槽户很少（开纸坊的人家叫作槽户），只有2～3家，会做纸的人一般都是给槽户家打工。1949年以后出现集体化生产，形成互助组合伙开槽做纸的特色业态，主要做的是祭祀用的低端竹纸。

据蔡玉华回忆，1958年左右，蔡家坞村生产队的建制开始形成。当时全村有7个生产队，蔡玉华家在第五生产队。每个生产队180多人，开4口槽做纸。生产队只负责生产，生产出来的纸送到专门收购纸和采购原料的供销社。1口槽1天生产3件纸，每件20刀，即1天生产60刀纸，每个月开工24～25天。生产出来的纸20刀为1捆，尺寸为四六屏（40 cm × 52 cm），主要销往江苏和山东南部。在蔡玉华的记忆里，生产队时期也造过质量高的元书纸，但是产量很小。

小学六年级时，已经14岁的蔡玉华厌烦了每天枯燥无味的读书生活，加上父亲早逝，家中经济负担重，决定辍学去生产队干活。蔡玉华身高较同龄人高很多，生产队遂安排他去纸槽学捞

⊙1

⊙2

⊙1 蔡家坞村村口的村名标牌 Signpost of Caijiawu Village at the entrance of village

⊙2 接受访谈的蔡玉华 Interviewing Cai Yuhua

Library of Chinese Handmade Paper

中国手工纸文库

浙 江 卷·中卷

Zhejiang II

纸。蔡玉华白天跟着师傅蔡启云（蔡玉华父亲的徒弟）学打浆，待捞纸工晚上结束工作空槽之后再去学捞纸，在捞纸师傅的指点下逐渐成为一名熟练的捞纸工。

1983年生产队建制解散，分山林及竹资源到户，农户开始一家一户独立生产祭祀烧纸。供销社开始时虽然继续收购纸，但价格不能让槽户满意，很快出现个体纸户自己外出销售纸的潮流，甚至有十几个专门销售纸的人成立了农商公司。在市场需求不变的情况下，纸的销售竞争太大，个体纸户压低价格，导致农商公司和供销社的业务体系纷纷倒闭。于是四五年之后，只剩下个体户自产自销一种渠道。

据蔡玉华回忆，由于个体造纸户产量低，劳动强度大，纸品低端，售价也低，迫于生活压力，他曾中断造纸生涯，外出做卷帘门生意（富阳大源镇是全国著名的卷帘门专业镇），在济南待过两年，还去过两次长春，第一次待了一年，第二次待了半年。后来从浙江去北方做卷帘门生意的人

第九章
Chapter IX

富阳区元书纸
Yuanshu Paper
in Fuyang District

第三节
Section 3

杭州富阳蔡氏文化创意有限公司

⊙ 1
当地仍在生产的低端竹纸
Low-end bamboo paper still in production

越来越多，市场竞争激烈，卷帘门生意逐渐变差。

2006年，杭州金凤凰文化艺术传播有限公司负责人寿毅联系上富阳的一家造纸户，希望生产质量较好的古法竹纸，但这家造纸户造出来的纸一时无法达到客户要求。无奈之下，该纸户推荐技艺娴熟的蔡玉华试试。蔡玉华心动之下回家试做了样品纸，客户相当认可，约定今后生产的纸都由他包销。蔡玉华重操做纸本业，这种包销模式维系了3年（2006～2008年）。

2006～2008年间，蔡氏纸坊实际产量较小，从砍竹到造纸的全部环节都是由蔡玉华和巴妙娣夫妻二人完成的，一年大概只砍1.5万～2.5万kg竹子。当时做的纸大小是60 cm × 90 cm，主要用于印制书画家的作品集。由于销量不是很好，2008年后包销模式终止，改由女儿蔡项菲负责销售和外联。

据蔡项菲介绍，其父亲蔡玉华及母亲巴妙娣均生于造纸世家，调查组根据蔡玉华、巴妙娣、蔡项菲的回忆，整理出蔡氏、巴氏家族的传承谱系如下：

蔡项菲的爷爷蔡望根会造纸（年龄不详），奶奶巴水娣不会造纸（年龄不详）。姑姑蔡玉兰1957年出生，在生产队学会晒纸。姑夫蔡吾松，1951年出生，会造火纸（祭祀纸），后因收入低不再做纸，转而去工厂上班。姑姑家的独子不会造纸。

蔡项菲的外公巴正根（2006年去世）曾担任生产队副业队长，会抄纸、晒纸，最擅长做料。外婆陈水仙（2009年去世）及两个舅舅不会造纸。蔡项菲的母亲巴妙娣也是蔡家坞本村人，1956年出生，2019年调查时63岁。巴妙娣虽然也生于造纸户世家，但是在娘家并没有学过造纸，直到2005年才开始学习晒纸技艺。

蔡项菲，1979年生，家中排行老大。2000年大学毕业后在富阳一家房产公司做综合管理工作，2008年兼职负责销售家中生产的纸，后由于家中库存纸较多，2009年辞职全职负责纸坊的销售工作。调查时主要负责经营淘宝店“蔡氏纸坊”和纸坊的销售工作。蔡项菲的丈夫赵小龙1979年生，蔡家坞村人，之前在富阳区建设局上班，后因蔡氏纸坊业务量大辞职回纸坊工作，现主要跟岳父学习造纸技术。调查组了解到，蔡玉

⊙1

⊙2

⊙1
蔡项菲与女儿在家中
Cai Xiangfei and her daughter staying at home

⊙2
巴妙娣在给纸帖喷水
Ba Miaodi spraying water

华与赵小龙还签署了由杭州市富阳区文化广电新闻出版局设立的师徒传承协议书，目前富阳首批仅3对师徒签署该协议（另外两对分别为富阳区大源镇造纸户喻仁水及儿子喻茂刚、朱中华及儿子朱起杨）。蔡项菲的弟弟蔡湘军，1980年生，2016年之前未从事造纸工作，2016年开始负责管理网店。

蔡氏纸坊里目前有3位外请工人，其中一对夫妻（吴庆永，男，35岁，负责抄纸；杨银香，女，32岁，负责晒纸）来自贵州凯里，两人一年收入12万元左右；另一位晒纸工人汤冬儿来自本村，58岁。据蔡项菲介绍，2018年上半年原本有4位工人，其中一人因家中有事辞职回家了。

表9.5　蔡玉华及巴妙娣传承谱系
Table 9.5　Cai Yuhua and Ba Miaodi's family genealogy of papermaking inheritors

	传承代数	姓名	性别	与蔡玉华关系	基本情况
蔡玉华传承谱系	第一代	蔡望根	男	父亲	出生年月不详，会造纸
		巴水娣	女	母亲	出生年月不详，不会造纸
	第二代	蔡玉华	男	—	1954年出生，会造纸的多道工序
		蔡玉兰	女	妹妹	生于1957年，在生产队学会晒纸
		蔡吾松	男	妹夫	生于1951年，会造火纸。因收入低不再做纸，转去工厂上班
	第三代	蔡项菲	女	女儿	生于1979年，不会造纸，目前负责纸坊销售
		蔡湘军	男	儿子	生于1980年，2016年之前未从事造纸工作，2016年开始负责管理网店
		赵小龙	男	女婿	生于1979年，蔡家坞村人，之前在富阳区建设局上班，现辞职回纸坊学习造纸技术
	传承代数	姓名	性别	与巴妙娣关系	基本情况
巴妙娣传承谱系	第一代	巴正根	男	父亲	曾任生产队副业队长，会抄纸、晒纸，最擅长做料
		陈水仙	女	母亲	2009年去世，不会造纸
	第二代	巴妙娣	女	—	生于1956年，虽然生于造纸户世家，但是在娘家并没有学习过造纸，直到2005年才开始学习晒纸技艺

三 杭州富阳蔡氏文化创意有限公司的代表纸品及其用途与技术分析

3 Representative Paper and Its Uses and Technical Analysis of Hangzhou Fuyang Caishi Cultural and Creative Co., Ltd.

（一）蔡氏纸坊代表纸品及其用途

据2016年8月入村调查得知的信息：蔡氏纸坊生产与出售的纸品种类有5～6种，品种规格各异（具体视不同时期的市场判断与客户需求而调整）。目前在出售的产品是特级元书纸、京放纸、加皮料的仿宋竹楮纸和竹檀纸，同时还有少量白唐纸（使用漂白粉漂白的纸，偏白色），规格有四尺和六尺两种，四尺尺寸为70 cm×138 cm，六尺尺寸为60 cm×180 cm。其中特级元书纸和京放纸、白唐纸、竹檀纸等由蔡氏纸坊自己生产。另外，蔡氏纸坊还有册页、信笺、小楷纸等衍生产品。

1. 纯毛竹原料特级元书纸

据蔡项菲的说法，元书纸又分特级元书、一级元书、二级元书等不同等级，自家的元书纸是使用100%纯竹浆精工制作的，质量上乘，书画效果佳，故称特级元书纸。竹纸主要适用于书法与兼工带写的绘画，含皮料的纸更适宜创作泼墨山水画等大写意绘画。

据蔡项菲的说法，竹料随砍伐时间不同而有差异，一般最好的竹料用于制作玉版纸，特级元书纸用每年砍伐的第二批竹子制作（2018年第一批5月12日砍伐，第二批5月17日砍伐）。制作特级元书纸时会加入京放纸的纸边，特级元书纸每刀售价400元。

2. 京放纸

京放纸也是元书纸的一种。传统的元书纸尺寸很小，京放纸尺寸大于传统元书纸，市场销路更好。蔡项菲介绍，京放纸原是古代江西一种用于进贡的纸，晚清民国时期富阳人开始

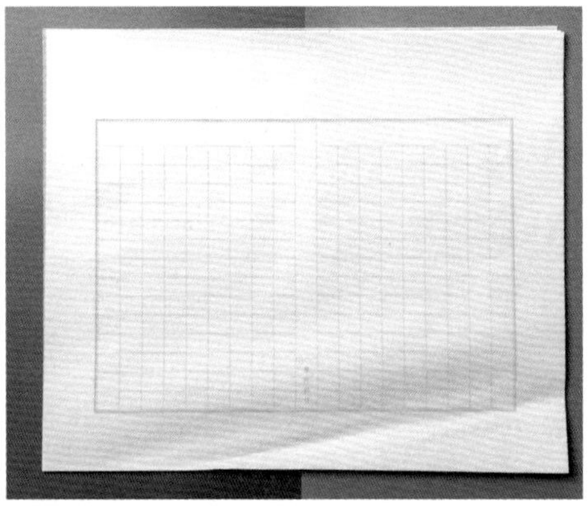
⊙1

⊙2

⊙1
蔡氏纸坊生产的小楷纸
Xiaokai paper produced in Caishi Paper Mill

⊙2
蔡氏纸坊生产的特级元书纸
Superb Yuanshu paper produced in Caishi Paper Mill

仿造并取名为"京仿纸"，富阳当地纸行觉得"京仿纸"的"仿"听起来含义不好，遂改名为"京放纸"。富阳境内最先造现代京放纸且

⊙3

造得较好的是常绿镇的造纸作坊，后逐渐传播到其他造纸村落。京放纸使用的是纯竹浆，长115～118 cm，宽60 cm，主要用于书画、制作账册等，售价500元/刀（四尺）。

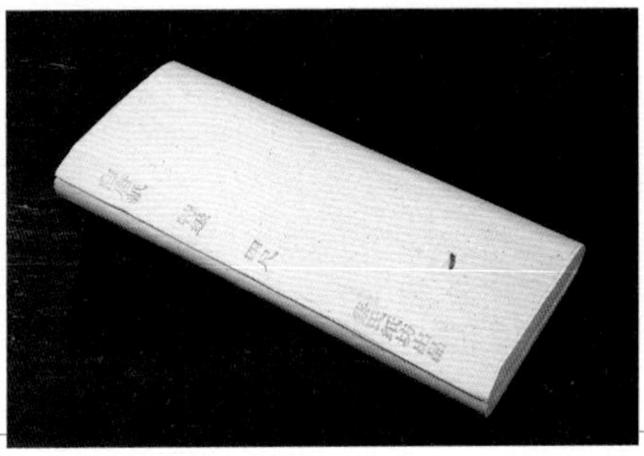

⊙4

3. 白唐纸

蔡氏纸坊生产的白唐纸为嫩竹＋山桠皮/构皮/檀皮（从泾县购买）制作，根据加入皮料种类和比例的不同而售价不一。加入10%山桠皮的四尺白唐纸售价450元/刀，加入30%～40%山桠皮的四尺白唐纸售价580元/刀，加构皮（30%～40%）售价550元/刀，加檀皮（30%～40%）售价800元/刀。

据蔡项菲介绍，日本称中国产的竹纸为唐纸，称漂白的竹纸为"白唐纸"，因此"白唐纸"为日本名称。

第九章

富阳区元书纸

Yuanshu Paper
in Fuyang District

第三节

Section 3

杭州富阳蔡氏文化创意有限公司

⊙
4
蔡氏纸坊生产的白唐纸
Baitang paper produced in Caishi Paper Mill

⊙
3
蔡氏纸坊生产的京放纸
Jingfang paper produced in Caishi Paper Mill

（二）蔡氏纸坊代表纸品性能分析

测试小组对采样自蔡氏纸坊的特级元书纸所做的性能分析，主要包括定量、厚度、紧度、抗张力、抗张强度、撕裂度、湿强度、白度、耐老化度下降、尘埃度、吸水性、伸缩性、纤维长度和纤维宽度等。按相应要求，每一指标都重复测量若干次后求平均值，其中定量抽取5个样本进行测试，厚度抽取10个样本进行测试，抗张力抽取20个样本进行测试，撕裂度抽取10个样本进行测试，湿强度抽取20个样本进行测试，白度抽取10个样本进行测试，耐老化度下降抽取10个样本进行测试，尘埃度抽取4个样本进行测试，吸水性抽取10个样本进行测试，伸缩性抽取4个样本进行测试，纤维长度测试了200根纤维，纤维宽度测试了300根纤维。对蔡氏纸坊特级元书纸进行测试分析所得到的相关性能参数见表9.6，表中列出了各参数的最大值、最小值及测量若干次所得到的平均值或者计算结果。

表9.6 蔡氏纸坊特级元书纸相关性能参数
Table 9.6 Performance parameters of superb Yuanshu paper in Caishi Paper Mill

指标		单位	最大值	最小值	平均值	结果
定量		g/m^2				25.2
厚度		mm	0.070	0.064	0.067	0.067
紧度		g/cm^3				0.376
抗张力	纵向	mN	16.7	12.9	15.3	15.3
	横向	mN	15.4	7.8	10.9	10.9
抗张强度		kN/m				0.873
撕裂度	纵向	mN	332.4	296.4	316.3	316.3
	横向	mN	388.0	279.7	341.3	341.3
撕裂指数		$mN·m^2/g$				13.0
湿强度	纵向	mN	567	500	527	527
	横向	mN	376	315	338	338
白度		%	31.4	30.5	31.1	31.1
耐老化度下降		%	30.0	29.0	29.6	1.5
尘埃度	黑点	个/m^2				4
	黄茎	个/m^2				40
	双浆团	个/m^2				0
吸水性	纵向	mm	18	16	17	10
	横向	mm	15	12	14	3
伸缩性	浸湿	%				0.75
	风干	%				0.75
纤维	长度	mm	2.2	0.1	0.7	0.7
	宽度	μm	52.8	1.1	13.9	13.9

由表9.6 数据可知，所测蔡氏纸坊特级元书纸的平均定量为25.2 g/m^2。蔡氏纸坊特级元书纸最厚约是最薄的1.094倍，经计算，其相对标准偏差为0.028，纸张厚薄较为一致。通过计算可知，蔡氏纸坊特级元书纸紧度为0.376 g/cm^3。抗张强度为0.873 kN/m。所测蔡氏纸坊特级元书纸撕裂指数为13.0 mN·m^2/g。湿强度纵横平均值为433 mN，湿强度较小。

所测蔡氏纸坊特级元书纸平均白度为31.1%。白度最大值是最小值的1.030倍，相对标准偏差为0.011，白度差异相对较小。经过耐老化测试后，耐老化度下降1.5%。

所测蔡氏纸坊特级元书纸尘埃度指标中黑点为4个/m^2，黄茎为40个/m^2，双浆团为0。吸水性纵横平均值为10 mm，纵横差为3 mm。伸缩性指标中浸湿后伸缩差为0.75%，风干后伸缩差为0.75%，说明蔡氏纸坊特级元书纸伸缩差异不大。

蔡氏纸坊特级元书纸在10倍和20倍物镜下观测的纤维形态分别如图★1、图★2所示。所测蔡氏纸坊特级元书纸纤维长度：最长2.2 mm，最短0.1 mm，平均长度为0.7 mm；纤维宽度：最宽52.8 μm，最窄1.1 μm，平均宽度为13.9 μm。

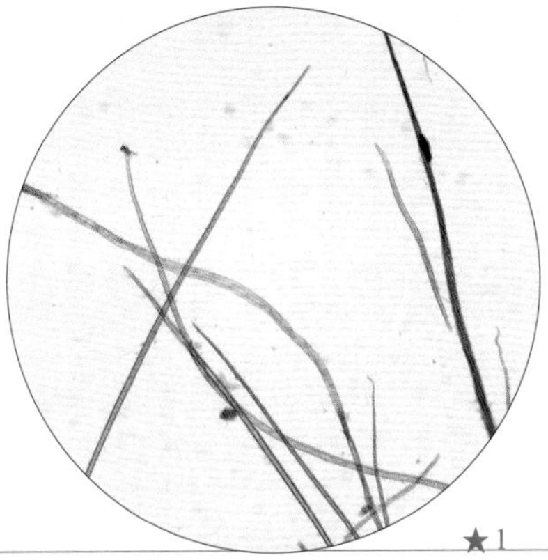

★1

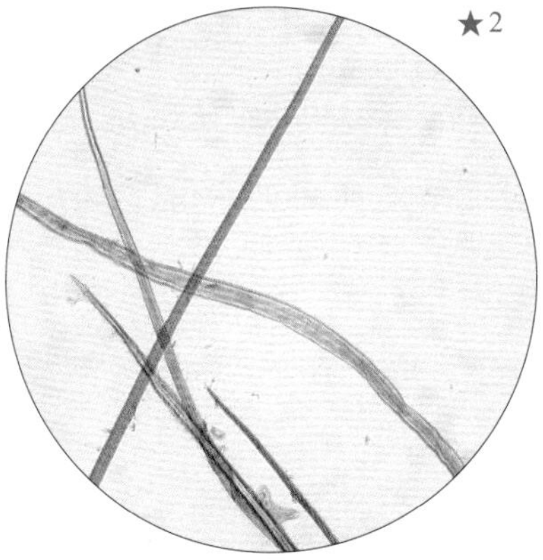

★2

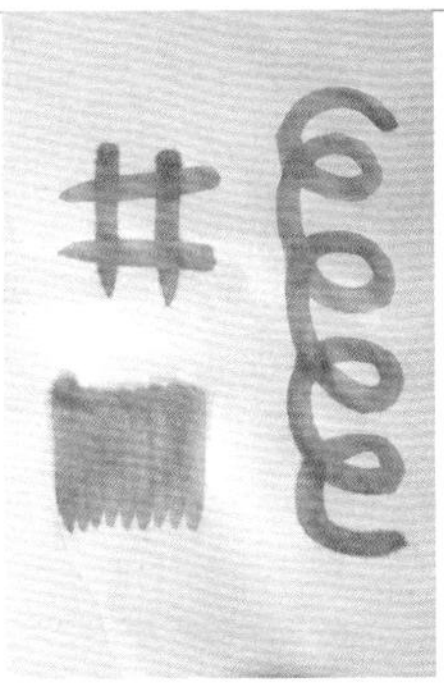

⊙1

★1
蔡氏纸坊特级元书纸纤维形态图（10×）
Fibers of superb Yuanshu paper in Caishi Paper Mill (10× objective)

★2
蔡氏纸坊特级元书纸纤维形态图（20×）
Fibers of superb Yuanshu paper in Caishi Paper Mill (20× objective)

⊙1
蔡氏纸坊特级元书纸润墨性效果
Writing performance of superb Yuanshu paper in Caishi Paper Mill

四
杭州富阳蔡氏文化创意有限公司特级元书纸的生产原料、工艺与设备

4
Raw Materials, Papermaking Techniques and Tools of Super Yuanshu Paper in Hangzhou Fuyang Caishi Cultural and Creative Co., Ltd.

（一）蔡氏纸坊特级元书纸的生产原料

1. 主料：毛竹

蔡氏纸坊生产的特级元书纸的生产主料是富阳当地生长的毛竹。据蔡玉华介绍，制作特级元书纸的竹料都是从当地收购的，必须是经过断竹、削竹等工序的当天砍嫩白竹肉，近年来价格稳定在0.6元/kg。据蔡项菲介绍，其纸坊每年需购买毛竹50 000 kg以上。

2. 辅料：水

在元书纸的制作过程中，水的质量好坏对纸的质量影响很大。蔡氏纸坊选用无污染的山泉水制作特级元书纸。据调查组成员在造纸引水现场的测试，制作特级元书纸所用的水pH约为6.5，呈弱酸性。

⊙2

⊙1

⊙1
蔡家坞村附近的毛竹山
Phyllostachys edulis mountain near Caijiawu Village

⊙2
引渠流出的山泉水
Spring water flowing out of the diversion canal

（二）蔡氏纸坊特级元书纸的生产工艺流程

根据蔡玉华的工艺描述，综合调查组2016年8月5日、9月30日，2019年1月17日在纸坊的实地调研，以及参考富阳地方竹纸研究者的文献资料记述，总结蔡氏纸坊特级元书纸的生产工艺流程为：

壹	贰	叁	肆	伍	陆	柒	捌	玖	拾	拾壹	拾贰	拾叁	拾肆
浸坯	断料	腌料	翻滩漂洗	煮料	榨水	磨料	打浆	捞纸	压榨	晒纸	数纸检纸	裁纸	成品包装

壹 浸坯

1

蔡氏纸坊无人上山砍竹，通常直接购买已经完成了断竹、削竹、拷白等工序的白坯。当天买回白坯后，立即将其用嫩竹篾扎成小捆，放入清水塘浸泡。浸泡十余天后，当清水变“滑”时，便可将白坯从水中取出。

贰 断料

2 ⊙3

将浸泡后长约2 m的白坯砍断，每段长35～40 cm，然后用嫩竹篾或绳捆起来，12.5～15 kg 1捆，一捆当地称为一页。

⊙3

⊙3 浸泡断料后的白坯 Stripped bamboo sections after soaking

叁 腌料

3 ⊙4

将清水和石灰按一定比例放入灰镬（即泡料池）中，一捆料（12.5～15 kg）加1.25 kg石灰。用灰耙搅拌，使石灰水浓度均匀。腌料人手持两齿耙，站在灰镬边沿上，将两齿耙扎入料页，浸入石灰水中，再将两齿耙抽出换位扎入，经过多次抖、捞、沉的动作使得料页被完全浸泡。腌好后的白料叫作“灰竹页”[5]。

⊙4

肆 翻滩漂洗

4 ⊙5～⊙7

将腌好的灰竹页放入料塘中，用清水泡15天左右。浸泡期间需要经常冲洗竹页，一般冲洗6～7次。每冲洗一次之后更换塘中清水继续浸泡1天，直到把石灰完全去除干净。每页料塘可洗200～300页料，每次冲洗时将料页放置于木凳上，用木桶舀水冲淋。

⊙5

⊙6

⊙7

[5] 李少军.富阳竹纸[M].北京：中国科学技术出版社，2010：88.

⊙4 腌料 Liming the bamboo

⊙5 料塘中浸泡的料页 Bamboo sections in the soaking pool

⊙6 取出浸泡的料页 Taking the bamboo sections out from the soaking

⊙7 在溪水中翻滩漂洗 Cleaning the materials in the stream

伍 煮料

5 ⊙8⊙9

将料页放入皮镬（用石头砌成的蒸煮窑）中加水进行蒸煮，水要能将料页完全淹没，即立镬。在镬底烧火，用石灰腌的料需日夜不停火煮1～2天，待到水烧开后要再焖5～6天才能煮熟；用碱腌的料煮1天，不需要焖。煮好的料取出即可，称为出镬。蔡项菲介绍，判断料是否煮好主要根据时间来定，不依据感官判断。

陆 榨水

6 ⊙10

将煮熟的竹料用木榨榨干，即可等待磨料。至此，原料加工环节完成。据蔡项菲介绍，2018年她购买了一台打包机用于榨水，由于榨出来的料太湿，磨料不方便，现仍用传统的榨机榨水。

柒 磨料

7 ⊙11～⊙13

将榨干后的竹料运至打浆房磨料，主要目的是碾碎毛竹中的纤维，直到其成为细末。每磨100 kg料大约需要2个小时。

2018年迁入现在使用的新厂房后，蔡氏纸坊磨料不再使用公用石碾，而使用自家购买的石碾碾料。

访谈时蔡项菲回忆，在她很小的时候，还看见磨料用的是脚碓，将料页放在石臼内，靠脚力用脚碓反复踩踏，使舂齿不断舂打料页，达到磨料效果。大约1985年前后，开始使用村民公用的石碾磨料。

⊙10

⊙8

⊙11

⊙12

⊙9

⊙13

⊙8 立镬 Putting the bamboo sections into the stone pot

⊙9 出镬 Taking the bamboo sections out of the stone pot

⊙10 蔡氏纸坊购买的打包机 Wrapping machine bought by Caishi Paper Mill

⊙11 蔡家坞村的公共磨坊外观 External view of the public mill in Caijiawu Village

⊙12 公共磨坊的石碾 Stone roller in the Public mill

⊙13 废弃的脚碓构件 Abandoned part of foot pestle

捌 打浆

8 ⊙14

将磨好的细末料放入打浆机中，不断加水搅拌，直至其达到均匀黏稠状态，可供捞纸使用。打好的浆料通过管道运输至捞纸槽中，在纸槽中放入清水，用木耙反复搅拌。蔡氏纸坊的打浆机2014年开始使用，在此之前，经石碾磨好的细末料直接由人工送去捞纸槽。捞纸槽里有水泵，也可以起到打浆、搅拌的作用。

蔡玉华介绍，打浆机的作用在于让竹浆更细，造出来的纸更“硬”。蔡项菲补充解释，一般使用荷兰式打浆机打料做的纸会紧（硬）一些，抖起来会“哗哗”响，而用石碾磨出的料做出的纸相对柔软。另外，用石碾磨的料纤维相对完整。蔡氏纸坊想做更软的纸，因为喜欢硬纸的人相对较少。

玖 捞纸

9 ⊙15～⊙19

捞纸工序是整个制作流程中控制难度最大的。捞纸时先手持帘床轻轻放入纸槽中，竹帘随手腕动作左右晃动，使帘上的浆液均匀分布，将帘床向前倾斜，晃出多余的浆液，这时帘上已经形成一层薄的浆膜，一张湿纸便产生了。湿纸帖四边有4条线，压干后沿着线把不整齐的纸边掰掉。

据蔡玉华介绍，捞纸的时候需要时刻观察纸浆是否匀称，抬起纸帘的时候速度要放慢。以前工艺标准要求严，从新手成长到熟练捞纸工至少需要3年时间，而现在从外地招人来学习一个月左右，就让其上手捞纸，这并不代表工人上手快了，而是找不到熟练工人，只能放低标准。捞纸过程中，每过5～6分钟就要将沉在槽底的竹浆翻上来一次，叫作翻浆。具体的翻浆时间依捞纸工自己判断而定。在蔡氏纸坊，每个捞纸工一天能捞10刀纸左右。

⊙15

⊙16

⊙17

⊙18

⊙19

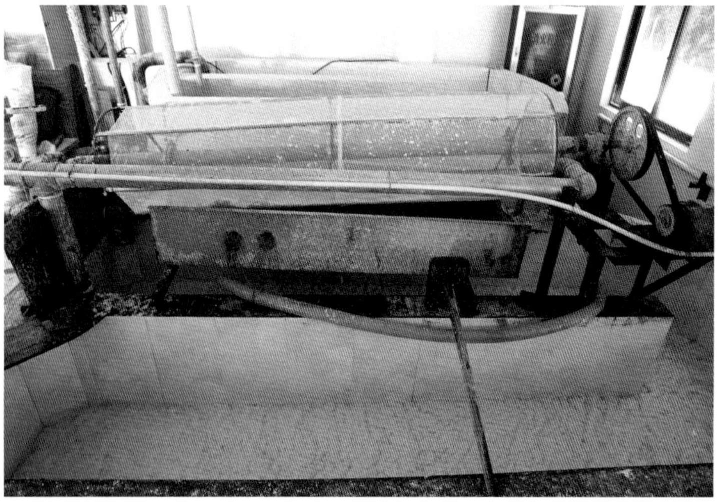
⊙14

⊙14 荷兰式打浆机打出的浆料 Pulp made by Dutch beating machine

⊙15／17 捞纸工正在捞纸 A papermaker making the paper

⊙18 捞好的湿纸帖 Piles of wet paper

⊙19 湿纸帖边缘的线痕 Imprints on the piles of wet paper

拾 压榨

10 ⊙20～⊙22

每天傍晚时分，捞纸工在捞完10刀左右的纸后，就需要用千斤顶将其压至半干。压一次大约需要一个多小时，不能压得太快太猛，缓缓压到半干后，在烘房放置一夜。据蔡玉华介绍，蔡家坞一带以前都是用木榨，大约30年前开始改用千斤顶压榨。

⊙20

⊙21

⊙22

拾壹 晒纸

11 ⊙23～⊙25

用鹅榔头在纸块上划几下，用手捏住纸块的右上角捻一捻，使一侧的纸角翘起，然后对着纸角吹一口气，用手逐张撕起，贴在刷着稀米糊的焙壁之上，并用松毛刷在纸上迅速刷4～5下，使湿纸与焙壁完全贴合。

晒纸时沿着焙壁从左往右依次晒。若纸刷到焙壁上粘不牢，可往焙壁上刷一层稀米糊。若纸帖太干，可沿着纸帖的上边缘位置喷一点清水，稍微湿一点便可以顺利揭下。晒纸过程中将破碎的纸放置于一边，可回水打浆。

据巴妙娣介绍，2016年时蔡氏纸坊晒纸房内连同她本人，共有2名晒纸工，2019年时增至3人。晒纸工每天早上4点开始晒纸，基本上到上午9:30结束。一天能晒400多张纸，即4刀纸左右。晒纸工的工资按成品算，2016年晒1张纸的工钱是0.18元。

⊙23

⊙24

⊙25

⊙20 待压榨的湿纸帖 Piles of wet paper to be pressed

⊙21 蔡玉华正在榨纸 Cai Yuhua pressing the paper

⊙22 即将完成压榨的纸帖 Pressed piles of paper (almost finished)

⊙23 喷水 Spraying water on the paper

⊙24 用手捻过的纸角 Paper edge after twisting

⊙25 刷纸上墙 Pasting the paper on the wall

拾贰
数纸检纸

12 ⊙26

把晒干的纸整理好，检出好纸，按每刀100张的规格数好，摆放整齐后等待裁纸。

拾叁
裁纸

13

将一定尺寸的木板框固定于纸上方，沿着木板框的边缘用裁纸刀将多余的纸边裁切下来。切下来的多余纸边可重新回水打浆。据蔡玉华介绍，四尺规格的纸既可以用裁纸刀裁，也可以用裁纸机裁，六尺规格的纸尺寸大，只能用裁纸刀裁。由于裁纸机投入较大，蔡氏纸坊没有购买裁纸机，裁纸工作完全依赖当地仅剩的一位裁纸师傅。

拾肆
成品包装

14 ⊙27

将裁好的纸一刀刀放置平整，加盖“蔡氏纸坊”品牌印章后用包装纸包装整齐待售。

⊙26

⊙27

⊙26 数纸检纸 Paper counting and checking

⊙27 包装好的竹檀纸 Packed Zhutan paper

（三）蔡氏纸坊特级元书纸的主要制作工具

壹 石碾 1

将竹料碾碎的工具，主要由碾槽、碾砣等组成。2016年调查组首次调查时，蔡氏纸坊使用的石碾是蔡家坞村里公用的，村民自助排队使用。石碾的维修费也是所有使用者公摊，每家用完石碾后都要将碾槽、碾砣等弄干净。2019年调查组回访时了解到，蔡氏纸坊搬迁至新厂区后已使用自家购买的石碾。实测蔡氏纸坊使用的石碾尺寸为：碾槽直径240 cm，高64.5 cm；碾砣直径102.5 cm，高45.5 cm。

⊙28

贰 打浆槽 2

将竹料打成细浆料的设施。实测蔡氏纸坊使用的打浆槽尺寸为：宽163 cm，长364 cm，高76 cm。

⊙29

叁 纸槽 3

盛放纸浆的设施。方形，捞纸工站在侧边进行工作。纸槽所在的屋子叫作造纸坊。2016年调查组首次调查时蔡氏纸坊租用的是村里的厂房，每年房租2 000～3 000元。造纸坊里原来有1台打浆机，蔡玉华租用以后，将打浆机拆掉，重修了纸槽。

⊙30

⊙28 石碾 Stone roller

⊙29 打浆槽 Beating container

⊙30 纸槽 Papermaking trough

肆 纸 帘 4

捞纸工具，用于形成湿纸膜和过滤多余的水分。用细苦竹丝编织而成，表面刷有黑色土漆，光滑平整。调查时蔡氏纸坊使用的纸帘是从富阳区大源镇购买的，四尺规格的600多元/张，一张纸帘可以用2～3年时间。实测蔡氏纸坊使用的纸帘尺寸为：长155 cm，宽83 cm。

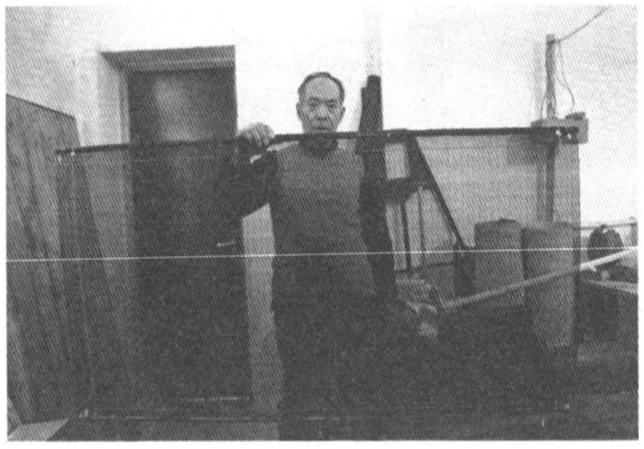

⊙31

柒 焙 壁 7

用来晒纸的烘墙，由两块长方形的钢板焊接而成，表面光滑，中空处流经加热的水蒸气。焙壁加热后两面都可以晒纸。实测蔡氏纸坊使用的焙壁尺寸为：长351 cm，宽200 cm，上厚22 cm，下厚31.5 cm。

伍 帘 床 5

木制的长方形框架，作用是捞纸时承载纸浆和纸帘，面积稍大于纸帘，纸帘可完全嵌于框架中。帘床两侧有两根绳子垂直将其吊于纸槽内水面上方，使其不会在捞纸工松手后随意放置或掉到槽里。实测蔡氏纸坊使用的帘床尺寸为：长164 cm，宽90.5 cm。

⊙32

⊙34

陆 鹅榔头 6

木制光滑的榔头，用于晒纸前划松纸帖。蔡氏纸坊使用的鹅榔头是自家用青柴树的木头做的，实测尺寸为：长38 cm，直径4 cm。

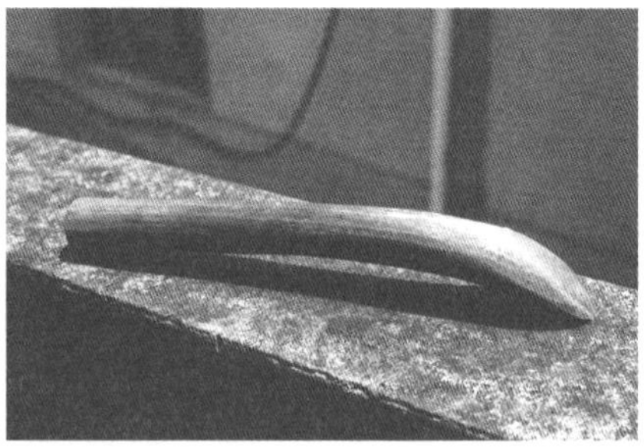

⊙33

捌 松毛刷 8

晒纸时将湿纸刷上焙壁的工具，刷柄为木制，刷毛为松毛。蔡氏纸坊使用的松毛刷是在富阳区湖源乡购买的，2015～2016年约60元一把。实测尺寸为：长35 cm，宽12 cm。

⊙35

⊙31 纸帘 Papermaking screen

⊙32 帘床 Frame for supporting the papermaking screen

⊙33 鹅榔头 Wooden hammer for separating the paper layers

⊙34 焙壁 Drying wall

⊙35 松毛刷 Brush made of pine needles

Hangzhou Fuyang Caishi Cultural and Creative Co., Ltd.

玖 裁纸刀 9

用来将纸边缘裁平整的工具。蔡氏纸坊是请大源镇大同村一个专门裁纸的师傅上门裁纸，师傅自带裁纸刀。通常裁纸师傅每裁一刀四尺的纸可以得到1元多钱的报酬。除了裁纸师傅外，还需要2人配合扶纸，3人合作一天大约能裁1 000刀纸。裁纸师傅并不需要每天来，隔一段时间来一次即可。实测蔡氏纸坊使用的裁纸刀尺寸为：长17 cm，宽17.8 cm，从大源镇购买，售价50元。

⊙36

拾 压榨机 10

用于压干湿纸帖的工具。实测蔡氏纸坊使用的压榨机尺寸为：长154 cm，宽113 cm，高164 cm，横梁长125 cm。

⊙37

拾壹 千斤顶 11

压榨时使用的工具。实测蔡氏纸坊使用的千斤顶尺寸为：长21.5 cm，宽17.5 cm，高30.5 cm。

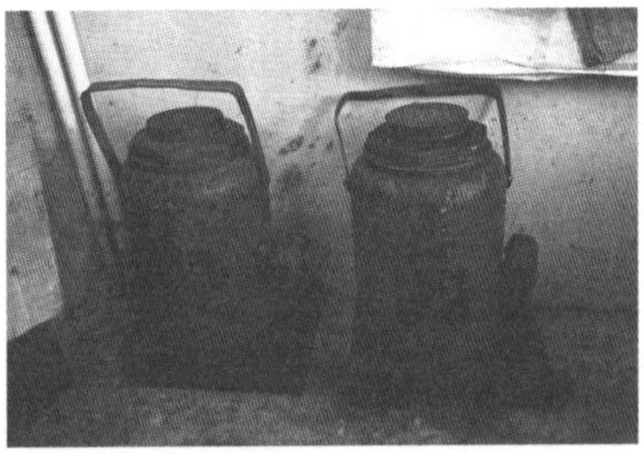

⊙38

拾贰 砍料凳 12

砍料时使用。砍料时先在凳中央放一条塑料绳，将毛竹放在绳上，嵌进凹槽中。实测蔡氏纸坊使用的砍料凳尺寸为：长39 cm，宽16.7 cm，高37.5 cm。

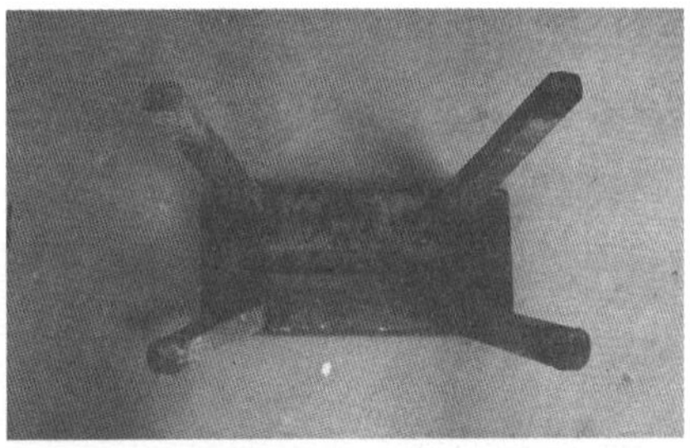

⊙39

拾叁 皮镬 13

煮料时使用，用石块砌成。

⊙40

⊙41

⊙36 裁纸刀 Knife for trimming the paper

⊙37 压榨机 Pressing machine

⊙38 千斤顶 Lifting jack

⊙39 砍料凳 Stool for cutting the materials

⊙40 皮镬内部 Inside view of the stone pot

⊙41 镬底的炉膛构造 Burner structure at the bottom of the stone pot

五 杭州富阳蔡氏文化创意有限公司的市场经营状况

5 Marketing Status of Hangzhou Fuyang Caishi Cultural and Creative Co., Ltd.

蔡氏纸坊作为灵桥镇蔡家坞村唯一一家还保留古法竹纸制作工艺的造纸户，虽然订单量不大但较稳定。蔡氏纸坊每年的订单量和线上销售加起来在3 000刀左右，其中特级元书纸约占60%，即1 800刀上下；京放纸约占3%，即90刀上下。仅以特级元书纸计算，年销售额约72万元，利润率30%左右。再加上京放纸和其他别家代工品种，年销售额超过100万元。

据蔡项菲介绍，蔡氏纸坊主要以线上销售为主，客户来源主要为淘宝店和微店的固定客户及订制客户。蔡项菲经营的淘宝店"蔡氏纸坊"2009年注册，2019年好评率为99.14%，粉丝数1.2万，为2皇冠店铺。除经营自家生产的元书纸及册页、信笺等衍生产品外，该淘宝店还代销小元书（43 cm × 41 cm）及其他地区生产的皮纸、加工纸，代理产品销量占30%左右。每年蔡氏纸坊网店还会参加淘宝"双十一""双十二"促销活动，两次促销活动的销售量是平时的2～3倍。购买群体主要是书法爱好者、书法班学员等。

⊙1

蔡氏纸坊初期采用的是包销模式，没有固定的批发商，为了打开销路，蔡项菲听从别人的建议，接手纸坊的销售业务后便决心以网络销售为主。2007年她以书法网站为突破口，在几个较为有名的书法网站推广产品，其中一个名为"书法江湖"的网站人气较高，蔡项菲在该网站认识了很多书法爱好者，逐渐打开销路。

在未来的业态发展上，蔡项菲也有自己的想法。根据蔡项菲的规划，投资400余万元的新厂区集元书纸的生产、销售、观光体验、文化旅游以及民宿于一体，建筑面积1 700 m^2，共有四层，一楼为生产体验区，二楼为深度体验区，三楼为仓库，四楼为民宿，计划2019年上半年正式投入使用，观光体验、研学、民宿等服务也将同期开展。

⊙1 蔡氏纸坊新厂房中正在装修的体验区 Experiencing area of new workshop of Caishi Paper Mill

六
杭州富阳蔡氏文化创意有限公司造纸文化与蔡家坞村的造纸故事

6
Papermaking Culture of Hangzhou Fuyang Caishi Cultural and Creative Co., Ltd. and Papermaking Stories of Caijiawu Village

⊙2

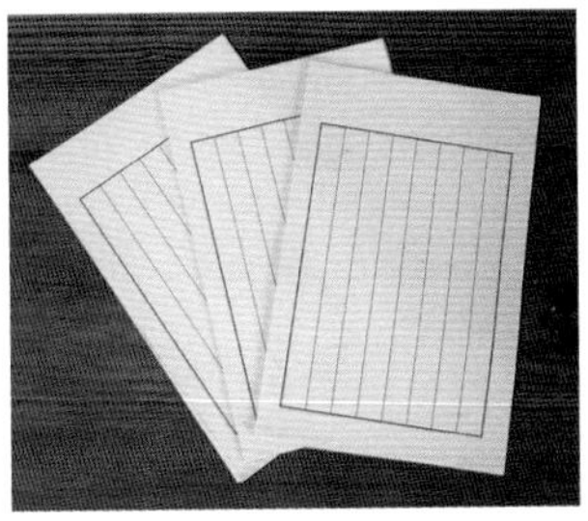
⊙3

⊙4

⊙5

⊙6

⊙2 书画家赠送的作品
Works given by calligraphers and painters

⊙3/4 蔡氏纸坊生产的信笺
Letter paper produced in Caishi Paper Mill

⊙5 浙江（俄罗斯）图书展
Zhejiang Book Exhibition (Russia)

⊙6 浙江（俄罗斯）图书展上蔡氏纸坊的展位
Exhibition position of Caishi Paper Mill in Zhejiang Book Exhibition (Russia)

（一）蔡氏纸坊的品牌文化

据蔡项菲介绍，她在网上推广纸品时认识了不少书画爱好者，让她印象较深的有两个人。一位是潘明（网名“修川居士”），浙江嘉兴人，非常喜欢蔡氏纸坊生产的白唐纸。潘明的很多学生也会从蔡氏纸坊团购所需的画纸。另一位是四川的画家乐林，其与蔡氏纸坊合作已有十余年，喜欢用其生产的京放纸和竹檀纸。乐林擅长画竹和石，曾用蔡氏纸坊的纸绘竹画相赠。

蔡项菲回忆，来自“书法江湖”的顾客为其开发产品提出了不少有建设性的意见，根据这些意见，纸坊开发出不少新的纸品和产品。

蔡氏纸坊开发的信笺类产品便是根据一位名为马仕君的画家建议设计制作的。另一位对纸很有研究网名为“由生”的浙江客户，建议其在竹料中加入檀皮。蔡玉华在抄制过程中逐渐增加檀皮的含量，当檀皮加至30%左右时，生产出了令该客户满意的纸品，取名竹檀纸。

近几年蔡项菲还参加了全国文房四宝博览会（2017年）、浙江（俄罗斯）图书展（2018年）等文化展览活动，以推广宣传自家纸品，扩大蔡氏纸坊产品的知名度，拓展销路。

（二）蔡家坞村的造纸传说

调查组2016年8月5日、2016年9月30日、2019年1月17日三次入村调研时了解到，蔡家坞村一直流传着与造纸相关的几个传说。

1. 发明吊帘的阿荣和阿华

富阳造纸户广泛使用吊帘之前，捞纸采用的一直是托帘法。使用托帘较费力，捞纸工捞纸时双手和胳膊要一直托着，捞完纸后还需先把帘床放置于纸槽一角，再拿起纸帘放湿纸。据说民国时期，蔡家坞村里两位很厉害的捞纸师傅阿荣和阿华无师自通地发明了吊帘工艺，这对捞纸工来说是省时省力的好事。

蔡玉华回忆，发明吊帘的阿荣和阿华就是蔡家坞本村造纸户，生卒年不详，因蔡家坞毛竹资源少而搬到临安、安吉、余姚等地发展，俩人在外地发明吊帘后，回乡看到家乡的造纸户仍在使用“手捧”（托帘）技术，便将这种省力的吊帘技术传给家乡人。家乡人用过之后感觉很好，此方法就渐渐传开了。

蔡玉华说，使用吊帘不仅省力，还改变了原先托帘方法对纸品尺寸的限制，可以抄制更大尺寸的纸品。由于阿荣、阿华已搬走数十年，家中老房、纸坊皆因年代久远无踪迹可寻，调查组未能寻找到与阿荣、阿华相关的图片资料。

2. 奇妙鹅榔头的发明传说

蔡家坞的造纸老人传说，很久以前在晒纸房里，压干的纸不容易分离，为了分离纸张，揭纸时需在纸块上方吊一个装着草木灰的布包，每揭一张纸，用头顶一下灰包，洒落一点灰到纸上，纸便能顺利被揭下。有一天，一位晒纸工在晒纸时与一位路过的人聊天，忘记顶灰包，纸张揭不下来。那位不知从什么地方来的路人建议：“你去找个羊蹄子来”，说完便走了。晒纸工心想，“难道我要去找一个真的羊蹄子来吗？”细想觉得不现实，便将信将疑地用木头做了一个类似羊蹄子形状的榔头。奇妙的是，以后每次揭纸时用榔头在纸帖上划几下，纸便能轻松揭下。由于木榔头的形状似鹅头，因此叫作鹅榔头。

3. 蔡家坞的“开山祭”与“开山宴”

蔡玉华介绍，蔡家坞村一般在小满（5月21日左右）前三天开山砍竹，60多年前生产队时期有个传统，每次开山前，生产队里所有人集中会餐，会餐前还会祭拜观音菩萨，祈求观音菩萨保佑安全。

祭拜仪式和宴席一般在房子大的人家办，100多号人通常要办十几桌，由生产队出钱，称为“开山祭”“开山宴”。

4. 公共石碾房的排队规则

蔡家坞村都是小纸坊，为了方便碾料，村里建了一座公用的石碾房，需要使用的造纸村民事先要在村委会专用的簿册上排队登记，轮到自己家时才可入碾坊自助碾料。每家在使用前和使用后需记下电动石碾工作中消耗的电量，待交电费时根据当月使用的度数交。作为村规民约，这一制度在蔡家坞一直有序实施，很少发生插队或欠费争执。

⊙1

⊙2

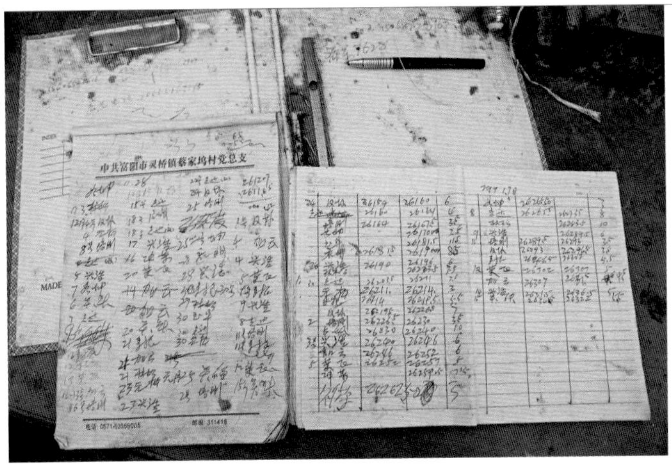

⊙3

⊙4

⊙1
蔡氏纸坊使用的吊帘
Hanged papermaking screen used in Caishi Paper Mill

⊙2
木制鹁榔头
Wooden hammer for separating the paper layers

⊙3
蔡家坞公共碾房排队登记本、电费本
Registration book and electricity bill book of the public mill in Caijiawu Village

⊙4
正在公共碾房碾料的村民
Villagers grinding materials in the public mill

七 杭州富阳蔡氏文化创意有限公司的业态传承现状与发展思考

7 Current Status and Development of Hangzhou Fuyang Caishi Cultural and Creative Co., Ltd.

⊙1

⊙2

⊙3

⊙1
年轻时的蔡玉华
Cai Yuhua in his young age

⊙2
手捧杭州市富阳区『非遗』牌匾的蔡玉华
Cai Yuhua holding plaque of Intangible Cultural Heritage in Fuyang District of Hangzhou City

⊙3
蔡玉华的女婿赵小龙在碾料
Zhao Xiaolong (Cai Yuhua's Son-in-law) grinding the materials

（一）蔡氏纸坊传承情况

蔡玉华表示，2006年返乡重操本业造纸，即想全心全意造出质量上乘的元书纸。他一直坚持亲自加工原料，不委托外包或从别人处购买，因为外购原料品质没有办法控制，与其想做出质量上乘元书纸的目标相背。

蔡玉华说，虽然蔡家坞村有这样想法的造纸坊仅其1家，但只要有精力，他就会坚持下去。

蔡氏文化创意有限公司虽然注册登记时间不长，但已在2015年被评为杭州市富阳区非物质文化遗产生产性保护基地。蔡玉华本人也于2006年被评为富阳区级非遗传承人，2014年被评为浙江省级非遗传承人。上述这些荣誉，代表了当地政府与行业对其技艺水平与生产现状的肯定。

调查组认为，从传承来看，虽然蔡氏纸坊规模很小，技术工人少，但拌料、捞纸、晒纸等依然保持着较为传统的元书纸制作工艺，传承水平在当前富阳元书纸中属于优秀者。下一代传承人蔡项菲不断拓展线上线下订单量，有条不紊地管理着自家纸的销售，应该说市场端的拓展呈现出较好状态。虽然蔡项菲尚未参与造纸流程，也不能传习造纸技艺，但交流中蔡项菲表示，她已经在观摩和学习若干基本工艺。蔡玉华的儿子蔡湘军已经接手管理网店，女婿赵小龙也于2018年辞职回纸坊工作并学习造纸前端技艺。不管是从前端技术还是从销售角度来说，年轻一代的加入，或许能部分解决蔡氏纸坊继承人的问题，使纸坊朝更好的方向发展。

（二）蔡氏纸坊发展中面临的突出问题

1. 毛竹不刮青皮已经严重影响元书纸质量

调查中蔡玉华表示，在传统工艺里，想要制作出上乘元书纸，砍竹后需立即削去外层青皮。遗憾的是，现实情况下，削青皮工序不仅人工成

⊙4

本高（削青工人日工资为250～300元），而且技术难度大，体力消耗大，年轻人很少能坚持下来，大多数造纸户无奈放弃削青皮，而使用不削皮的竹子做纸。青竹皮里面“杂”细胞与胶质成分多，对纸的保存与寿命有很大影响，致使书画用途元书纸质量明显下降。

调查组认为，如果不拓展新的思路，比如利用机器削去青皮，工艺的坚守已相当困难。

⊙5

2. 没有年轻人想学手工造纸技艺

蔡项菲介绍，从长远来看，纸坊发展的难题是人工问题，目前造纸的工人多为60岁以上的老人且流动性较大，其纸坊从成立至今已经换了4～5批工人，工人最长做过一年多，最短的仅做了几个月便走了。

蔡玉华也曾因担心纸坊后继无人而忧心忡忡。在他多年的造纸生涯中，又苦又累的造纸工作是吃不饱饭年代的无奈选择，现在生活条件好了，富阳一带很难找到年轻学徒愿意从事这一行业了。

蔡玉华、蔡项菲的说法与调查组2016年8月5日、2019年1月17日入村调查时看到的情况相吻合，当地多家造纸户从事捞纸、晒纸的工人均为老年人，很少能在造纸户家中的生产一线上看到年轻人的身影。

3. 环保问题

环保问题是目前最让蔡项菲头疼的问题，她认为限制纸坊发展的问题中，“长期看是人工问题，短期看是环保问题”。

为了解决造纸产生的污水问题，蔡项菲曾向专业团队咨询污水处理方案。蔡项菲说，浙江理工大学团队现场调研后认为污水处理问题技术难度不大，只是没有相应的污水处理和排放标准，只能暂时搁置。

按照蔡项菲的说法，目前《国民经济行业分类》中手工纸归类在工业纸的“特种纸”类目中（调查组核实2017版《国民经济行业分类》后更正——手工纸归类为造纸类中的“手工纸制造类”），依据《国民经济行业分类》制定的《造纸工业水污染排放标准》中，手工纸与工业纸的排污标准未分开。蔡项菲认为，手工纸行业排污标准不能与工业纸相同，希望政府能设立手工纸行业排污标准，以区别于工业造纸排放标准。但目前尚无相关部门能处理此事，污水处理问题陷入僵局。

⊙4
蔡玉华（中）与其妻子（左二）、女儿（右二）、女婿（左一）、外孙女（右一）合影
Photo of Cai Yuhua (middle), his wife (second from the left), his daughter (second from the right), his son-in-law (first from the left) and his granddaughter (first from the right)

⊙5
削青皮
Stripping the bark

中国手工纸文库

Library of Chinese Handmade Paper

浙 江 卷·中卷

Zhejiang II

Hangzhou Fuyang Caishi Cultural and Creative Co., Ltd.

⊙2

⊙3

⊙1/3
蔡家坞老年造纸人
Aged Papermaker in Caijiawu Village

杭州富阳蔡氏文化创意有限公司

元书纸

Yuanshu Paper
of Hangzhou Fuyang Caishi Cultural and Creative Co., Ltd.

特级元书纸透光摄影图
A photo of superb Yuanshu paper seen through the light

第四节

杭州富阳逸古斋元书纸有限公司

浙江省
Zhejiang Province

杭州市
Hangzhou City

富阳区
Fuyang District

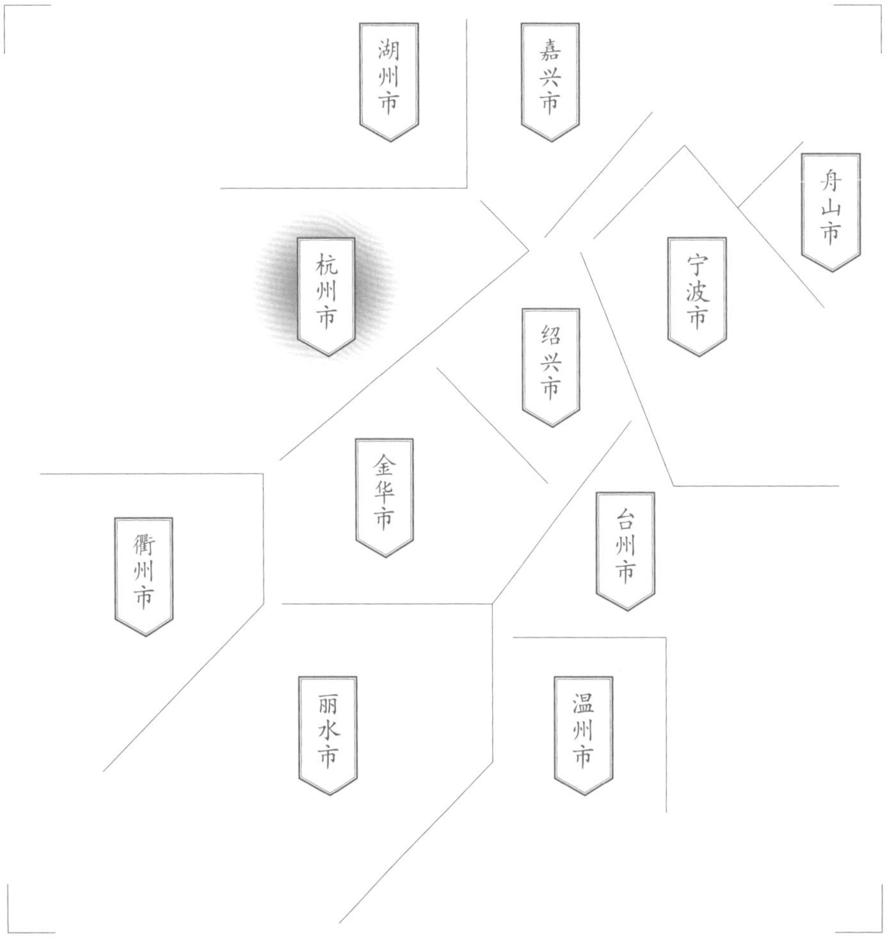

调查对象

富阳区大源镇大同村
杭州富阳逸古斋元书纸有限公司
竹纸

Section 4

Hangzhou Fuyang Yiguzhai Yuanshu Paper Co., Ltd.

Subject

Bamboo Paper in Hangzhou Fuyang Yiguzhai Yuanshu Paper Co., Ltd. in Datong Village of Dayuan Town in Fuyang District

一 杭州富阳逸古斋元书纸有限公司的基础信息与生产环境

1 Basic Information and Production Environment of Hangzhou Fuyang Yiguzhai Yuanshu Paper Co., Ltd.

杭州富阳逸古斋元书纸有限公司（简称逸古斋）位于富阳区大源镇大同行政村朱家门自然村，地理坐标为：东经119°59′51″，北纬29°56′24″。2017年初检索国家工商总局网站显示，逸古斋主要经营范围包括：元书纸、"宣纸"的手工制作，"宣纸"、竹纸的技术研发等。

2016年7月29日、8月4日、10月2日、12月13日，2019年1月22～24日，调查组成员多次前往逸古斋进行田野调查。截至2016年年底，逸古斋的生产信息为：有员工6人，制备原料时可临时动员60人左右；有生产用房5间，其中1个打浆房、1个抄纸房（3口槽）、2个晒纸房（有2条焙墙，一条为金属焙墙，一条为传统土焙墙）、1个剪纸房兼仓库；有料塘6口；有石砌煮料的甑1座。访谈中逸古斋负责人朱中华介绍逸古斋的产销数据为：2016年产量约700刀，其中主要产品为一级元书纸，约500刀，售价为1 200元/刀；另有书画用途的富阳"宣纸"和以苦竹原料为主的修复用纸等纸品。年销售额在85万元左右。

大源镇位于富春江南岸，距杭州市37 km，区域总面积104 km^2。截至2016年12月，全镇辖34个建制村、1个居委会，常住人口3.6万人，外来人口约6 500人。大源镇地处中亚热带向北亚热带季风湿润气候区过渡带，年均降水量1 462.6 mm，年日照时数1 995小时，雨量充沛，四季分明。大源镇为多山地貌，盛产毛竹，山涧溪水水质好、水源充沛，发展造纸业条件得天独厚，造纸业态早有发育并名声在外。清光绪年间编撰的《富阳县志》记载："总浙江各郡邑出纸，以富阳为最良，而富阳各纸，以大源元书为上上佳品，其中优

⊙1

⊙2

⊙1
富阳富春江南岸的夜景
Night view of the south bank of Fuchunjiang in Fuyang District

⊙2
流经朱家门的山溪
Stream flowing through Zhujiamen Village

劣，半系人工，亦半赖水色，他处不能争也。”[6]

大同行政村在1949年前由朱家门、大同坞、刘家、碧子坞、桥上山等自然村组成，属于传统的村落建制。1958年成立大同公社，属富阳县大源区管辖，下属还有大同大队。1984年成为富阳县新观乡朱家门村。历史上，大同坞为整个大同行政村最大的山湾，还有大同庙、大同畈等地名。而朱家门村的得名据2012年重修《富春朱氏宗谱》序载：“吾双溪里大同古社之左侧朱姓居焉，故名。其村曰朱家门。”

⊙1

⊙2

[6] [清]汪文炳.富阳县志[M].清光绪三十二年(1906年)初刻本配石印本.影印版.北京:国家图书馆出版社,2017.

⊙1 朱中华夫妇正在给蒸料纸甑盖山茅草
Zhu Zhonghua and his wife covering the papermaking utensil with thatches

⊙2 朱中华在料塘给竹页浆石灰
Zhu Zhonghua liming the bamboo sections in the soaking pool

⊙3

⊙3
富阳山区的日出
Sunrise in the mountain area of Fuyang District

杭州富阳逸古斋元书纸有限公司位置示意图

Location map of Hangzhou Fuyang Yiguzhai Yuanshu Paper Co., Ltd.

考察时间
2016年7月／2016年8月／2016年10月／2016年12月/2019年1月

Investigation Date
Jul. 2016/Aug. 2016/Oct. 2016/Dec. 2016／Jan. 2019

路线图
富阳城区
↓
杭州富阳逸古斋元书纸有限公司
Road map from Fuyang District centre to Hangzhou Fuyang Yiguzhai Yuanshu Paper Co., Ltd.

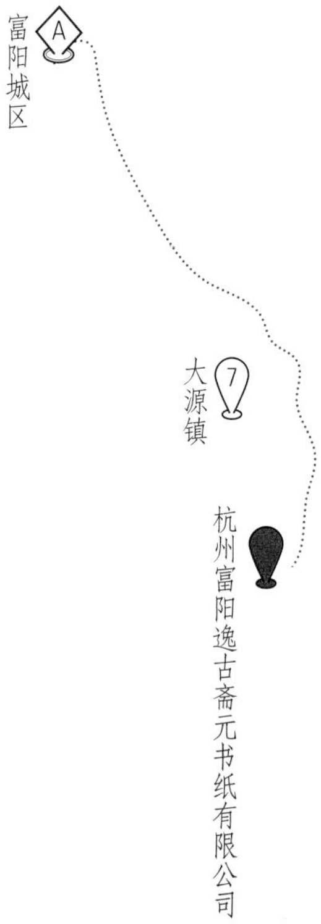

地域名称

A 富阳区
1 湖源乡
2 常安镇
3 洞桥镇
4 新登镇
5 灵桥镇
6 新义乡
7 大源镇

造纸点名称

造纸点 杭州富阳逸古斋元书纸有限公司

位置分布

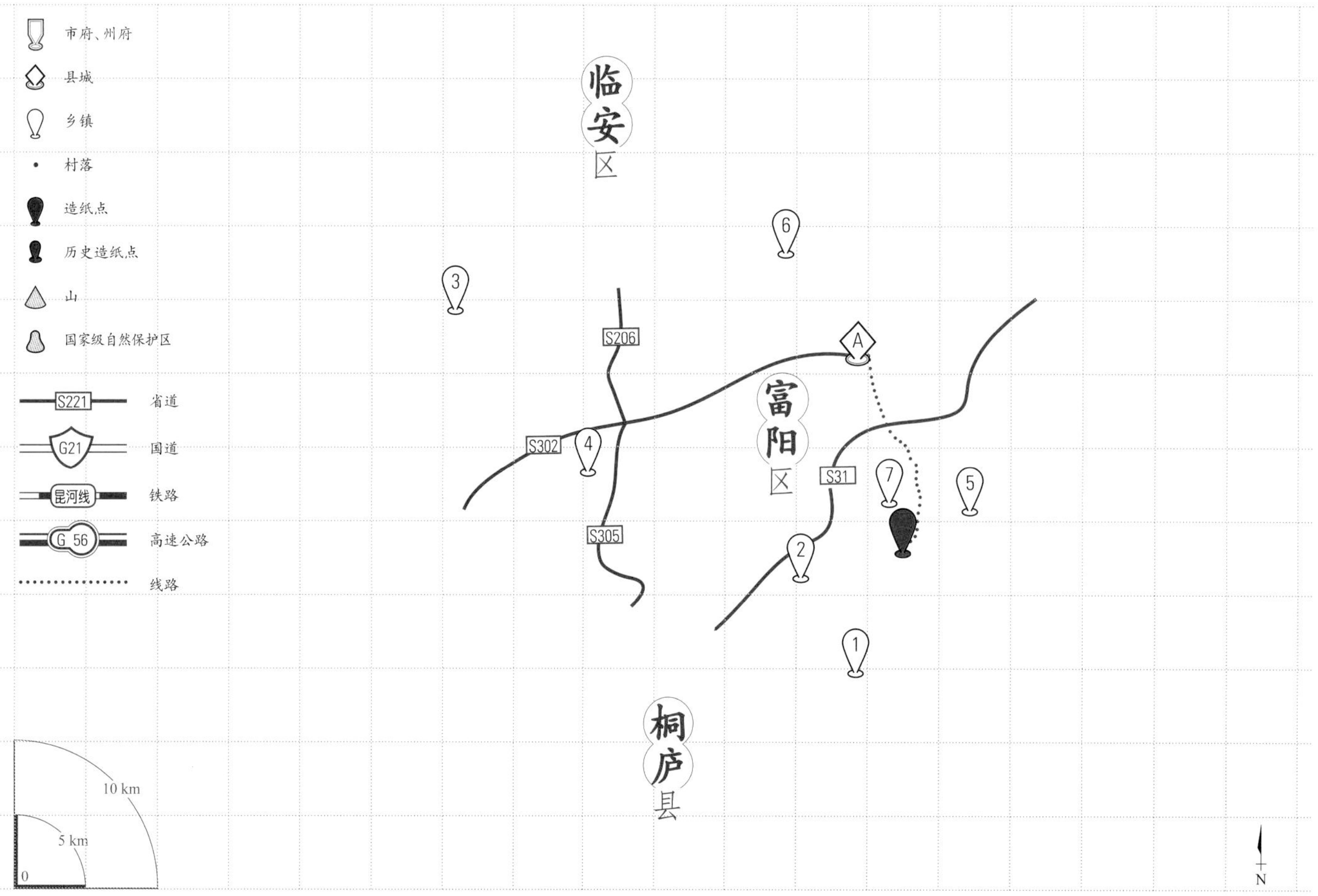

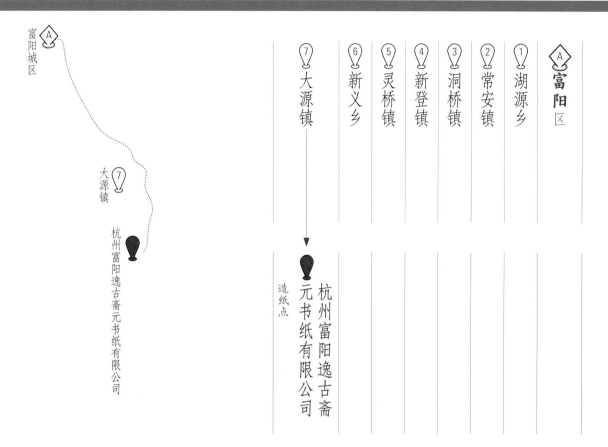

二
杭州富阳逸古斋元书纸有限公司及朱家门村与造纸有关的历史与传承

2
History and Inheritance Related to Papermaking of Hangzhou Fuyang Yiguzhai Yuanshu Paper Co., Ltd. and Zhujiamen Village

⊙1

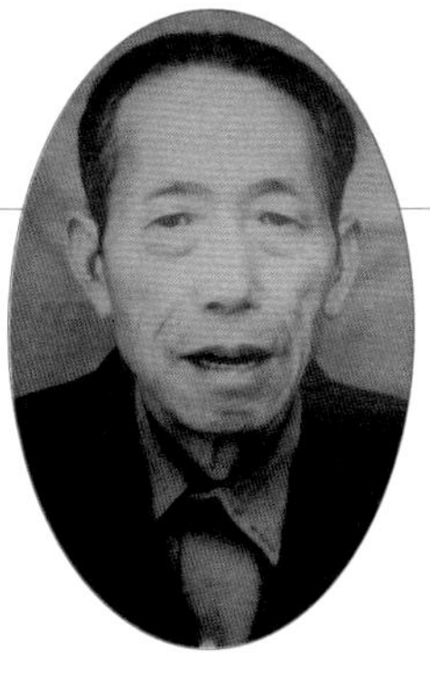

⊙2

⊙1
朱中华向调查员分析泡料程度
Zhu Zhonghua showing a researcher the soaking status of the materials

⊙2
晚年的朱宏声
Zhu Hongsheng in his old age

（一）逸古斋的历史与传承

杭州富阳逸古斋元书纸有限公司于2015年4月2日在杭州市工商局登记注册，法人与主持人同为一线造纸师傅朱中华。

据2016年多轮访谈获知的传承人及纸厂传承信息为：朱中华，1968年出生于大源镇大同村，1983年15岁开始学习造纸技艺，最初学习的是烘纸工序，然后是抄纸工序，其中烘纸技艺正式拜师学习了3年，在学习烘纸的同时断断续续学了3个月的抄纸技艺。据朱中华本人讲述的学习抄纸的过程是：一开始学习抄纸是每天晚上请来抄纸的长辈示范1小时，然后自己揣摩和练习，进行了3个月；之后的5年抄纸训练是利用老师傅们中午吃饭的间歇自己上场练，老师傅会时不时指点一下不对的动作。

传授朱中华抄纸技艺的长辈主要是朱中华的二伯朱宏声，在朱宏声教授朱中华抄纸技艺的同时，朱中华的表二伯朱金林有时也来指导，后者抄纸技艺的特点是纸面很均匀。18岁后，朱中华开始在每年农历节气的小满砍嫩毛竹前后学习原料制作，前后学习了七八年。

朱中华从1983年到2010年约17年间一直在大同行政村的朱家门自然村造元书纸，并逐渐成长为一位技艺全面的造纸师傅。2010年左右行情不好，传统手工工艺制作的富阳元书纸市场价格并不高，大约3元/张，这个售价对于浆板工业纸是可以维系的，而按照传统工艺制作的元书纸的成本比浆板工业纸高很多，这个价格几乎没有利润，导致朱中华的业务很难维系。感觉很失望和无奈，同时也迫于生计，他不得不放弃了在家造纸的生计，转而去南京从事卷帘门销售安装工作的双胞胎弟弟朱中民处帮工。

然而，一批老客户认为朱家延续数代的造纸事业停产过于可惜，而且朱中华造的元书纸质量已经相当不错，手艺荒废了也让人遗憾，就想资助他恢复生产。2011年，朱中华的10个老客户众筹了30多万元，推动朱中华回村重启手工造纸事业。2014年杭州富阳逸古斋元书纸有限公司注册成功，到2016年12月共投资50多万元，而“逸古斋”品牌实际上得名更早，为1998年富阳画家蔡乐群命名，到2016年已经沿用了18年。

（二）朱家门村朱姓造纸历史与传承谱系

由于有老族谱和朱氏家庙存世，朱家门村朱姓造纸的历史与传承脉系相当清晰有序。访谈中，朱中华、朱有善（朱中华族兄）、傅善贤（朱中华岳父）、朱兴良（朱中华堂兄）等造纸和卖纸老师傅分别有详细的叙述，朱有善还带着调查组成员去家庙和祖先造纸旧迹考察印证，并提供了族谱的材料。

根据《富春朱氏宗谱》等记载，朱家门村造纸的明确起源是明万历年间（1572～1620年），距今已超过400年，按照朱中华的直接脉系，在朱中华前有12代造纸祖先和传承师傅，而在他之后也有了第十四代，分别是：

朱孔方（第一代）—朱应姣（第二代）—朱明进（第三代）—朱文儒（第四代）—朱元相（第五代）—朱鼎尧（第六代）—朱其高（第七代）—朱邦盛、朱邦朝（第八代）—朱秉礼（第九代）—朱启绪（第十代）—朱佑春（第十一代）—朱宏声（第十二代）—朱中华（第十三

⊙1

⊙1
料塘边忙碌着的造纸人朱中华
Papermaker Zhu Zhonghua working beside the soaking pool

第九章
Chapter IX

富阳区元书纸
Yuanshu Paper
in Fuyang District

第四节
Section 4

杭州富阳逸古斋元书纸有限公司

⊙
2

竹页满满的泡料塘
Bamboo sections full of the soaking pool

代）——朱起扬、朱起航（第十四代）

朱孔方，明万历年间人，朱家门村第一代造纸人，也是朱家门朱姓从浙江余姚迁徙过来的第一代祖先。至于朱孔方的造纸技艺是从余姚带过来的还是到富阳大源镇朱家门定居后跟谁学的，并无明确的说法。

朱应姣，朱孔方大儿子，明万历至清顺治年间人。据朱中华族兄朱有善回忆，朱应姣在朱家门村的河堰边上拥有一处槽厂，由朱孔方建于明万历年间，截至20世纪80年代朱有善（1962年出生）年轻时槽厂依然存在。槽厂有纸槽2口、焙垅（烘纸的土焙墙）1条、料宕3个、漾滩2片，在离朱家门河堰不远的和尚堰还有皮镬1只，以及位于朱家堰下游大同畈的水碓1座。20世纪80年代后村民拆掉槽厂盖了房子，留下的2口纸槽被卖了18 000元，现在只有堰还在。据说朱应姣除了造元书纸外，还造过京放纸。

朱邦朝，晚清时人，《光绪拾壹年富阳大源陆庄朱邦朝户管》记载："朱孔方后裔朱邦朝继承朱应姣槽屋二厂、焙屋一间、料宕三个、皮镬半只、大路边漾滩一个。"[7]

朱启绪，朱中华曾祖父。据朱中华讲述：朱启绪小时没有太读书，但十分聪明，父亲让其去隔壁村历练长见识，隔壁村有36户大户人家，让朱启绪给其中最富的人家打工、看牛。朱启绪十几岁做工的东家对朱成年后创业有很大帮助，有一次村里有一些人家要卖山上的石竹林，石竹是富阳最好的造竹纸原料，朱想接手，但资金不够，原东家免息借钱给朱帮助他买下了石竹林。朱启绪在大同坞口有一处捞纸的槽厂，朱启绪的两个兄弟在槽厂里辛勤干活，朱启绪自己也干，到了50岁以后才不再干造纸的活而主要做管理，劳动力上的缺口通过雇技艺好的长工来解决。

中国手工纸文库
Library of Chinese Handmade Paper

浙江 卷·中卷 Zhejiang II

Hangzhou Fuyang Yiguzhai Yuanshu Paper Co., Ltd.

1
朱有善（左一）陪同调查人员参观祠堂
A researcher visiting the ancestral hall with Zhu Youshan (first from the left)

2
2012年新修《富春朱氏宗谱》上的朱孔方画像
Portrait of Zhu Kongfang in the Genealogy of the Zhu's in Fuyang County revised in 2012

3
朱家门村朱孔方墓
Zhu Kongfang's Grave in Zhujiamen Village

4
朱家门村河堰遗址
Weirs in Zhujiamen Village

[7] 手抄文献，调查时保存在朱家门村村民朱金达家中。

由于经营有方加上勤奋肯吃苦，朱启绪靠造纸逐渐成为村里的首富，开始盖自己家的瓦房，据说盖了7年，当时在村里算是最豪华的，连100年前对于农村而言很时髦的玻璃窗和纱窗都有配备。调查中朱中华表示，他现在的造纸工房便是由朱启绪留下的祖屋改造的，在那时村里只有做纸的人家盖得起瓦片房，其他很多人可能就是住在草屋里。到朱中华这一辈，祖屋被分给了好几户子孙，朱中华因为要做纸，便向各家商量使用祖屋，各家亲戚也同意了，同时，因为朱中华做纸属于非物质文化遗产，他本人又是杭州市级代表性传承人，村里便没有拆除本来预定要拆除的这间祖屋。

⊙5

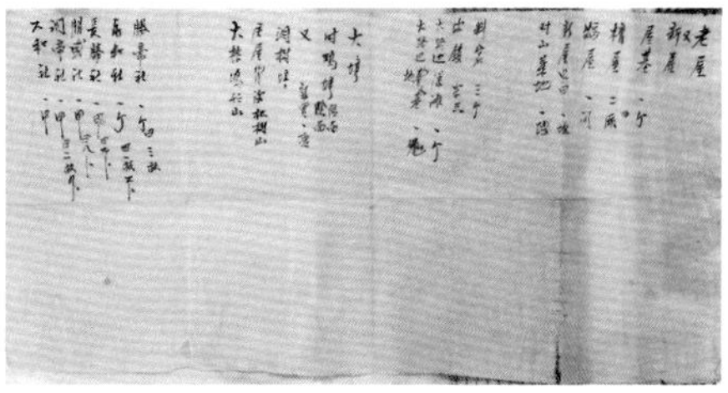
⊙6

⊙7

⊙8

⊙9

⊙5/6
《光绪拾壹年富阳大源陆庄朱邦朝户管》原件
Original copy of *The Title Deed for Land of Zhu Bangchao in Luzhuang Village of Dayuan Town in Fuyang County in 1885*

⊙7
朱邦朝百年前所用的纸品木印
Wooden signet used by Zhu Bangchao 100 years ago

⊙8
祖屋里正在加工原料的工人
Workers processing raw materials in the ancestral home

⊙9
《富春朱氏宗谱》上的朱启绪像
Portrait of Zhu Qixu in the *Genealogy of the Zhu's in Fuyang County*

朱启绪在大同村的应家堰边上建有槽厂，位于大同坞口，有纸槽2口、皮镬1只，20世纪60年代时才损毁了；漾滩2处，20世纪90年代还在用；熇垅1条、料宕2个。

朱宏声，朱佑春的儿子，朱中华的二伯和直接拜师师傅。访谈中朱中华介绍：朱宏声1935年出生于朱家门村，七八岁就开始和爷爷朱启绪学做纸，继承了朱启绪在大同坞口的槽厂，民国时期基本上都在自家的纸坊做纸。20世纪50年代左右开始在新建立的合作社做纸，60年代之后在当时集体制的生产队做纸，80年代之后个人经营纸槽。朱宏声是20世纪中后叶大同村一代著名的造纸老师傅，抄纸技术出众，抄出的纸张比其他人紧实、均匀，生产队时期主要做一级与二级元书纸，都是当时最好的元书纸，一直做到50多岁才停下来，70多岁去世。朱宏声在安徽泾县也做了四五年师傅，教别人做毛竹浆“宣纸”。20世纪80年代被华宝斋聘用教工人抄纸技术，80年代后期在位于杭州的浙江造纸研究所做过师傅。1987年，朱宏声和杨渭山两位当代富阳造纸老技师因技艺出众而被誉为“当代蔡伦”，浙江造纸研究所还特别邀请一位版画家为两人制作了一张蔡伦像版画以表纪念。

逸古斋传承的第十四代为朱起扬与朱起航2人，目前均在习艺过程中。

朱起扬，1993年出生于朱家门村，朱中华长子。2012～2016年在浙江海洋大学土木工程专业读书，2016年在苏州一个建筑集团工作，2017年1月辞职正式回到朱家门村随父亲朱中华学习抄纸和原料制作，随母亲傅美蓉学习晒纸。2018年父

⊙1

⊙2

⊙3

⊙4

⊙1
大同坞口应家堰槽厂遗迹
Former papermaking factory beside the Yingjiayan Weir at Datong Dock Entrance

⊙2
朱启绪留存于大同坞口槽厂的料宕遗迹
Former bark pool left by Zhu Qixu at Datong Dock Entrance

⊙3
朱启绪留存于大同坞口槽厂的浆料池遗迹
Former pulp pool left by Zhu Qixu at Datong Dock Entrance

⊙4
朱启绪留存于大同坞口槽厂的漾滩遗迹
Former drying shoal left by Zhu Qixu at Datong Dock Entrance

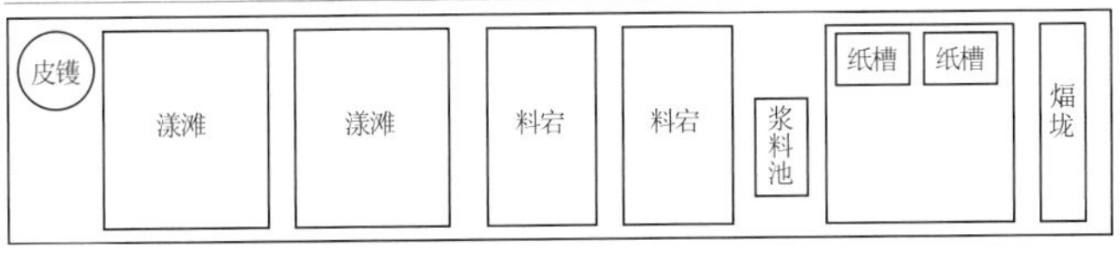

⊙5

子两人于富阳区文广新局正式签订竹纸制作技艺家庭传承合同，成为富阳区签订家庭传承协议的3个家庭之一。

⊙6

⊙7

⊙8

⊙5 朱启绪留存于大同坞口的槽厂遗迹大致图纸（据朱有善回忆绘制）
Layout of the former papermaking factory left by Zhu Qixu at Datong Dock Entrance (based on Zhu Youshan's memory)

⊙6 专门为表彰与感谢朱宏声制作的蔡伦像版画
Woodcut of Portrait of Cai Lun for rewarding Zhu Hongsheng

⊙7 正在刮青的朱起扬
Zhu Qiyang striping the bark

⊙8 正在清洗竹料的朱起航
Zhu Qihang cleaning the bamboo materials

⊙9 2012年新修《富春朱氏宗谱》中对朱武祖的记载
Records about Zhu Wuzu in the *Genealogy of the Zhu's in Fuchun County* revised in 2012

朱起航，1993年出生于朱家门村，朱中华侄儿，2012～2016年在杭州师范大学美术学院美术教育系读书，毕业后回到朱家门村，一方面准备考研究生，同时跟随朱中华学习原料制作及抄纸，跟随傅美蓉学习晒纸。

（三）朱家门村与造纸有关的重要文献和文物

1. 朱武祖与京放纸

富阳“京放纸”出现在南宋年间，其时京都国子监丞朱武祖负责印刷大量监本书籍，供学子研读。富阳为京师近郊，历史上又以产纸闻名，于是朱武祖令富阳知县李扶督造印书专用纸。李扶是福建建州人，其家乡生产的“建纸”是竹纸中的上上佳品，李扶便从家乡选聘技艺最出色的造纸师傅来富阳传授技术，富阳纸农因此造出了光滑坚韧、洁白莹润、纸纹细密、耐水缓慢的竹纸，因其工艺、尺寸模仿建纸，故称“京仿纸”，后称“京放纸”。京放纸比元书纸大，比四尺“宣纸”小一点。《富春朱氏宗谱》中明确把朱武祖列为上溯的富春朱氏远祖。

2. 朱氏家庙

族谱上的家庙名字叫一本堂，取四海朱姓本是同源一家的含义。按照重修家庙墙上的记述内容，朱家门的朱氏由朱孔方开始，明万历年间从余姚迁来。朱氏家庙建于清嘉庆年间（1796～1820年），距今已200多年，重修于民国十七年（1928年），后一度破败，2012年村中朱姓集资再次重修。

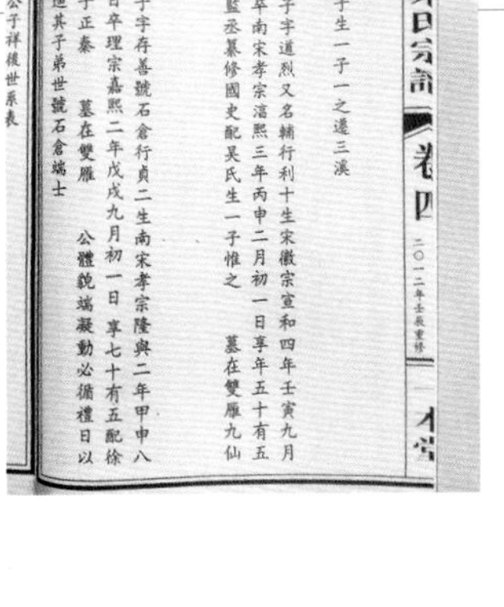

⊙9

家庙里供奉的祖宗像，中间的是朱延碧，他是余姚人，官至北宋兵部尚书，系富阳朱氏祖上认为的源头“大人物”；左边是明末清初著名思想家朱舜水，据朱有善介绍，朱孔方辈分上是朱舜水的侄孙；右边是朱孔方。

⊙2

⊙1

3.《富春朱氏宗谱》

据2012年最新修撰的《富春朱氏宗谱》的记载，朱家门朱姓宗谱最早编修于康熙五年（1666年），其后重修过5次，分别为康熙三十七年（1698年）第一次重修，同治九年（1870年）第二次重修，光绪三十一年（1905年）第三次重修，民国二十年（1931年）第四次重修，2012年为第五次重修。

⊙1 朱氏家庙内景
Internal view of the Ancestral Hall of the Zhu's

⊙2 家庙里供奉的远祖三像
Three statues of ancestors in the ancestral hall

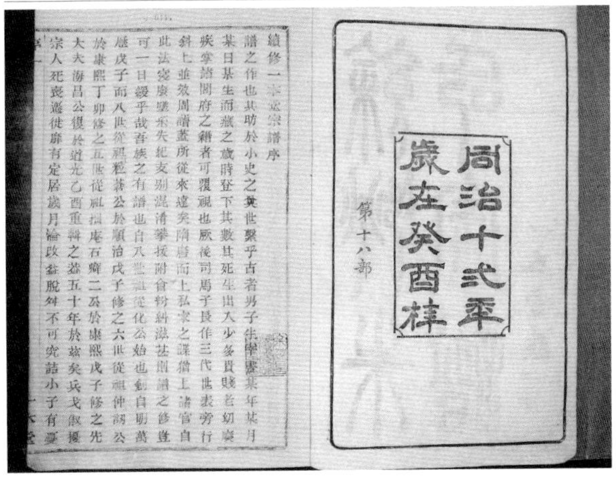

⊙3

⊙6

⊙4

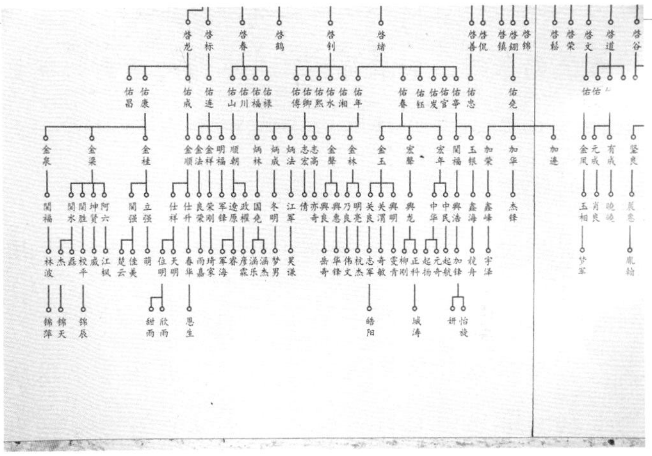

⊙7

⊙5

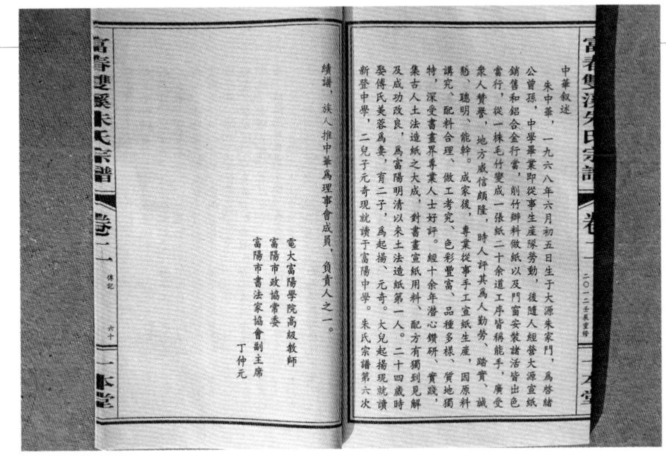

⊙8

⊙3
同治十二年余姚朱姓修《余姚朱氏宗谱》
Genealogy of the Zhu's in Yuyao County in 1873

⊙4/5
1931年朱家门朱姓重修《富春朱氏宗谱》
Genealogy of the Zhu's in Fuchun County in 1931

⊙6
2012年新修《富春朱氏宗谱》封面
Cover of Genealogy of the Zhu's in Fuchun County in 2012

⊙7
2012年新修《富春朱氏宗谱》中记载的宗族世系图
Family tree in the *Genealogy of the Zhu's in Fuchun County* revised in 2012

⊙8
新修《富春朱氏宗谱》中对朱中华的叙述
Description of Zhu Zhonghua in the *Genealogy of the Zhu's in Fuchun County* revised in 2012

(四) 与逸古斋造纸及传承相关的人物

1. 朱中华妻子傅美蓉家系的造纸人

傅美蓉，1972年出生于大同村，与朱中华家为村邻，2016年入村调查时44岁。访谈中得到的信息为：十八九岁开始跟哥哥傅宏法学习造纸技艺。除抄纸工艺不会，其他晒纸、做原料都会，平常主要负责纸坊里最熟悉的烘纸工序，有时候朱中华忙不过来时，会帮助朱完成一些步骤。除了烘纸之外，傅美蓉负责做雇佣师傅每天的午饭，朱家门村这边的习惯，雇师傅来干活要包师傅每天的午饭，如果是第二天有劳动量大的重要工序，如开山、开槽等，一般也要包师傅前一天晚上的晚饭。

傅宏法，傅美蓉哥哥，1969年出生于大同村，是大同村有名的烘纸、抄纸能手。1986年18岁左右拜烘纸师傅朱炳法，21岁左右在家中跟随父亲傅善贤学习抄纸。傅宏法先是在自家纸坊做了四五年的烘纸，后来则一直从事抄纸。1996年以后不再做纸，开始到上海做大源镇的强势产业卷帘门制作安装，2018年再次转行到南京市溧水县与人合伙种植雷笋。

杨渭山，傅美蓉姑夫，1948年出生，2016年调查时68岁。大源镇一带有名的造纸师傅，抄纸能手，烘纸高手，技术是跟随爷爷杨印生学的。杨渭山1978年改革开放前在生产队干活，分产到户后就在自己家干，有时也在股份制作坊干，2011年左右不再做纸，主要原因是年龄大强体力劳动太辛苦，体力跟不上。朱中华调查时也说，一般富阳手工造纸师傅干到60岁差不多就要考虑歇工了。

⊙1

⊙2

傅善贤，傅美蓉父亲，朱中华岳父，1949年出生于大同村朱家门村，家中世代造纸，2019年1月回访时70岁。傅善贤自述：1965年16岁开始跟随吴成大学习抄纸技艺，学了一年到17岁，便到生产队里造纸（当时全称为富阳县大同公社大同大队第二生产队）。在集体化的纸厂里一边继续学抄纸，一边学习踩料。到了19岁出师正式做纸，在生产队里负责一口槽，主要做两种纸，一种是元书纸（比现在的元书纸大1～2 cm），1天可抄50～60刀，售价为50刀纸38元，都是卖给公社供销社，由供销社统一收购卖到外面；另一种是卫生纸。

当年集体纸厂派工的规矩，是根据生产队的

⊙1 傅美蓉在碓打竹料 Fu Meirong beating the bamboo materials

⊙2 年轻时的杨渭山 Yang Weishan in his young age

计划安排，安排做什么纸就做什么纸，不过因为元书纸售价高，当时的情况是技术好的师傅做元书纸，技术欠一点的师傅做卫生纸，如朱中华二伯朱宏声技术好，主要做一级、二级元书，傅善贤当时多做二级、三级元书。定级主要依据的是不漂白情况下的天然白度、光洁度等因素，一、二级比三级元书对水的清洁度要求高，一级要用开春后山里下来的第一把水，竹子砍小满前3天的，越往后竹子越老，只能作3～6级元书的原料了。

傅善贤回忆：当时他1天工作量算15工分，可以挣得1.4～1.5元，当时物价可买5 kg米，在当时算是高工资了。每天5点多起床，除去早中饭和中间吃点心时间，一直干到晚上18点，一天工作10个小时左右。25～26岁开始在乡村里做赤脚医生，脱产做了6～7年；后来因为生产队抄纸人手不够，又被叫回来做纸，做到1982年。集体造纸厂改为分产到户后，变成个人经营、几家入股的形式，傅善贤在这种模式下做到1993年。1994年脱离手工造纸，到北京、上海做卷帘门生意，做到1999年，卷帘门生意做得不理想，只好又回来做纸了，在朱家门村自己家的纸槽做，主要抄四尺、五尺、六尺的“富阳宣”。2012年觉得年纪大了不好做了，就到大源镇工业园区的鑫源五金制品工厂当了4年门卫。2016年回来在逸古斋抄纸，直到2019年1月调查组回访时，69岁高龄的傅善贤仍在每天抄纸。

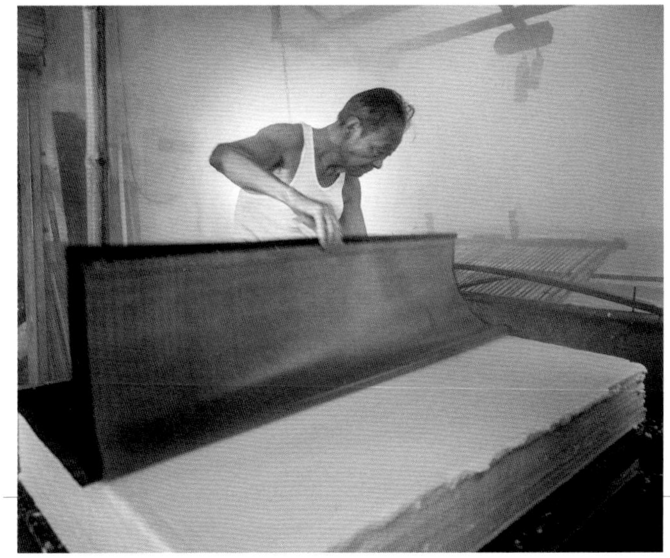
⊙3

⊙4

2. 与逸古斋传承相关的造纸文物与工具

朱中华的族兄（按照宗谱所记辈分为“堂祖”）朱有善是朱中华的紧邻，其老屋与逸古斋现在造纸的朱家祖屋相连。朱有善1962年出生于朱家门村，1974年随父亲朱启安学习造纸工序前段的办料，1978年随朱金荣、朱校根两位抄纸师傅学习脚踩料，中间在老师傅吃中饭或吃点心小憩时插空练习抄纸。1980年前后在村里朱家堰旁的老槽场（即朱应姣留下的槽场）独立抄纸，主要抄元书纸，有时也做富阳“宣纸”。1984年下半年进入富阳县新关乡信用社做信贷员，不再造纸。朱有善是富阳地方造纸文献与相关工具、产品类文物的著名收藏家，收藏有大量的造纸文物与文献，对与富阳造纸有关的历史、朱家门朱姓

⊙3 正在放纸揭帘的傅善贤
Fu Shanxian turning the papermaking screen upside down

⊙4 正在抄纸提帘的傅善贤
Fu Shanxian lifting the papermaking screen

⊙5 传明代万历年间朱孔方或朱应姣制作的元书纸
Yuanshu paper said to be made by Zhu Kongfang or Zhu Yingjiao during Wanli Reign of the Ming Dynasty

⊙5

造纸掌故也有很深的了解。2012年重修《富春朱氏宗谱》时，朱有善担当纂修（相当于主编）；2011年重修村里的富春朱氏家庙时，朱有善是3位发起人之一，担任协理。

⊙1

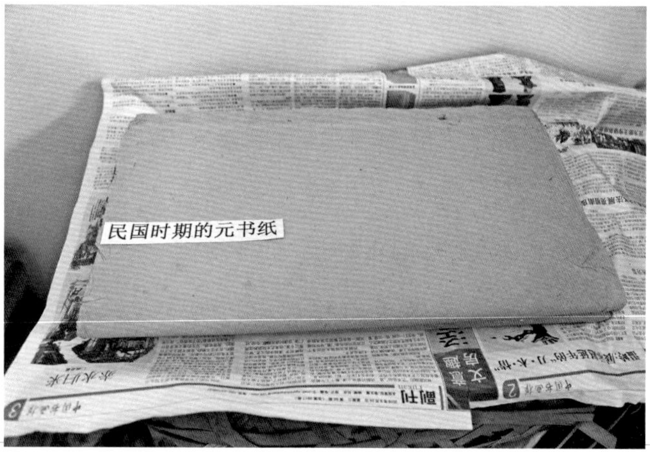

⊙2

⊙3

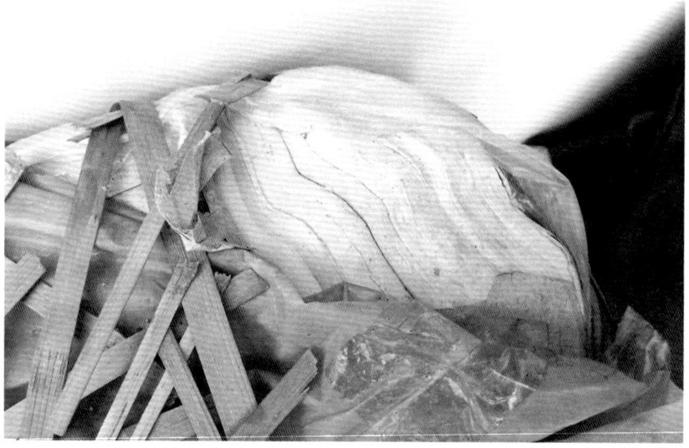

⊙4

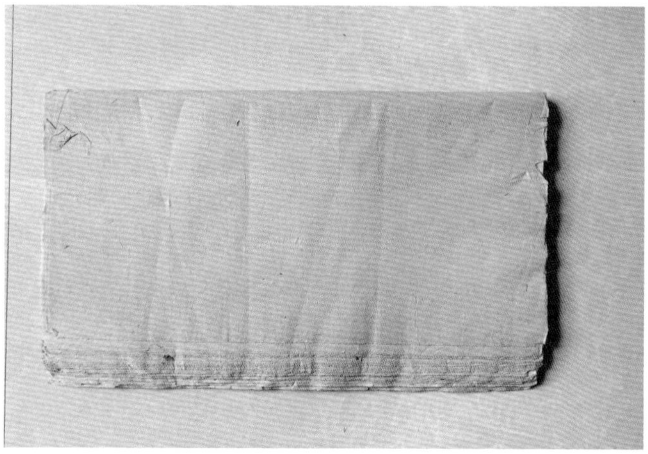

⊙5

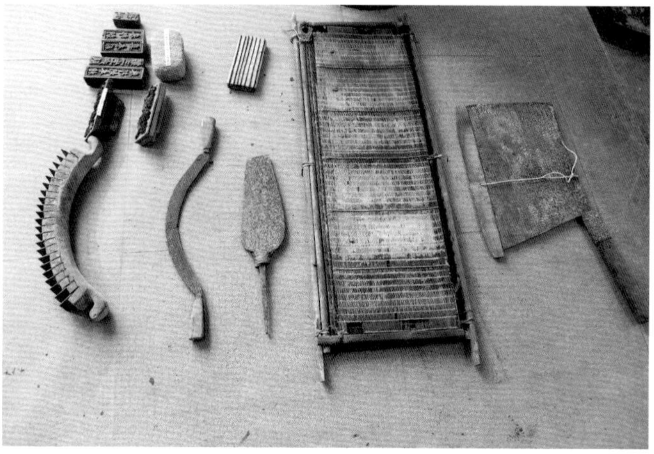

⊙6

⊙1
朱应姣或其后代制作的清代京放纸
Jingfang paper made by Zhu Yingjiao or his descendants in the Qing Dynasty

⊙2
民国时期的元书纸
Yuanshu paper in the Republican Era (1912~1949年)

⊙3/4
生产队时期做的成篓包装的『富阳宣』
Packed "Fuyang Xuan" paper, during the period from 1958 to 1984

⊙5
生产队时期做的元书纸（朱有善供图）
Yuanshu paper made during the period from 1958 to 1984 (photo provided by Zhu Youshan)

⊙6
朱有善收集的旧日造纸工具
Old papermaking tools collected by Zhu Youshan

⊙7

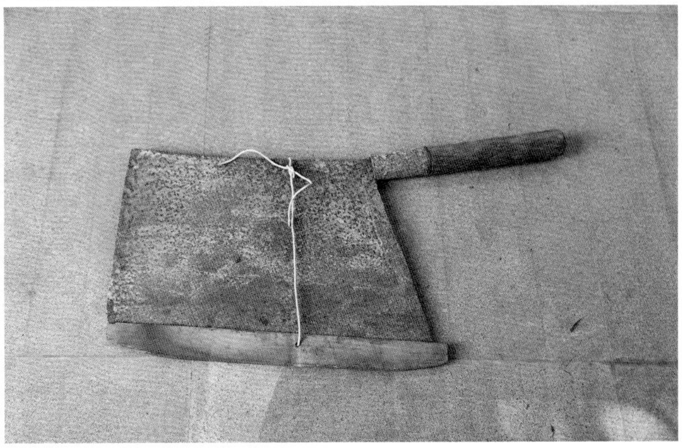
⊙8

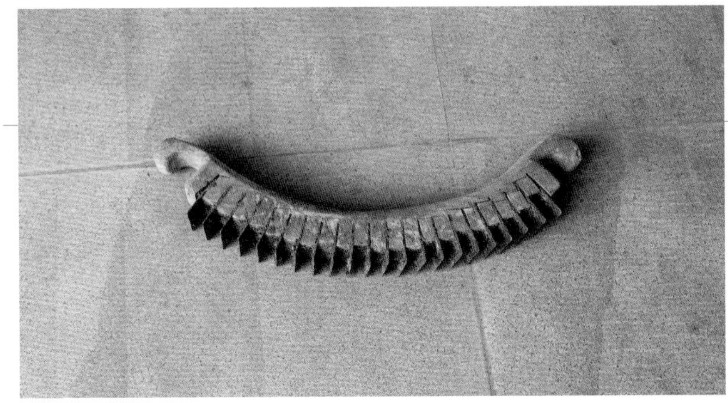
⊙9

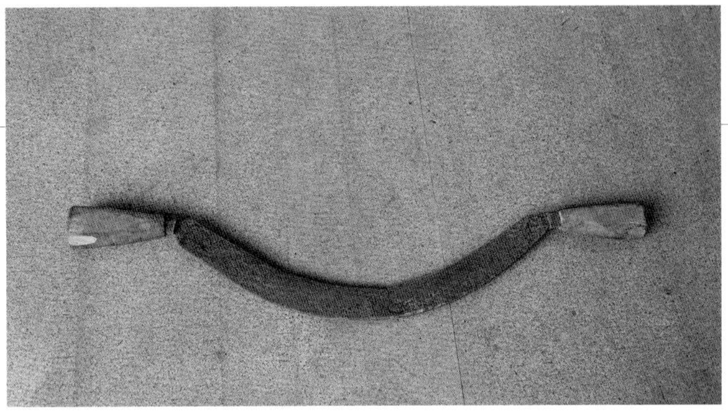
⊙10

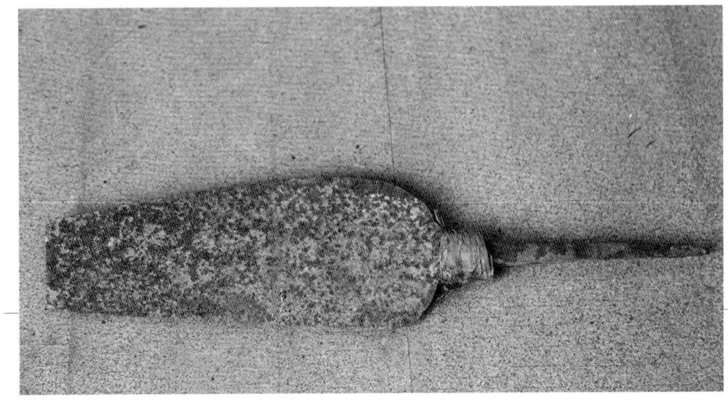
⊙11

⊙12

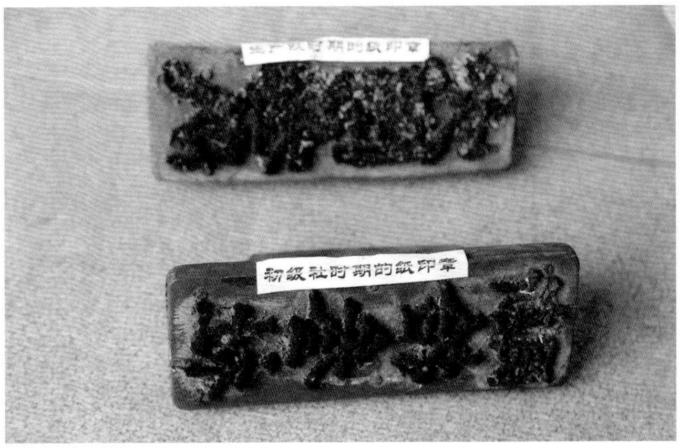

⊙13

⊙ 7
朱有善收集的老纸帘与纸架（97 cm × 38 cm）
Old papermaking screen and its supporting frame collected by Zhu Youshan (97cm×38 cm)

⊙ 8
老切纸刀（68 cm × 34.5 cm）
Old paper cutting knife (68 cm×34.5 cm)

⊙ 9
老磨纸刀
Old rubbing knife

⊙ 10
老刮青刀
Old Stripping knife

⊙ 11
老断料刀
Old cutting knife

⊙ 12
清代磨纸石
Stone for rubbing the paper in the Qing Dynasty

⊙ 13
生产队和合作社时期的印章
Stamps during the period from 1958 to 1984

三
杭州富阳逸古斋元书纸有限公司的代表纸品及其用途与技术分析

3
Representative Paper and Its Uses and Technical Analysis of Hangzhou Fuyang Yiguzhai Yuanshu Paper Co., Ltd.

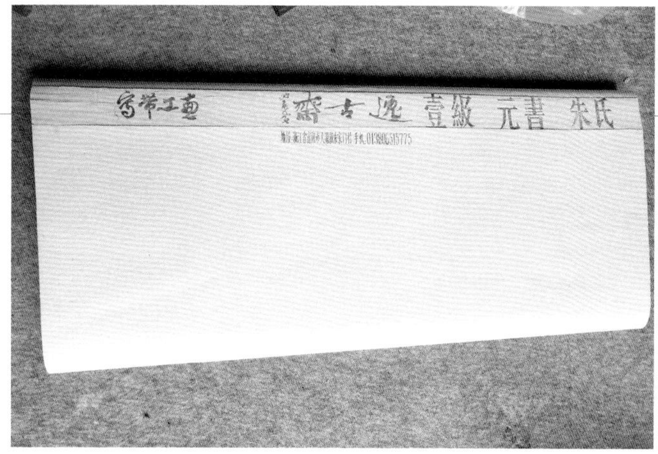

⊙1

⊙2

⊙3

⊙1 染色一级元书纸 Dyed Yuanshu paper of first class

⊙2 『一级元书』章 Stamp of "Yuanshu Paper of First Class"

⊙3 『行楷小品』章 Stamp of "Xingkai Xiaopin"

（一）逸古斋代表纸品及其用途

据调查组成员2016年7月29日、2016年8月4日、2016年10月2日及2016年12月13日的调查得知：逸古斋的代表纸品为元书纸和染色纸，其中元书纸有两种原料：嫩毛竹和苦竹。元书纸采用传统富阳纸的生产工艺制作而成，纸质趋向紧密，纤维分布紧实，较为适合宋元风格的工笔与小写意画风格。同时，由于南宋以后古籍多用竹纸印刷，所以富阳元书纸有一个重要的用途为古籍印刷修复用纸。而逸古斋染色纸的特点是在制浆过程中就对浆料进行染色，而非成纸后再染色。染色纸主要用于古籍修复。

按用途细分代表性纸品包括：

1. 书法用纸

（1）适合写小楷、行楷，兼工带写用途的毛竹混料纸

分为纯毛竹料、竹料加青檀皮料（不超过10%泾县自然晒白的檀皮）两种原料配方纸品。砍小满前3天的嫩毛竹，自然晒白，用熟料法煮料，经过碓打，以纤维的充分帚化为特征。尺寸为43 cm × 75 cm，2018年的价格为6元/张、8元/张、11元/张不等。据朱中华介绍，价格越高的纸，墨色提亮效果越好，价格的差异是根据砍毛竹时间、天气变化以及操作中的不可控因素来调整的，同一批做出来的纸，会根据最终质量的微妙差异来调整定价。2018年卖了50刀，盖“一级元书”或“行楷小品”章。

（2）适合写大字、大楷的毛竹混料纸

毛竹料加山桠皮料（15%～20%来自杭州市临安区已经漂白的山桠皮）制成。砍小满后3～5天的毛竹，采用熟料法煮料，同样经过碓打和纤维帚化。尺寸在四尺及以上，800～1 000元/刀。2018年有少量生产，盖“高级书画纸”章。

⊙4

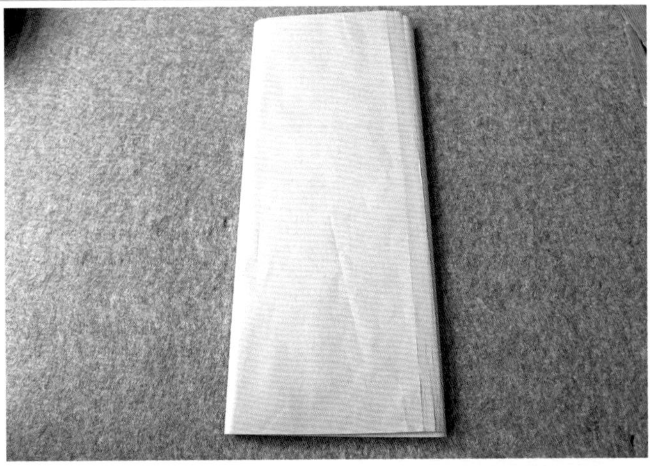

⊙5

2. 绘画用纸

（1）适合画小写意的毛竹混料纸

竹料加青檀皮料（不超过25%泾县自然晒白的檀皮）制成。熟料法蒸煮，经过碓打和纤维帚化。尺寸为四尺，2 500元/刀。2018年卖了30刀。

（2）适合宋元绘画风格的纯竹纸

纯竹料制成。用嫩毛竹原料，小满前后3天砍伐，熟料法二次蒸煮，加适量烧碱，漂白粉漂白。均为四尺规格。2019年1月回访时卖的是10年前生产存下的旧纸，库存有几百刀，2007年时的价格是800元/刀，2018年卖1 500元/刀。

（3）混料“富阳宣”

85%嫩毛竹料加15%泾县强碱加工过的青檀皮料制作的混料书画用途竹纸，2018年价格为1 300～1 500元/刀，若加20%泾县经过自然晒滩漂白的青檀皮原料则为2 500元/刀。通常会盖“一级元书”或“本白”章。朱中华介绍，他10多年前做“富阳宣”多用生料法（没有蒸煮步骤），书写效果很好，用熟料法做的反而效果不理想。逸古斋制作“富阳宣”有两次蒸煮过程，第一次是用石灰水煮，第二次是用片碱煮以去除木质素。

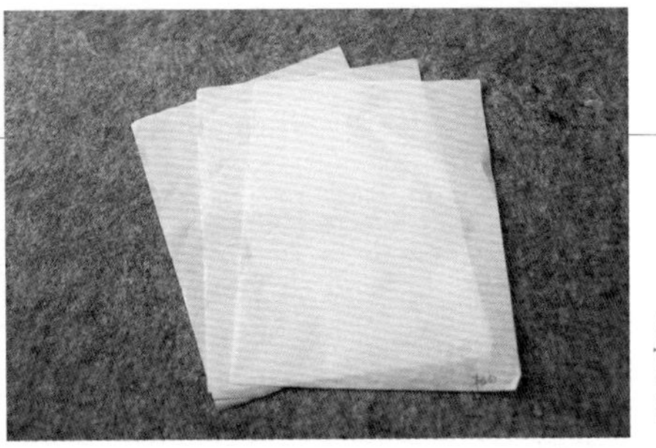

⊙6

⊙7

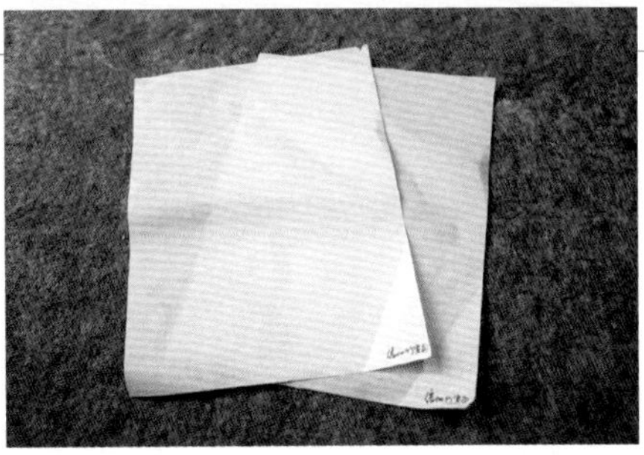

⊙8

3. 修复用纸

逸古斋的修复纸通常会根据客户所要修的古籍或文献的不同而采取差异化的制作，如色调偏黄或偏绿、偏深或偏浅，厚度，尺寸等。朱中华的习惯是先制作7～10个不同色调、不同厚度的

⊙9

⊙4/5 行楷、小楷用途纸样 Paper sample for Xingkai and Xiaokai

⊙6 毛竹山桠混料纸纸样 Paper sample made from mixed materials

⊙7 『高级书画纸』章 Stamp of "Super Calligraphy and Painting Paper"

⊙8 逸古斋混料『富阳宣』纸样 Paper sample of Fuyang Xuan paper in Yiguzhai

⊙9 『古籍修复』章 Stamp of "Paper for Mending Ancient Books"

纸样让客户挑选。调查时已经拓展的主要合作客户有浙江大学图书馆、广东省档案馆、国家图书馆、浙江图书馆等。修复纸有毛竹料和苦竹料之分，尺寸均为43 cm×73 cm，厚度最薄可以做到18 g/m²。2018年毛竹料修复纸价格为1 300元/刀，苦竹料修复纸价格为1 800元/刀，2018年共卖了100刀，盖"古籍修复"章。

4. 古籍印刷用纸

古籍印刷用纸系2017～2018年新开发的纸品，目前和富阳东斋文化、杭州十竹斋有刷印合作，结合方式是对方提供明清至民国时期留下来的老水印木版或古籍雕版，安徽绩溪良才墨业公司提供特制的古籍刷印专用墨液，加上逸古斋的竹纸。已有两种专用纸品，一种薄一些，20 g/m²，2018年售价每刀1 500元以上；另一种厚一些，25 g/m²，1 200～1 300元/刀。2018年销售总量接近50刀，有时盖"木刻水印"章。

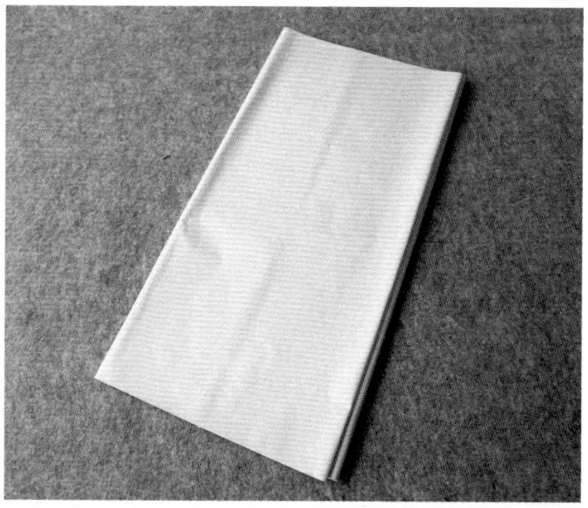

⊙5

⊙6

⊙1

⊙2

⊙3

⊙4

中国手工纸文库
Library of Chinese Handmade Paper

浙 江 卷·中卷 Zhejiang II

Hangzhou Fuyang Yiguzhai Yuanshu Paper Co., Ltd.

⊙ 1
为浙江大学图书馆做的修复纸纸样（苦竹30%、毛竹70%）
Paper sample for mending ancient books for the Library of Zhejiang University (*pleioblastus amarus* 30% and *Phyllostachys edulis* 70%)

⊙ 2/3
不同色调的纯毛竹修复纸
Different hues of paper for mending ancient books made from *Phyllostachys edulis*

⊙ 4
古籍印刷用纸
Paper for printing ancient books

⊙ 5
"木刻水印"章
Stamp of "Muke Shuiyin" (traditional chinese craft for duplication)

⊙ 6
苦竹纸刷印（良才墨业油烟墨）清代朱师辙著《黄山樵唱》
Woodman Antiphonal *Singing in Mount Huangshan* written by Zhu Shizhe in the Qing Dynasty printed on *pleioblastus amarus* paper (lampblack provided by Liancai Ink Company)

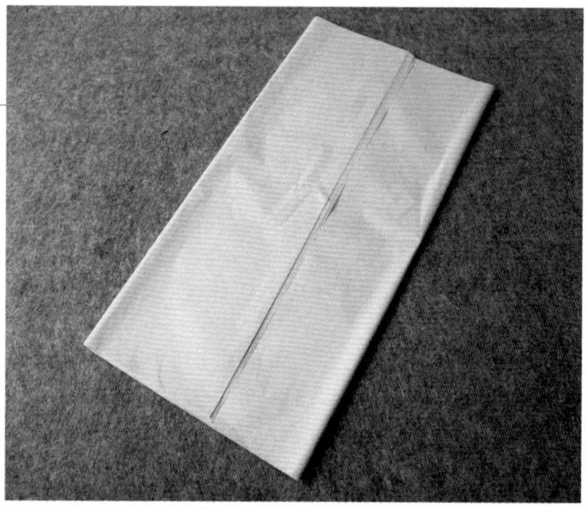

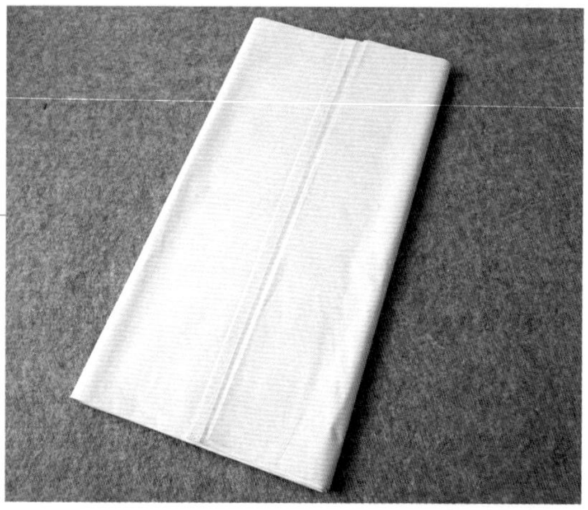

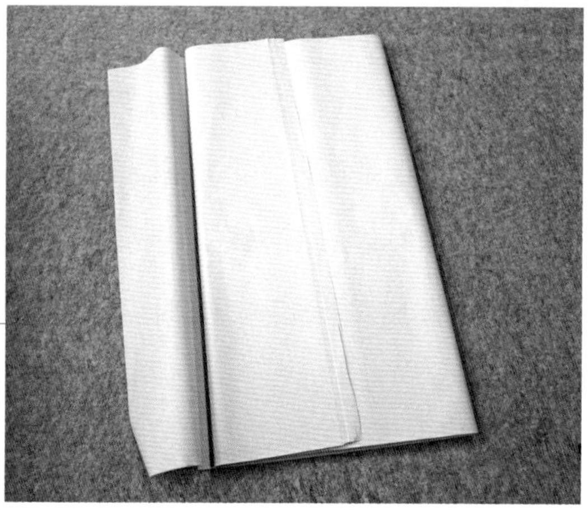

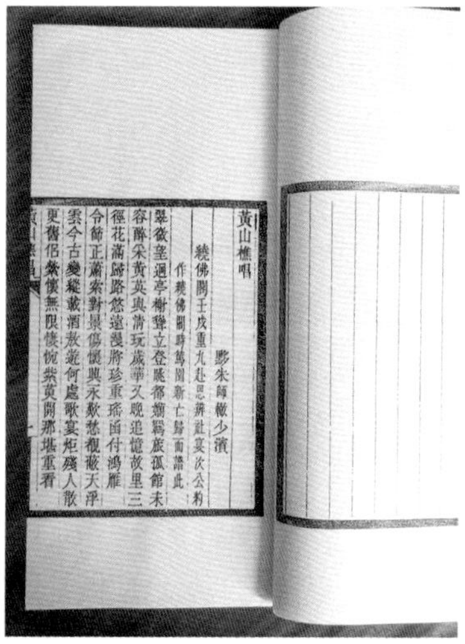

5. 其他用途竹料与混合竹料纸

(1) 版画用纸

一级毛竹元书纸浆漂白后，加厚制成的纸，厚度约为正常元书纸的4倍，90～100 g/m²，尺寸为四尺，主要用作版画和木刻水印用途。最初是一位叫余建英的版画家客户定制的，之后有少量供货给美术商店。

(2) 高仿真石墨打印纸

2017～2018年新试制，竹料无烧碱蒸煮，无漂白，去酸捞成后存放一年，可以用纳米级石墨喷印，主要用于还原碑文、经卷以及古代书画等高仿真作品制作。石墨打印经卷竹纸尺寸为35 cm×75 cm，2018年售价为12元/张，2017～2018年富阳山山居定制购买了450刀。

⊙7

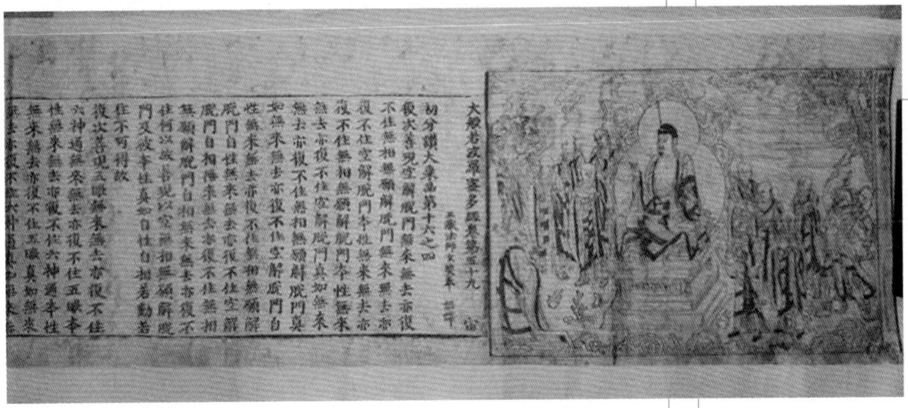

⊙8

⊙7 新刷印的古版画作品 Newly printed ancient woodcut

⊙8 石墨打印经卷竹纸 Bamboo paper for buddist scripture printed with graphite

（二）逸古斋代表纸品性能分析

1. 逸古斋毛竹元书纸的性能分析

测试小组对采样自逸古斋的毛竹元书纸所做的性能分析，主要包括定量、厚度、紧度、抗张力、抗张强度、撕裂度、湿强度、白度、耐老化度下降、尘埃度、吸水性、伸缩性、纤维长度和纤维宽度等。按相应要求，每一指标都重复测量若干次后求平均值，其中定量抽取5个样本进行测试，厚度抽取10个样本进行测试，抗张力抽取20个样本进行测试，撕裂度抽取10个样本进行测试，湿强度抽取20个样本进行测试，白度抽取10个样本进行测试，耐老化度下降抽取10个样本进行测试，尘埃度抽取4个样本进行测试，吸水性抽取10个样本进行测试，伸缩性抽取4个样本进行测试，纤维长度测试了200根纤维，纤维宽度测试了300根纤维。对逸古斋毛竹元书纸进行测试分析所得到的相关性能参数如表9.7所示，表中列出了各参数的最大值、最小值及测量若干次所得到的平均值或者计算结果。

表9.7 逸古斋毛竹元书纸相关性能参数
Table 9.7 Performance parameters of *Phyllostachys edulis* Yuanshu paper in Yiguzhai

指标		单位	最大值	最小值	平均值	结果
定量		g/m^2				20.5
厚度		mm	0.056	0.040	0.049	0.049
紧度		g/cm^3				0.418
抗张力	纵向	mN	20.7	15.4	17.8	17.8
	横向	mN	13.5	9.8	12.0	12.0
抗张强度		kN/m				0.993
撕裂度	纵向	mN	269.6	233.0	246.1	246.1
	横向	mN	179.0	139.4	163.8	163.8
撕裂指数		$mN\cdot m^2/g$				10.0
湿强度	纵向	mN	646	497	580	580
	横向	mN	469	388	427	427
白度		%	64.8	61.1	63.9	63.9
耐老化度下降		%	62.2	61.6	62.0	1.9
尘埃度	黑点	个/m^2				16
	黄茎	个/m^2				0
	双浆团	个/m^2				0
吸水性	纵向	mm	20	16	18	11
	横向	mm	16	12	14	4
伸缩性	浸湿	%				0.75
	风干	%				0.50
纤维	长度	mm	2.1	0.1	0.7	0.7
	宽度	μm	37.9	0.5	10.6	10.6

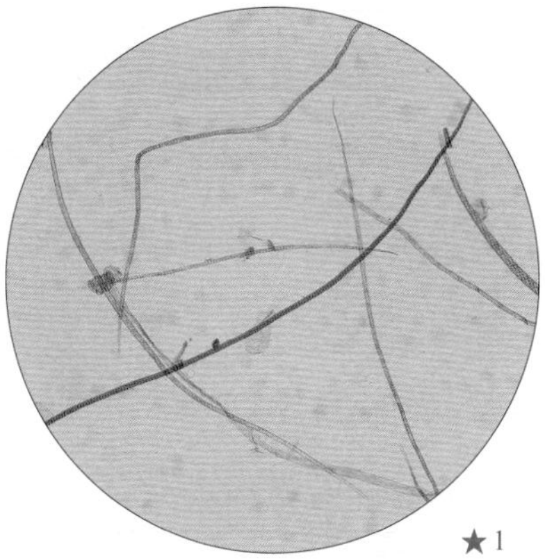

★1

★2

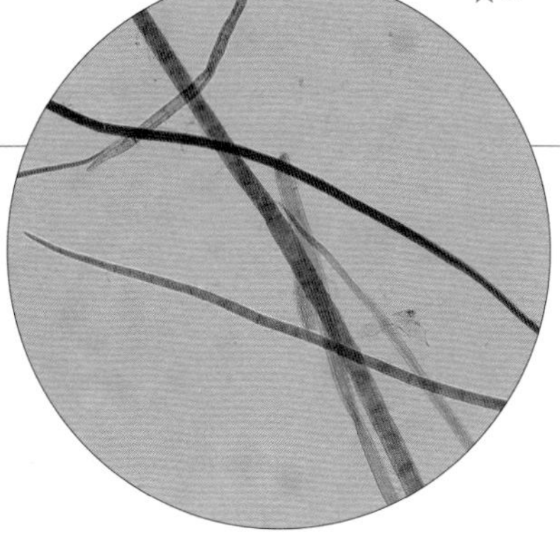

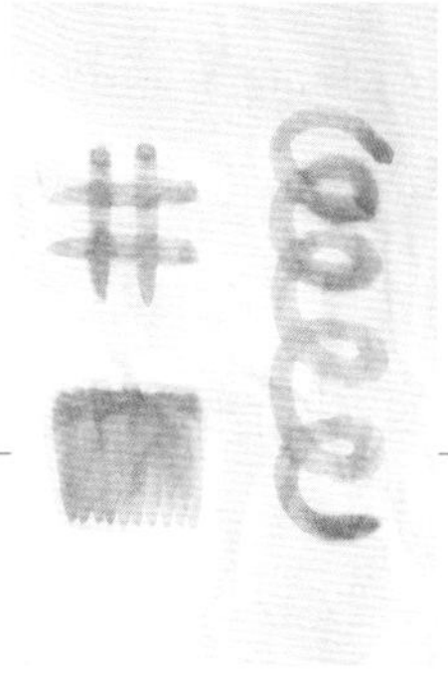

⊙1

由表9.7可知，所测逸古斋毛竹元书纸的平均定量为20.5 g/m^2。逸古斋毛竹元书纸最厚约是最薄的1.400倍，经计算，其相对标准偏差为0.110。通过计算可知，逸古斋毛竹元书纸紧度为0.418 g/cm^3。抗张强度为0.993 kN/m。所测逸古斋毛竹元书纸撕裂指数为10.0 mN·m^2/g。湿强度纵横平均值为504 mN。

所测逸古斋毛竹元书纸平均白度为63.9%。白度最大值是最小值的1.061倍，相对标准偏差为1.574，白度差异相对较小。经过耐老化测试后，耐老化度下降1.9%。

所测逸古斋毛竹元书纸尘埃度指标中黑点为16个/m^2，黄茎为0，双浆团为0。吸水性纵横平均值为11 mm，纵横差为4 mm。伸缩性指标中浸湿后伸缩差为0.75 %，风干后伸缩差为0.50 %，说明逸古斋毛竹元书纸伸缩差异不大。

逸古斋毛竹元书纸在10倍和20倍物镜下观测的纤维形态分别如图★1、图★2所示。所测逸古斋毛竹元书纸纤维长度：最长2.1 mm，最短0.1 mm，平均长度为0.7 mm；纤维宽度：最宽37.9 μm，最窄0.5 μm，平均宽度为10.6 μm。

★1
逸古斋毛竹元书纸纤维形态图（10×）
Fibers of *Phyllostachys edulis* Yuanshu paper in Yiguzhai (10× objective)

★2
逸古斋毛竹元书纸纤维形态图（20×）
Fibers of *Phyllostachys edulis* Yuanshu paper in Yiguzhai (20× objective)

⊙1
逸古斋毛竹元书纸润墨性效果
Writing performance of *Phyllostachys edulis* Yuanshu paper in Yiguzhai

2. 逸古斋苦竹元书纸的性能分析

测试小组对采样自逸古斋的苦竹元书纸所做的性能分析，主要包括定量、厚度、紧度、抗张力、抗张强度、撕裂度、湿强度、白度、耐老化度下降、尘埃度、吸水性、伸缩性、纤维长度和纤维宽度等。按相应要求，每一指标都重复测量若干次后求平均值，其中定量抽取5个样本进行测试，厚度抽取10个样本进行测试，抗张力抽取20个样本进行测试，撕裂度抽取10个样本进行测试，湿强度抽取20个样本进行测试，白度抽取10个样本进行测试，耐老化度下降抽取10个样本进行测试，尘埃度抽取4个样本进行测试，吸水性抽取10个样本进行测试，伸缩性抽取4个样本进行测试，纤维长度测试了200根纤维，纤维宽度测试了300根纤维。对逸古斋苦竹元书纸进行测试分析所得到的相关性能参数如表9.8所示，表中列出了各参数的最大值、最小值及测量若干次所得到的平均值或者计算结果。

表9.8 逸古斋苦竹元书纸相关性能参数

Table 9.8 Performance parameters of *Pleioblastus amarus* Yuanshu paper in Yiguzhai

指标		单位	最大值	最小值	平均值	结果
定量		g/m^2				22.4
厚度		mm	0.060	0.056	0.058	0.058
紧度		g/cm^3				0.386
抗张力	纵向	mN	24.0	20.6	23.0	23.0
	横向	mN	16.1	12.7	14.1	14.1
抗张强度		kN/m				1.240
撕裂度	纵向	mN	299.4	222.3	260.5	260.5
	横向	mN	224.9	189.4	203.1	203.1
撕裂指数		mN·m^2/g				10.3
湿强度	纵向	mN	685	587	628	628
	横向	mN	447	396	422	422
白度		%	36.8	36.3	36.5	36.5
耐老化度下降		%	35.0	35.6	35.2	1.3
尘埃度	黑点	个/m^2				84
	黄茎	个/m^2				32
	双浆团	个/m^2				0
吸水性	纵向	mm	18	13	15	8
	横向	mm	12	10	11	4
伸缩性	浸湿	%				0.50
	风干	%				0.50
纤维	长度	mm	1.9	0.1	0.7	0.7
	宽度	μm	51.1	0.7	12.2	12.2

由表9.8可知，所测逸古斋苦竹元书纸的平均定量为22.4 g/m^2。逸古斋苦竹元书纸最厚约是最薄的1.071倍，经计算，其相对标准偏差为0.023。通过计算可知，逸古斋苦竹元书纸紧度为0.386 g/cm^3。抗张强度为1.240 kN/m。所测逸古斋苦竹元书纸撕裂指数为10.3 mN·m^2/g。湿强度纵横平均值为525 mN。

所测逸古斋苦竹元书纸平均白度为36.5%。白度最大值是最小值的1.014倍，相对标准偏差为0.004，白度差异相对较小。经过耐老化测试后，耐老化度下降1.3%。

所测逸古斋苦竹元书纸尘埃度指标中黑点为84个/m^2，黄茎为32个/m^2，双浆团为0。吸水性纵横平均值为8 mm，纵横差为4 mm。伸缩性指标中浸湿后伸缩差为0.50 %，风干后伸缩差为0.50 %，说明逸古斋苦竹元书纸伸缩差异不大。

逸古斋苦竹元书纸在10倍和20倍物镜下观测的纤维形态分别如图★1、图★2所示。所测逸古斋苦竹元书纸纤维长度：最长1.9 mm，最短0.1 mm，平均长度为0.7 mm；纤维宽度：最宽51.1 μm，最窄0.7 μm，平均宽度为12.2 μm。

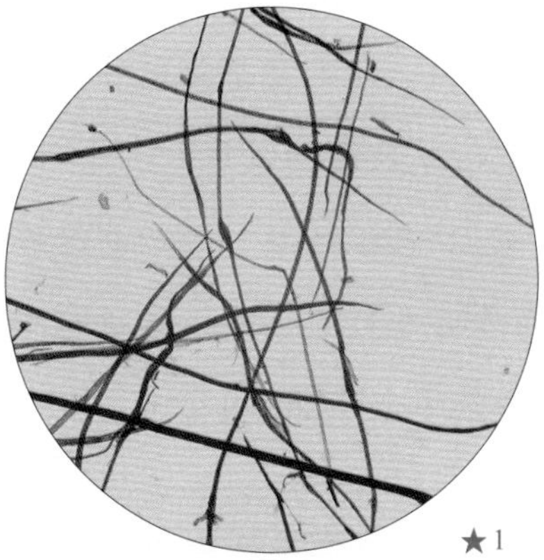

★1

★2

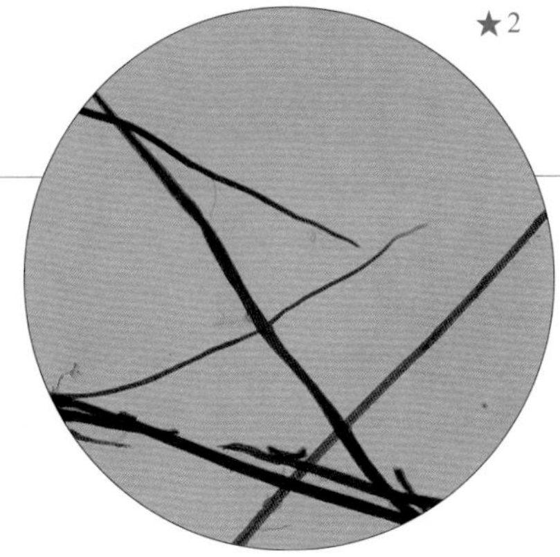

⊙1

★1
逸古斋苦竹元书纸纤维形态图（10×）
Fibers of *Pleioblastus amarus* Yuanshu paper in Yiguzhai (10× objective)

★2
逸古斋苦竹元书纸纤维形态图（20×）
Fibers of *Pleioblastus amarus* Yuanshu paper in Yiguzhai (20× objective)

⊙1
逸古斋苦竹元书纸润墨性效果
Writing performance of *Pleioblastus amarus* Yuanshu paper in Yiguzhai

3. 逸古斋毛竹染色元书纸的性能分析

测试小组对采样自逸古斋的毛竹染色元书纸所做的性能分析，主要包括定量、厚度、紧度、抗张力、抗张强度、撕裂度、湿强度、白度、耐老化度下降、尘埃度、吸水性、伸缩性、纤维长度和纤维宽度等。按相应要求，每一指标都重复测量若干次后求平均值，其中定量抽取5个样本进行测试，厚度抽取10个样本进行测试，抗张力抽取20个样本进行测试，撕裂度抽取10个样本进行测试，湿强度抽取20个样本进行测试，白度抽取10个样本进行测试，耐老化度下降抽取10个样本进行测试，尘埃度抽取4个样本进行测试，吸水性抽取10个样本进行测试，伸缩性抽取4个样本进行测试，纤维长度测试了200根纤维，纤维宽度测试了300根纤维。对逸古斋毛竹染色元书纸进行测试分析所得到的相关性能参数如表9.9所示，表中列出了各参数的最大值、最小值及测量若干次所得到的平均值或者计算结果。

表9.9 逸古斋毛竹染色元书纸相关性能参数
Table 9.9 Performance parameters of dyed *Phyllostachys edulis* Yuanshu paper in Yiguzhai

指标		单位	最大值	最小值	平均值	结果
定量		g/m²				23.2
厚度		mm	0.048	0.042	0.045	0.045
紧度		g/cm³				0.516
抗张力	纵向	mN	18.6	12.0	15.4	15.4
	横向	mN	16.7	8.5	11.1	11.1
抗张强度		kN/m				0.88
撕裂度	纵向	mN	306.2	240.0	277.7	277.7
	横向	mN	249.8	201.7	229.8	229.8
撕裂指数		mN·m²/g				11.6
湿强度	纵向	mN	718	612	666	666
	横向	mN	515	391	443	443
白度		%	30.7	30.4	30.6	30.6
耐老化度下降		%	30.7	30.2	30.4	0.2
尘埃度	黑点	个/m²				0
	黄茎	个/m²				16
	双浆团	个/m²				0
吸水性	纵向	mm	16	15	16	10
	横向	mm	15	12	14	2
伸缩性	浸湿	%				0.75
	风干	%				0.25
纤维	长度	mm	2.7	0.1	0.6	0.6
	宽度	μm	56.1	0.7	15.2	15.2

由表9.9可知，所测逸古斋毛竹染色元书纸的平均定量为23.2 g/m^2。逸古斋毛竹染色元书纸最厚约是最薄的1.143倍，经计算，其相对标准偏差为0.036，纸张厚薄较为一致。通过计算可知，逸古斋毛竹染色元书纸紧度为0.516 g/cm^3。抗张强度为0.88 kN/m。所测逸古斋毛竹染色元书纸撕裂指数为11.6 $mN·m^2/g$。湿强度纵横平均值为555 mN。

所测逸古斋毛竹染色元书纸平均白度为30.6%。白度最大值是最小值的1.010倍，相对标准偏差为0.005，白度差异相对较小。经过耐老化测试后，耐老化度下降0.2%。

所测逸古斋毛竹染色元书纸尘埃度指标中黑点为0，黄茎为16个/m^2，双浆团为0。吸水性纵横平均值为10 mm，纵横差为2 mm。伸缩性指标中浸湿后伸缩差为0.75 %，风干后伸缩差为0.25 %，说明逸古斋毛竹染色元书纸伸缩差异不大。

逸古斋毛竹染色元书纸在10倍和20倍物镜下观测的纤维形态分别如图★1、图★2所示。所测逸古斋毛竹染色元书纸纤维长度：最长2.7 mm，最短0.1 mm，平均长度为0.6 mm；纤维宽度：最宽56.1 μm，最窄0.7 μm，平均宽度为15.2 μm。

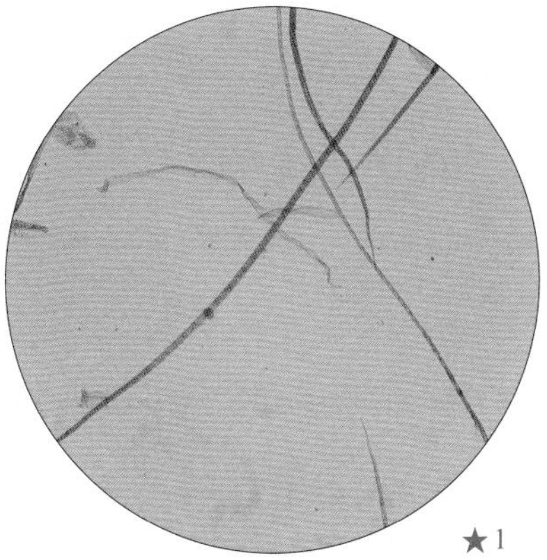

★1

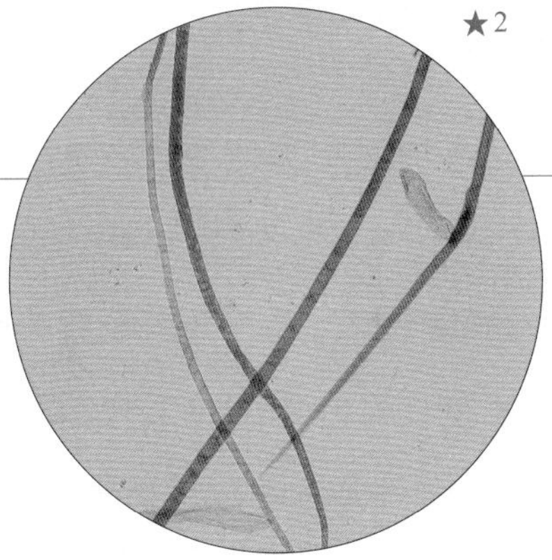

★2

⊙1

★1
逸古斋毛竹染色元书纸纤维形态图（10×）
Fibers of dyed *Phyllostachys edulis* Yuanshu paper in Yiguzhai (10× objective)

★2
逸古斋毛竹染色元书纸纤维形态图（20×）
Fibers of dyed *Phyllostachys edulis* Yuanshu paper in Yiguzhai (20× objective)

⊙1
逸古斋毛竹染色元书纸润墨性效果
Writing performance of dyed *Phyllostachys edulis* Yuanshu paper in Yiguzhai

四
杭州富阳逸古斋元书纸有限公司元书纸的生产原料、工艺和设备

4
Raw Materials, Papermaking Techniques and Tools of Yuanshu Paper in Hangzhou Fuyang Yiguzhai Yuanshu Paper Co., Ltd.

（一）逸古斋元书纸的生产原料

1. 主料一：嫩毛竹

2016年调查时，逸古斋元书纸的大宗纸品采用纯嫩毛竹为原料，从砍伐到加工成浆全部为纯手工生产，竹子多为当地农历小满前后约10天内砍下的当年生的嫩毛竹。前5天或后5天的选择是先砍长得快的，按天逐步砍。

2. 主料二：苦竹

苦竹为逸古斋元书纸的另一种主要原料。据朱中华介绍，一般会选用当年生的苦竹。选用苦竹的原因为：苦竹比较“苦”，造出的纸不易被虫蛀和生霉菌，存放时间长，因而更适合作为修复古籍文献的用纸。苦竹因为茎干比毛竹细，通常不剥外皮，要用榔头将竹茎节敲打得更细碎。

⊙1

⊙1 大同村附近的毛竹林 *Phyllostachys edulis* forest near Datong Village

⊙2

⊙3

⊙4

⊙5

3. 辅料一：水

逸古斋制作元书纸选用的是流经村中的山涧水。据调查组成员现场测试，逸古斋元书纸制作所用的水pH为6.5～6.8，呈弱酸性。

4. 辅料二：石灰

石灰是逸古斋用传统方式造竹纸的重要辅料，无论是毛竹还是苦竹，均不用强碱蒸煮，而用石灰在料塘里长时间浸泡沤制，达到去除木质素、部分半纤维素和其他多糖成分的目的。

5. 辅料三：黄豆浆/尿液

富阳竹纸的一道特殊工序是将尿液或黄豆浆淋入竹料捆中来促进发酵，前者通常用在毛竹造纸中，后者则用在苦竹造纸中。逸古斋近年在制作苦竹纸时，均使用黄豆浆淋入。

⊙2
苦竹林
Pleioblastus amarus forest

⊙3/4
山溪水源头与流经纸坊附近的山溪
Source of stream and the stream flowing by the papermaking mill

⊙5
用小推车运到料塘边的石灰
Lime carried by cart beside the soaking pool

⊙6

⊙7

⊙8

⊙9

⊙10

⊙11

⊙6/11
豆浆发酵苦竹原料工序
Procedures of fermenting raw material of *Pleioblastus amarus* with soybean milk

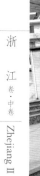

（二）逸古斋元书纸的生产工艺流程

据调查组成员2016年7月29日、2016年8月4日、2016年10月2日及2016年12月13日的调查，综合朱中华的系统介绍，总结逸古斋元书纸的生产工艺流程为：

壹 砍竹 → 贰 刮皮 → 叁 拷白 → 捆扎 → 落塘浸泡 → 肆 洗坯 → 伍 断料 → 浆料/浆石灰 → 堆蓬 → 陆 落镬 → 柒 注水蒸煮 → 出镬清洗 → 捆扎 → 捌 淋尿 → 堆蓬 → 玖 落塘储藏 → 拾 压榨 → 掰料检料 → 拾壹 碓打 → 打槽 → 拾贰 抄纸 → 拾叁 压榨 → 拾肆 晒纸 → 拾伍 检验 → 裁边 → 捆扎盖印

壹 砍竹

1 ⊙12

据朱中华介绍，逸古斋在每年农历节气的小满前后3天（富阳一般认为阳历5月20～22日的小满前后总计10天内上山砍的竹才能造出好纸）雇佣工人上山砍竹。因为希望可持续利用竹林资源，砍竹时要求毛竹横断面平整，以让毛竹可以再生长，所以必须雇佣有经验的砍竹工。现在年轻人一般不愿干上山砍竹这样的辛苦活，所以工人多为大同村里年龄70～80岁的老人，2016年工资为350元/天。砍竹的要求是：先砍当年长得比较快的，已经长得比较高的，光照比较充足的，逐步砍长得慢的，尽量保持砍伐的均匀，使砍下来的竹子生长状况基本一致。

没有事先约定，人家山上的竹子是不能砍的，如约定砍某户人家的竹子，则相邻的其他人家的竹子是不能砍的。一些老毛竹作为不同人家竹林的界竹，会在竹子上写上“界”字作为不同人家所有竹子的界限，当地称为“中界”，有时也会写上自家的号字、该界竹的生长年份等等。在很长一段时间内，界竹不能砍伐，要等相同方位又长了一棵形貌标准的界竹代替老界竹，才可以砍掉老界竹。

⊙12

⊙12 砍竹 Cutting the bamboos

贰 刮皮

2 ⊙13～⊙16

通常是在山上就地将砍好的竹子在刮皮工具（削竹马）上刮去外层青皮，4个工人为一组。朱中华表示：雇佣的老人年轻时每人每天可加工约2 500 kg毛竹，现在由于年龄普遍太大，每人每天只能加工1 000 kg毛竹。刮皮工人2016年的工资也为350元/天。

⊙13

⊙14

⊙15

⊙16

叁 拷白—捆扎—落塘浸泡

3 ⊙17⊙18

刮去青皮后的竹段叫白筒，工人拿着白筒一头使劲向地下敲打，然后换一头敲，再用尖嘴榔头顺着裂缝将白筒全部敲破，直到白筒能平摊在石头上变成白坯，此过程称为拷白。将白坯扎成小捆，一般20 kg/捆，放入塘中浸泡。拷白捆扎后的长竹若不能及时浸泡则白坯会发黑，被空气氧化。浸泡时间长短根据气温决定，天气热时间短，天气冷时间长，根据酸化程度决定，通常用脚踩会起泡泡就算泡好了。浸泡时会发出酸臭味。浸泡透的竹子发松发胀，没浸透的话扒开竹捆里面的竹子是白的。落塘起到的作用是让之后石灰便于浸透。

⊙17

肆 洗坯

4 ⊙19

把泡好的白坯放在料塘里洗，不换水，一次洗干净。据朱中华回忆，以前是用旧草鞋或丝瓜瓤洗，洗到没有胶质与泥巴为止。

⊙19

⊙13/14 山间就地而建的刮皮工具（削竹马）
Tools for stripping the bark in the mountain area

⊙15 朱中华演示刮皮
Zhu Zhonghua showing how to strip the bark

⊙16 刮青皮
Stripping the bark

⊙17 拷白
Beating the bamboo into pieces

⊙18 落塘浸泡
Soaking

⊙19 洗坯
Cleaning the bamboo pieces

⊙18

伍
断料—浆料/浆石灰—堆蓬

5　⊙20～⊙26

断料：在料塘边沿的平地上，把约195～200 cm长的竹料断为5段，平均每段39～40 cm。

捆扎：捆扎竹段，12.5～15 kg一捆，称为一页料。传统用竹青篾捆扎，现在用塑料扁丝（绳）捆扎。

浆料/浆石灰：先做石灰配比程度测试，将一片洗好的竹片或一页料扔进石灰池，石灰黏稠度能覆盖满竹子即可。访谈时傅善贤回忆，以前一页料1 kg石灰，现在一页料2.5 kg石灰都不一定行，朱中华认为应该是所用石灰质量下降导致。工序动作：用专用工具“浆料二齿耙”勾住一页料，把一页料从石灰池一端拖至另一端，上下抖动直至浸透，一般用时20～30秒，称为“化石灰”。这个步骤很重要，料能否完全浸透石灰决定着之后发酵的质量。

堆蓬：将浆好石灰的竹料堆放整齐，横放20层竹页，再叠放13层，常规是放1夜。访谈中朱中华表示：逸古斋一般将竹页堆放在皮镬的左边，靠牢皮镬墙，传统要求是用青甘草（一种山里的茅草）或稻草盖住，20世纪90年代后也流行用油布盖。一般不超过2个晚上，湿气大或下雨天则堆3个晚上。

⊙20

⊙21

⊙20 断料 Cutting the bamboo sections

⊙21 捆好的料 Bundles of bamboo sections

⊙22

⊙23

⊙24

⊙25

⊙26

陆
落镬—注水蒸煮
6 ⊙27～⊙34

落镬：将料页堆放到煮料的皮镬（石砌或水泥砌的大蒸煮锅）中，一页页叠紧，竖着堆，俗称“砌馒头”。调查时逸古斋使用的皮镬可堆200页左右的料。

注水蒸煮：加水略高于料页面上端4～5 cm，然后烧火蒸煮。水是山溪里的清水，造毛竹元书纸需持续煮3天2夜，水温不超过85℃，以手可以快速伸进水里过手腕横线，然后迅速拿出不会烫伤为经验标准，温度太高会导致洗料时竹料烂成一团，难以清洗。朱中华介绍了他的经验：停火之后保持水位至少焖1天，根据皮镬使用的频繁程度，如果之后没人用，焖10～20天也没有问题。

⊙27

⊙28

⊙22/24 浆石灰 Lining the bamboo materials

⊙25/26 堆蓬 Stacking the bamboo sections up

⊙27 皮镬 Stone utensil

⊙28 落镬 Putting the bamboo sections into the utensil

⊙29

⊙30

⊙31

⊙32

⊙33

⊙34

⊙29/32
蒸煮
Steaming and boiling the bamboo materials

⊙33/34
蒸煮后朱中华观察竹纤维分丝帚化程度
Zhu Zhonghua observing the fibrillation of bamboo

柒 出镬清洗—捆扎 7

⊙35～⊙40

出镬清洗：将皮镬里煮好的竹料拿出，到料塘里浇水冲洗翻滩。做好纸需洗6次，前3次每天一遍连洗3天，后3次每隔2天洗1次，洗好的经验标准是水面起一片白水泡，代表脱碱完成，此时闻起来有一股青草气味。第6次清洗时要将料从料塘里拿出，在洗料凳上来回松动，翻动冲洗，把表面杂质冲干净，再用洗料勺冲洗。最后一次洗要看状态，如果放到清水里2天，水保持清澈没有变化就不用洗了。如果当时山溪水量不足，可将竹料放入清水池中存放，但需要在清水表面覆盖生石灰，水没过竹料表面10 cm即可，待山溪水量充足时再拿出清洗。2018年清洗工人的工资为350元/天。

捆扎：洗干净竹料以后，整理成捆，手感软的放在里面，手感硬的放在外面，这样在后期搬动的过程中可减少浪费。将捆好的料放到岸上晾干。

⊙35

⊙36

⊙38

⊙39

⊙37

⊙35 出镬 Taking the bamboo materials out of the stone utensil

⊙36/37 山溪水清洗浸泡 Cleaning and soaking the bamboo materials in a stream

⊙38/39 最后一次清洗 Cleaning the bamboo materials for the last time

⊙40

捌

淋尿—堆蓬

8　⊙41～⊙44

淋尿：竹料水分晾干后4～5个小时就可以淋尿，均匀地淋一遍即可，一般是放在盆里淋。当地有童子尿最好的说法，但其中道理造纸的师傅们也说不清。

堆蓬：横堆，用青甘草覆盖得严严实实，五六月份堆不超过10天，检查标志是能看到长菌丝即可，冬天气温低则需堆20～30天。

⊙41

⊙42

⊙43

⊙44

⊙40 捆扎 Tie the bamboo materials

⊙41/44 淋尿工序 Pouring urine on the bamboo materials

玖
落塘储藏
9 ⊙45⊙46

竹料堆放料塘中，竖着堆，青甘草覆盖严实，用石头压住，然后加水至高于料顶面5 cm。在清水里浸泡20～30天，等水的颜色转变为青黑色，基本去净残余的糖分、胶质、木质素后就可以造纸了。取料的时候水是不能放掉的，要用手把甘草扒开，用脚去感觉料的位置，然后从水中取出。

拾
压榨—掰料检料
10 ⊙47～⊙49

压榨：以前用木榨，现在用千斤顶。富阳地区是1978年做“富阳宣”时就开始用千斤顶的。压榨以挤不出水为标准，通常需30分钟左右。逸古斋用的千斤顶是50吨的，压榨36页料约需60分钟。

掰料检料：把压榨好的竹料揉松，将不好的料拣出来。

⊙47

⊙48

拾壹
碓打—打槽
11 ⊙50～⊙52

碓打：舂料，传统用木制的碓，脚踩方式，现在用电力带动，8页料需90～120分钟，舂到料成米粒大小就可以了。

打槽：碓打完后打槽，传统是用棍打料，两个人一起打90分钟，打到料呈悬浮状或酒糟状不再有结块现象即可。调查时是用打浆机循环泵打10～15分钟，打完后沉淀，至少需要3个小时，一般是晚上打好，第二天捞纸时就自然沉淀好了，期间不加纸药。

⊙49

据朱中华口述：逸古斋之所以仍然会使用木碓碓打的原因是木碓打出的浆料形态更好，纤维帚化程度高，成纸质量更好。一般一个碓搭配一个抄纸槽，碓打好的浆料用木桶运到抄纸槽中，最好的纸从碓成浆到成纸不能超过2个小时。一个碓10小时打出的浆料可抄纸600张，碓头重量为30 kg。碓好的浆再放入打浆机中打5个来回，大约10分钟。

⊙45

⊙46

⊙50

⊙51

⊙52

⊙45 落塘20～30天后发青黑色的池水
Dark green water after 20 to 30 days of soaking

⊙46 甘草覆盖
Covering the soaking pool with hay

⊙47/49 压榨竹页
Pressing the bamboo materials

⊙50 木碓碓打
Beating the materials with a wooden pestle

⊙51/52 电动打浆机的回形浆料池
Oval pulp pool applying with electric beating machine

拾贰

抄　纸

12　⊙53～⊙56

富阳抄造毛竹原料的元书纸都是一道水的工序，逸古斋采用的是富阳经典的“牵帘挽水法”（“挽”指提帘出水时往身边拉和往上提）。传统的富阳抄纸是双手端帘抄造，但调查时已经流行吊帘法，相对可以节省不少的体力。吊帘抄纸的主要动作要点为：（1）轻放纸帘上架，关合摇手，大拇指紧按木把，踹去帘尾梢料；（2）一般以70°帘架姿势斜插下水为好，以扦带拉及挽水，起水后缓缓倾倒掉帘架上的余水；（3）用右手夹捞帘梢竹片，左手接帘箳竹，提纸帘转身至湿纸筒板上；（4）依长桩、短桩轻放，滚卷纸帘，一张纸的抄造便完成了。

⊙53

⊙54

⊙55

⊙56

拾叁

压　榨

13　⊙57⊙58

正常生产情况下，逸古斋每天需要对500～1 000张湿纸进行压榨。传统是用木榨，但调查时大同村已经普遍用千斤顶压榨。逸古斋压榨工序主要工艺环节为：（1）先挖去湿纸堆尾附梢料，盖上筒席（仝笠）。（2）轻轻抬上压榨板，根据出水速度缓缓依序放铁栅或木栅，而后抬上铁杠或木杠（木杠为硬木材），一般还要加放短一点的铁杠以稳栅座。（3）千斤顶通常应该放在中心点上，这样湿纸块压干后，湿度会保持基本一致。（4）逸古斋的习惯是当天晚上压，压不超过60分钟，一开始压时湿纸块含水很多，要慢压，太快纸容易破裂。

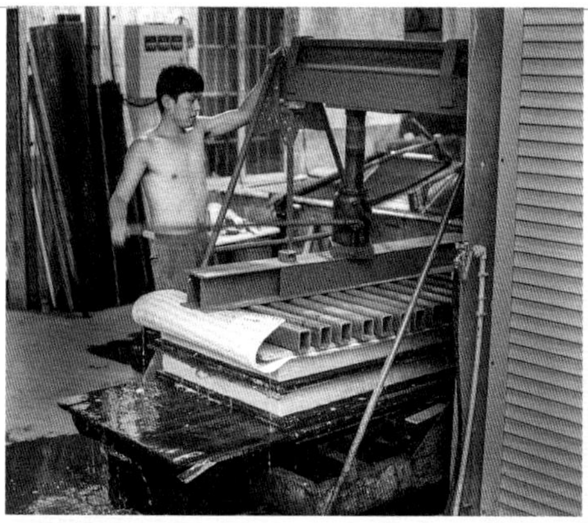

⊙57

⊙58

⊙53/56
吊帘抄纸的主要工序动作
Major procedures of papermaking with a hanged papermaking screen

⊙57/58
朱起扬在用千斤顶压榨湿纸垛
Zhu Qiyang pressing the wet paper pile with a lifting jack

拾肆
晒 纸

14 ⊙59～⊙62

逸古斋晒纸工序的动作要领是：（1）将待烘晒的纸块先掰去边辅，用拇指顶按住边线，用食指钳起边沿、额沿，再用鹅榔头贴紧划纸块，要密集、密实。（2）大约按50张为1小叠，用拇指和食指搓折角头，来回几下后，用嘴对准折角头，匀速用气吹开松散纸头。（3）晒帚常用新鲜的松针结扎（宽约10 cm，长35 cm，厚1.5 cm），以右手捏紧晒帚把柄，左手轻拉纸角头，待拉至50 cm后用晒帚轻接纸角，并用中指轻按纸头边，左手4个手指并搭纸头边牵拉，在右手晒帚的同步托拖下牵拉纸张至脱离纸块。（4）将纸牵贴上烘墙（烘墙温度根据不同纸张要求控制在50～80 ℃之间），用左手拇指与食指捏夹纸角，右手顺势用晒帚针面托抛湿纸，并用晒帚针面轻接化角纸面（富阳当地纸农将一张刷上墙的纸的左上角叫搭角，右上角叫折角，左下角叫座角，右下角叫化角）。（5）第一刷刷牢化角面，然后就势从化角部位斜刷至中间，紧接着往上刷满折角头。（6）从刷好处用晒帚从中间先刷，再分刷两边，直至刷完，等待烘干。晒帚与墙面通常要保持85°以上的角度。

⊙59

⊙60

⊙62

⊙61

拾伍
检验—裁边—捆扎盖印

15 ⊙63～⊙71

晒好的纸放在木台上逐张检验，剔除有残破或污染的不合格纸（可以化浆再用），然后将合格纸按一定数量捆好。大尺寸的元书纸需要裁边，用裁纸刀，如裁成四尺。朱中华介绍，以前村里做宽47～50 cm的元书纸用石头磨纸边，先用小榨压紧然后磨边，现在则都不磨边了。捆扎好的元书纸通常会用专门工具以敲打方式加盖纸坊与品名印章。

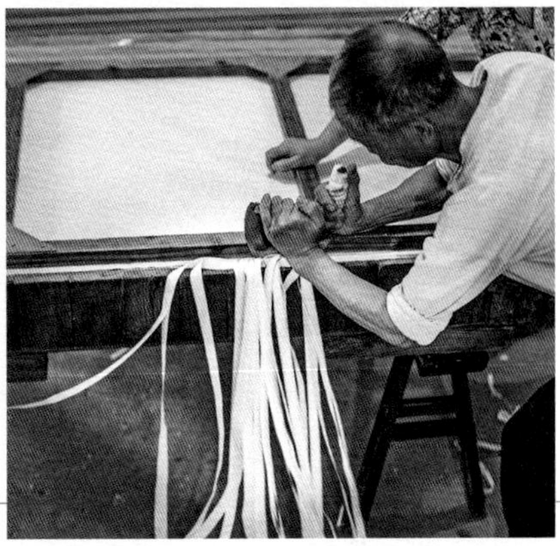

⊙63

⊙59/62 晒纸工序 Procedures of drying the paper

⊙63 裁切纸边 Trimming the paper edges

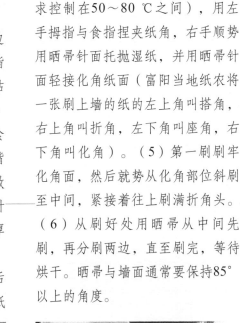

交流时朱中华特别强调生产一级元书纸的工艺非常讲究，稍微放松随便一点就达不到等级了。主要技艺要领包括：

（1）原材料砍伐不能见到青叶，嫩竹状态处于没有竹叶但已有即将长出叶子竹苞的阶段，大约冒出6盘竹节（如果是造特级元书纸，爷爷辈传下的经验是竹节不能超过3盘）。

（2）需要在茂盛的竹林中砍伐。

（3）需要使用较为干净的山泉水（造特级元书纸需要使用流动的山泉水）。

（4）操作要高度注意避光，竹子削去青皮后立刻入水，避免光氧化作用导致白料发黑，只有用石灰沤的两天内可以见光（特级元书纸原料加工过程中全程尽一切努力不见光）。

（5）煮料要到位：温度不能超过85 ℃，煮时水漫过竹料2～3 cm，不停加水保持水线，控温在手快速伸到水（端水）里过手腕脉线迅速拿出不烫到的程度（古代无温度计测温时的土法）。现在都是烧到100 ℃，是错误的，只有造比较差等级纸的料可以烧到100 ℃，因为料比较老（做一级元书纸时蒸、煮两道工序是分开的）。

（6）打料要彻底，摸起来的感觉像酒糟，捏不成团，要注意的不是纤维长短问题，而是纤维分解的细腻与帚化程度。

⊙64

⊙65

⊙66

⊙67

⊙68

⊙69

⊙70

⊙71

⊙64 压平纸 Flattening the paper

⊙65/67 捆扎 Binding the paper

⊙68 磨边 Trimming the paper dege

⊙69/71 盖边 Stamping the paper

（三）逸古斋元书纸的主要制作工具

壹 断料刀 1

用于砍断竹料。实测逸古斋制作元书纸断料所用的切刀尺寸为：长42 cm，宽8 cm。

⊙72

贰 浆料耙 2

浆石灰时勾住竹页，以让石灰水能方便覆盖全部料页的工具。

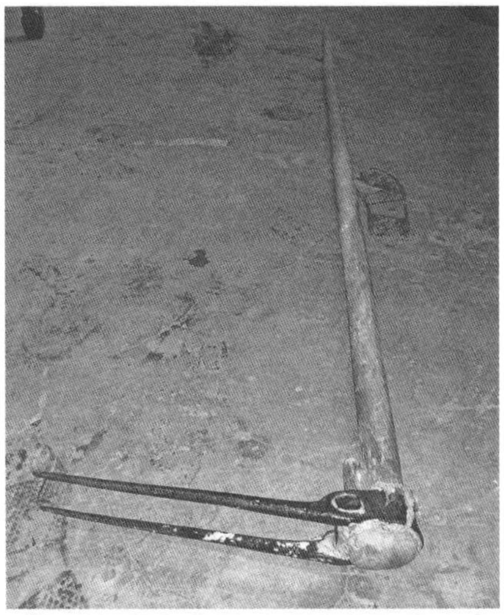
⊙73

叁 刮青刀 3

用来刮除竹子青皮的刀具。实测逸古斋刮青皮所用的刮青刀尺寸为：长56 cm，宽3 cm。

肆 拷白榔头 4

用来敲碎刮青后白坯的榔头。实测逸古斋所用的拷白榔头尺寸为：长34 cm，榔头宽5 cm。

伍 和单槽棍 5

用于抄纸前将浆打匀的长棍状工具。实测逸古斋所用的和单槽棍尺寸为：棍长167 cm，直径5 cm；槽头长30 cm，宽12 cm。

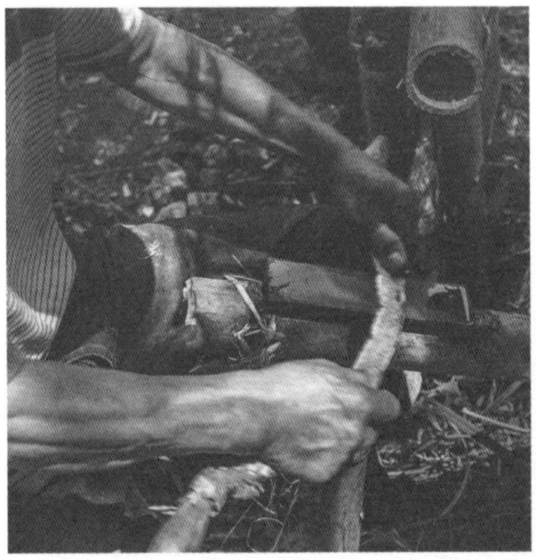
⊙74

⊙75

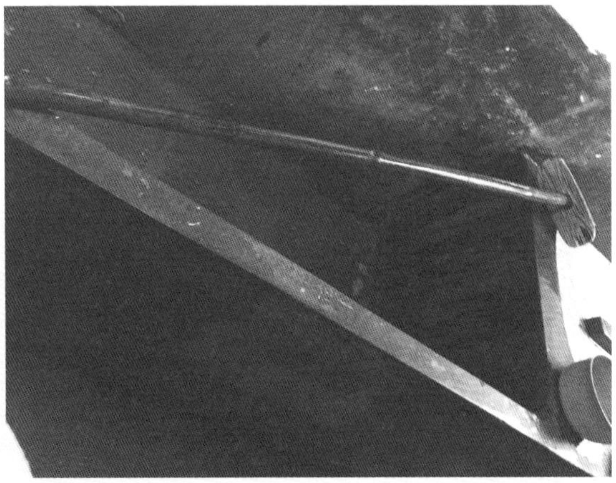
⊙76

⊙72 断料刀 Bamboo cutting knife
⊙73 浆料二齿耙 Stirring rake with two teeth
⊙74 磨刮青刀 Sharpening the stripping knife
⊙75 拷白榔头 Hammer for beating the stripped bamboo
⊙76 和单槽棍 Stirring stick

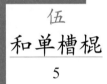

陆 抄纸槽 6

盛放纸浆以待抄纸的长方体容器。传统有石板砌成与木材制作两种，调查时多改为水泥浇筑。实测逸古斋捞制元书纸所用的四尺抄纸槽尺寸为：长267 cm，宽206 cm，高86 cm，壁厚8 cm。

⊙77 沉淀浆（等待抄纸） Precipitating the pulp (Waiting for papermaking)

柒 纸帘 7

用于抄纸的竹帘，苦竹丝编织而成。调查时逸古斋所用纸帘系从富阳区大源镇永庆纸帘厂购买，实测其所用的四尺纸帘尺寸为：长154 cm，宽82 cm。

⊙78 纸帘 Papermaking screen

捌 帘架 8

在纸槽里抄纸时支撑纸帘的架子，硬木制作。实测逸古斋抄制元书纸所用的四尺帘架尺寸为：长165 cm，宽91 cm，高3 cm。

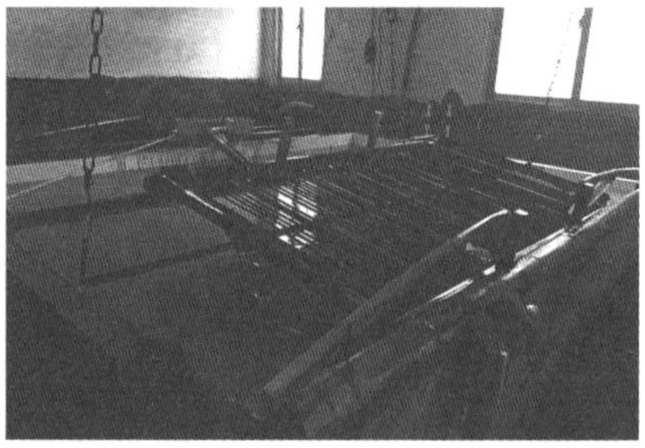

⊙79 帘架 Frame for supporting the papermaking screen

玖 鹅榔头 9

牵纸前用于打松纸帖的工具，杉木制作。实测逸古斋所用的鹅榔头尺寸为：长9 cm，直径2 cm。

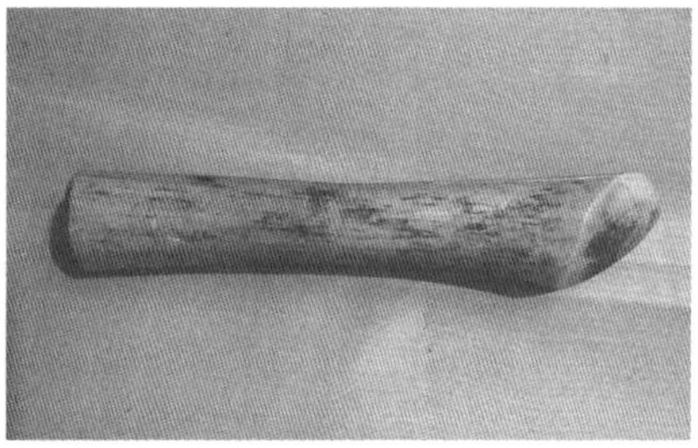

⊙80 鹅榔头 Wooden hammer for separating the paper layers

拾 松毛刷 10

晒纸时将湿纸刷上铁焙或土焙的毛刷，刷柄为木制，刷毛为松针。实测逸古斋所用的松毛刷尺寸为：长47 cm，宽13 cm。

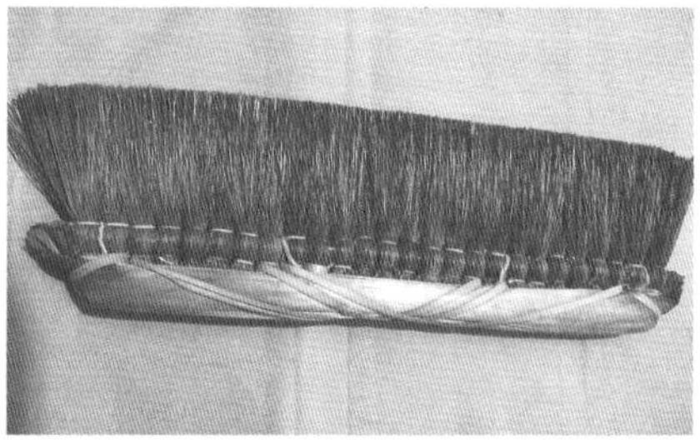

⊙81 松毛刷 Brush made of pine needles

五
杭州富阳逸古斋元书纸有限公司的市场经营状况

5
Marketing Status of Hangzhou Fuyang Yiguzhai Yuanshu Paper Co., Ltd.

⊙82

⊙83

⊙82/83 2017年时正在新砌传统的土焙墙 Building the traditional drying wall in 2017

(一)逸古斋的基本市场与销售情况

根据2016年调查中朱中华的介绍，2014～2015年，逸古斋元书纸年产量约为500刀，通常是在冬天的11月至来年1月前后集中抄纸3个月，年销售额85万元左右。其中供给浙江省图书馆和南京市图书馆做古籍修复和拓片用途的纸约占总销售额的20%。2018年调查了解的销售数据为：一级元书纸500刀，售价1 200元/刀；修复纸100刀，售价1 200元/刀；书画纸300刀，根据不同规格与品质，售价800～1 500元/刀。全年总产量约900余刀，销售额在97万元上下。

朱中华提供的数据：2015年杭州富阳逸古斋元书纸有限公司有员工10人左右，原料制备时短期会雇佣60人以上。2018年常态在作坊造纸的工人有4～5人（包括朱中华夫妻及其岳父），家庭作坊的色彩变得更强了。逸古斋一共有3间厂房，有1个打浆车间，1个抄纸车间（3口槽），1个晒纸车间（2条焙墙，1条钢焙+1条土焙），1个剪纸同时兼做仓库的车间；有料塘5口，蒸煮原料的皮镬1只。产品主要销往江苏、浙江及上海地区，客户主要为图书馆、美术学院等机构的书画家，以及认为逸古斋传统技法纸品质好而购纸的收藏客户。没有开设实体店和网店，除了图书馆下的订单外，几乎都是慕名上门到纸坊采买的终端消费者，销售方式以口碑传播和客户介绍为主。

2017年12月13日，逸古斋与中国科学技术大学手工纸研究所签订了产学研合作协议并挂牌，主要合作内容是联合复原富阳已经失传的历史名纸。2017年已开始启动第一个项目——苦竹乌金纸的复原研究与制作，2018年初制作出了第一批实验性质的乌金原纸。2018年11月，逸古斋与富阳区供销社签订合作协议，供销社以投资入股方式投入50万元，占股25%，支持逸古斋高端元书纸的研发生产。

1. 毛竹元书纸的产量、市场与销售

2013～2016年，逸古斋每年生产标号一级的元书纸500刀左右，原料是小满前后3天砍的毛竹。朱中华的说法是正常售价1 200元/刀，如果量大价格从优到900元/刀，规格均为70 cm × 138 cm。其单一大客户赵益民每年订购300刀，但取货并不多，基本上仍存放在逸古斋库房。若按照平均每刀1 000元计算，500刀的销售款为50万元。同时，杭州、上海书画界有不规律的少量定制，但对纸张生熟厚薄的要求不一。

2. 毛竹与苦竹修复纸的产量、市场与销售

2015～2016年，逸古斋每年生产大约60刀修复纸，该纸属于新开发的产品，主要采用毛竹原料。2017年在继续采用毛竹原料的同时，开始用苦竹制作修复纸，规格为43 cm × 72 cm。毛边形式的苦竹修复纸以修复为主用途，也有部分用作小楷和抄经用纸。毛竹修复纸2017年售价6元/张，2018年售价8元/张，2019年1月售价11元/张。2018年苦竹修复纸售价1 800元/刀，毛竹修复纸售价1 200元/刀。修复纸的主要客户为国家图书馆、浙江省图书馆、广东省档案局、南京博物院、浙江大学图书馆及私人客户。2018年修复纸销量为100刀，若按照毛竹与苦竹售价1 500元平均价计算，四尺修复纸年销售额约为15万元。

3. 书画用纸（“富阳宣”）的产量、市场与销售

2016～2018年逸古斋书画用纸产量在100刀左右。原料以嫩毛竹为主，约加不超过15%的青檀皮或山桠皮。青檀皮采购自安徽泾县，自然露白，摊晒好未经过碓打的原皮12 000元/60 kg，购进后拿到“千年古宣”生产厂请负责人曹移尘帮忙碓打。山桠皮在临安黄觉慧处加工，加工标准是半湿挤不出水分，可以直接添加抄纸的皮料，2018年的价格是20元/10 kg。有六尺（规格97 cm × 180 cm）、四尺（规格70 cm × 138 cm）

⊙1

⊙2

⊙3

⊙1 浙江省图书馆原馆长徐晓军（中）深夜在煮料炉膛旁
Xu Xiaojun, former curator of Zhejiang Provincial Library standing beside the steamer at midnight

⊙2/3 朱中华在仔细判断发酵的程度
Zhu Zhonghua checking the fermentation degree of bamboo carefully

两种。书画用纸的主要客户是杭州政协书画院，要求在传统工艺以竹浆为主的原料中加少量皮料（檀皮或山桠皮），偶尔要求做带水印纸。这个单一较大客户是2010年开始接触的，2015年左右开始下单造纸，每年订购50～70刀。加15%檀皮的“富阳宣”售价1 300～1 500元/刀，自然晒滩漂白（20%檀皮）的2 500元/刀。

（二）“富阳宣”与逸古斋的渊源

从造小尺寸元书纸到造“富阳宣”，是现代富阳造纸行业向书画家用纸市场转型的一个标志性事件，而这一转型与朱中华岳父傅善贤、抄纸老师朱宏声关系密切，可以认为是与逸古斋关联的市场与产品开拓。

根据访谈中傅善贤的回忆，“富阳宣”最早是1976年由朱中华岳父傅善贤和师傅朱宏声在生产队里做出来的，朱宏声抄纸，傅善贤打料。不过当时不叫“富阳宣”，而是叫“国画纸”，是当时为浙江美术学院专门造的书画家用纸，本色，纯竹浆，也有为了增大拉力在纸中加桑皮（15%～20%）的。之所以会在大同村造书画纸，与一位叫汤金标的人有关。汤金标是杭州书画社的裱画师，出生于裱画世家，自己也写得一手好书法。因为“文化大革命”中犯了经济错误，汤金标被下放到大同村改造，户口也挂在了朱家门村的生产队。当时生产队经济收入不是很好，1976年汤金标通过熟人帮助将生产队的纸产品介绍到浙江美术学院，供美院老师画画写字。

生产队和浙江美术学院的合作持续了二三年，因为光靠美院难以消化一年年持续生产的纸，1977～1978年，生产队开始派供销员把所造的书画纸向外推销到全国，并通过国营的外贸公司逐步出口到中国台湾、日本、韩国等地区。1978年，由汤金标发起，村支书朱关尧、转业军人朱兴良(朱中华堂兄)组织创建了大同公社大同宣纸厂，村支书等组织造纸工人去安徽泾县参观了宣纸工艺，回来之后，将传统的三尺元书纸尺寸加大为四尺、六尺，以适应书画家使用宣纸习惯的尺寸，同时加入了现代漂白工艺。1984年大同宣纸厂改名为浙江省富阳宣纸厂，改称“国画纸”为“富阳宣”。

在20世纪80年代，朱家门村基本上家家户户都做纸，有生产队的槽也有个人的槽。1990年左右，全村最多时有80多口纸槽，其中生产队有20多口（1982年改制分产到户后，纸槽陆陆续续卖给了个人）。

1976～1985年期间生产的“富阳宣”以纯毛竹浆或加少量桑皮为基本特征，砍伐小满10天以后的竹子，不倾向砍太嫩的竹子。1983～1985年期间，傅善贤和几家纸户合伙成立股份制作坊继续生产富阳书画纸，供货给富阳宣纸厂。1985年之后，由于纯毛竹浆书画纸成本高并不好卖，造纸户开始在纸中加入木浆，并从湖北、河南等地买来龙须草浆板，价格比竹浆便宜一半，混合浆料“富阳宣”卖得也还不错，浙江有不少画家喜欢。1990年之后，村里开始做不含竹浆，完全是草浆加木浆的“富阳宣”，继续由富阳宣纸厂专门的供销社向外推销。1991年之后，朱中华和朱中民两兄弟开始做含15%左右山桠皮的“富阳宣”。

关于“富阳宣”与杭州富阳宣纸厂，当年的供销员朱兴良在访谈中补充了以下信息：

造“富阳宣”时村名叫富阳县大同公社大同大队，宣纸厂叫富阳县大同公社大同宣纸厂，“大同”得名于大同畈、大同庙、大同坞。1970～1971年左右，汤金标就已来到大同村，先是被安置到萧山。1970年左右大同村开始办社队企业（类似于后来的乡镇集体企业），但缺少会办企业的“能人”。村里有个人在萧山有人脉关系，给大队书记讲汤金标是个人才，会办企业。于是汤就来到大同村帮着办起了造饼干盒的企业，销往河南开封、洛阳一带的食品厂，大同村自此有了乡镇企业，比其他地方先富了起来，饼干盒厂一直办到1978年。1978年，浙江美院在找能把生宣变成熟宣的地方，如云母宣、洒金宣等，需要能加工宣纸的人。经过打听了解到了汤金标在大同村，于是浙江美院的一个管业务的科长，希望把汤金标调到美院帮他们解决加工纸的需求，科长来之后看到大同村做的元书纸，告诉纸工可以做书画纸，他们美院需要。于是村里接受了浙美的订单，按照宣纸的尺寸，做“国画纸”，除了纯竹浆的，也有为了增大拉力在纸中加桑皮（15%～20%）的，尺寸上也和宣纸一致，包括四尺（70 cm × 138 cm）、六尺（97 cm × 180 cm）、七尺（70 cm × 205 cm）、八尺（53 cm × 235 cm）。

朱兴良等则负责将纸专供给浙美，供了二三年，吴山明等画家都用过。之后陆续卖到全国百货批发公司、文化用品商店、工艺美术商店，包括北京荣宝斋、开封京古斋、东三省、江苏、天津等处，浙江以杭州为主。这一时期全国掀起书法热，小学生开始练书法，也有用作装裱衬纸，新造出的“富阳宣”卖得不错，售价也亲民，单张成本9分，售价1毛8，23张/刀（这个时期一级元书的价格是10元/刀）。到1981年左右，由于生产和销售“富阳宣”，村里经济条件很好，在当时很多地方都还吃不饱饭的时候，全村900多人都可以吃上白米饭，一天全村可以吃掉两头猪，村里信用社的存款达到400多万元，仅次于当时的富阳城关镇和新登镇，位列第三，经常去杭州开会介绍致富经验，现在村里的礼堂就是当时办宣纸厂时期盖的。1982年之后分产到户，村里做纸师傅都自己干了，宣纸厂渐渐四分五裂。到20世纪90年代初，许多村民不做纸了，到上海、北京等地做卷帘门生意，宣纸厂基本就不行了，最后宣纸厂的牌子被傅善贤的大哥傅尚公收购。

⊙1

⊙1 调查组访谈傅尚公
Researchers interviewing Fu Shanggong

六
杭州富阳逸古斋元书纸有限公司的品牌文化和朱家门村造纸习俗

6
Brand Culture of Hangzhou Fuyang Yiguzhai Yuanshu Paper Co., Ltd. and Papermaking Customs of Zhujiamen Village

⊙2

⊙3

⊙4

⊙2/4 生产队时期的煮料甑遗存
Remains of the boiling utensil during the period from 1958 to 1984

（一）造纸名人轶事传说

1. 大户史尧成与48口蒸锅

大同村的传说中有史尧成与48口蒸锅的故事。富阳造纸历史上，一般只有大户人家才会造蒸锅。清代大源镇与大同村相邻的史家村出了个叫史尧成的超级大户，拥有48口蒸锅，是富甲一方的纸商。有一次富阳县令体察民情的时候偶然发现，县内走了几十公里范围，毛竹上到处都能看到史尧成家的记号（富阳一直有在毛竹上写上主家姓名与年代的习俗），于是前往史家一探究竟。来到其住处时，只见一口一口的蒸锅，有一位衣衫褴褛的老人在一旁烧火，县令大人上前询问史尧成去哪里了，老人道自己便是老爷所要找的史尧成。于是县令传唤将史尧成带至衙门板刑伺候，史尧成不解并大呼冤枉。县令道：你已经如此富有，竟然自己还在烧火，不留一点生计给旁人，实在该打！

2. 造蒸锅大力士打箍

朱中华介绍：过去造蒸锅非常困难，前一天晚上要先把地基做好，第二天上小下大用木板圈起来，并且要求将木板箍得非常紧。箍的制作是在竹篾上打十几个箍圈，十分的沉重。打箍是非常困难的工作，打箍用的榔头有50～60 kg，一般人连拿都拿不起来，并且一个蒸锅放700～800捆料，至少要打5个箍，因而要集众人力量。打箍的这一天会聚集100多号人，其中至少得有10个人可以打箍才能完成任务，最好有一个力气非常大的人可以来回跑打3圈，而这户造蒸锅的人家最少要准备100个大粽子和糖，任何人都可以来试，像登台打擂一样，无论是谁，只要能打一下就可以留下吃饭，打一个箍给5个粽子，力气不够上不了台的人自然也不好意思留下吃饭。

3. 抬轿来请余福金

传说在1945年左右，大同村的兆吉小村有一位造纸的大师名叫余福金。县里有一位开纸槽的造纸户唐宝善，小满之时砍了一批竹料，回到作坊拌料之后开始造纸，然而湿纸上的水走不出去总是会鼓起来，连换了10个师傅还是做不好。一日，唉声叹气的唐宝善在大源街上碰见已经有名气的余福金，余福金听说后便提出可以去试试，唐宝善喜出望外，承言只要余福金愿意做，他就用轿来请，于是果真抬轿到兆吉村来请余福金。余福金去了纸槽，第一天什么也没做，只是看着已有的两块板子，吩咐下去赶紧再做一块，将原来500张一隔的纸变成250张一隔，要做得慢匀小心。果然这样一来，不仅解决了去水的问题，做出来的纸张还十分均匀细薄。余福金后来被称为“富阳造纸状元”，被临安人请去做了造纸师傅。

4. 朱秉礼请“财宝”故事

据朱中华讲述，朱家在第九代祖先朱秉礼手上得到过一次意外的机会。朱秉礼当年不算富有，也不算贫穷，从父辈那分得了一些产业，主要是1栋3间2弄的房子。朱秉礼生了3个儿子，等到儿子大了，发现房子有些不够分，就在屋中建了厢房和围墙（围墙有聚财的含义），房子改造好之后，家里打算做一个简单的新建台门（浙江地区对比较好的院落房屋的称呼）仪式请亲朋来吃吃饭，并请一位有名的老先生挑了接近年底的吉日。老先生特别嘱托，当日特定时辰有贵人相逢，不要漏掉哦！于是当日2点多朱秉礼就守在门口看有没有贵人来，等快到指定时辰的时候，来了一个叫阿毛的人，真名（家谱名）叫财宝，是给隔壁徐家烧烘纸焙屋柴火的“烧焙人”，带了锄头、油箱、簸箕往眼前走来，朱秉礼将信将疑，就把他拉到屋内，给他些点心吃，聊会天后，阿毛回去了，在这之后，家里诸事竟然都很顺畅。传说自从朱秉礼把阿毛（财宝）请进家后，第十代朱启绪（儿子）做纸特别顺利，基本没有坏料，做的纸品质也比较好，家里渐渐就兴旺起来了。

（二）造纸仪轨与禁忌

1. “开山请菩萨”与“开槽请菩萨”

据朱中华和傅善贤的说法，大同村当地对衣食之母——竹山保持着敬畏心与感恩心，历史上一直有开山祭祀的仪轨。开山祭祀须挑选宗族里有福气、人缘好的男人或者槽主主持，由妇人来念经。1949年前的习俗，大户人家上山砍竹前一晚，需杀好猪款待第二天要干活的人，第二天带着猪头或者1刀肉、酒若干等到山上拜一拜，讲几句好话，大致是“我们今天要开山做纸了，山公山母保佑我们今年做纸顺利，平平安安”之类，祈求山公山母的保佑，称为“开山请菩萨”。开山时间一般在农历五月，大户人家有山场的要组织。料办好了要正式做纸前，会再祭拜一次，称为“开槽请菩萨”，一般在每年农历8月份。

⊙1

第九章
Chapter IX

富阳区元书纸
Yuanshu Paper
in Fuyang District

⊙ 2

2. 偷料人家三代不开槽

朱中华讲述了富阳地方非常严格的惩罚偷盗原料的乡规民约。大同村一带的村规：偷原料的人家三代不能开槽，偷竹一代不能开槽，这个规矩百年来很少有人违反。有一个故事，讲述的是大约150年前，有个姓徐的人家偷偷

⊙ 1 / 2
生机勃勃的『竹山』
Dense bamboos forest

到宋家村挑了一担料被人发现了，宋家村召集了保长等一群有威望的人，让徐家人写了一份保证书，并把原料还给了宋家人。直到很多年后，当年徐家人的孙子娶了宋家村的一位姑娘，宋家村方才把徐家祖先写的保证书还给了姓徐的人家。访谈时傅善贤老人表示，大同村一带几乎没有听说谁谁谁偷了哪家的原料。

⊙1

（三）品牌由来与书画家用纸故事

1. “逸古斋”名称的由来

据朱中华介绍，“逸古斋”这一名字是1999年由蔡乐群取的，蔡为富阳本地的著名书画家，是身残志坚励志有成的地方名人。据朱中华转述蔡乐群当年取名的寓意为：逸者，闲雅之逸；古者，前辈传统。逸古，用雅逸的情怀，用超凡的意态传承传播中国传统文化，以优秀的工艺，发挥中华工匠精神，做到卓尔不群。2014年，宋涛题字“逸古斋”制匾并挂在祖屋正堂墙上，调查前后宋为西泠印社理事、杭州政协书画院主席、杭州市书法家协会常务副主席、杭州书法院院长。

2. “朱竹山房”名称的由来

2014～2018年，朱家老屋正堂一直挂着“逸古斋”的牌匾。2018年，朱中华在老屋正堂改挂“朱竹山房”牌匾。朱中华对换牌匾的解释是：2018年由楼秋华提议并取名，同年由浙江省书法家协会主席鲍贤伦题写牌匾，2018年3月注册成功“朱草堂”商标。“朱草堂”商标2017年开始申请注册，由杭州师范大学教授王佑贵题写，朱中华记得是取意自某一首诗，但他也不记得是哪一首了。关于新的品牌“朱竹山房”的寓意，访谈中朱中华的解释是：朱既是家族的姓、村落的名，同时朱为红色，鲜艳热烈，有积极的意义；朱竹，指红火的竹子，能变成好产品的竹子，好竹子，能造出好纸的竹子；山房，依山造纸的作坊，也就是祖屋纸坊现在的造纸环境。

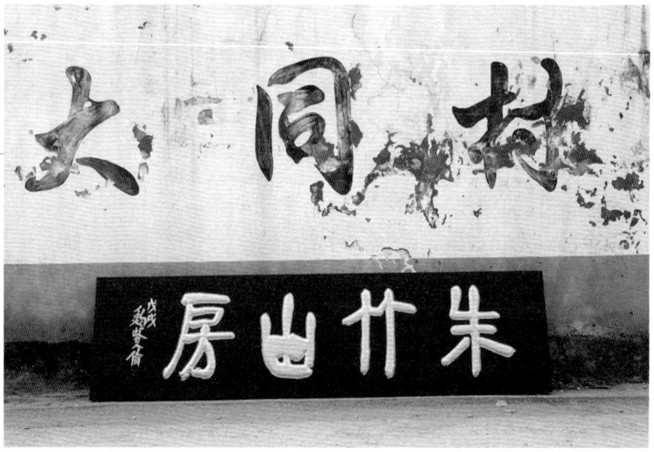

⊙2

⊙3

⊙1 朱中华（左一）及村里老人讲造纸人故事
Zhu Zhonghua (first from the left) and a elderly papermaker telling stories about papermakers

⊙2 鲍贤伦题写的『朱竹山房』牌匾
Plaque of "Zhu Bamboo Mill on the Mountain" written by Bao Xianlun

⊙3 王佑贵题写的『朱草堂』新品牌
"Zhucaotang" brand written by Wang Yougui

3. 宋涛试纸"三部曲"

杭州的一位青年书法家用过逸古斋的纸，感觉很好，就介绍给西泠印社理事宋涛试用。宋涛试纸后觉得墨湿时不够亮，颇感失望，但完全干后意外发现墨色发亮特别有精神，而且托裱完后有立体感，于是评价"整个富阳他的纸最好"，并为朱中华题写了"逸古斋"牌匾。宋涛曾回忆试纸过程：刚开始失望，觉得还不如其他纸，到了第二天，黑就上来了，有立体感，很温润。这个和书画纸是反过来的，书画纸是墨湿时很亮，墨干了就变暗淡。总结起来就是"遗憾—疑惑—惊讶"。朱中华回忆，宋涛当年试用的纸是加皮料的竹纸，加了20%自然晒滩漂白的檀皮。

4. 贾鹏西与王佑贵用后评价

西泠印社社员、山东书法家贾鹏西购买了2 200元/刀的2007年造逸古斋混料竹纸，用后感觉极佳，评价为"绵密静润、淡墨清透，有古罗纹笺面目"。

杭州师范大学书画系王佑贵教授是朱起航读大学时的书法老师，2014年左右朱起航拿了一些逸古斋生产的纸给他试用。有一次王佑贵拿出自己收藏的吴门书派尺牍，用逸古斋的一级元书纸对照尺牍试写了几个字后，说笔墨表现非常接近，很有古意，特别是线条干枯转笔的地方，枯得很是流畅温润，笔感舒适。

七
杭州富阳逸古斋元书纸有限公司的业态传承现状与发展思考

7
Current Status and Development of Hangzhou Fuyang Yiguzhai Yuanshu Paper Co., Ltd.

（一）逸古斋的传承发展特色与当前态势

杭州富阳逸古斋元书纸有限公司虽然体量不大，基本上还是家族型纸坊的形态，但作为杭州市"非遗"生产性保护基地与数家大学研究机构选择的联合研发基地，在展开调查的20余家富阳竹纸厂坊中属于有自身独特定位与态度的厂家。根据对朱中华、朱有善等人的访谈，结合调查组的现场考察，其技艺传承与生产模式特色可归纳为如下几点。

（1）朱中华在访谈时表示：2015年初参加文化部非遗传承人研修和其他国内外拓展眼界的展演交流后，他对富阳竹纸传统技艺传承的理解深化，认识到"古法"其实本身就存在高标准与一般标准的明显区别。如富阳历史上著

⊙1

名的“特级元书纸”“一级元书纸”与毛竹火烧纸等普通生活用竹纸的工艺要求相差很大，从砍毛竹时间的苛刻到原料处理各要素的高度精准对标，完全不是现在造纸人习惯的与“非遗”材料上描述的“古法”。逸古斋目前虽然还造不出“特级元书纸”，最好也只是接近历史上的“一级元书纸”，但已经深深体会到要按照高标准的地方“古法”造纸。朱中华说，他现在坚持砍竹、刮皮、淡青、杀青、流水漂洗、碓料等工艺都力求按照能够了解和体会到的高标准执行，因此这几年他本人已经从只管在纸坊里按惯例埋头造纸变得很喜欢研究好纸，比如热衷到富阳古纸收藏家、族兄朱有善处观摩老辈人造的优质古纸或旧纸，琢磨好纸的工艺原理和技术诀窍；多次参访中国科学技术大学手工纸实验室，主动要求参加全国性的“手工造纸与古籍印刷、修复传承人面对面”系列交流会，参加国内外修复用纸发表会等，进行深度学习。

（2）开始琢磨一些在传承中已经被忽略的历史名纸关键技艺并思考背后的科学性，从造纸工匠的经验传承变得喜欢“科学”探究道理。如在与中国科学技术大学手工纸研究所联合复原历史名纸乌金纸的探索过程中，2017年开始的实验未能很严格地坚持乌金纸须冬水抄造的说法，春纸紧度与厚度与冬纸大相径庭，品质明显达不到标准，这才悟出冬水造好纸的古训大有道理。从北宋文人梅尧臣诗“寒溪浸楮春夜月，敲冰举帘匀割脂。焙干坚滑若铺玉，一幅百金曾不疑”[8]中发现，1 000年前古

⊙2

⊙3

⊙4

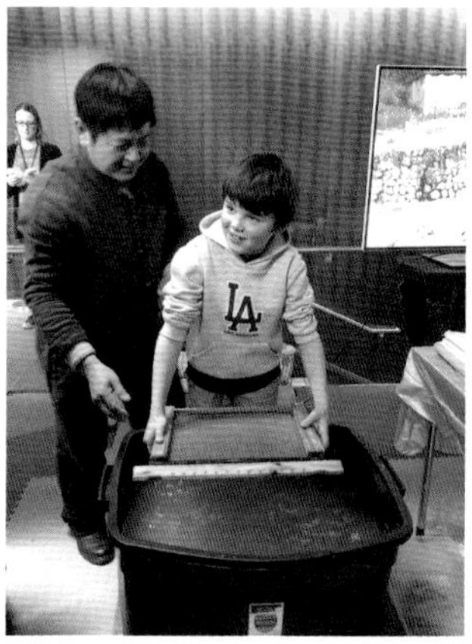

⊙5

⊙1 调查组在料塘边观察竹页浸泡
Research observing bamboo sections in the soaking pool

⊙2 竹纸研发基地牌匾
Plaque of Bamboo Paper Research and Development Base

⊙3 访问休斯敦
Visit Houston

⊙4 迈阿密中国春节游园会活动海报与展演证书
Poster and Certificate of The Garden Party of Chinese New Year Festival in Miami

⊙5 朱中华在美国教小朋友体验抄纸
Zhu Zhonghua teaching a kid papermaking in the U.S.

[8] [清]梅尧臣.答宋学士次道寄澄心堂纸百幅[M]//朱东润.梅尧臣集编年校注.上海:上海古籍出版社,1980.

⊙6

⊙7

⊙8

人制造“澄心堂纸”这种最上等纸的水为敲冰取水。富阳竹纸的制造传统也是下半年入冬水温不高时抄纸，而春夏水温高时制作原料但不事造纸。这样造出的纸紧度较高，适合高档用纸和古籍修复用纸。朱中华现在更加明确地坚持将每年11月到来年2月作为抄好纸的时间段。

（3）访谈时朱中华认为，大约从2015年开始，他的理念从埋头造纸转向积极拓展开放经营与产学研结合运营模式。仅仅2016年，朱中华一个规模很小的家庭纸坊就接待了1 000余人次的学校及机构参观，2017年、2018年也都在千人以上，而每次他本人或儿子朱起扬或侄子朱起航都会义务介绍及展示富阳竹纸工艺。逸古斋在富阳摄影家协会会长徐建华（徐建华已经跟踪拍摄逸古斋造纸流程和活动达7年之久）的无偿支持下还专门制作了一套元书纸制作工艺的精美展板。

2016年12月13日，中国科学技术大学手工纸研究所与杭州富阳逸古斋元书纸有限公司联合建立富阳竹纸研发基地的签约仪式在逸古斋纸坊举行，第一项合作研发任务是共同恢复历史名纸“乌金纸”的制作技艺并造出合格的产品，双方约定第一期合作时间为5年，2019年1月回访时正进行到第二年。2018年11月28日，出于对逸古斋理念和产品的认同，富阳区供销社下属的浙江省百合集团公司正式投资50万元入股杭州富阳逸古斋元书纸有限公司，占股25%。

（4）独具活力与期待的家族传承现状。在富阳地区竹纸制作体系里，传承后继无人的困境是非常普遍与严峻的，多数厂家依赖贵州、云南纸

⊙6/7
在村中流过的山溪水里洗料
Cleaning the materials in the stream flowing through the village

⊙8
紧靠村落道路的料池
Soaking pool next to a country road

工支撑的现象突出，这些从贫困的西南山区来富阳造纸谋生的纸工多处于45～55岁年龄段，没有年轻人；而富阳本地造纸师傅也大都在这一年龄段或之上。逸古斋的第十四代传承人朱起扬及朱起航均为20多岁的大学毕业生，从一毕业即开始住在纸坊学习一线造纸技艺，包括刮青、拷白、洗料、脚碓打浆、抄纸、晒纸这样非常辛苦而又技艺含量很高的活都在全心全意地学，这与富阳造纸人家年轻一代以学习生产管理、市场和网络经营为主的模式形成了很强的反差，成为调查时富阳已经难得一见的家族年轻传承人在生产一线传承技艺的典范。

（5）积极参与以纸为媒的创意设计与展演。2016年在中国科学技术大学参加文化部全国手工造纸传承人群研修后，曾经非常传统的手艺人朱中华对“非遗”走进当代人生活的理念开始有了较高认同，思路和行为都呈现开放交流的状态。比较有代表性的事件为：

2017年，朱中华参与杭州“融”设计图书馆筹备参加意大利米兰国际设计周纸材料创意设计，配合工作，在逸古斋纸坊和大同村竹山与英国圣马丁艺术学院学成回国的设计师汤雨眉共同制作了以手工纸与富阳毛竹为原材料的米兰设计周参展作品《晒鱼》。

2018年7月，朱中华随浙江省非物质文化遗产保护中心组织的代表性传承人小组前往香港，参加第二十九届香港书展浙江主题省的“非遗”展演，现场演示富阳元书纸制作技艺。

2019年2月，朱中华受邀参加由美国迈阿密中华文化基金会、迈阿密达德学院孔子学院举办的

⊙1

⊙1
客户赵益民（前）随同调查组一起观察煮料
Buyer Zhao Yimin (front) observing the boiling materials with researchers

迈阿密中国春节游园会并现场表演元书纸制作。该活动已经举办了超过20年，每年都吸引了数千人参加。

（二）逸古斋传承发展中面临的突出问题

调查中朱中华一再表达的发展挑战主要有3点：

（1）缺少可以发展的独立造纸空间。一方面，逸古斋目前的生产场所是朱家的祖屋，朱中华虽然也有部分继承权，但实际上是通过协商获得全部祖屋的使用权的，不能排除哪一天会出现某位或某几位权益所有人收回使用权的危机，而这种危机的出现势必会导致纸坊在现在的场所陷入无法生产的困境。另一方面，逸古斋的石灰浸泡、流水洗料、蒸煮料等关键工艺环节是在祖屋旁居民密集的村中心进行的，而且用的是流经村内的溪水，排放也在溪里，虽然古法造纸用石灰等天然材料加工而不用强碱等化工原料，朱中华表示基本没有污染，但环保上存在模糊说法与界限，村民感觉异样是难以避免的，也难以保证没有村民举报的情况发生。这是朱中华一直非常积极又焦虑地谋划通过什么方式和渠道在村边或村外买地建纸厂的核心原因。

（2）由于逸古斋采用“古法”造纸，对美术与设计类院校和研学参观者很有吸引力，经常有成批的参访者或领导到访造纸现场。但纸坊在朱家门小村落的中心，村民建筑密集，祖屋内部空间小，没有办法容纳人群从容展开学习交流，停靠大巴或团队车队也困难，研学旅游、传统工艺文化体验等活动承接能力很弱。作为富阳竹纸“古法”制作代表性厂家，没有办法建设像样的展陈+体验+现场销售的空间，面对文化旅游与“非遗”研学勃兴的市场，朱中华显得相当无奈。

（3）缺乏网络与自媒体市场的经营与开拓。至调查回访时的2019年1月，逸古斋一直没有设立独立的线下或线上门店，基本上仍然是买纸者上门和有订单送纸的传统模式，因此逸古斋纯手工优质竹纸的品牌依然只是在一个小圈子里被知晓。调查中谈到这一点时，朱中华表示由于要按照高标准的“古法”造好纸，2016年后纸坊收缩到家族造纸的方式，仅有的上下三代四五位家族成员长年忙得不可开交，经常完不成造纸的客户订单，因此没有考虑拓展经营的布局问题。探讨到是否愿意聘请外人来主持打理网店与社交营销开拓新市场时，朱中华表示虽然已经感觉到非常重要，富阳造纸家族里也已经有通过网络做得很不错的了，但他自己因为对这一块很不熟悉，还没想好该怎么办。

元书纸

杭州富阳逸古斋元书纸有限公司

Yuanshu Paper
of Hangzhou Fuyang Yiguzhai Yuanshu Paper Co., Ltd.

毛竹元书纸透光摄影图
A photo of *Phyllostachys edulis* Yuanshu paper seen through the light

杭州富阳逸古斋元书纸有限公司

元书纸

Yuanshu Paper of Hangzhou Fuyang Yiguzhai Yuanshu Paper Co., Ltd.

苦竹元书纸透光摄影图

A photo of *Pleioblastus amarus* Yuanshu paper seen through the light

竹纸

杭州富阳逸古斋元书纸有限公司

Bamboo Paper
of Hangzhou Fuyang Yiguzhai Yuanshu Paper Co., Ltd.

毛竹染色元书纸透光摄影图
A photo of dyed *Phyllostachys edulis* Yuanshu paper seen through the light

杭州富阳逸古斋元书纸有限公司

竹纸

Bamboo Paper
Hangzhou Fuyang Yiguzhai Yuanshu Paper Co., Ltd.

毛竹修复纸（二次蒸煮）透光摄影图
A photo of *Phyllostachys edulis* repairing paper (after two steaming and boiling procedures) seen through the light

杭州富阳逸古斋元书纸有限公司 竹纸

Bamboo Paper of Hangzhou Fuyang Yiguzhai Yuanshu Paper Co., Ltd.

毛竹漂白加厚版画纸（木刻水印）透光摄影图

A photo of extra thick bleached *Phyllostachys edulis* printmaking paper seen through the light

第五节

杭州富阳宣纸陆厂

浙江省
Zhejiang Province

杭州市
Hangzhou City

富阳区
Fuyang District

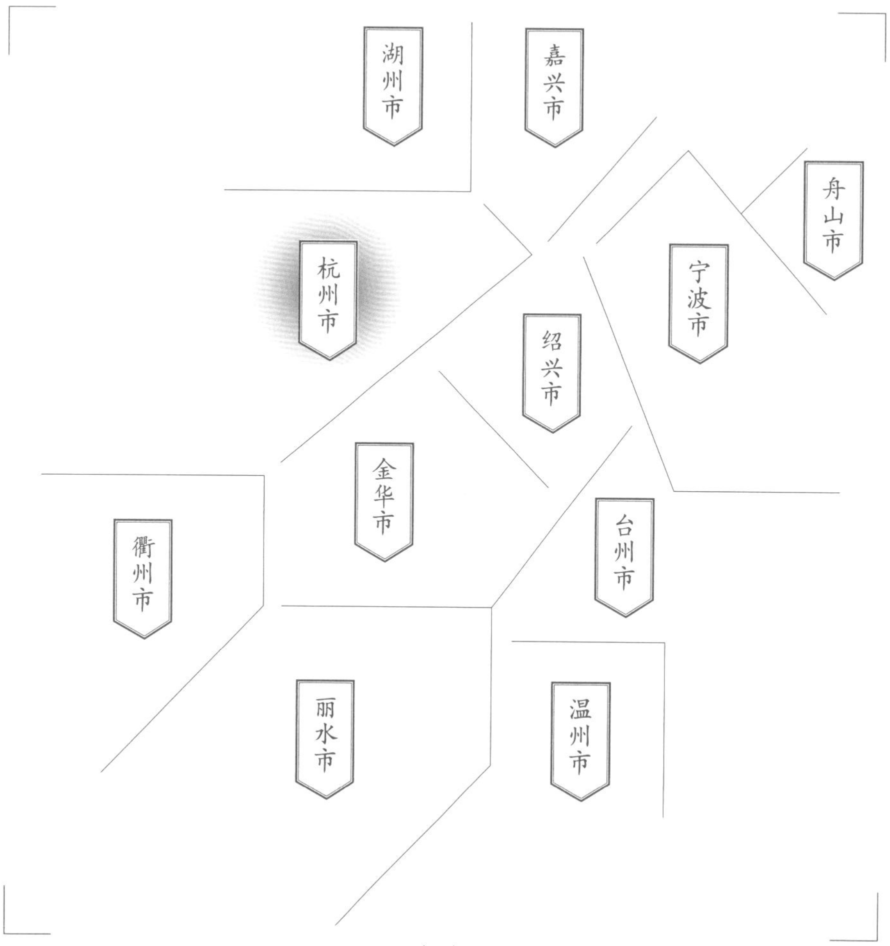

调查对象

富阳区大源镇大同村
杭州富阳宣纸陆厂
竹纸

Section 5
Hangzhou Fuyang Xuan Paper Lu Factory

Subject

Bamboo Paper in Hangzhou Fuyang Xuan Paper Lu Factory in Datong Village of Dayuan Town in Fuyang District

一
杭州富阳宣纸陆厂的基础信息与生产环境

1
Basic Information and Production Environment of Hangzhou Fuyang Xuan Paper Lu Factory

⊙1

⊙2

杭州富阳宣纸陆厂（简称宣纸陆厂）位于富阳区大源镇大同村兆吉自然村第一村民组，地理坐标为：东经119° 59′ 27″，北纬29° 56′ 0″。杭州富阳宣纸陆厂的前身为1987年成立的富阳宣纸陆厂，1995年时曾注册杭州富阳宣纸陆厂，1996～2002年间转为中日合资的惠本有限公司，2002年之后正式更为现名。宣纸陆厂的名称源于其创立者喻本长，“陆”与“六”谐音，有着吉祥、顺利、和谐的意义，代表了喻本长对纸厂发展的美好寄托。

2016年8月1日、2016年8月20日、2016年10月4日、2019年1月26 日，调查组成员多次前往宣纸陆厂进行田野调查，获得的基础信息是：杭州宣纸陆厂2016年调查时生产的纸品有古籍印刷纸、元书纸及瓷青纸，2019年回访时纸厂已研发出以翠竹宣为代表的，用青檀皮与竹皮混合制成的纸品，其中以古籍印刷纸为主导产品。截至2016年10月4日，宣纸陆厂有员工60多人，11口槽（调查时均在生产），4个生产车间。4个生产车间中，3个车间为1982年喻本长自己在老家造的房子，当年共花费1万元；另外一个生产车间为2008年买的原村里的大礼堂，花费10万元。宣纸陆厂2015～2016年年产量约为8万刀。2019年1月26日，调查组再次回访宣纸陆厂时了解到，宣纸陆厂在职员工近60人，总共有12口纸槽，1口纸槽由3人负责生产（抄纸、晒纸、揭纸各1人），剪纸3人，漂浆2人，烧火1人，负责搬料、检验等杂项工作的人员近20人。

⊙1 宣纸陆厂正门外景 Main entrance gate of Xuan Paper Lu Factory

⊙2 宣纸陆厂抄纸车间 Papermaking workshop of Xuan Paper Lu Factory

路线图
富阳城区
↓
杭州富阳宣纸陆厂
Road map from Fuyang District centre to Hangzhou Fuyang Xuan Paper Lu Factory

杭州富阳宣纸陆厂位置示意图

Location map of Hangzhou Fuyang Xuan Paper Lu Factory

考察时间
2016年8月 / 2016年8月 / 2016年10月 / 2019年1月

Investigation Date
Aug. 2016/Aug. 2016/Oct. 2016/Jan. 2019

地域名称

A 富阳区
1 湖源乡
2 常安镇
3 洞桥镇
4 新登镇
5 灵桥镇
6 新义乡
7 大源镇

造纸点名称

造纸点 杭州富阳宣纸陆厂

位置分布

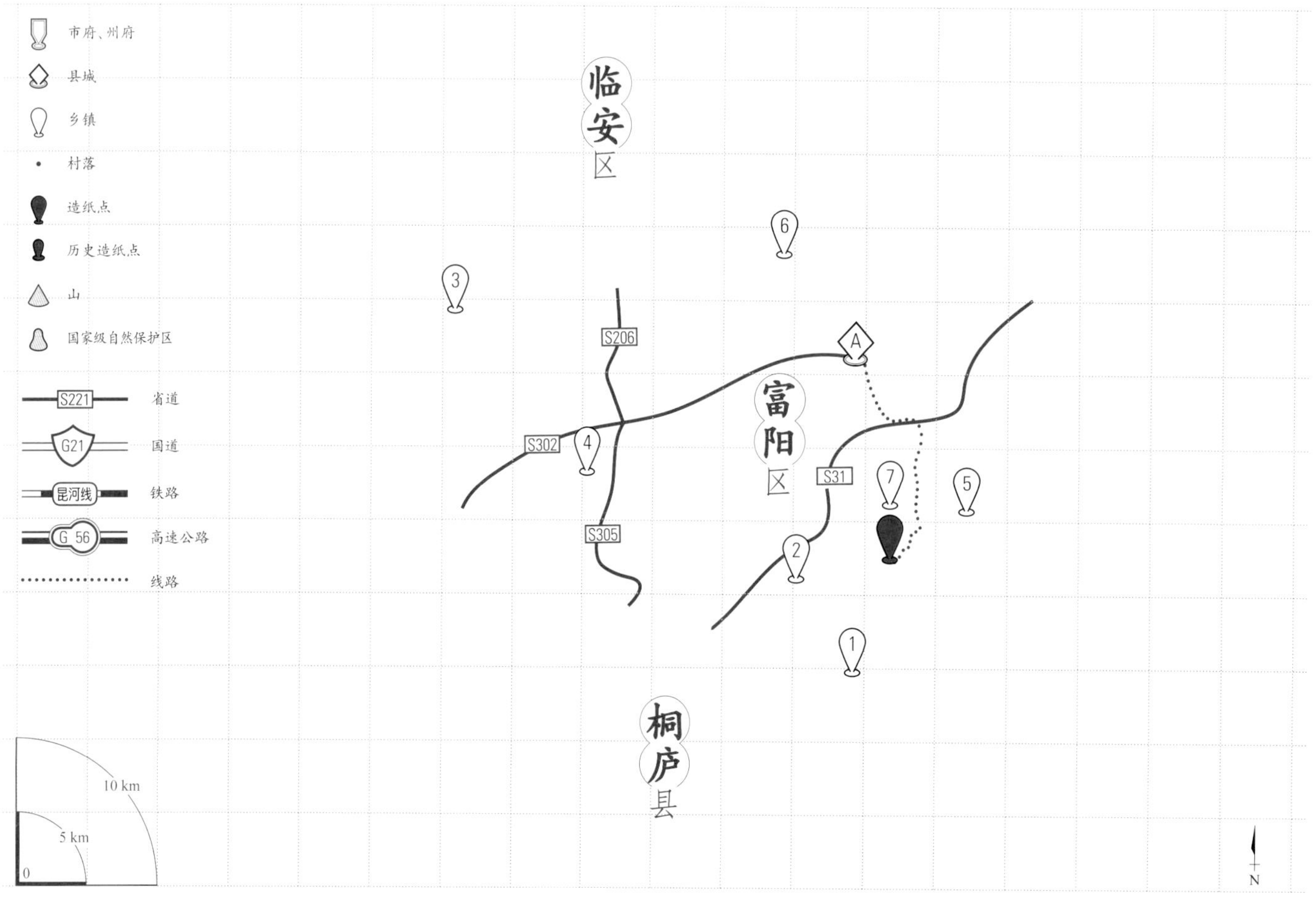

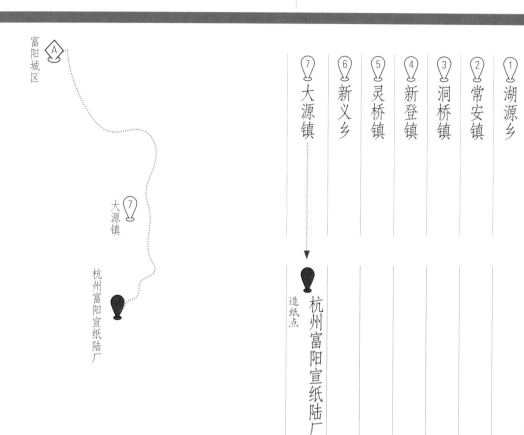

二
杭州富阳宣纸陆厂的历史与传承

2
History and Inheritance of Hangzhou Fuyang Xuan Paper Lu Factory

⊙1

⊙2

杭州富阳宣纸陆厂注册地为杭州市富阳区大源镇大同行政村兆吉自然村，全国企业信用信息公示系统显示：杭州富阳宣纸陆厂成立于1995年11月7日，调查时的法人代表为喻长仙。1995年11月7日～2001年9月17日法人代表为喻本长，系喻长仙的父亲。

喻仁水，调查时任宣纸陆厂厂长，系喻长仙丈夫，1966年出生。据交流中喻仁水的自述：其小学毕业后，13～14岁时向大伯喻寿生学晒纸前的揭纸这道工序，初中毕业后开始晒纸，18岁分山到户后学习抄纸和舂料工序。当时大同村一共有6个生产队，其所属的第一生产队有4口槽，有30多户槽户做纸。2015年喻仁水被评为富阳区级非物质文化遗产富阳竹纸制作技艺代表性传承人。

据访谈中喻仁水口述的信息：其岳父喻本长一直在原村里的大礼堂做纸，起名宣纸陆厂。1978年喻本长带领本村人向安徽泾县学习漂白工艺和捞大纸工艺（原大同村所造元书纸均为小尺寸）。1980年后，富阳浙川造纸厂在富阳推广用龙须草浆板做书画纸的工艺，大源镇庄家村首先借鉴泾县经验改革石磨，喻本长也随之引进石磨进行原料处理。

1996年，一个江西女人李莲嫁到庄家村，陪同来的连襟程关仁看到富阳的造纸，很有感触，便联系了江西省铅山县陈坊乡乡政府。铅山本为中国著名的竹纸生产地，其造纸在明代曾经是中国的标杆，只是当代处于衰微至极状态。陈坊乡政府大感兴趣，立即布置造纸场所与设施，当时建了4口槽，员工均为陈坊当地村民。喻本长派了

⊙1/2
仓库中堆放的成品书画纸
Calligraphy and painting paper in the warehouse

4个人去陈坊乡教授技艺，2个人教抄纸，2个人教晒纸，当时给的工资是每人1 000元/月，生产的纸归喻本长销售，木浆、烧碱、漂白粉均由喻本长提供，前后共提供了2万多元原料。造了1个月纸，由于经营理念不同而产生冲突，富阳人就全部回乡不再去陈坊造纸了。

同样也是在1996年，喻本长成立中日合资杭州惠本有限公司，生产楮皮纸、山桠皮纸。成立公司缘于杭州美术工艺品厂职工汤金标作为知识青年下放到大源镇的朱家门自然村时，认识了一个祖籍富阳的上海人王菊，1996年时喻本长在富阳做纸的生意规模最大，听闻消息的王菊与汤金标找过来，想生产纸出口日本。几人的想法一拍即合，遂成立公司，但由于销售渠道并未落地，造的一批纸年底销售不出去，亏损60万元。随后，喻本长将厂子接管过来，此时有4～5口槽（木头槽）开工造纸。1996年开始做皮纸，做了2～3年；1997年开始做喷浆书画纸，喷浆书画纸生产线是请厦门的师傅过来安装和指导的，当时有4个喷浆口，做了4～5年。

喻仁水本人家庭的传承情况是：父亲喻章荣曾担任兆吉村第一生产队副队长，1930年出生，2000年70岁时去世，之前长期从事抄纸和舂料工序，直到1990年后才不再抄纸和舂料。爷爷喻安梁，1911年生，卒于1976年，曾受过几年私塾教育，对造纸的各项技艺都很精通。岳父喻本长，1941年出生，宣纸陆厂前法人代表，对造纸的各项技艺都很熟练，精通抄纸、晒纸。妻子喻长仙为宣纸陆厂现法人代表。连襟程华农负责宣纸陆厂的产品宣传和销售。大儿子喻茂刚负责网上销售。2018年12月，喻仁水在富阳区文广新局的见证下签订了杭州市富阳区非遗保护师徒传承协议书，约定在2019年由喻仁水正式教授喻茂刚造纸相关技艺。小舅子喻道胜1965年生，自小和父亲喻本长学习抄纸和晒纸工艺，但后来外出务工去了。小姨子喻富仙现为宣纸陆厂财务人员，1969年生，未习得相关造纸技艺。

⊙1

⊙2

⊙1/2
访谈喻仁水（上图左、下图右）
Researchers interviewing Yu Renshui (left in the first figure and right in the second figure)

表9.10　喻仁水家族造纸传承谱系
Table 9.10　Yu Renshui's family genealogy of papermaking inheritors

传承代数	姓名	性别	与喻仁水关系	基本情况
第一代	喻建旗	男	曾祖父	生卒年不详，会造纸的多道工序
第二代	喻安梁	男	祖父	生于1911年，卒于1976年，自小从父亲学习造纸，熟练掌握造纸各项工序
第三代	喻本长	男	岳父	生于1941年，卒于2001年，宣纸陆厂前法人代表，从父亲处习得抄纸、揭纸等技艺
	喻章荣	男	父亲	生于1930年，卒于2000年，熟练掌握抄纸和舂料工艺
第四代	喻仁水	男	—	生于1966年，宣纸陆厂厂长，自小从父亲与师傅处习得抄纸、揭纸技艺，熟练掌握造纸各项工序
第五代	喻茂刚	男	儿子	生于1989年，现负责宣纸陆厂线上销售工作，2019年将由喻仁水正式教授抄纸技艺

三
杭州富阳宣纸陆厂的代表纸品及其用途与技术分析

3
Representative Paper and Its Uses and Technical Analysis of Hangzhou Fuyang Xuan Paper Lu Factory

（一）宣纸陆厂代表纸品及其用途

据调查组成员2016年8月1日、2016年8月20日和2016年10月4日的调查得知：杭州富阳宣纸陆厂所造纸品种类较多，品种规格较丰富，比较有代表性的有古籍印刷纸、元书纸及瓷青纸。喻仁水认为：宣纸陆厂最有代表性的纸品为古籍印刷纸，自2004年开始生产。古籍印刷纸的材料配比为90%龙须草浆＋10%针叶木浆，都是浆板原料。纸面细腻有光泽，纸张轻薄如蝉翼，质地色泽都近似古籍用纸，因此主要用

⊙1

于古籍印刷。纸品规格为65 cm×156 cm。

据2019年1月调查组回访了解，宣纸陆厂自2008年就开始生产瓷青纸，纸厂有1口特定的纸槽用于生产瓷青纸，平均每日可生产瓷青纸10刀左右。瓷青纸原纸的材料配比为：原料草浆60%＋竹浆40%，依据供应方具体要求加入不同配比的直接耐晒蓝、直接耐晒黑两种化工染料。瓷青纸有两种规格：四尺规格为74 cm×142 cm，小五尺规格为71 cm×161 cm。瓷青纸颜色典雅，具有不易褶皱等特点，主要用作古籍或新印古籍风格图书的封面。

元书纸是宣纸陆厂的代表性纸品之一。自2014年以来，喻仁水一直致力于遵循古法恢复元书纸，2015年成功恢复了二级元书纸。目前宣纸陆厂生产的元书纸称作小元书，属于二级元书纸。原料为100%纯毛竹肉，不加入任何化学试剂，规格为45 cm×46 cm。该纸品具有纸质柔韧、带有竹子清香、着墨不渗透、久藏不虫蛀等特点，主要用作书画练习用纸。

玉竹宣是宣纸陆厂早期生产的一种纸品。据喻仁水回忆，近20年前就在生产玉竹宣。但因玉竹宣所用竹料均需由纸厂砍伐加工完成，需要投入大量人力及时间，且生产需根据当年实际需求而定，所以玉竹宣并不是宣纸陆厂每年都生产的纸品。玉竹宣的原料配比为：75%竹浆＋25%山桠皮，规格为70 cm×138 cm。该纸品原材料采用当年小满前后嫩竹，此时竹子中富含天然胶质，造

⊙2

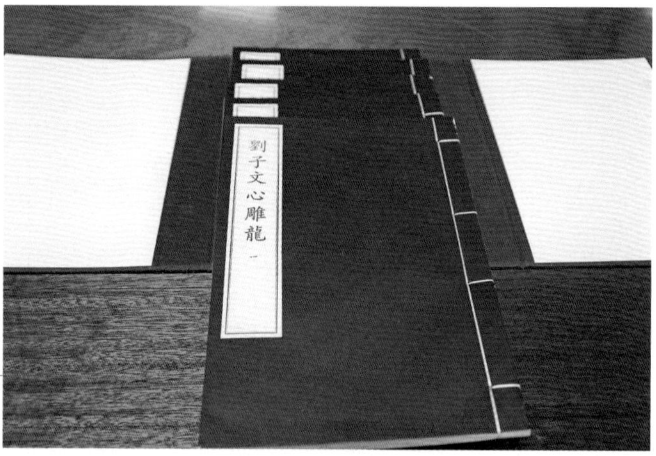

⊙3

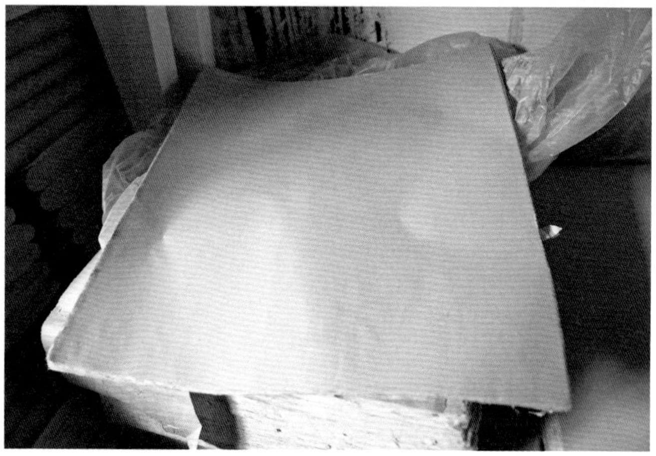

⊙4

⊙1 古籍印刷纸 Paper for printing ancient books

⊙2 瓷青纸 Thin-cyan paper

⊙3 使用瓷青纸为封面的新印线装书 Newly made thread-bound edition using thin-cyan paper as cover

⊙4 小元书 Small-sized Yuanshu paper

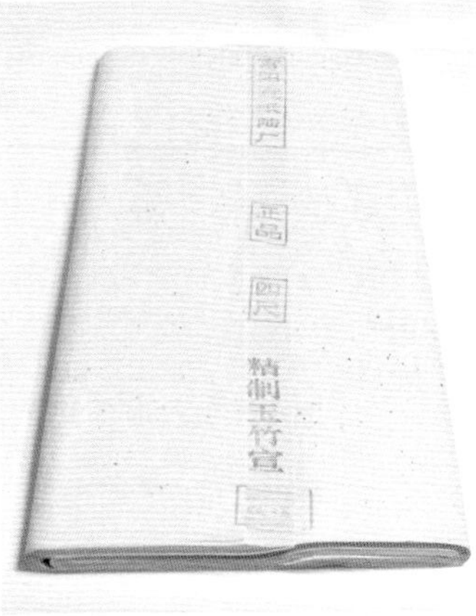

⊙5

出的纸张书写效果着墨不透、不拖笔，因此非常适合书写楷书或绘制需要笔描的传统山水画。

(二) 宣纸陆厂代表纸品性能分析

1.宣纸陆厂玉竹宣的性能分析

测试小组对采样自宣纸陆厂的玉竹宣所做的性能分析，主要包括定量、厚度、紧度、抗张力、抗张强度、撕裂度、湿强度、白度、耐老化度下降、尘埃度、吸水性、伸缩性、纤维长度和纤维宽度等。按相应要求，每一指标都重复测量若干次后求平均值，其中定量抽取5个样本进行测试，厚度抽取10个样本进行测试，抗张力抽取20个样本进行测试，撕裂度抽取10个样本进行测试，湿强度抽取20个样本进行测试，白度抽取10个样本进行测试，耐老化度下降抽取10个样本进行测试，尘埃度抽取4个样本进行测试，吸水性抽取10个样本进行测试，伸缩性抽取4个样本进行测试，纤维长度测试了200根纤维，纤维宽度测试了300根纤维。对宣纸陆厂玉竹宣进行测试分析所得到的相关性能参数如表9.11所示，表中列出了各参数的最大值、最小值及测量若干次所得到的平均值或者计算结果。

表9.11 宣纸陆厂玉竹宣相关性能参数
Table 9.11 Performance parameters of Yuzhu Xuan paper in Xuan Paper Lu Factory

指标		单位	最大值	最小值	平均值	结果
定量		g/m²				22.3
厚度		mm	0.066	0.051	0.058	0.058
紧度		g/cm³				0.384
抗张力	纵向	N	18.4	14.9	16.1	16.1
	横向	N	10.9	7.7	9.0	9.0
抗张强度		kN/m				0.840
撕裂度	纵向	mN	242.8	207.9	226.1	226.1
	横向	mN	180.5	142.6	160.2	160.2
撕裂指数		MN·m²/g				8.7
湿强度	纵向	mN	569	461	490	490
	横向	mN	329	258	294	294
白度		%	34.8	34.1	34.4	34.4
耐老化度下降		%	31.3	29.9	30.7	3.7
尘埃度	黑点	个/m²				56
	黄茎	个/m²				20
	双浆团	个/m²				0

⊙5 网店销售的玉竹宣
Yuzhu Xuan paper sold in the online store

续表

指标		单位	最大值	最小值	平均值	结果
吸水性	纵向	mm	19	16	17	11
	横向	mm	17	14	15	2
伸缩性	浸湿	%				0.50
	风干	%				0.50
纤维	长度	mm	2.0	0.1	0.7	0.7
	宽度	μm	39.0	0.4	8.5	8.5

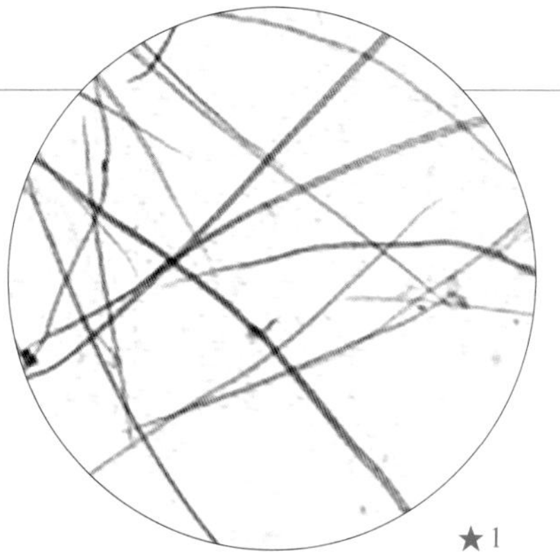

★1

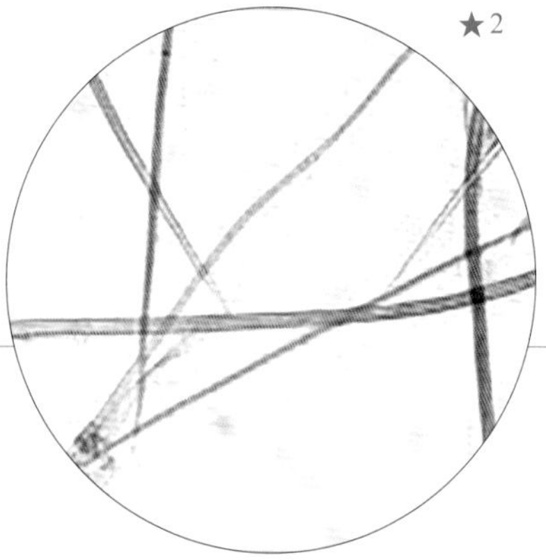

★2

⊙1

性能分析

由表9.11可知，所测宣纸陆厂玉竹宣的平均定量为22.3 g/m²。宣纸陆厂玉竹宣最厚约是最薄的1.294倍，经计算，其相对标准偏差为0.082，纸张厚薄较为一致。通过计算可知，宣纸陆厂玉竹宣紧度为0.384 g/cm³。抗张强度为0.840 kN/m。所测宣纸陆厂玉竹宣撕裂指数为8.7 mN·m²/g。湿强度纵横平均值为392 mN，湿强度较小。

所测宣纸陆厂玉竹宣平均白度为34.4%。白度最大值是最小值的1.020倍，相对标准偏差为0.008，白度差异相对较小。经过耐老化测试后，耐老化度下降3.7%。

所测宣纸陆厂玉竹宣尘埃度指标中黑点为56个/m²，黄茎为20个/m²，双浆团为0。吸水性纵横平均值为11 mm，纵横差为2 mm。伸缩性指标中浸湿后伸缩差为0.50 %，风干后伸缩差为0.50 %。说明宣纸陆厂玉竹宣伸缩差异不大。

宣纸陆厂玉竹宣在10倍和20倍物镜下观测的纤维形态分别如图★1、图★2所示。所测宣纸陆厂玉竹宣纤维长度：最长2.0 mm，最短0.1 mm，平均长度为0.7 mm；纤维宽度：最宽39.0 μm，最窄0.4 μm，平均宽度为8.5 μm。

★1 宣纸陆厂玉竹宣纤维形态图（10×）
Fibers of Yuzhu Xuan paper in Xuan Paper Lu Factory (10× objective)

★2 宣纸陆厂玉竹宣纤维形态图（20×）
Fibers of Yuzhu Xuan paper in Xuan Paper Lu Factory (20× objective)

⊙1 宣纸陆厂玉竹宣润墨性效果
Writing performance of Yuzhu Xuan paper in Xuan Paper Lu Factory

2.宣纸陆厂古籍印刷纸的性能分析

测试小组对采样自宣纸陆厂的古籍印刷纸所做的性能分析，主要包括定量、厚度、紧度、抗张力、抗张强度、撕裂度、撕裂指数、湿强度、白度、耐老化度下降、尘埃度、吸水性、伸缩性、纤维长度和纤维宽度等。按相应要求，每一指标都重复测量若干次后求平均值，其中定量抽取5个样本进行测试，厚度抽取10个样本进行测试，抗张力抽取20个样本进行测试，撕裂度抽取10个样本进行测试，湿强度抽取20个样本进行测试，白度抽取10个样本进行测试，耐老化度下降抽取10个样本进行测试，尘埃度抽取4个样本进行测试，吸水性抽取10个样本进行测试，伸缩性抽取4个样本进行测试，纤维长度测试了200根纤维，纤维宽度测试了300根纤维。对宣纸陆厂古籍印刷纸进行测试分析所得到的相关性能参数如表9.12所示，表中列出了各参数的最大值、最小值及测量若干次所得到的平均值或者计算结果。

表9.12　宣纸陆厂古籍印刷纸相关性能参数
Table 9.12　Performance parameters of paper for printing ancient books in Xuan Paper Lu Factory

指标		单位	最大值	最小值	平均值	结果
定量		g/m^2				23.9
厚度		mm	0.075	0.066	0.070	0.070
紧度		g/cm^3				0.341
抗张力	纵向	N	19.1	15.4	17.7	17.7
	横向	N	11.8	9.0	10.1	10.1
抗张强度		kN/m				0.927
撕裂度	纵向	mN	310.6	252.0	291.7	291.7
	横向	mN	247.4	189.8	213.5	213.5
撕裂指数		$mN\cdot m^2/g$				10.6
湿强度	纵向	mN	589	471	523	523
	横向	mN	380	263	318	318
白度		%	71.1	70.6	70.9	70.9
耐老化度下降		%	69.11	68.07	68.8	2.1
尘埃度	黑点	个/m^2				28
	黄茎	个/m^2				12
	双浆团	个/m^2				0
吸水性	纵向	mm	25	20	23	15
	横向	mm	19	15	17	6
伸缩性	浸湿	%				0.50
	风干	%				0.50
纤维	长度	mm	3.2	0.3	1.2	1.2
	宽度	μm	35.8	3.8	13.2	13.2

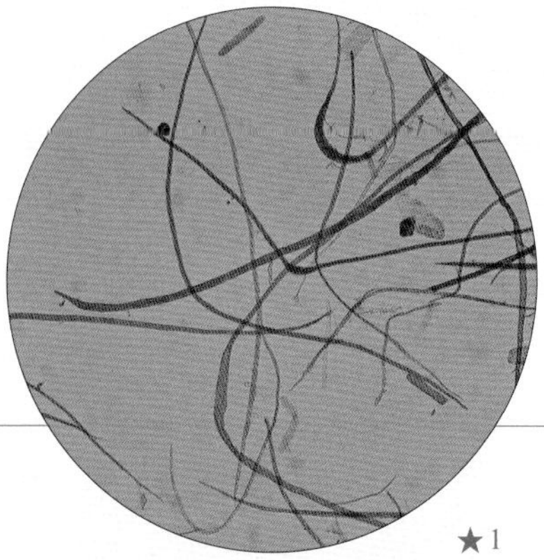

★1

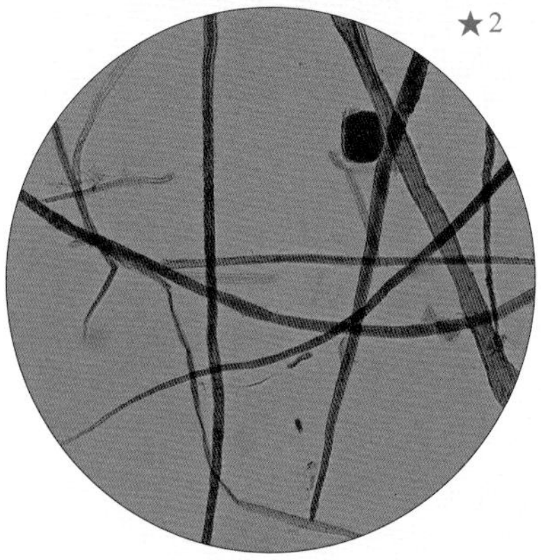

★2

⊙1

性能分析

由表9.12可知，所测宣纸陆厂古籍印刷纸的平均定量为23.9 g/m^2。宣纸陆厂古籍印刷纸最厚约是最薄的1.136倍，经计算，其相对标准偏差为0.044，纸张厚薄较为一致。通过计算可知，宣纸陆厂古籍印刷纸紧度为0.341 g/cm^3。抗张强度为0.927 kN/m。所测宣纸陆厂古籍印刷纸撕裂指数为10.6 mN·m^2/g。湿强度纵横平均值为420 mN，湿强度较小。

所测宣纸陆厂古籍印刷纸平均白度为70.9%，白度较高。白度最大值是最小值的1.007倍，相对标准偏差为0.002，白度差异相对较小。经过耐老化测试后，耐老化度下降2.1%。

所测宣纸陆厂古籍印刷纸尘埃度指标中黑点为28个/m^2，黄茎为12个/m^2，双浆团为0。吸水性纵横平均值为15 mm，纵横差为6 mm。伸缩性指标中浸湿后伸缩差为0.50 %，风干后伸缩差为0.50 %。说明宣纸陆厂古籍印刷纸伸缩差异不大。

宣纸陆厂古籍印刷纸在10倍和20倍物镜下观测的纤维形态分别如图★1、图★2所示。所测宣纸陆厂古籍印刷纸纤维长度：最长3.2 mm，最短0.3 mm，平均长度为1.2 mm；纤维宽度：最宽35.8 μm，最窄3.8 μm，平均宽度为13.2 μm。

★1 宣纸陆厂古籍印刷纸纤维形态图（10×）
Fibers of paper for printing ancient books in Xuan Paper Lu Factory (10× objective)

★2 宣纸陆厂古籍印刷纸纤维形态图（20×）
Fibers of paper for printing ancient books in Xuan Paper Lu Factory (20× objective)

⊙1 宣纸陆厂古籍印刷纸润墨性效果
Writing performance of paper for printing ancient books in Xuan Paper Lu Factory

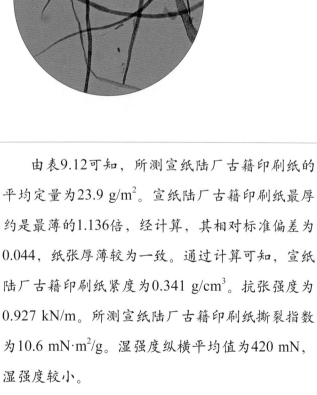

四 杭州富阳宣纸陆厂的生产原料、工艺与设备

4
Raw Materials, Papermaking Techniques and Tools of Hangzhou Fuyang Xuan Paper Lu Factory

（一）宣纸陆厂的生产原料

1. 古籍印刷纸主料一：竹浆

古籍印刷纸使用的竹浆分为两种，一种为直接在市面上购买的竹浆板，一种为小满前3天砍伐下来的嫩毛竹加工而成的竹浆。其中竹浆板从四川省乐山市犍为县孝姑镇永平村的竹浆板厂购买，2016年8月购买价4 600元/吨，通常下单后由厂家用货车运过来，一车大约可以供宣纸陆厂用3个多月。嫩毛竹加工的竹浆在2016年之前由喻仁水组织工人砍伐新鲜嫩毛竹制成，之后因加工和人力等因素，改从富阳其他厂家购买已加工蒸煮好的竹段，购回后研磨打浆即可投入生产，2015～2016年购买价为每吨4 000多元。

2. 古籍印刷纸主料二：龙须草

由于富阳当地不大量种植龙须草，因此需要从外地购买。龙须草料加工成浆板的过程中污染较为严重，考虑到环保成本和经济成本，富阳宣纸陆厂直接从外地购买经过蒸煮、漂白后的浆板成品。龙须草浆板主要从江西萍乡购买，2015年龙须草浆板价格为每吨1万多元。

3. 玉竹宣主料一：竹浆

用于制造玉竹宣的竹料采用富阳当地小满前后3天的嫩毛竹，由喻仁水组织当地工人上山砍伐后，经过削青等数道工序制成竹浆。砍伐的毛竹制成竹浆后也可用于生产其他纸品，因此砍伐量较多，通常每年开采毛竹10 000 kg左右。

4. 玉竹宣主料二：山桠皮

宣纸陆厂所用的山桠皮料产自安徽，主要从富阳当地经销商处购买，下单后经销商将加工好的山桠皮料送上门，经过研磨打浆后即可投入使

⊙2

⊙3

⊙4

⊙2/3 竹浆板 Bamboo pulp board

⊙4 龙须草浆板 *Eulaliopsis binata* pulp board

用。山桠皮料规格为37.5 kg/袋，通常一次会购买近20袋。2019年回访时，山桠皮购买价格约为40元/kg。

5. 辅料一：聚丙烯酰胺

聚丙烯酰胺（简称PAM），呈白色颗粒状，是水溶性高分子聚合物，造纸中主要用于替代传统的植物纸药，起到使纸浆纤维在水中悬浮及均匀分散纤维的作用。据喻长仙介绍：宣纸陆厂采用的聚丙烯酰胺系从富阳当地的供应商处采购，购买的是日本产分散剂，2016年的价格是35元/kg。分散剂配比约为1 000 kg水加入1 kg聚丙烯酰胺，具体用量依据造纸经验而定。

6. 辅料二：水

宣纸陆厂造纸所用的水为山泉水，经实地测试，该山泉水pH在5.5～6.0之间，偏酸性。

⊙1

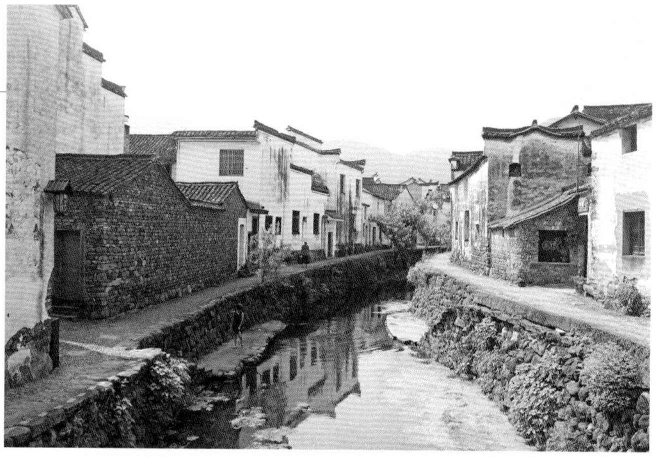

⊙2

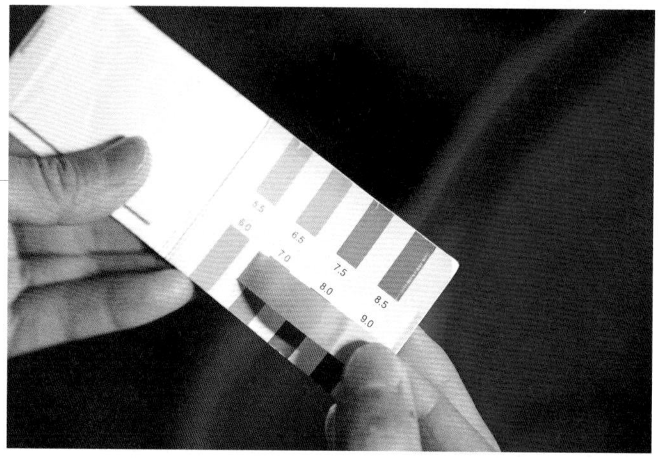

⊙3

⊙1 聚丙烯酰胺 Polyacrylamide

⊙2/3 纸厂所用水源与酸碱度测试 Water source and pH test

（二）宣纸陆厂古籍印刷纸的生产工艺流程

据喻仁水及喻长仙的介绍，综合调查组2016年8月1日、2016年8月20日、2016年10月4日和2019年1月26日在宣纸陆厂的实地考察，归纳其古籍印刷纸的生产工艺流程如下：

壹	贰	叁	肆	伍	陆	柒	捌	玖	拾
挑选	浸泡	石磨磨碎	打浆	配浆	抄纸	压榨	晒纸	剪纸	包装

⊙4

⊙5

⊙6

⊙7

⊙8

壹 挑选

1 ⊙4～⊙8

挑选主要针对从别的厂家购买的已蒸煮过的嫩毛竹料。工序要点：先用手将已经压成块状的竹料搓开，搓成一丝丝后，再一根根挑选剔除杂质，挑选过的竹丝放在筐子里，积累了一定数量后左右抖动筐子，把沙土粒等杂质抖出来。

⊙4/8 挑选嫩竹加工料工序
Procedures of selecting the bamboo materials

贰

浸泡

2 ⊙9

浸泡主要针对买来的浆板。首先根据生产品种需要将龙须草浆板、竹浆板进行浸泡，一般用溪水分开浸泡12小时以上，使浆板充分吸收水分和软化，以便于打浆。同时，在浸泡过程中要挑选出杂质和不合格浆板中掺杂的其他物品。最后对浸泡过的浆板进行清洗，去除其中的杂质。

叁

石磨磨碎

3 ⊙10⊙11

将浸泡清洗好的龙须草浆板、竹浆板堆放一段时间，让其中的水分自然沥干，然后将挑选好的竹丝、竹浆板、龙须草浆板用石磨分开各自磨约30分钟。

肆

打浆

4 ⊙12～⊙14

用泵将石磨磨好的浆分开搅拌，其中龙须草浆需搅拌约60分钟，竹浆需搅拌10分钟，然后分别滤干。

⊙12

⊙9

⊙10

⊙13

⊙14

⊙11

⊙9 浸泡龙须草浆板 Soaking *Eulaliopsis binata* pulp board

⊙10/11 石磨磨碎原料 Grinding the raw materials with a stone roller

⊙12 待打的嫩竹浆 Tender bamboo pulp waited to be beaten

⊙13 浆料流入口 Pulp inlet

⊙14 已打好的浆料 Beaten pulp materials

伍 配 浆

5 ⊙15

根据古籍印刷纸的要求配比，采用55%的龙须草浆和45%的竹浆，混合搅拌。

⊙15

陆 抄 纸

6 ⊙16～⊙19

第一步，抄纸前先加入一定量的分散剂。第二步，将和单槽棍从自己身前向外按顺时针方向椭圆状推开，此时一定要匀速，和到纸槽中心成旋涡状即可。第三步，抄纸工拿着纸帘，从上到下倾斜20°左右下到槽内，再缓慢向身前方向提上来，出水面时纸帘朝前倾斜，将多余的纸浆匀出。第四步，将纸帘从帘架上抬起，把抄好的湿纸放在旁边纸架板上的纸帖上，这样一张湿纸就完成了。调查组现场访问抄纸师傅得知：一般要求四尺古籍印刷纸一个工人每天捞12～15刀，抄纸工人捞一刀纸可得16元。

⊙16

⊙17

⊙18

⊙19

⊙15 混合浆料 Mixing pulp materials

⊙16 纸药缸 Papermaking mucilage vat

⊙17/19 抄纸出水与放帘 Lifting the papermaking screen out of water and turning it upside down on the board

柒 压榨

7

⊙20⊙21

每天师傅捞完纸，下班时会将捞好的湿纸帖或湿纸垛放在一边让其自然沥干，下班后榨纸工人会将纸帖放在千斤顶上压榨。一般1口槽1天3块帖。压榨时力度从小到大缓慢增加，直到手挤挤不出水时，压榨完成，整个过程一般需要4～5小时。

捌 晒纸

8

⊙22～⊙27

第一步，用鹅榔头在压干的纸帖四边划一下，让纸松散开。第二步，捏住纸的右上角捻一下，这样右上角的纸就翘起来了，再用嘴巴吹一下，粘在一起的纸角就分开了。第三步，晒纸工人用手沿着纸的右上角将纸帖中的纸揭下来，然后贴上铁焙，一边贴一边刷，使纸表面平整。这时铁焙中的水已经烧到100 ℃的了。铁焙中的水每年换一次，一般是过年换。然后下一张重复前述动作。贴满整个铁焙后，从开始晒纸处将已经蒸发干的纸取下来。该工序中，一个人晒纸，一个人收纸，分工明确。

⊙20

⊙21

⊙22

⊙23

⊙24

⊙25

⊙26

⊙27

⊙20 / 21
千斤顶压榨
Pressing the paper with a lifting jack

⊙22
加热焙墙
Drying wall

⊙23 / 27
晒纸重要环节动作示意
Major procedures of drying the paper

玖

剪　　纸

9　　⊙28～⊙31

对晒好的纸进行检验，挑选出合格的纸，不合格的纸留待回笼打浆；然后将合格的纸整理好，数好数，根据客户要求的规格在裁纸机上裁剪。以前用刀裁不齐，所以宣纸陆厂2014年买了裁纸机，一般1 000张裁剪一次。

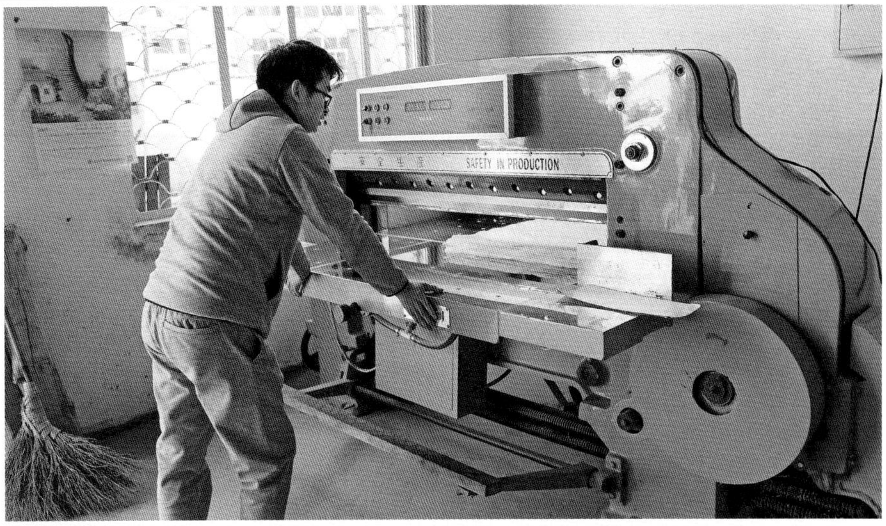

⊙31

⊙28

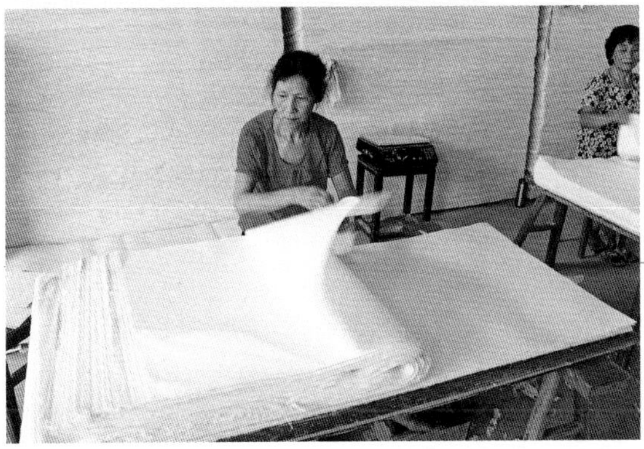
⊙29

⊙30

拾

包　　装

10　　⊙32

将裁剪好的纸按照小五尺6 000张/包、四尺4 000张/包、纸箱1 000张/箱包装好，包装完毕后运入贮纸仓库。

⊙32

⊙28/30 检验
Checking the paper

⊙31 裁纸机裁纸
Cutting the paper with a paper cutting machine

⊙32 包装好的成品纸
Final product of packed paper

（三）宣纸陆厂古籍印刷纸的主要制作工具

壹
抄纸槽
1

调查时为水泥浇筑。实测宣纸陆厂所用的四尺抄纸槽尺寸为：外槽长283 cm，宽214 cm，高88 cm；内槽长280 cm，宽210 cm，高88 cm。

⊙1

贰
纸　帘
2

用于抄纸的工具，苦竹丝编织而成，表面光滑平整，帘纹细而密集。实测宣纸陆厂所用的四尺纸帘尺寸为：长143 cm，宽75 cm。纸帘系从大源镇帘厂以600元/张的价格购买，一般可使用1年左右。

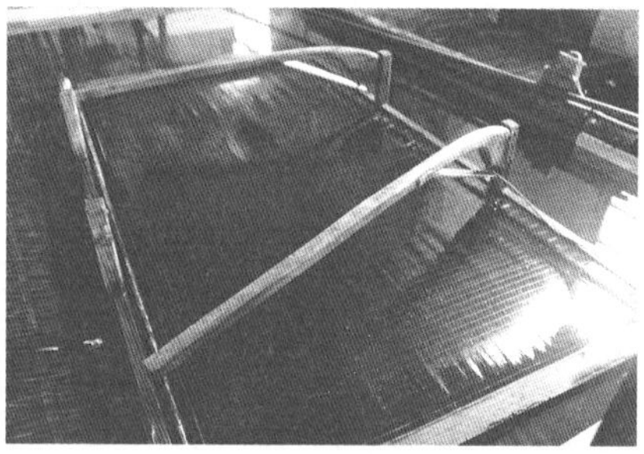

⊙2

叁
帘　架
3

支撑纸帘的托架，硬木制作。实测宣纸陆厂所用的四尺帘架尺寸为：长168 cm，宽53 cm，高4 cm。宣纸陆厂使用的帘架是从本地请木工师傅以480元/只的价格制作的，使用时长一般为2年。

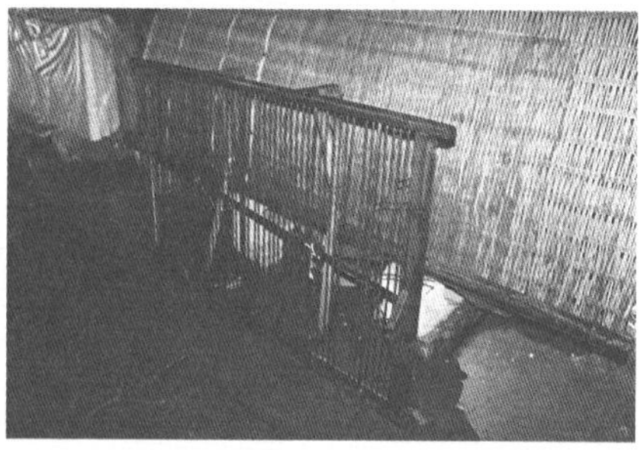

⊙3

肆
帘　滤
4

在抄纸槽中滤浆用的帘子，竹子所编。实测宣纸陆厂所用的帘滤尺寸为：长130 cm，宽64 cm。

⊙4

伍
鹅榔头
5

牵纸前打松纸帖的工具，杉木制作。实测宣纸陆厂所用的鹅榔头尺寸为：长21 cm，直径2 cm。

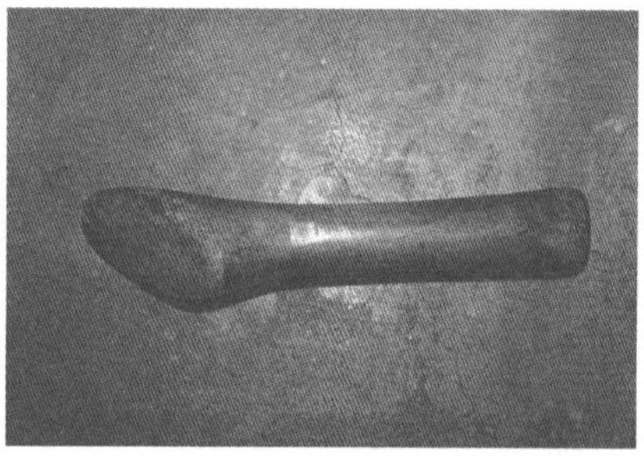

⊙5

陆
松毛刷
6

晒纸时将纸刷上铁焙的刷子，刷柄为木制，刷毛为松毛。实测宣纸陆厂所用的松毛刷尺寸为：长44 cm，宽13 cm。松毛刷多从富阳区的湖源乡购买，购买价格约65元，一般可使用3～4个月。

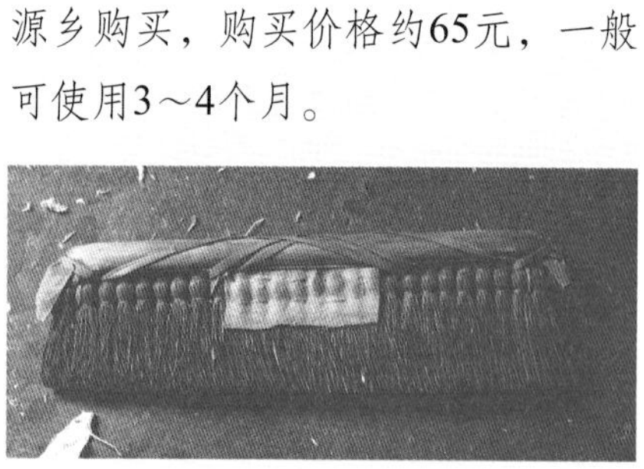

⊙6

⊙1 抄纸槽 Papermaking trough
⊙2 纸帘 Papermaking screen
⊙3 帘架 Frame for supporting the papermaking screen
⊙4 帘滤 Screen for filtrating the pulp
⊙5 鹅榔头 Tool for separating the paper
⊙6 松毛刷 Brush made of pine needles

柒
石磨
7

用于研磨龙须草浆板、竹浆板等造纸原料的工具，分为磨和石台两部分。实测宣纸陆厂所用石磨尺寸为：石台直径140 cm，高50 cm；磨直径97 cm，厚40 cm。石磨为宣纸陆厂建立初期，在本地请工人所做，制作成本约1万元左右。

⊙7

工具设备

第九章
Chapter IX

富阳区元书纸
Yuanshu Paper in Fuyang District

第五节
Section 5

杭州富阳宣纸陆厂

五
杭州富阳宣纸陆厂的市场经营状况

5

Marketing Status of Hangzhou
Fuyang Xuan Paper Lu Factory

据厂里负责销售的经理程华农介绍：2015年宣纸陆厂年产量8万刀，销售额约800万元，产品主要去处是境外销往韩国、台湾，境内销往江苏扬州，河北和浙江杭州、萧山等地。韩国加台湾一年销售额为70万~80万元，其他均为大陆销售额。在20世纪90年代，宣纸陆厂的产品曾经高达70%销往韩国，1997年做古籍印刷纸后转做内地市场，2010年开始受到韩国本土印刷纸的冲击，2012年后停止出口韩国。2014年开设淘宝店——玉竹轩小铺，2015年在东家网开设网店。2016年10月调查时，宣纸陆厂四尺古籍印刷纸市场价为200元/刀。2019年回访时，宣纸陆厂全年出口贸易额约占总贸易额的5%，外销进一步下降，国内主销售市场的地位更加明显。

除古籍印刷纸，宣纸陆厂每年销售的代表纸品还有瓷青纸、元书纸、原料使用竹青的翠竹宣与使用山桠皮料的玉竹宣等纸品。2019年1月回访时据喻茂刚介绍：用作古籍封面的瓷青纸分为四尺和小五尺两种规格，两种纸的售价分别是10元/张与12元/张，主要销往浙江、江苏、河北、北京等地的印刷厂。宣纸陆厂销售的元书纸以260元/刀的价格销往江苏、浙江等地的零售市场，主要用于书画用途。翠竹宣是宣纸陆厂2018年下半年研发的新产品，使用半机械化的研磨机，将以往不使用的毛竹青皮作为造纸原料，以50%毛竹皮+50%龙须草浆制成，销售价格为260元/刀，同元书纸一样销往零售市场用于写行书、楷书等书法或绘制山水画。作为书画用纸的玉竹宣，销售价格约为800元/刀，主要面向零售市场。宣纸陆厂销售的纸品种类丰富，但古籍印刷纸是其主营业务，销售额占总销售额的90%以上。

宣纸陆厂的线上销售渠道由喻仁水的长子喻茂刚负责。毕业于温州大学国际贸易专业的喻茂刚曾在杭州从事进出口工作，因看到父母年纪渐长，经营纸坊越来越吃力，而且儿时捉迷藏都是在造纸厂里，纸厂承载了他许多回忆，因此辞职接手父亲一直从事的造纸业。宣纸陆厂2014年已开设淘宝网店，2016年喻茂刚正式接手线上销售后，拓展了竹兰里、集珍坊等网络销售渠道。谈及线上渠道，喻茂刚表示开设线下店铺等传统销售形式，因店面房租、水电、员工等各方面的成本支出有很大压力，投入与产出亦不成正比，不如使用互联网交易更为灵活。

主要的线上渠道有东家、竹兰里、淘宝等。东家网是一款主打东方精致品味的垂直类消费平台，商品种类涵盖文玩、服装、首饰等多个领域。东家既有卖主的含义，其名称也包含了汇聚万千东方手艺匠人，传递东方生活的理念。宣纸陆厂在东家网的店铺名为“元书-纸”，销售纸品20余种，年均销售额可达10万元。喻茂刚表示淘宝店目前不是线上销售的重点，淘宝不同于东家等垂直类平台，消费者更为分散，难以聚合目标消费者，因此淘宝店的客户主要以流动客户为主，年均销售额在5万元左右。此外竹兰里、集珍坊等主打文玩古物的销售平台，年均销售额稳定在10万元左右。总体来看，垂直类平台的销售更具优势。虽然线上渠道产出的销售额远不及线下销售额，在总销售额中的占比不足10%，但喻茂刚相信，未来线上渠道还会有很大的发展空间。

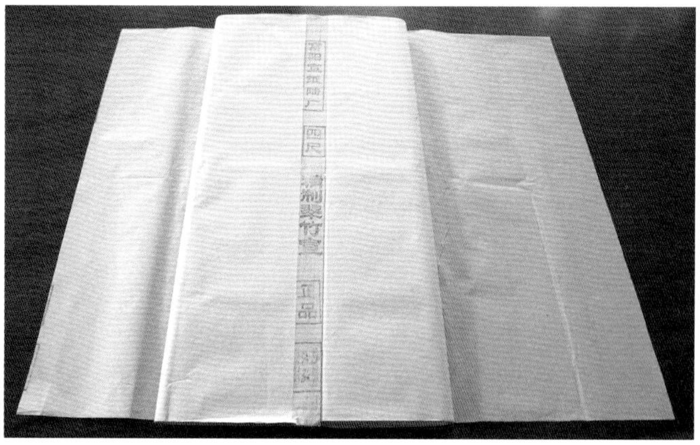

⊙1

⊙1
翠竹宣
Cuizhu Xuan paper

六 杭州富阳宣纸陆厂的品牌文化与故事

6 Brand Culture and Stories of Hangzhou Fuyang Xuan Paper Lu Factory

（一）元书纸的研发与传承

据喻仁水介绍，元书纸相较于普通的竹浆纸色泽更光洁，纸质也明显更加细腻。宣纸陆厂生产的元书纸以当年小满前后的嫩毛竹为原料，经过拷白、制浆、抄纸等大小72道工序，由具有多年造纸经验的老匠人手工捞制而成。各级别的元书纸对于水质与原材料的处理都有极严苛的要求，因此元书纸的制作技艺在2006年被列入第一批国家级非遗名录，富阳也有了“竹纸之乡”的美誉。

富阳当地流传着“京都状元富阳纸，十件元书考进士”这样一句推崇元书纸的俗语。据喻仁水回忆，祖辈们生产的一级元书纸当时在生产大队是统购统销，属于畅销品。这种一级元书看上去非常白，但这种白并非是使用化学试剂漂白的效果，而是竹肉本身色泽凸显的白，很有质感。用于书写或绘画，都能很好掌握墨韵的流动，墨与水不会轻易渗透。喻仁水表示元书纸传承至今已有千年历史，一定不能在自己这代人手中断掉。

2014年喻仁水开始着手恢复元书纸，2015年成功复原了二级元书纸。谈及未来对元书纸复原的想法，喻仁水希望能在2019年将自家元书纸的级别再提高一级。复原的过程中有许多难处，想要复原祖辈们曾做出的一级元书，甚至是特级元书，很多工序要反复摸索才能确定。例如，在削竹环节，削竹的力度需要不断摸索，力度过大会削去需要用的纤维，力度小了，竹料在浸泡清洗后会残留竹皮，难以清洗和处理。因气候时节因素，砍竹工序也不同于过去，以一级元书为例，一级元书所需的原料最好还有一半是竹笋的状态，以往喻仁水的父辈们会在小满前3天上山砍竹，但现在小满前3天砍伐的竹料已达不到一级元书的生产要求。以上的经验都是喻仁水在复原过程中不断摸索实验出来的。

（二）纸农同书法名家结缘

宣纸陆厂的纸品因纸张洁白、质地细腻、润墨效果佳等特点，常用于行书、楷书、草书的书写，深受书法家们的喜爱。宣纸陆厂成立后，书法家市场一直是其线下的主要销售渠道之一，过硬的质量帮助宣纸陆厂在书法圈建立了良好口碑，每年都有多位长期合作的书法家登门购纸、题字，如中国书法家协会会员、富阳知名书法家羊晓君，中国硬笔书法家协会会员童银舫，中国书法家协会评审学术委员会主任、西泠印社副社长朱关田等。

据喻仁水回忆，曾任浙江省书协主席、中国书协副主席的朱关田先生，在使用过宣纸陆厂的纸品后，赞叹纸质优良时也萌生了参观造纸产地的想法。2015年下半年，朱关田在参观宣纸陆厂造纸各道工序，同喻仁水交流纸品研发与复原工作后，感其坚持不懈、保持初心的精神，欣然题字“农”赠予宣纸陆厂，赞叹纸厂员工如农人一样兢兢业业、脚踏实地。

⊙1

⊙2

⊙3

⊙1
喻仁水家中父辈制作的一级元书纸
First-class Yuanshu paper made by Yu Renshui's elder generation

⊙2
2019年再访喻仁水（右）
Interviewing Yu Renshui again in 2019 (right)

⊙3
朱关田题字作品《农》
"Farming" written by Zhu Guantian

七
杭州富阳宣纸陆厂的业态传承现状与发展思考

7
Current Status and Development of Hangzhou Fuyang Xuan Paper Lu Factory

（一）宣纸陆厂业态传承现状

1. 家族传承已经起步

杭州富阳宣纸陆厂作为杭州市富阳区非物质文化遗产传承基地，在富阳的竹纸大类中以批量生产古籍印刷纸见长。在2016年的多次访谈中，喻仁水及喻长仙都表示，目前企业人员配比为1口槽需要2个晒纸工、2个杂工、1个抄纸工，工人数量多，逢1休息（每月的1号、11号、21号为休息日），劳动强度大、工人平均年龄在40岁以上、工作环境恶劣都是影响企业发展的重要问题。谈及未来发展，喻仁水和程华农都表示恢复古法元书纸是企业未来发展的目标，但如何在现在的生活和工艺中恢复和发展古法元书纸是值得思考和探索的问题。

调查组2019年1月回访时，宣纸陆厂已在2018年成功复原二级元书纸，2019年纸厂目标是将元书纸的级别再提高一级。访谈中，喻仁水表示富阳元书纸的市场销售行情普遍不太乐观，他希望能在激烈的市场竞争中以质量取胜，做出别人无法做的纸。因此2018年有大半年的时间，喻仁水都在生产第一线进行纸品研发和元书纸复原工作，并希望将来由自己的长子喻茂刚继承纸厂。2018年10月左右，喻仁水与喻茂刚签订了富阳区非物质文化遗产师徒传承协议，2019年喻仁水将正式教授喻茂刚造纸的一系列工序，此后喻茂刚将不仅只从事宣纸陆厂的线上销售工作，同时也会接触学习纸厂造纸的前端工序。同年富阳区共签订了3份手工造纸相关的非遗师徒传承协定，另两份分别是大源镇朱家门村的朱中华与其儿子朱起扬、灵桥镇蔡家坞村的蔡玉华与其女婿赵小龙。

2. 技工换代依然没有着落

纸厂有人传承，造纸匠人的匮乏则依然是宣纸陆厂未来发展的一大难题。回访时通过喻仁水了解到，目前纸厂在职员工近60人，平均年龄在

50岁左右，生产一线的抄纸工人年龄普遍较大，年龄最大的已有65岁。这些工人拥有丰富的造纸经验，但随着年龄增长，对于抄纸这种高强度的工作逐渐力不从心。纸厂近两年纸品年产量仅4万～5万刀，远不及2016年8万刀的产量，工人年龄老化、工作能力下降是导致纸厂纸品产量下降的重要原因之一。谈及未来纸厂员工更迭，喻仁水与喻长仙表示目前纸厂员工流动性不大，但已有很多年没有招到新员工，经验丰富的造纸师傅更是难得。

（二）宣纸陆厂发展思考

1. 环保方面的积极举措

宣纸陆厂在注重纸品研发与复原的同时，对环保工作也一直保持着重点关注。喻仁水介绍，纸厂在许多造纸工序上都进行了改革，以尽可能减少污染。富阳环保卫生局的工作人员通常一年至少会到访两次，交流纸厂环保工作经验。自2016年开始，纸厂舍弃之前焚烧木质材料加热锅炉的方法，改用自江西引进的技术，使用焚烧后不会造成大气污染的生物颗粒，以焚烧这种燃料后产生的蒸汽加热锅炉。2019年1月回访时，喻仁水向调查组成员展示了纸厂2019年即将启动的生产废水处理工程设计书，将通过加强纸厂排水渠道等基础设施建设，重点处理生产废水。

2. 产品拓展与战略方面

谈及未来的发展，在产品开发方面，喻茂刚表示自家产品计划向“小而美”的方向发展，“小而美”指的是以有限的资源最大限度地进行生产，重点关注高档手工纸。这一点与其父亲想

⊙1

⊙2

⊙1
师徒传承协议书
Inheritance agreement between master and apprentices

⊙2
杭州市富阳区非物质文化遗产生产性保护基地牌
Plaque of Intangible Cultural Heritage Protection Center in Fuyang District of Hangzhou City

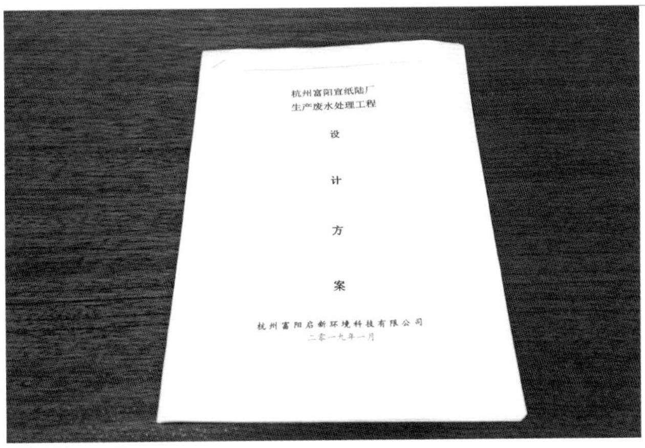

⊙3

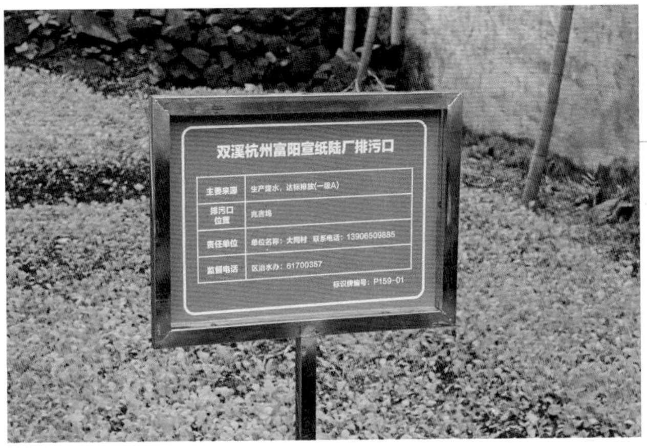

⊙4

⊙5

⊙6

做最好的纸的想法是一致的，因此在宣纸陆厂的四个生产车间中，有一个车间专门用于纸品研发。2019年1月调查组成员回访时，喻仁水正在尝试使用新材料浸泡竹料，并将竹料分为完整竹段与研磨后的竹料同时浸泡，进而对比使用新方法制作纸张的效果。

对于造纸行业的发展，喻茂刚认为转型是大趋势下的必行之道，造纸行业将来会转型为小而精的与体验游或衍生品等类型相结合的行业。宣纸陆厂预计在2019年开发书法造纸研学游与纸工艺品研学游。研学游在手工纸造纸环节有所侧重，计划利用2天左右的时间，打造一个将造纸专业体验与文创或书法绘画相结合的旅游项目，主要针对新一代的都市青年和书法绘画爱好者。但研学游目前面临着接待能力薄弱、无法解决大量参观人员住宿、研学内容较单一等问题，喻茂刚表示在2019年将着手考虑如何攻克这些难题，正式推动宣纸陆厂的研学游。

⊙3
宣纸陆厂生产废水处理工程设计书
Design document of waste water treatment project in Xuan Paper Lu Factory

⊙4
宣纸陆厂的环保标识牌
Environmental protection sign

⊙5
研发车间中浸泡的竹料
Bamboo materials in soaking in the research and development workshop

⊙6
调查组成员与喻仁水（右二）在宣纸陆厂门口合影
Photo of researchers and Yu Renshui (second from the right) at the gate of Xuan Paper Lu Factory

189

玉竹宣

杭州富阳宣纸陆厂

Yuzhu Xuan Paper
of Hangzhou Fuyang Xuan Paper Lu Factory

玉竹宣（竹浆+山桠皮）透光摄影图
A photo of Yuzhu Xuan paper (bamboo pulp+*Edgeworthia chrysantha* Lindl.) seen through the light

杭州富阳宣纸陆厂

古籍印刷纸

Paper for Printing Ancient Books of Hangzhou Fuyang Xuan Paper Lu Factory

古籍印刷纸（龙须草浆+木浆）透光摄影图

A photo of paper for printing ancient books (*Eulaliopsis binata* pulp + wood pulp) seen through the light

瓷青纸

Ciqing Paper
of Hangzhou Fuyang Xuan Paper Lu Factory

瓷青纸（草浆+竹浆）透光摄影图
A photo of Ciqing paper(straw pulp+bamboo pulp) seen through the light

第六节

富阳福阁纸张销售有限公司

浙江省
Zhejiang Province

杭州市
Hangzhou City

富阳区
Fuyang District

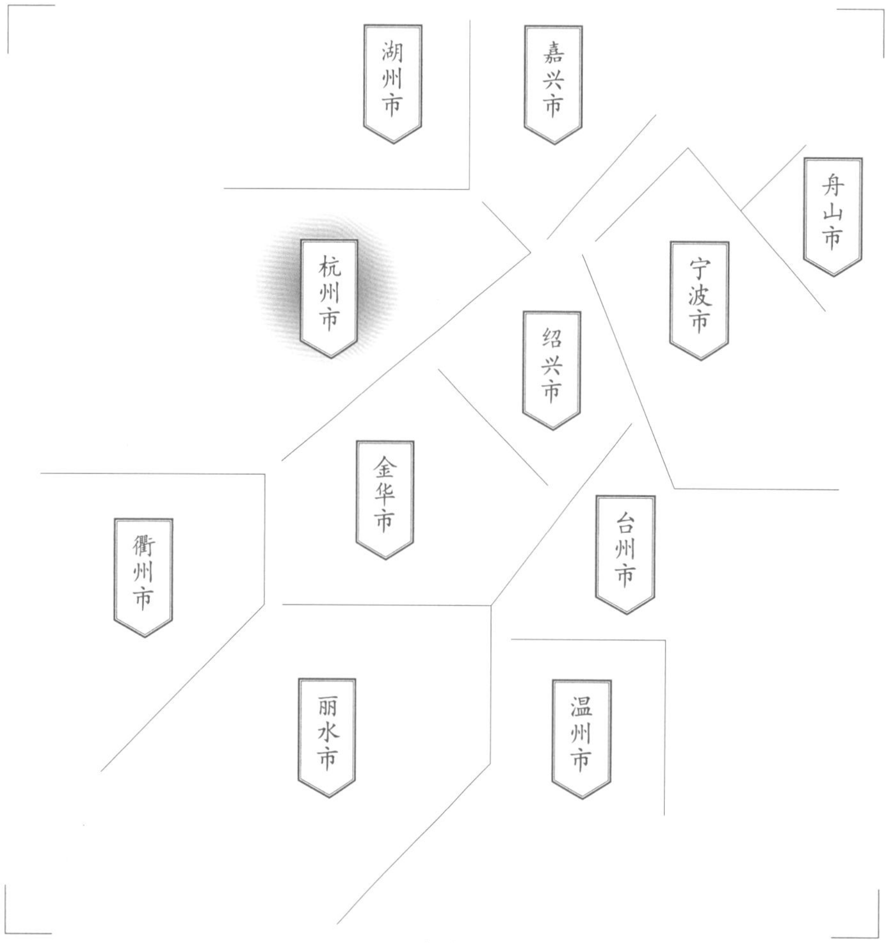

调查对象

富阳区湖源乡新三村
富阳福阁纸张销售有限公司
竹纸

Section 6
Fuyang Fuge Paper Sales Co., Ltd.

Subject

Bamboo Paper in Fuyang Fuge Paper Sales Co., Ltd. in Xinsan Village of Huyuan Town in Fuyang District

一
富阳福阁纸张销售有限公司的基础信息与生产环境

1
Basic Information and Production Environment of Fuyang Fuge Paper Sales Co., Ltd.

富阳福阁纸张销售有限公司（简称福阁纸厂）位于富阳区湖源乡新三村颜家桥自然村，地理坐标为：东经119° 59′ 2″，北纬29° 48′ 47″。正式注册于2008年，2016年调查时的法人代表与主持人均为孙炎富，代表纸品为毛竹元书纸。截至2016年8月14日入厂调查时，福阁纸厂的基础生产信息为：有工人10名，厂房面积500 m^2（不包括原料制作区），除石碾磨料加工区为村集体所有外，其余皆为公司自有，其中含捞纸槽位4个，晒纸壁炉（双面）1座；原料制作区租用当地村民15个料池，3个料池位于湖源乡钟塔村，12个料池位于湖源乡新三村。

新三村位于富阳区湖源乡，由山毛坞口、颜家村、江家村、观音塔、泮家坞、五玉岭和坑口七个自然村在十几年前合并而成，截至2015年12月，村中总户籍数720户，总人口2 237人，村域面积18.04 km^2。2019年3月7日回访时了解到，整个湖源乡的造纸户主要集中在新二村和新三村，新三村中造纸户有50多家，早在1992年县政协就组织了该村的4位造纸人前往日本以中日文化交流的形式传授造纸的技艺。

⊙1

⊙2

⊙1
新三村外盛夏的山岭
Mountains outside Xinsan Village in summer

⊙2
新三村丰富的水资源
Abundant water resource in Xinsan Village

路线图
富阳城区
↓
富阳福阁纸张销售有限公司
Road map from Fuyang District centre to Fuyang Fuge Paper Sales Co., Ltd.

富阳福阁纸张销售有限公司位置示意图

Location map of Fuyang Fuge Paper Sales Co., Ltd.

考察时间
2016年8月/2019年3月

Investigation Date
Aug. 2016/Mar.2019

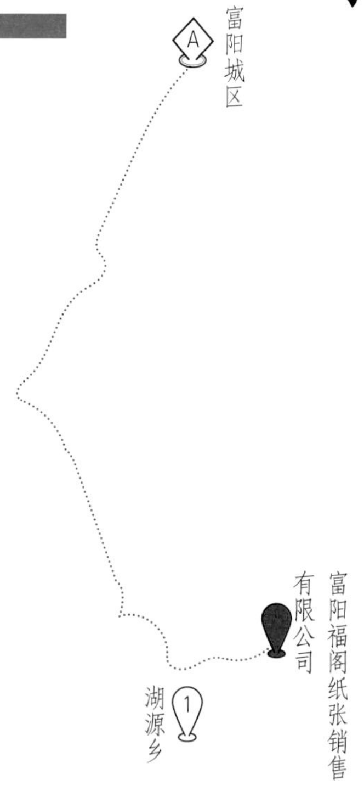

地域名称

A 富阳区
1 湖源乡
2 常安镇
3 洞桥镇
4 新登镇
5 灵桥镇
6 新义乡
7 大源镇

造纸点名称

造纸点
富阳福阁纸张销售有限公司

位置分布

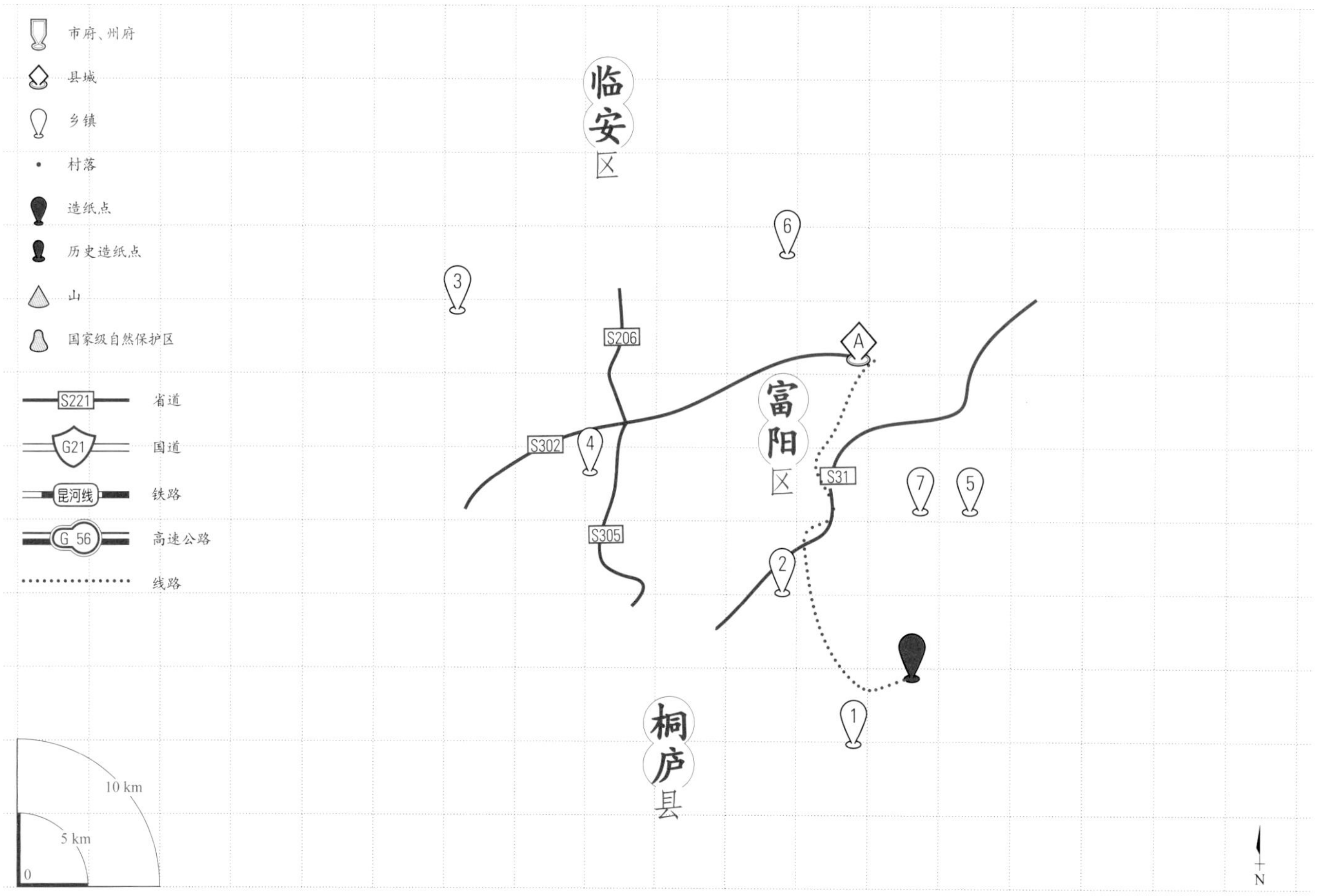

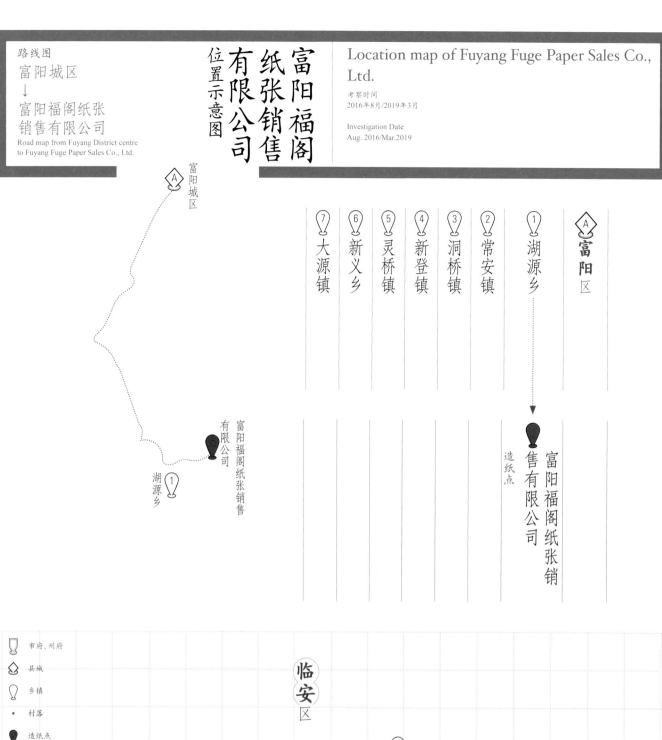

二
富阳福阁纸张销售有限公司的历史与传承

2
History and Inheritance of Fuyang Fuge Paper Sales Co., Ltd.

⊙1

⊙2

⊙1 在纸厂内采访孙炎富（中）
Researchers interviewing Sun Yanfu in the factory (middle)

⊙2 手捧保护基地牌匾的孙炎富
Sun Yanfu holding the plaque of protection base

访谈中聊到造纸传承，孙炎富介绍福阁纸厂主要为家族的传承。孙炎富的说法是：新三村孙氏家族18代都从事手工造纸，如果叙述可靠，那么传承至今已有400～500年历史。但有家谱可循的信史记载只能追溯至孙炎富的曾祖父一代，传至现时的孙炎富已历四代。

有明确记载的第一代是曾祖父孙传根，生于清同治十一年（1872年），新三村人，据《孙氏家谱》记载，其"经营纸业，屡操奇赢"（未找到家谱）。孙传根所制作的纸品也为元书纸，有捞纸槽位2个。

有明确记载的第二代是祖父孙大兴，当时在新三村开设"大兴造纸"纸坊，元书纸在其手中得以升华改造成"超级元书纸"（规格为44 cm × 50 cm、41 cm × 44 cm两种）。《孙氏家谱》介绍，孙大兴生于清光绪二十八年（1902年），其经营的"大兴造纸"生产规模与前一代并无差异，只是将元书纸的原料换成纯竹肉，刮除竹皮，提高了成纸的光滑度和洁净度，同时尝试培育"石竹"品种作为元书纸的生产原料。经过孙大兴改良工艺后生产出的优质元书纸在当时被奉以"超级元书纸"的誉称，一度市场上供不应求。

有明确记载的第三代是父亲孙树胜，生于1941年。据孙炎富介绍，父亲从小跟随其祖父孙传根和父亲孙大兴学习造纸，被人称为"行业中的老师傅"，因其可操作几乎每一道造纸工序，一个人实现"将一根竹子变成一张纸"。在孙炎富的记忆中，父亲最擅长捞纸，每天可捞1捆即5 000张元书纸（规格为41 cm × 45 cm），他在50多岁时发明了一隔三分帘的技艺，以前都是一隔两分帘，因此一天能捞这么多的纸。据孙炎富介绍，孙树胜经营纸坊时经历了两次改制，第一次改制为1950年后的"土改"时期，当时孙传根建立的"大兴造纸"纸坊被归为集体所有，原本拥有的2个捞纸槽位被划归于当时村组所在的生产队，因此纸坊名称也被取消；第二次改制约为1982年，村里实行分产到户，将集体所有的造纸资源划归个人，允许村民个人拥有私营纸厂，孙树胜获得2个捞纸槽位，虽然不是2016年调查时孙炎富目前拥有的厂区槽位，但可以认为是福阁纸厂的前身。

孙炎富，1962年出生于富阳区湖源乡新三村，按照有记载的传承谱系，为富阳孙家门竹纸古法制作技艺第四代传人。遵循家族惯例，孙炎富自述1976年便跟随自己的父亲开始学习造纸，时年14岁。从打料学起，在父亲当时的造纸作坊里务工，然后18岁左右学习捞纸、晒纸等后段主要工序。孙炎富颇为自豪地向调查组成员表示，虽然已经快60岁了，他的捞纸手艺如今仍可保持在一天48刀纸以上（规格为41 cm × 45 cm的元书纸），约20多公斤的产量，已成为“一株毛竹变成一张纸”所需七十二道工序皆用湖源古法的制纸能手。2008年，孙炎富筹集30万元注册“富阳福阁纸张销售有限公司”，在此之前纸厂一直为其父亲当时所办的无名纸坊，未做工商登记和取名。2015年12月，福阁纸厂被杭州市富阳区文化广电新闻出版局授予“杭州市富阳区非物质文化遗产生产性保护基地”称号。

孙炎富的妻子名叫潘建珍，1966年出生于富阳区湖源乡窈口村，调查时50岁，原先并不造纸，自22岁嫁到此地才开始学习和从事造纸，主要协助孙炎富制作原料。孙炎富的儿子孙佳奇，1984年出生，截至调研时，当兵12年刚退伍，后去了富阳区的拆迁办。孙炎富的女儿孙佳丽，1986年出生，目前在做护士。问及子女的打算时，孙炎富表示两人目前暂无继承学习手工造纸的想法。孙炎富同辈的兄弟姐妹也没有从事手工造纸行业的。因此从传承谱系看，家族传承面临中断的隐忧。

表9.13　孙炎富传承谱系
Table 9.13　Sun Yanfu's family genealogy of papermaking inheritors

传承代数	姓名	性别	与孙炎富关系	基本情况
第一代	孙传根	男	曾祖父	生于清同治十一年(1872年)，熟练掌握造纸的各道工序
第二代	孙大兴	男	祖父	生于清光绪二十八年（1902年），熟练掌握造纸的各道工序
第三代	孙树胜	男	父亲	生于1941年，熟练掌握造纸的各道工序，一个人可以“将一根竹子变成一张纸”
第四代	孙炎富	男	—	生于1962年，熟练掌握造纸的各道工序

三

富阳福阁纸张销售有限公司的代表纸品及其用途与技术分析

3

Representative Paper and Its Uses and Technical Analysis of Fuyang Fuge Paper Sales Co., Ltd.

（一）福阁纸厂代表纸品及其用途

截至2016年8月14日调查时，元书纸为福阁纸厂生产经营的唯一品种，主要有以下两种规格尺寸：

（1） 四尺元书纸，规格为138 cm × 70 cm，主要用途为书法和绘画。

（2）小元书纸，规格为53 cm × 37 cm，主要用于乡间祭祀，偶尔也有人用于书写和绘画。

以上两种尺寸为其生产的主要尺寸，生产量占其所有纸品的80%～90%。其他次要生产尺寸都为客户专门订做，没有市场需求则不生产，以书法和绘画为主要用途，包括六尺元书纸，规格为180 cm × 97 cm；六尺条屏元书纸，规格为180 cm × 61 cm；八尺条屏元书纸，规格为240 cm × 53 cm。

⊙1

⊙2

⊙1
四尺元书纸
4-chi Yuanshu paper

⊙2
小元书纸
Small-sized Yuanshu paper

（二）福阁纸厂代表纸品性能分析

测试小组对采样自福阁纸厂的元书纸所做的性能分析，主要包括定量、厚度、紧度、抗张力、抗张强度、撕裂度、撕裂指数、湿强度、白度、耐老化度下降、尘埃度、吸水性、伸缩性、纤维长度和纤维宽度等。按相应要求，每一指标都重复测量若干次后求平均值，其中定量抽取5个样本进行测试，厚度抽取10个样本进行测试，抗张力抽取20个样本进行测试，撕裂度抽取10个样本进行测试，湿强度抽取20个样本进行测试，白度抽取10个样本进行测试，耐老化度下降抽取10个样本进行测试，尘埃度抽取4个样本进行测试，吸水性抽取10个样本进行测试，伸缩性抽取4个样本进行测试，纤维长度测试了200根纤维，纤维宽度测试了300根纤维。对福阁纸厂元书纸进行测试分析所得到的相关性能参数如表9.14所示，表中列出了各参数的最大值、最小值及测量若干次所得到的平均值或者计算结果。

表9.14　福阁纸厂元书纸相关性能参数
Table 9.14　Performance parameters of Yuanshu paper in Fuge Paper Factory

指标		单位	最大值	最小值	平均值	结果
定量		g/m^2				27.7
厚度		mm	0.101	0.085	0.093	0.093
紧度		g/cm^3				0.298
抗张力	纵向	N	9.6	7.6	8.5	8.5
	横向	N	5.4	4.3	4.9	4.9
抗张强度		kN/m				0.447
撕裂度	纵向	mN	309.4	221.7	240.0	240.0
	横向	mN	235.8	187.8	215.0	215.0
撕裂指数		mN·m^2/g				8.4
湿强度	纵向	mN	604	476	568	568
	横向	mN	409	288	342	342
白度		%	27.4	26.8	27.2	27.2
耐老化度下降		%	26.4	26.0	26.3	0.9
尘埃度	黑点	个/m^2				96
	黄茎	个/m^2				40
	双浆团	个/m^2				0
吸水性	纵向	mm	20	12	16	10
	横向	mm	15	10	13	3
伸缩性	浸湿	%				0.75
	风干	%				0.26
纤维	长度	mm	1.9	0.1	0.6	0.6
	宽度	μm	35.4	0.4	7.8	7.8

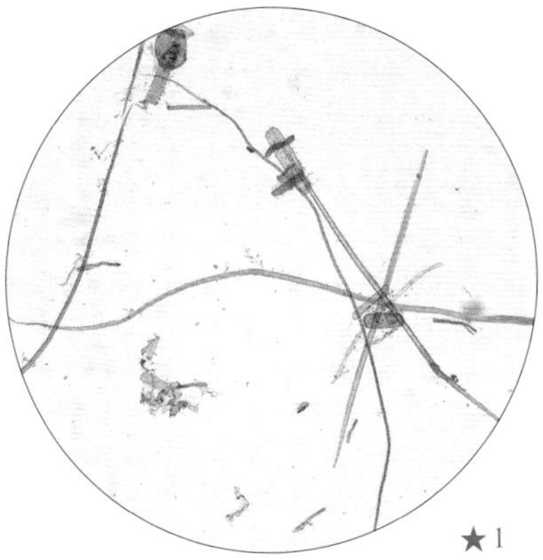

★1

★2

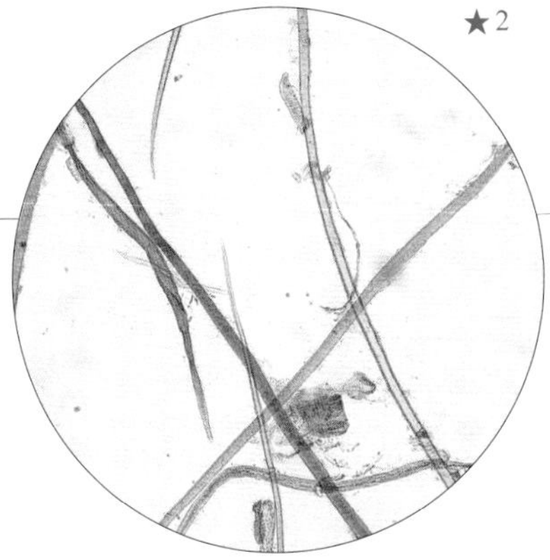

⊙1

由表9.14可知，所测福阁纸厂元书纸的平均定量为27.7 g/m^2。福阁纸厂元书纸最厚约是最薄的1.188倍，经计算，其相对标准偏差为0.035，纸张厚薄较为一致。通过计算可知，福阁纸厂元书纸紧度为0.298 g/cm^3。抗张强度为0.447 kN/m。所测福阁纸厂元书纸撕裂指数为8.4 mN·m^2/g。湿强度纵横平均值为455 mN，湿强度较小。

所测福阁纸厂元书纸平均白度为27.2%。白度最大值是最小值的1.022倍，相对标准偏差为0.009，白度差异相对较小。经过耐老化测试后，耐老化度下降0.9%。

所测福阁纸厂元书纸尘埃度指标中黑点为96个/m^2，黄茎为40个/m^2，双浆团为0。吸水性纵横平均值为10 mm，纵横差为3 mm。伸缩性指标中浸湿后伸缩差为0.75 %，风干后伸缩差为0.26 %，说明福阁纸厂元书纸伸缩性差异不大。

福阁纸厂元书纸在10倍和20倍物镜下观测的纤维形态分别如图★1、图★2所示。所测福阁纸厂元书纸纤维长度：最长1.9 mm，最短0.1 mm，平均长度为0.6 mm；纤维宽度：最宽35.4 μm，最窄0.4 μm，平均宽度为7.8 μm。

★1
福阁纸厂元书纸纤维形态图（10×）
Fibers of Yuanshu paper in Fuge Paper Factory (10× objective)

★2
福阁纸厂元书纸纤维形态图（20×）
Fibers of Yuanshu paper in Fuge Paper Factory (20× objective)

⊙1
福阁纸厂元书纸润墨性效果
Writing Performance of Yuanshu paper in Fuge Paper Factory

四 富阳福阁纸张销售有限公司元书纸的生产原料、工艺与设备

4 Raw Materials, Papermaking Techniques and Tools of Yuanshu Paper in Fuyang Fuge Paper Sales Co., Ltd.

（一）福阁纸厂元书纸的生产原料

1. 主料一：毛竹

毛竹是富阳元书纸的主要原材料，在大部分造纸厂家甚至是唯一原材料。用于福阁纸厂元书纸生产的毛竹原料以产于富阳当地的毛竹为主，占其元书纸生产所需原料的80%。每年小满前后，富阳当地开始集中砍伐毛竹，这个时候嫩毛竹生长时机成熟，过此时间段便会快速变老，不利于造出较高品质的元书纸。福阁纸厂生产所用的毛竹原料全为当年生长的嫩毛竹，集中于小满后半个月内砍伐。

2. 主料二：竹浆板

浆板可直接置于打浆机内打浆。截至调查时的2016年，福阁纸厂所使用的浆板主要为竹浆板以及龙须草浆板。孙炎富提供的数据是：竹浆板用量约占福阁纸厂生产原料总用量的12%，主要自富阳本地的经销商处购买，2016年购买价格为5 000元/吨。购买的竹浆板主要产地并不是富阳，而是四川，经过烧碱加工，与自己用烧碱加工毛竹原料相比可节约50%的成本。

3. 主料三：龙须草浆板

入厂调查时，龙须草浆板约占福阁纸厂生产原料总用量的1%，主要购于富阳当地经销商，价格为11 000元/吨。

4. 辅料：山泉水

福阁纸厂生产元书纸所用的水为引自纸厂附近山上的泉水，方式是设置管道将泉水接入纸厂中。援引泉水的山被当地人称为“神仙山”。经调查组实地检测，福阁纸厂所用山泉水pH为5.5～6.0，呈弱酸性。

⊙1

⊙2

⊙3

⊙4

⊙1
毛竹林
Phyllostachys edulis forest

⊙2
竹浆板
Bamboo pulp board

⊙3
龙须草浆板
Eulaliopsis binata pulp board

⊙4
调查组在测试水的pH
Testing the pH value of water

（二）福阁纸厂元书纸的生产工艺流程

综合2016年8月14日调查组在福阁纸厂实地调查时所见，结合孙炎富的介绍，以及富阳地方竹纸研究者的文献资料记述，归纳福阁纸厂元书纸的生产工艺流程为：

壹	贰	叁	肆	伍	陆	柒	捌	玖	拾
购毛竹	断青	碾压	断料	落塘	浸坯	翻滩	蒸煮	浸泡	压榨

拾壹	拾贰	拾叁	拾肆	拾伍	拾陆	拾柒	拾捌	拾玖	贰拾	贰拾壹
碾料	浆板浸泡	打浆	沥水	捞纸	压榨	盖纸	晒纸	数纸检纸	裁纸磨纸	成品包装

壹 购毛竹

1

福阁纸厂并不专门组织人员上山砍伐毛竹，而是收购当地村民砍伐的毛竹。毛竹全为当年生长的嫩毛竹，于小满后15～20天内完成收购，一次性收购7.5万～9万kg（2014～2016年的数据），价格为60元/100 kg（2016年的数据）。2016年，孙炎富收购的毛竹并未要求去皮，因此每吨可节省约5 400元的劳动力成本，与以前去皮生产的元书纸相比，未对其当年销售产生影响。

⊙1

贰 断青

2 ⊙1

竹子是整根收购而来的，所以长短不一，出于后期方便加工的需要，收购而来的毛竹要放在切割机（以前用刀）上统一切割成195 cm长的竹段。

⊙1 以前用于断青的刀 Former bamboo cutting knife

叁 碾压

3 ⊙2

福阁纸厂2016年用于生产元书纸的毛竹未经过削皮，为了便于后面浸泡、发酵等工序的进行，需要将毛竹碾压成碎片。将毛竹平铺在空旷的场地上，将装满货物的拖拉机或者挖掘机从上面开过，一般需来回碾压4～5次，待毛竹碎片宽度约同于成人两根手指头粗即可（以前用拷白锤子）。毛竹碾压得越碎，其与石灰发生化学反应越充分，同时也可去除其竹节。据孙炎富介绍，一天能碾压约7 500 kg毛竹，一年收购的毛竹10天左右就可完成碾压。碾压毛竹最好选择水泥路面，竹子容易碎；毛竹最好为当天砍伐的竹子，或者第一天砍伐的竹子需在第二天碾压完毕，因为竹子长时间搁置会导致黏性降低、韧性下降、竹纤维发脆，同时还可能发霉。

据孙炎富介绍，他也曾尝试过其他碾压方法，即将竹子通过专业碾压机器压碎，此方法省时省力，但是相比车辆碾压，竹子需经过浸泡才可以碾压，多了一道工序。

⊙2

肆 断料

4 ⊙3

将碾压好的竹子放入机器中截成约38 cm长的竹棍，并以15 kg为1捆扎捆。扎好的一个竹捆，行话称为“一页料”。扎捆时竹棍尽量保持长度相同，便于其在蒸锅里堆积，如遇长度不一但是相差不多的竹棍也可一起扎为1捆，无大碍。根据目前的生产强度，孙炎富介绍说2名生产工人1天可切出400捆左右的竹棍。

⊙3

⊙4

⊙5

伍 落塘

5 ⊙4

将扎捆好的竹子放入料池（浸泡竹料的池子），用清水浸泡20天左右，至竹子吃饱水发胀即可。调查时孙炎富介绍，一个料池视大小不一每次可浸泡200～800页料不等。

陆 浸坯

6 ⊙5

浸泡完毕，将料池中的水放干，堵住洞眼，开始呛石灰。与别家将每页料浸入石灰水中不同，孙炎富家的纸厂采用石灰铺撒法完成呛石灰的环节。首先将料池中堆积的页料逐层拿出，留置最底层，将石灰铺满其上方，然后再于石灰上方放置第二层竹料，铺满第二层后，用石灰盖住第二层竹料的上方，即可再放置第三层，逐层如此，直至放满料池或者放完竹料。放好竹料后，立刻注入清水，将水加至高于最高层竹料3～4 cm即可。最短需浸泡30天。

石灰遇水会产生高温，使原本竹子中的营养体与纤维脱离，同时可降解和转化营养体，留下纤维，这便是高温下产生的熟化作用。毛竹原料中通常约有12%的物质为纤维，剩下的包括营养体在内的非纤维物质不利于造纸和纸的保存，因此造纸前的原料加工需采取熟化的步骤将非纤维剔除。通过石灰遇水产生的高温完成熟化的方法称为生料熟化法；通过蒸锅蒸煮完成熟化的方法称为熟料熟化法。相比生料熟化法，熟料熟化法的熟化程度比较均匀，但是生料熟化法比较科学，其对纤维的破坏程度更低。

⊙2 以前用于拷白的锤子
Former hammer for beating the stripped bamboo

⊙3 切割好的毛竹
Phyllostachys edulis sections

⊙4 调查组成员在原料加工区的料池旁
Researchers standing beside the soaking pool

⊙5 浸坯
Soaking the bamboo materials

柒 翻滩

7

浸泡约30天后，将竹料拿出用清水清洗。清洗过程中，首先将每页料拿出放在木板上，然后用流水冲洗，上下左右每个角落各冲洗一遍，并不时将其与板凳碰撞，利用惯性倒出每页料夹缝中的石灰残留，洗完后继续放入清水中浸泡。每页料需要清洗3～4次，如做上等的纸每页料需清洗8～9次。如清洗3～4次，前3次每天清洗1次，洗完第三次后放入清水中浸泡1天再清洗第四次；如清洗8～9次，前3次每天清洗1次，自第四次开始隔1天清洗1次，不洗时放入水中浸泡，而且每天需更换清水。这样做的原因是：刚呛完石灰的竹子上石灰的黏性很大，如不及时清洗其残留的祛除难度更大，因此前3次在短时间内频繁清洗；至后期石灰黏度降低，便可隔天清洗1次。完成8～9次的清洗往往需要15天时间。清洗的时候如果有条件的话，可选择在流动的水域中清洗，如在水流不大的塘中清洗会对清洗效果有一定影响。据孙炎富介绍，以前当地村民常将竹料放入流动的水域中，漂浮几天，通过水的流动带走上面黏附的石灰，称为“漂清”法。石灰一定需洗净，否则残留的石灰碱将在后期的发酵环节产生化学反应，不利于竹纤维的分解，同时还会催生一些微生物。

捌 蒸煮

8

清洗完毕，将竹料放入蒸锅中蒸煮。调查时，福阁纸厂在蒸煮环节使用的蒸锅为租用的，同村村民将蒸锅租给当地所有需要蒸煮的纸厂使用，因此每次蒸煮对每家纸厂严格设定使用时间，即3天2夜或者3夜2天蒸煮1次。每次蒸煮，可放置竹料约5 000 kg，约300捆。料放好后，往蒸锅里注入冷清水，当水与最顶层料相平即可。同时加入100 kg左右的尿素，其添加方法与石灰相同，逐层添加。添加尿素的目的是让竹料在蒸煮的过程中发酵，相当于传统富阳元书纸制作工艺中的淋尿和用尿液浸泡发酵。尿素发酵法适合于带皮竹料的加工，其发酵程度更充分。待水烧开沸腾后，用尼龙布将蒸锅盖上，蒸煮3天2夜或3夜2天。据孙炎富介绍，当地蒸锅深度规格皆为2 m左右，因此竹子常切成1.95 m。每次只可蒸煮约5 000 kg竹料，其余没排上的竹料继续放置在石灰水中浸泡，直至下次蒸煮时再取出清洗。调查时获得的信息是，近几年孙炎富收购的竹料每年约在6万～7.5万kg，因此一年中需分12～15次蒸煮。

玖 浸泡

9

蒸煮完毕，将竹料放入清水中浸泡，时间大约持续20天，中间需更换3～4次水。

拾 压榨

10 ⊙6

浸泡20天后，将竹料用千斤顶进行压榨，一次压榨500 kg左右，大约需要60分钟。福阁纸厂目前使用的千斤顶于30年前购买，再以前则使用传统的木榨。使用木榨一次要耗费3个人力，现在使用千斤顶只需一名工人操作即可。

⊙6

⊙6
用于压榨的千斤顶
Lifting jack for pressing the paper

拾壹 碾料

11 ⊙7

压榨完后，将竹料运至磨房通过石碾将其磨碎。一次可碾竹料30捆，约225 kg，大约持续30分钟即可。

⊙7

拾贰 浆板浸泡

12 ⊙8

竹浆板和龙须草浆板在打浆之前，需用水管将浆板四周淋一遍，然后堆在一起放入池中用清水浸泡24小时，一次性浸泡约100 kg浆板。

⊙8

拾叁 打浆

13 ⊙9

将碾碎的竹料、浸泡完毕的龙须草浆板和竹浆板运至打浆机处准备打浆。由于料的成分构造和纤维长短不同，因此打浆顺序前后不一。龙须草的纤维较长，紧度较高，因此往往需先打浆，持续时间约为120分钟。紧接着开始进行竹料和竹浆板的打浆，虽然二者形式不同，但是成分皆为毛竹，因此放在一起打浆，只是根据不同配比放置，浆板与竹料的配比约为19∶80，其持续时间也为120分钟，但是其浆料通过管道进入浆池相比龙须草速度要慢，这意味着相同时间下所打的浆料较少。3种浆料打好后同放入打浆池中搅拌。放置3种浆料需遵循以下的配比：龙须草浆板约占1%，竹浆板约占19%，竹料约占80%，根据此比例将3种料混在一起搅拌约15分钟即可。

拾肆 沥水

14

浆料打好后，将其放在一张过滤网上，使多余水分或者浑水通过过滤网沥出，此过程约持续120分钟。过滤网一般用毛竹丝或者尼龙线编制而成。

⊙9

⊙7 碾料 Grinding the materials

⊙8 浆板浸泡 Soaking the pulp board

⊙9 放浆池 Pulp pool

拾伍 捞纸

15 ⊙10⊙11

将沥好的浆料运至捞纸槽边，在槽中注入4/5槽位的水量，然后将浆料倒入其中，1次约倒入捞1刀纸所需的浆料。注入浆料后，使用和单槽棍搅拌约1分钟，使浆料全部与水混合即可。捞纸所用的纸帘铺于帘床上，帘床上侧设有2个把手，为方便工人操作所用。根据2016年8月14日调查当天观察，捞纸时捞纸师傅握住把手，将靠近自己一侧的横向纸帘或帘床边沿着70°～80°的角度插进水里，待水漫至另一侧横向纸帘边时，将帘床端平，平稳抬出水面，多余的水分会沿着纸帘和帘床的缝隙流出，而浆料则在纸帘上形成一张湿纸，整个过程持续时间6秒钟左右（帘床为长方形，横向边是较长边）。有时师傅也会将靠近自己一侧的帘床边抬起，使帘床形成一个斜面，加速水的流出。由于竹子纤维重叠程度不高，富阳毛竹元书纸捞纸过程中可以不添加纸药，但捞纸的过程尤其需要注重平稳，帘床不可过多晃动；同时师傅抬帘时需匀速抬出，否则纸帘上留下的浆料厚度不一，会影响纸张质量。每捞完4～5张纸，用和单槽棍重新搅拌浆料，每次搅拌约10秒钟即可。每捞完1刀纸加一次料。

纸帘抬出水面后，师傅将帘床架于纸槽边，并借助特殊装置将其固定在水面上，然后将把手推向另一侧，取出纸帘，放置在纸槽边搁置捞好湿纸的木板上。师傅会将有湿纸的一面朝下，按照已放好的湿纸边际放置。放置时，从离其最近的一边开始放置，然后沿着下方湿纸的边际慢慢往下放，当确保整张纸帘沿着下层纸张边际放置完毕后，再从离其最近的一边将纸帘迅速揭起。整个过程需稳而快，以防水滴滴到下方已捞好的纸上，现场计时历时约5秒。放好后师傅会在计数器上计下捞纸的张数。每天所捞的纸根据上午和下午的量用帖隔开，便意味着1天2帖。

福阁纸厂生产元书纸采用的纸帘为一隔四规格，根据工人师傅介绍，每天的工作量为14～15刀纸，如遇工作不忙也至少要保证每天12刀纸的生产量。

⊙10

捞纸 Papermaking ⊙10

拾陆
压　　榨

16　　⊙12

结束一天的捞纸工作后，将当天捞的所有纸张运上压榨机，开始压榨。1次压榨60分钟左右即可。压榨的过程讲究先松后紧，湿纸膜一开始很薄弱，所以动作需缓而慢，待纸张水分部分沥出，可增加压力使其充分压榨。压榨好后，当初捞纸后纸帘边缘线间隔的纸边可掰离。如果只做规格为41 cm × 45 cm的小元书纸，则只需将压榨好的纸帖往地上一摔，一隔四的纸帖就会碎成4份，无需再切纸，但要注意控制力度，过重会使纸帖粉碎。

⊙11

⊙12

拾柒
盖　　纸

17

压榨完后将纸帖放在一起，太冷太热的时候需要用油纸盖住（其余时间不用盖），防止太冷的时候冻住或者太热的时候变干，待第二天晒纸。

⊙11 放纸帘 Turning the papermaking screen upside down on the board

⊙12 压榨机 Pressing machine

拾捌 晒纸 18

⊙13～⊙19

晒纸时，首先用鹅榔头在待晒纸张表面大范围地划一下，划至纸边略松为止；然后捏住纸块的右上角捻一捻，使一侧的纸角翘起；再对着纸角吹一口气，用手撕开。孙炎富介绍，晒小元书纸时，师傅常将2～4张纸一起晒，因此撕纸时也是2～4张纸一起撕。撕的时候，力度需缓而均匀，不可力度过大而撕破纸张，也不可力度过轻至无法撕扯下纸张。撕下的纸张贴到刷着稀米糊的焙壁之上，用松毛刷在纸上迅速刷满，待2～4张纸最外一层纸晒干后，即可揭下。晒纸过程中，有经验的师傅熟知2～4张纸晒好所需时间，因此常利用此间隙时间撕下所需晒的纸。每次晒的小元书纸放置在前一次晒的下方或者另一边，间隔1～2 cm。如要晒四尺元书纸，则一张一张晒，晒完后一张叠着一张将纸从焙壁上揭下。一般撕4～5次纸后，晒纸师傅需再用鹅榔头轻划纸面，再吹一口气，保证纸张能够轻松撕下。据福阁纸厂晒纸师傅介绍，其晒纸壁炉每天需要2个小时烧火，2个小时保温才可正式晒纸，每天需将前一天捞的纸张全部晒完。

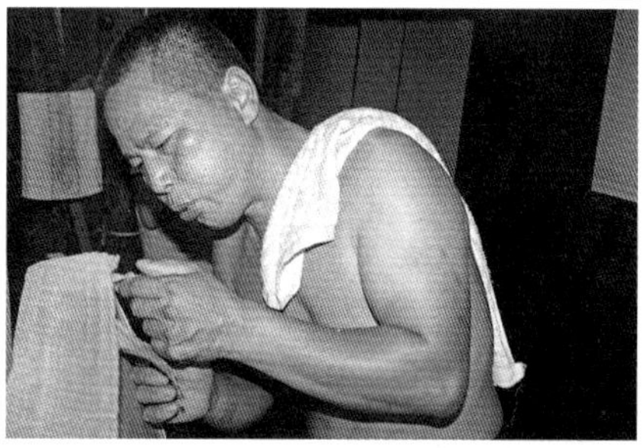
⊙17

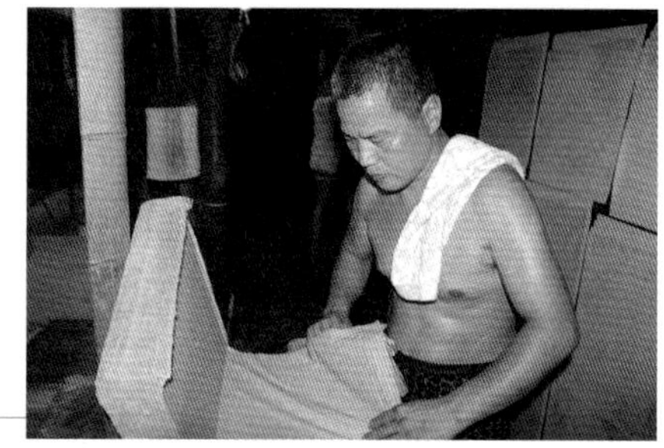
⊙18

⊙19

⊙13

⊙14

⊙15

⊙16

⊙13/16 四尺元书纸晒纸的主要步骤
Major procedures of drying 4-chi Yuanshu paper

⊙17/19 小元书纸晒纸的主要步骤
Major procedures of drying small-sized Yuanshu paper

拾玖
数纸检纸

19 ⊙20

纸晒干后，整理堆好，送给检纸师傅挑选，剔除含有杂质、破损、颜色异样的纸张，按每刀100张的规格数好，摆放整齐，等待裁纸。

⊙20

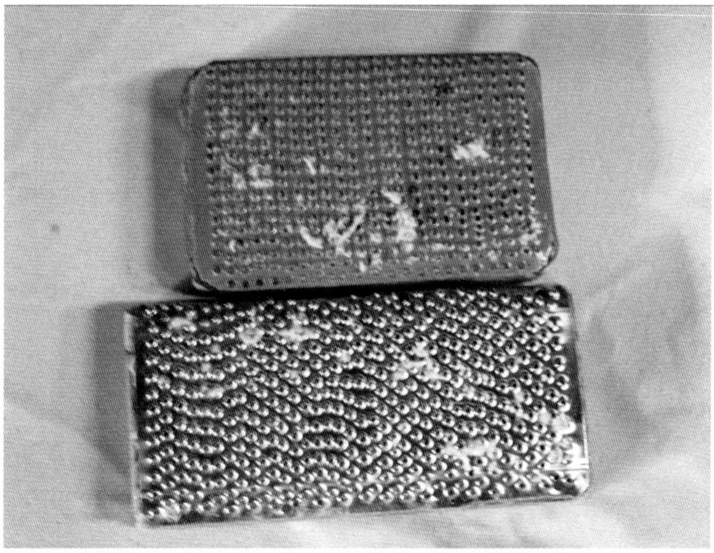

⊙21

贰拾
裁纸磨纸

20 ⊙21

福阁纸厂依据纸的品种不同，采取不同的纸边处理方法。一般四尺、六尺、八尺的元书纸需通过裁纸刀裁边，一次裁1刀纸；小元书纸（规格41 cm × 45 cm）只需使用磨纸刷将纸堆四边、正面打磨至光滑平整即可，一般20刀纸（2 000张）一起磨。

⊙22

贰拾壹
成品包装

21 ⊙22

将裁好的纸一刀刀放置平整，由师傅在纸的一面或四面加盖纸厂名称、品种、尺寸等信息印章，并根据订单打包出售。

⊙20 数纸 Counting the paper

⊙21 早年用的磨纸刷 Former paper rubbing brush

⊙22 包装好的成品纸 Final product of packed paper

富阳福阁纸张销售有限公司

（三）福阁纸厂元书纸的主要制作工具

壹 料池 1

用来浸泡竹料的池子，调查时多由水泥砌筑。福阁纸厂共租用村民15个料池，其中3个位于钟塔村，每个料池的租用价格为200～300元/年。实测福阁纸厂料池尺寸为：长552 cm，宽359 cm。

贰 蒸锅 2

用于蒸煮竹料的器皿，多用铁筑成，镶嵌在水泥槽中，下面设有壁炉烧柴。调查时福阁纸厂使用的蒸锅为别人所有，集体出租给当地造纸户，高约2 m，直径约2 m。如遇高峰使用期，造纸户需排队使用，每户1次使用时间为3天2夜或3夜2天，价格为300元/次。

叁 石碾 3

将竹料碾碎打浆的工具，主要由碾槽、碾砣等组成。福阁纸厂使用的石碾直径为1.8 m，滚石里面是青石，外面用水泥浇筑封盖，为孙炎富20年前自己请当地村民所制，当时造价约为3 000元。实测福阁纸厂石碾尺寸为：碾砣厚45 cm，直径93 cm；碾槽高60 cm，直径255 cm。

⊙1

⊙2

⊙3

肆 打浆机与放浆池 4

打浆机用于将竹料、龙须草浆板和竹浆板制作成纸浆。

放浆池为打浆时和打浆前后盛放浆料的池子，多用水泥砌筑，中间常砌筑水泥墙，在末端处留有浆料通过的通道，因此放浆池常呈U形。实测福阁纸厂放浆池尺寸为：长210 cm，宽124 cm，高74 cm。

⊙4

⊙1 租用村民的泡料池 Soaking pool rented from villagers

⊙2 蒸锅 Steamer

⊙3 石碾 Stone roller

⊙4 放浆池 Pulp pool

伍 捞纸槽 5

捞纸时盛放浆料的槽。福阁纸厂生产所用的捞纸槽由水泥砌成。实测福阁纸厂放浆池尺寸为：长235 cm，宽234 cm，高97 cm。

⊙5

陆 和单槽棍 6

放浆池或捞纸槽中搅拌原料所用，常呈一木棍形状，其一头处镶嵌橡胶方片。实测福阁纸厂使用的和单槽棍尺寸为：柄长168 cm；槽头长24 cm，宽14 cm。

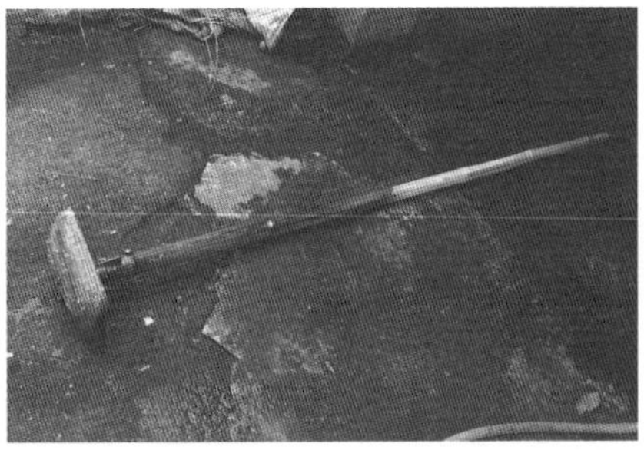

⊙6

柒 纸帘 7

捞纸工具，用于形成湿纸膜和过滤多余的水分，由细竹丝编织而成，表面刷有黑色土漆，光滑平整。福阁纸厂生产所用的纸帘根据纸品规格不同而不同，以41 cm×45 cm元书纸生产使用一隔四纸帘为例，产自富阳大源镇，2015年前后的价格为400元/张，四尺纸帘价格为500元/张。一隔四纸帘需请师傅在纸帘上用尼龙线缝线，其成本约为150元/张。实测福阁纸厂所用纸帘尺寸为：长160 cm，宽58 cm。

⊙7

捌 帘床 8

捞纸时承托纸帘的工具。福阁纸厂使用的帘床用杉木和毛竹制成，由当地工人师傅手工制作，1张盛放一隔四纸帘的帘床成本约为400元。实测福阁纸厂所用帘床尺寸为：长172 cm，宽78 cm。

⊙8

玖 鹅榔头 9

木制工具，用于晒纸前划纸帖使其变松。福阁纸厂使用的鹅榔头是自家用青柴木做的。实测福阁纸厂所用鹅榔头尺寸为：长22 cm。

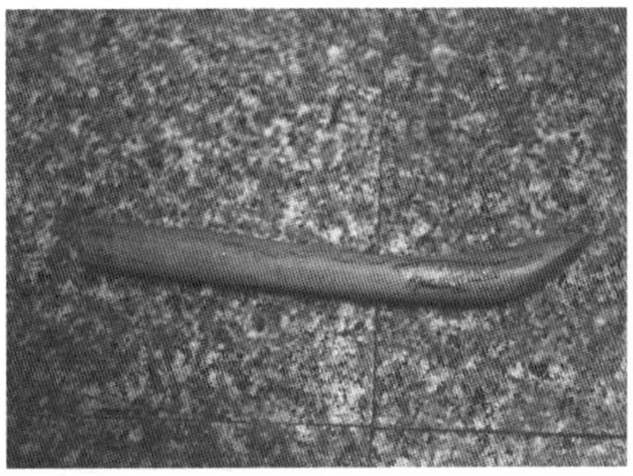

⊙9

⊙5 捞纸槽 Papermaking trough
⊙6 和单槽棍 Stirring stick
⊙7 纸帘 Papermaking screen
⊙8 帘床 Frame for supporting the papermaking screen
⊙9 鹅榔头 Tool for separating the paper

拾 晒纸焙壁 10

晒纸用的烘墙，一般为双面，将纸刷贴于焙墙表面。福阁纸厂使用的晒纸焙壁由两块长方形的钢板焊接而成，中空，下方水沸腾后水蒸气流通，利用水蒸气的热度加热钢板使湿纸烘干。实测福阁纸厂所用晒纸焙壁尺寸为：长692 cm，高204 cm，上宽33 cm，下宽37 cm。

拾壹 松 刷 11

晒纸时用于将纸刷平的刷子。福阁纸厂所用松刷前部的刷毛部分为松树的松针，购买价格约为60元/把。实测福阁纸厂所用松刷尺寸为：长50 cm，宽13 cm。

⊙10

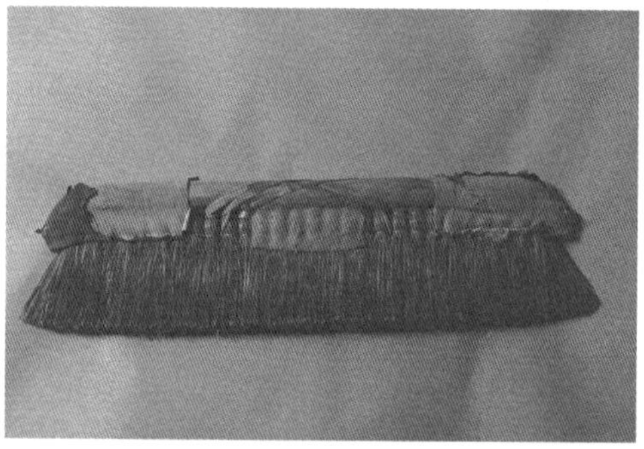

⊙11

拾贰 磨纸刷 12

用来打磨纸边的金属制工具，当地也称磨纸刀。孙炎富家使用的磨纸刷为铝片所制。实测福阁纸厂所用大磨纸刷尺寸为：长18 cm，宽8.5 cm；小磨纸刷尺寸为：长18 cm，宽7 cm。

⊙12

⊙10 晒纸焙壁 Drying wall

⊙11 松刷 Brush made of pine needles

⊙12 磨纸刷 Paper rubbing brush

五
富阳福阁纸张销售有限公司的市场经营状况

5
Marketing Status of Fuyang Fuge Paper Sales Co., Ltd.

据2016年访谈时孙炎富介绍，福阁纸厂近两年年销量维持在2 000件左右，1件为46刀，所以各类纸品共计92 000刀/年，年销售额300万元左右。其中销售最好的为四尺元书纸，价格为320～350元/刀不等，占其销量的50%。小元书纸（规格为41 cm×45 cm）售价为650元/件，占其销量的30%～40%。六尺、六尺条屏、八尺条屏约占其总销量的10%，其价格分别为400元/刀、150～450元/刀、180元/刀。纸品主要销往国内经销商处，无线上销售，其中来自杭州与义乌的经销商最多，并且多为多年合作的老客户。孙炎富表示，客户需先付钱订货厂里再做。福阁纸厂近两年每年销售存在淡旺季之分，小学开学季（3月份、9月份）是其销售旺季，寒暑假时订单则相对较少。“成本现在成为纸品价格的主要开支”，孙炎富说每年成本开支约占其总销售额的90%，所以可赚利润只有10%，约为30万元。

截至2016年8月入厂调查时，福阁纸厂共有工人10名，其中一半为本地人，一半为贵州来的工人，其工龄均超过11年，由纸厂提供住宿。贵州工人中，2对夫妻主要在纸厂从事捞纸工作，还有1名工人负责晒纸。10名工人年龄全在40岁以上，其中50～60岁工人6名，40～50岁工人4名。福阁纸厂每工作5天休息1天，过年放假约30天，每年大约工作260～270天。工钱根据成品数计算，捞纸师傅每天需完成12～15件纸，晒纸师傅与其相同。

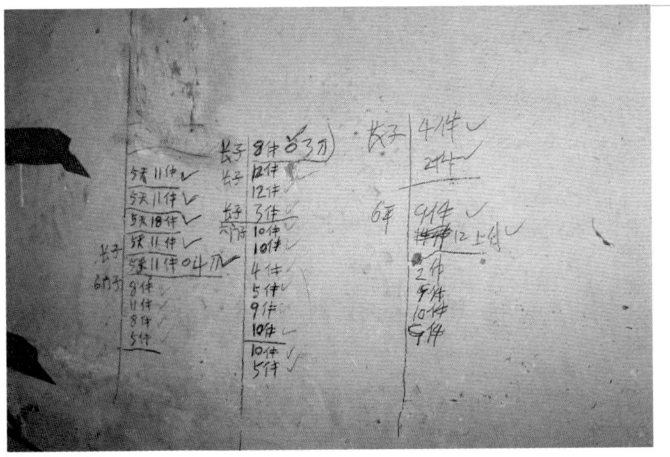

⊙13

⊙13
工人自己在墙上画的计件数量
Workers counting paper numbers on the wall

六 富阳福阁纸张销售有限公司的造纸习俗与新三村的造纸故事

6 Papermaking Customs of Fuyang Fuge Paper Sales Co., Ltd. and Stories of Xinsan Village

（一）开山祭祀

每年农历小满前后是上山砍竹的时节，砍竹之前，新三村当地的造纸户会连同砍竹工人一起前往当地的宗祠，摆上香烛，摆上酒和食物，集体祭祀祖宗，希望祖宗保佑今年的竹子长得更好，保佑今年造纸的每一环节都顺利，保佑今年的纸张可以卖个好价钱，最重要的是保佑砍伐时工人的安全。祭祀完毕，大家摆桌一起享宴喝酒，吃了这顿饭，就表明新的一年工作可以开始了，故也被称为开工酒。

（二）开工择日祭拜

每年的正月初七、初八是当地纸坊开工的好日子，当地习俗认为这两天开工，这一年老板和工人都能有一个好的收入，都能身体健康、一切顺利，而逢三六九的日子纸农一般不会将其选择作为开工日。在开工的前一天，大家都会做一下准备工作，整理一下纸坊；开工的当天会燃放烟花爆竹，烧香拜佛，同时也会准备一些祭品，以前是用酒和肉，现在有人改成五种水果（不用梨，其他都行）和糕饼。

七
富阳福阁纸张销售有限公司的业态传承现状与发展思考

7
Current Status and Development of Fuyang Fuge Paper Sales Co., Ltd.

（一）传承面临的挑战

目前福阁纸厂未来的发展面临的主要问题是传承即将中断，孙炎富的子女没有继承其技艺的想法，导致这个历时18代的手工造纸传承即将中断，同时目前纸坊中的工人也趋于老龄化，很少有年轻的血液注入，使得孙家的这一事业在不久后即将面临危机。

（二）发展中的思考

1. 迫切需要加大乡镇政府和村级组织对传统手工造纸积极稳定的支持

交流时孙炎富深有感触地提出：他自己也有过扩建纸厂的想法，希望可以把手工纸产业做大，但是目前村里土地紧张，许多土地都已经有了规划，但手工造纸并不在其所鼓励的范围内，这对于工厂在村里就地扩建很不利。如果不在村里扩建，扩展至别处重建成本又太高，纸厂恐怕吃不消。手工造纸作为新三村较为出名的乡土传统产业，按照现在国家大力促进传统文化振兴和特色文化产业发展的战略，本应给予更多鼓励和支持，但现在感受不到。

孙炎富感叹：以前新三村的山湾里满是造纸户，但是如今只剩几家，这不仅与手工造纸行业的发展前景不佳有关，也与当地政府支持力度不足有关。传统手工纸不仅需要造纸户本身的重视，也需要政府的指导和保护，需要形成一个和谐的发展生态圈。其实如今国家、省、市、县（区）一级政府对于手工造纸认识程度并不低，但是下面具体实施政策的乡镇村却对传统型文化产业的魅力感受很弱，基本上都会将重心聚焦于传统拉动GDP的制造业等产业之上，而多数小型的手工纸生产厂由于生产条件和生产资源的限制，位于山区小村里，与乡镇政府及村级组织接触更加直接，因此来自乡镇村的政策更能直接惠于当地的手工造纸厂家。

⊙1

⊙1 福阁纸厂工作的老人 Old worker in Fuge Paper Factory

2. 平衡成本与质量之间的关系

调查中发现，福阁纸厂出于节约成本需求，已开始逐渐放弃使用纯竹肉造纸，同时放弃了原料加工中的“削青”环节，孙炎富表示削青成本太高，不削皮，每5 000 kg竹料可节约2 700元，一年所收购的75 000 kg竹料大约可节约4万元，这个数字对于一个规模不大的造纸户来说不算小数目。纯竹肉造出的元书纸比带竹皮竹料所做的元书纸质量无疑要高，但是价格更昂贵，很多消费者不愿意选择此类高价格纸，安徽货真价实的宣纸也面临着同样尴尬的境遇。昂贵的纸张在国内及日本、韩国市场行情并不被看好，因此许多手工纸厂家无奈放弃了高品质的造纸工艺，退而求其次选择质量稍低的造纸工艺，以降低市场定价追求更大的市场。2014年，福阁纸厂剔除了所有竹子的竹皮；2015年，只剔除了一半竹子的竹皮；2016年，所有竹子都不剔皮了，这间接反映出市场行情走向的压力。孙炎富表示：市场定价过低，小纸厂自己无法垫付高昂的成本，而往往需要被保护的纸品正因其所需成本较高而越发显得文化价值高，因此如何平衡市场中成本和质量的关系，或许是整个手工纸行业协会、市场和手工纸生产厂商需要联合考虑的问题。

元书纸

富阳福阁纸张销售有限公司

Yuanshu Paper
of Fuyang Fuge Paper Sales Co., Ltd.

元书纸（毛竹+竹浆+龙须草浆）透光摄影图
A photo of Yuanshu paper (*Phyllostachys edulis* + bamboo pulp + *Eulaliopsis binata* pulp) seen through the light

第七节
杭州富阳双溪书画纸厂

浙江省
Zhejiang Province

杭州市
Hangzhou City

富阳区
Fuyang District

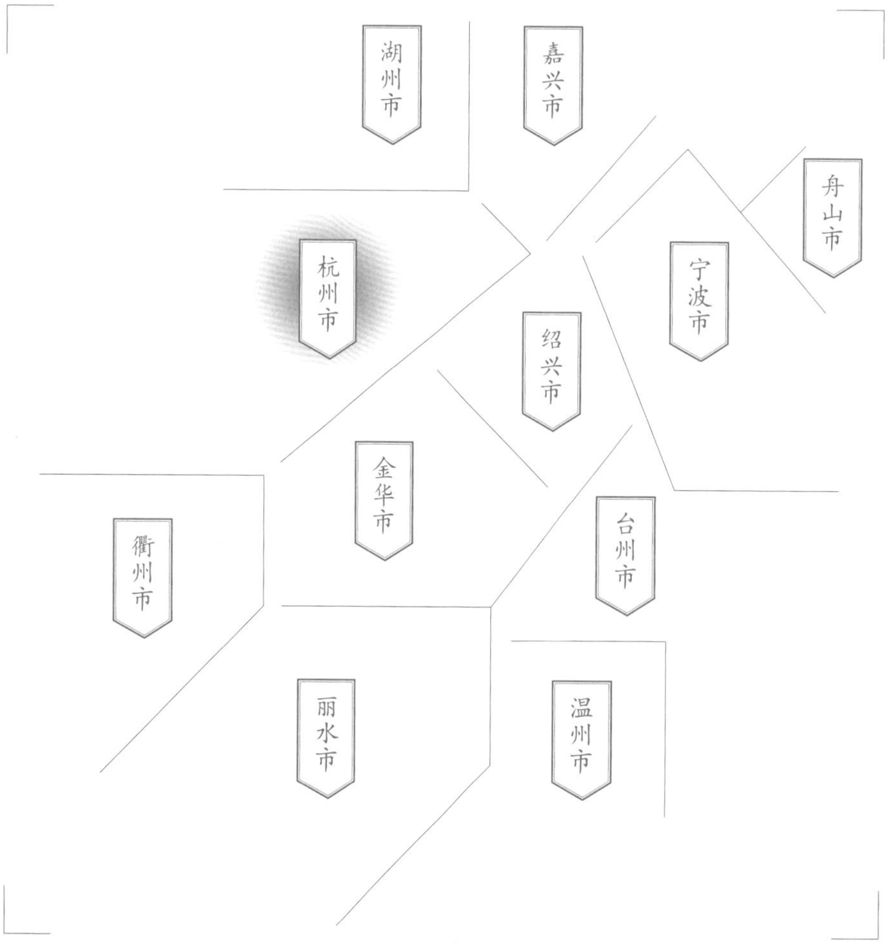

调查对象

富阳区大源镇大同村
杭州富阳双溪书画纸厂
竹纸

Section 7
Hangzhou Fuyang Shuangxi Calligraphy and Painting Paper Factory

Subject

Bamboo Paper in Hangzhou Fuyang Shuangxi Calligraphy and Painting Paper Factory in Datong Village of Dayuan Town in Fuyang District

一
杭州富阳双溪书画纸厂的基础信息与生产环境

1
Basic Information and Production Environment of Hangzhou Fuyang Shuangxi Calligraphy and Painting Paper Factory

杭州富阳双溪书画纸厂是一家以元书纸和书画纸为代表产品的手工纸厂，位于富阳区大源镇大同行政村兆吉自然村方家地村民组，地理坐标为：东经119° 58′ 2″，北纬30° 2′ 32″。纸厂于2001年7月13日成功申请工商注册，法人和厂长均为庄道远。

调查组于2016年8月3日、2016年10月9日以及2019年3月4日三次前往纸厂现场考察，通过庄道远的描述了解到的基础生产信息为：纸厂有2个厂区，兆吉村的厂区为主厂区，另一个厂区在富阳区西南部的新桐乡境内，纸厂共有员工150人，厂区总面积为12 000 m^2。截至2019年调查时，兆吉村厂区有员工100人，29口槽投入生产；新桐乡厂区有员工50人，16口槽投入生产。工人平均年龄大约45岁，60%来自外地，其中的90%来自贵州省。纸厂年产量12万～13万刀，主要生产元书纸与书画纸。

大同村是富阳区大源镇15个行政村之一，由朱家门村、兆吉村、庄家坞村3个自然村合并而成，区域面积12.5 km^2，双溪书画纸厂所在的方家地属于合并前的兆吉村。据调查组成员现场观察，双溪书画纸厂周边群山环绕，纸厂门口有1座小桥，桥下常年溪水潺潺，溪水清澈见底，得天独厚的生产环境为双溪书画纸厂提供了优质的造纸资源。

⊙1

⊙2

⊙1
富阳双溪书画纸厂外观
External view of Fuyang Shuangxi Calligraphy and Painting Paper Factory

⊙2
纸厂门口的小桥与山溪流水
Bridge and stream in front of the factory gate

路线图
富阳城区
↓
杭州富阳双溪书画纸厂
Road map from Fuyang District centre to Hangzhou Fuyang Shuangxi Calligraphy and Painting Paper Factory

杭州富阳双溪书画纸厂位置示意图

Location map of Hangzhou Fuyang Shuangxi Calligraphy and Painting Paper Factory

考察时间
2016年8月 / 2016年10月 / 2019年3月

Investigation Date
Aug. 2016/Oct. 2016/Mar. 2019

地域名称

造纸点名称

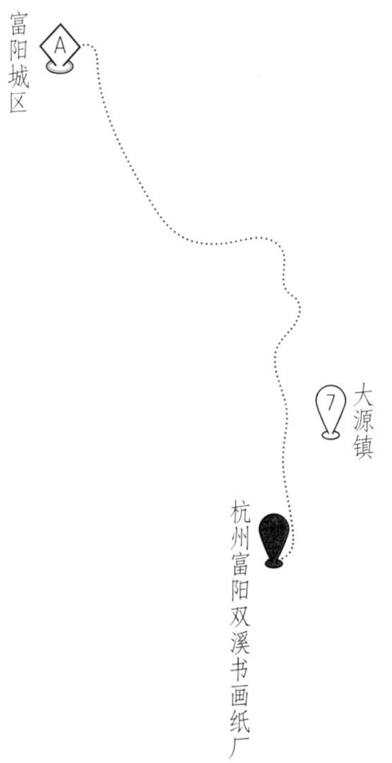

地域名称：A 富阳区；1 湖源乡；2 常安镇；3 洞桥镇；4 新登镇；5 灵桥镇；6 新义乡；7 大源镇

造纸点名称：杭州富阳双溪书画纸厂（大源镇）

位置分布

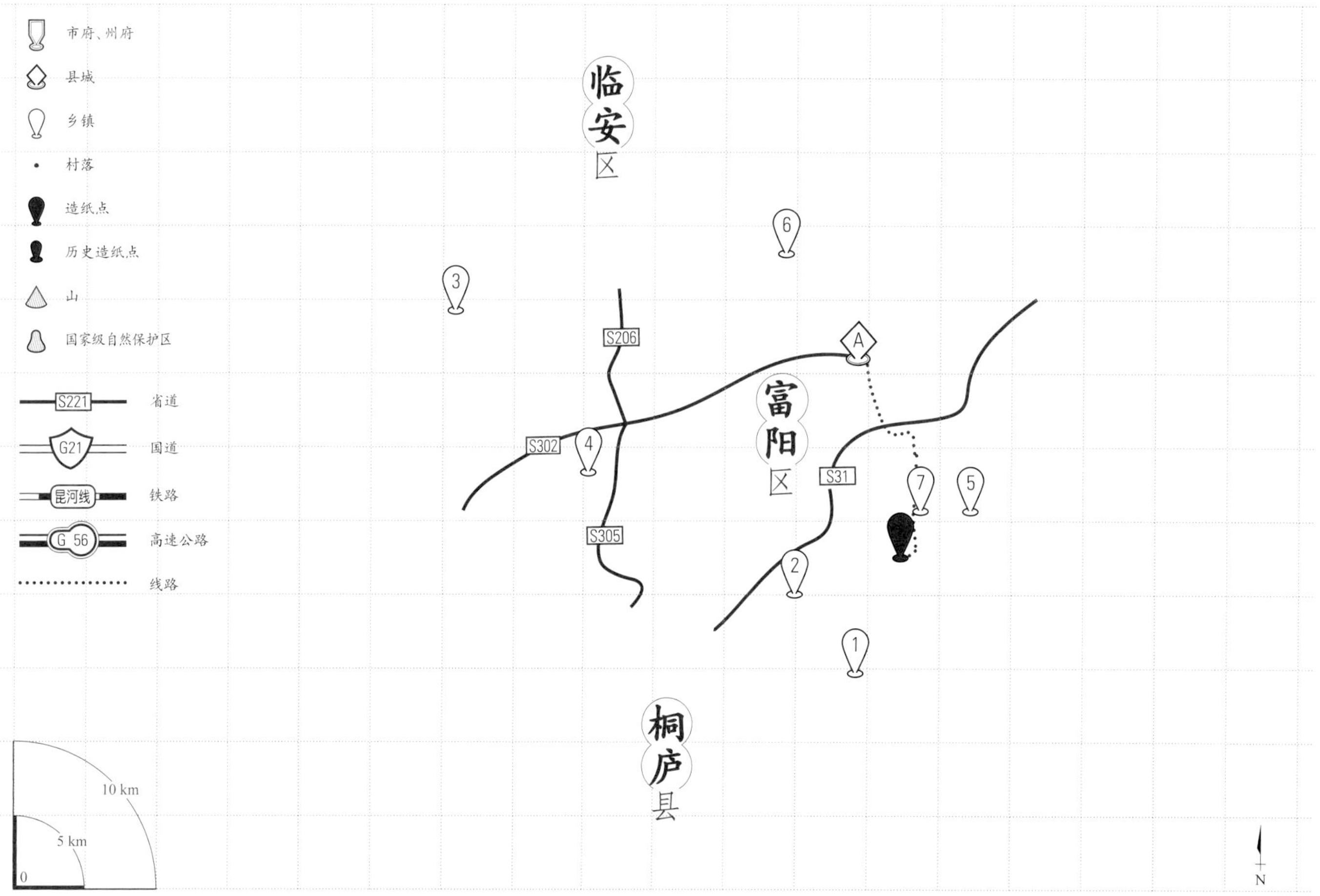

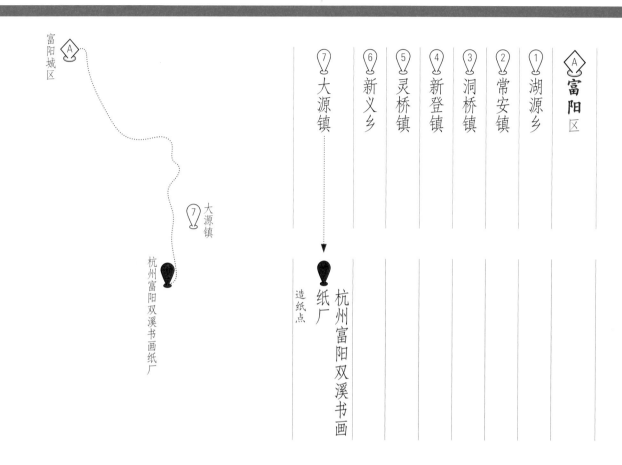

二
杭州富阳双溪书画纸厂的历史与传承

2
History and Inheritance of Hangzhou Fuyang Shuangxi Calligraphy and Painting Paper Factory

⊙1

⊙2

⊙1
庄道远查看纸品
Zhuang Daoyuan checking the paper

⊙2
调查组成员在访谈庄道远
A researcher interviewing Zhuang Daoyuan

庄道远，大源镇大同行政村兆吉自然村人，1972年生，为双溪书画纸厂厂长。庄道远的父亲庄如加，1922年出生，2009年去世。爷爷庄敬桐，1903年出生，1979年去世，熟悉捞纸工序。庄道远对家族造纸历史只有较为模糊的记忆：约在清嘉庆年间（1796～1820年）高祖父就造纸，并达到最为辉煌的时期。当时家中有纸廊、七八口纸槽，在杭州还有门店。后来不知什么原因家道中落，到爷爷庄敬桐造纸时，情况已大不如从前。到了父亲这一代，就放弃造纸行业了。父亲庄如加选择了从政，在村里当书记，恰巧遇到"文化大革命"破四旧，作为村支书的庄如加带头烧光了家中的家谱，因此家族造纸相关记录无处可寻。

庄道远1987年15岁时初中毕业，当时村里要求每个年轻人都要学习一门手艺，庄道远便选择了学晒纸。教他晒纸的师傅叫喻维言，是一名经验丰富的晒纸工。庄道远学了6个月晒纸，但在正式独立从事晒纸工作几个月后，觉得太累，就放弃了晒纸工作。

此后庄道远选择了去贩卖茶叶，直到24岁。1995年，庄道远停止贩卖茶叶，开始思考未来的行业选择。当时村里每家每户都在造纸，1996年6月开始，庄道远挨家挨户去收购纸，再推销出去。1996～2000年间，由于收购的纸量越来越大，政府开始审批他的纳税情况以及受监管情况。庄道远遂于2001年申请营业执照，并取名双溪书画纸厂，依旧进行纸的收购和销售。由于长期从事纸的销售，庄道远积累了大量的客户资源和足够的资金。

2007年，庄道远在富阳新桐乡新店村投入140万～150万元开槽造纸。据庄道远介绍，当时开了22帘槽，生产以龙须草为原料的书画纸。2010年，庄道远在兆吉村主厂区又开了40多帘槽，投入了几百万元（具体数额庄道远不愿意透露），并应上海一位客人的强烈要求开始试生产四尺元书纸，但只有2帘槽生产元书纸，其他槽全部生产书画纸。

庄道远的姐姐庄秋云，1962年出生，2008年开始在双溪书画纸厂中负责纸的检验。哥哥庄道群，1966年出生，不从事造纸，在小学当校长。庄道远有两个女儿，大女儿庄碧雯，1997年出生，在湖州师范学院读大三，专业为汉语言文学；二女儿庄柯雯，2002年出生，还在读高中，截至调查时都未表现出想继承父业的意愿。庄道远本人负责纸厂的生产营销。

表9.15　庄道远传承谱系
Table 9.15　Zhuang Daoyuan's family genealogy of papermaking inheritors

传承代数	姓名	性别	与庄道远关系	基本情况
第一代	不详	男	高祖	不详
第二代	庄敬桐	男	祖父	卒于1979年，会捞纸
第三代	庄道远	男	—	生于1972年，会晒纸、包装
第四代	庄秋云	女	姐姐	生于1962年，会检纸

三

杭州富阳双溪书画纸厂的代表纸品及其用途与技术分析

3
Representative Paper and Its Uses and Technical Analysis of Hangzhou Fuyang Shuangxi Calligraphy and Painting Paper Factory

⊙1

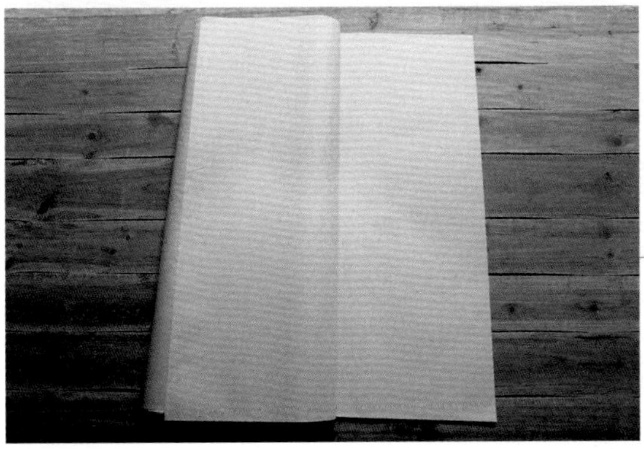
⊙2

⊙3

⊙1
四尺特净白唐纸
4-chi Superb-bark Baitang paper

⊙2
四尺元书
4-chi Yuanshu paper

⊙3
新试制的『特级』元书纸
Newly made superb Yuanshu paper

（一）双溪书画纸厂代表纸品及其用途

据2016年8月入厂调查得知：双溪书画纸厂生产的手工纸种类多，品种规格也多，主要有白唐纸、元书纸、书画纸以及竹浆纸，规格有四尺（70 cm×138 cm）、五尺（80 cm×150 cm）、六尺（97 cm×180 cm）、六尺条屏（60 cm×180 cm）、七尺条屏（70 cm×180 cm和70 cm×205 cm）、八尺条屏（53 cm×234 cm）等。

关于白唐纸的名称由来，庄道远这样介绍：唐朝的时候文化发展繁荣，外国人称中国纸为唐纸，而这种纸经过了漂白，因此叫白唐纸。四尺白唐纸的批发价在120元/刀，零售价在200元/刀。原料配比为20%的嫩毛竹+40%的浆板+40%的龙须草。白唐纸的主要用途为书写。

元书纸为双溪书画纸厂最具代表性的纸品。四尺元书纸的批发价在100元/刀，零售价在150元/刀。原料配比为90%的浆板+5%的山桠皮+5%的竹青。该厂生产的元书纸不仅仅用于书画，还可用作食品包装和经书抄写用纸。元书纸在包装功能上主要用于茶叶的包装，主要销往北京包普洱茶。抄经书用途的元书纸中，将70 cm×180 cm的七尺条屏在宽度方向对裁开，35 cm×180 cm的大小刚好适合国内寺庙用小楷抄经书。而70 cm×205 cm的纸适合喜欢跪坐着写字画画的日、韩地区，尤其是日、韩画人物习惯于从头画到脚，因此比较青睐长一些的纸。

“特级”元书纸为庄道远2015年研发的一种没有使用任何化工材料和添加剂的纸，希望能够用来包装食品。生产初期纸上有黑点，为空气中的尘埃附着，为了解决这一问题，庄道远尝试用高压蒸汽除尘埃附着，明显降低了尘埃度。调查组2016年8月3日第一次前往纸厂调查的时候，正逢高达40℃的高温天气，厂里放高温假没有生产。庄道远当时介绍，等高温假一过，他将尝试对“特级”元书纸进行改进，使用2015年的旧毛竹料来造纸，看看经过一年多时间的挥发后，毛竹料中的成分会有什么变化，“特级”元书纸的外观上又有什么变化。调查组成员2016年10月9日再次前往纸厂时，试验品已经做好。庄道远表示他本人对第一批试验品比较满意，在不添加任何化工材料的情况下，“特级”元书纸表现出纯度高、杂质少、颜色较白等特性，符合预期。

（二）双溪书画纸厂代表纸品性能分析

测试小组对采样自富阳双溪书画纸厂的双溪“特级”元书纸所做的性能分析，主要包括定量、厚度、紧度、抗张力、抗张强度、撕裂度、撕裂指数、湿强度、白度、耐老化度下降、尘埃度、吸水性、伸缩性、纤维长度和纤维宽度等。按相应要求，每一指标都重复测量若干次后求平均值，其中定量抽取5个样本进行测试，厚度抽取10个样本进行测试，抗张力抽取20个样本进行测试，撕裂度抽取10个样本进行测试，湿强度抽取20个样本进行测试，白度抽取10个样本进行测试，耐老化度下降抽取10个样本进行测试，尘埃度抽取4个样本进行测试，吸水性抽取10个样本进行测试，伸缩性抽取4个样本进行测试，纤维长度

表9.16　双溪“特级”元书纸相关性能参数
Table 9.16　Performance parameters of Shuangxi superb Yuanshu paper

指标		单位	最大值	最小值	平均值	结果
定量		g/m^2				24.5
厚度		mm	0.790	0.600	0.682	0.682
紧度		g/cm^3				0.04
抗张力	纵向	N	40.5	17.3	31.3	22.7
	横向	N	15.0	12.8	14.0	14.0
抗张强度		kN/m				1.343
撕裂度	纵向	mN	244.0	178.2	220.1	220.1
	横向	mN	218.0	163.1	184.4	184.4
撕裂指数		$mN·m^2/g$				8.3
湿强度	纵向	mN	1968	1442	1640	1640
	横向	mN	754	566	676	676
白度		%	30.3	30.1	30.2	30.2
耐老化度下降		%	29.2	28.8	29.0	1.2
尘埃度	黑点	个/m^2				40
	黄茎	个/m^2				0
	双浆团	个/m^2				0
吸水性	纵向	mm	22	19	20	14
	横向	mm	18	16	17	3
伸缩性	浸湿	%				0.75
	风干	%				0.75
纤维	长度	mm	1.7	0.1	0.6	0.6
	宽度	μm	56.5	1.4	14.5	14.5

测试了200根纤维，纤维宽度测试了300根纤维。对双溪“特级”元书纸进行测试分析所得到的相关性能参数如表9.16所示，表中列出了各参数的最大值、最小值及测量若干次所得到的平均值或者计算结果。

⊙1

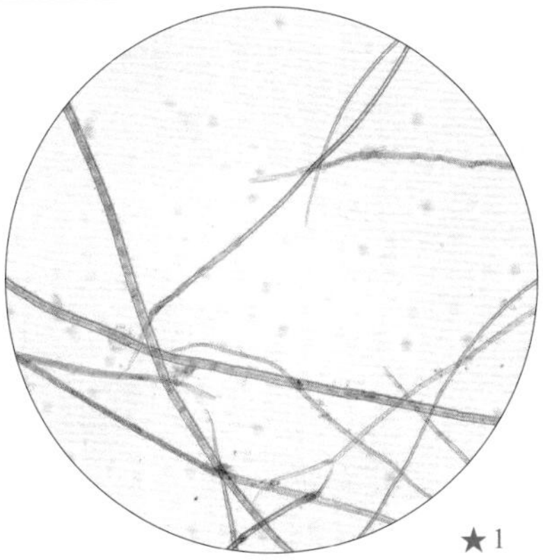

★1

★2

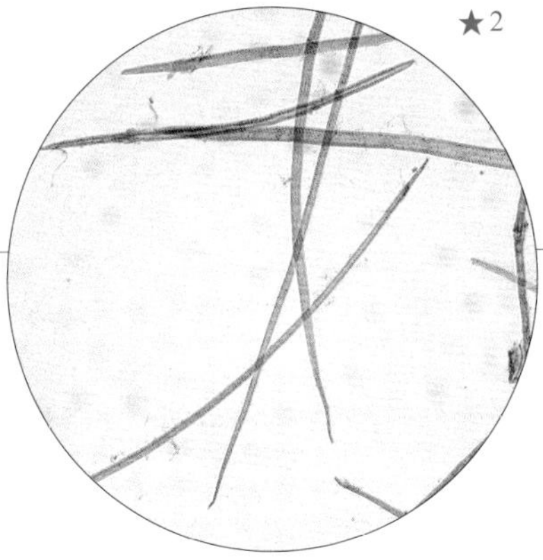

由表9.16可知，所测双溪“特级”元书纸的平均定量为24.5 g/m²。双溪“特级”元书纸最厚约是最薄的1.317倍，经计算，其相对标准偏差为0.098，纸张厚薄较为一致。通过计算可知，双溪“特级”元书纸紧度为0.04 g/cm³。抗张强度为1.343 kN/m。所测双溪“特级”元书纸撕裂指数为8.3 mN·m²/g。湿强度纵横平均值为1 158 mN。

所测双溪“特级”元书纸平均白度为30.2%。白度最大值是最小值的1.010倍，相对标准偏差为0.004，白度差异相对较小。经过耐老化测试后，耐老化度下降1.2%。

所测双溪“特级”元书纸尘埃度指标中黑点为40个/m²，黄茎为0，双浆团为0。吸水性纵横平均值为14 mm，纵横差为3 mm。伸缩性指标中浸湿后伸缩差为0.75 %，风干后伸缩差为0.75 %。说明双溪“特级”元书纸的伸缩性差异不大。

双溪“特级”元书纸在10倍和20倍物镜下观测的纤维形态分别如图★1、图★2所示。所测双溪“特级”元书纸纤维长度：最长1.7 mm，最短0.1 mm，平均长度为0.6 mm；纤维宽度：最宽56.5 μm，最窄1.4 μm，平均宽度为14.5 μm。

★1 双溪『特级』元书纸纤维形态图（10×）
Fibers of Shuangxi superb Yuanshu paper (10× objective)

★2 双溪『特级』元书纸纤维形态图（20×）
Fibers of Shuangxi superb Yuanshu paper (20× objective)

⊙1 双溪『特级』元书纸润墨性效果
Writing performance of Shuangxi superb Yuanshu paper

四
杭州富阳双溪书画纸厂“特级”元书纸的生产原料、工艺与设备

4
Raw Materials, Papermaking Techniques and Tools of Superb Yuanshu Paper in Hangzhou Fuyang Shuangxi Calligraphy and Painting Paper Factory

（一）双溪书画纸厂“特级”元书纸的生产原料

1. 主料：毛竹肉和檀树皮

双溪书画纸厂生产的“特级”元书纸的生产原料是当年生嫩毛竹肉以及檀皮，竹料占97%，皮料占3%。为了规避风险，庄道远不自己雇佣工人砍竹，而是收购当地村民砍好的毛竹，每年大概收购3 000页料，2016年收购价格是40元/页，2018年的收购价是50元/页，预计2019年价格仍会上涨。每年5月10日～15日之间为砍竹的最佳开始时间，至5月22日～23日结束。檀皮2016年之前从江西玉山县购买，2016年之后从安徽购买，买来时已经经过蒸煮和漂白，价格为60元/kg，一包15 kg售价900元，一年使用约200包。

2. 辅料：水

在“特级”元书纸的原料制作和捞纸环节中，水都起着至关重要的作用。双溪书画纸厂门口流经有山溪水，直接就地取材，引水入厂进行原料加工。同时，厂内还挖了一口160米深的井。据庄道远介绍，地下水中含钙，对于纸的保存具有一定好处，因此选用地下水来捞纸。调查组现场取水样检测，山溪水和地下水的pH都在5.5～6.0之间。

⊙1

⊙2

⊙1
流经厂区外清澈的山溪水
Clean stream flowing outside the factory

⊙2
溪水pH测试
Testing the pH of stream

（二）双溪书画纸厂“特级”元书纸的生产工艺流程

根据庄道远的工艺描述，综合调查组2016年8月3日和2016年10月9日两次在纸厂的实地工序调研，归纳双溪书画纸厂“特级”元书纸的生产工艺流程为：

壹	贰	叁	肆	伍	陆	柒	捌	玖	拾
砍青	浸坯	砍断	腌料	煮料	清洗	淋尿	落塘	榨水	磨料

拾壹	拾贰	拾叁	拾肆	拾伍	拾陆	拾柒
打浆	捞纸	压榨	晒纸	检验	裁纸	成品包装

壹 砍青

1

从山上将嫩毛竹砍下，运到山脚，再将其砍成2 m一段。砍好后，对毛竹进行剥皮，将竹皮和竹肉分开。然后将竹敲破，使竹节露出来，将竹节去掉。据庄道远介绍，山阴面生长的毛竹比阳面的要好；土壤最好是表面为黄泥，底层为细沙，这种土壤最适合毛竹的生长；半山腰的竹子最好。

贰 浸坯

2

砍竹期间，每天早上砍竹，中午砍青，到傍晚时把竹子放入山泉水中浸泡，水温越低越好。浸泡约15天时间。

叁 砍断

3

等到清澈的水变得黏糊，便可将毛竹取出。将其砍成40 cm一段，并按12.5～15 kg为1捆扎起来，每捆当地叫作一页料。

肆

腌料

4

将石灰按照一页料配0.5 kg石灰的比例放入池中，加入水，搅拌均匀；将竹料一页一页放入其中，待石灰完全浸泡透竹料，2～3分钟后即可将竹料捞起。腌好的竹料富阳本地叫作“灰竹页”[9]。

伍

煮料

5

将灰竹页放入蒸锅中，放满水，在蒸锅底部烧火加热，水烧至100 ℃以后，停止烧火，蒸锅保温，让其自然冷却；冷却约1天时间以后，再烧火，重复之前步骤，总共蒸煮时间为5天。1锅每次可蒸煮70～80页料。据庄道远介绍，煮料时不宜放太多竹料，防止石灰不能完全进入、蒸煮不彻底。

陆

清洗

6

用山涧水清洗煮好的竹料，将石灰洗净，洗7～8次即可。洗好的竹料依次堆放好，等待下一工序。访谈中庄道远表示，现在清洗竹料这一工序费时也费力，他希望有一天能够通过科技的手段，用机器代替人工，采用流水线式清洗，也达到同样的清洗效果。

柒

淋尿

7

将堆放的竹料逐页放入尿桶中浸泡，大概完全浸湿即可拿出，重新堆放。一批料全部淋完尿以后，用草盖住竹料堆，草的上方用重物压住，再用厚的塑料膜将竹料堆完全封住使其不透风，如此堆放7天左右。据庄道远介绍，人尿中含有能使竹料腐烂的物质，有利于竹料的发酵。

捌

落塘

8 ⊙1⊙2

将竹料放入清水塘中，依次叠放，用清水浸泡15天左右。期间不换水，直至水的颜色变黑，说明竹料已经成熟，可以使用。

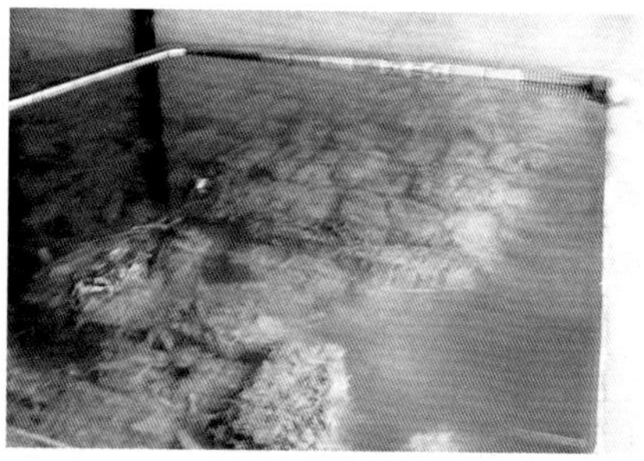

⊙1

⊙2

[9] 李少军．富阳竹纸：竹纸天工解读·竹纸文化探究[M].北京：中国科学技术出版社，2010:111.

⊙1
落塘
Bamboo in the pond

⊙2
庄道远向调查组成员介绍竹料发酵程度
Zhuang Daoyuan showing fermentation degree of bamboo to the researchers

工
艺
2
3
3
流
程

第九章
Chapter IX

富阳区元书纸
Yuanshu Paper
in Fuyang District

Section 7

第七节

玖

榨　水

9　　⊙3⊙4

用千斤顶将毛竹料榨干，大约60分钟即可。

⊙3

拾

磨　料

10　　⊙5

将榨干的竹料放置于石碾盘上，用电机拖动石碾对竹料进行碾磨，使其变成细末料。每次磨100～150kg料，大约需要60分钟。

⊙4

⊙5

拾壹

打　浆

11　　⊙6

将磨好的细末料放入打浆机中，加水打浆。同时，手动用刀刮檀皮，使其变细变松散之后，放入打浆机中打浆，不需要用石碾磨。需要强调的是，竹料和皮料是分开打浆，各自打好浆后再混合。

⊙6

⊙
3
未完全榨干的竹料
Bamboo materials to be pressed

4
榨干的竹料
Dried bamboo materials

⊙
5
磨料
Grinding the materials

⊙
6
打浆
Beating the pulp

杭州富阳双溪书画纸厂

Library of Chinese Handmade Paper

中国手工纸文库

浙

江 卷·中卷

Zhejiang II

拾贰

捞 纸

12 ⊙7

打好的浆料通过管道运输至纸槽中，即可进行捞纸。双溪书画纸厂所有纸槽全部保留传统手工捞纸的方法。捞纸工站在纸槽一侧，两手分别握住帘床左右两边，倾斜着放入纸浆中，等到纸浆完全覆盖纸帘，再倾斜着迅速抬起帘床，荡去纸帘上多余的水，纸帘上便形成了一层湿纸膜。再一手捏住纸帘靠近身体的一边中点，一手捏住其对边中点，垂直着反扣于纸架上，留下湿纸。如此反复不停操作，纸架上便形成逐渐变高的湿纸帖。

据庄道远介绍，主厂区2016年时有24名捞纸工，到2019年3月回访时已增至29名。每名捞纸工1天能捞1 500张纸左右，每天工作13～14个小时，基本上从凌晨3点工作到下午5点。工人工资按合格品计件算，2016年每捞1张纸工资约为0.16元，2019年每捞1张纸工资约为0.18元。

拾叁

压 榨

13

捞纸工一天捞完1 500张纸后，在下午大约6点进行压榨工作，将湿纸块用千斤顶压榨，大约历时1小时，榨干后得到湿纸贴，即可等待第二天晒纸。

⊙7

拾肆

晒 纸

14 ⊙8⊙9

晒纸工对着干纸帖适当洒水，再用鹅榔头在纸帖上刮一刮，使其松散。然后用手将纸帖边角处捻松，对着边角吹气，使其能够被顺利揭下来。揭下来的湿纸像一块布一样，被贴到焙壁上，再用松毛刷刷服帖。沿着焙壁从左到右晒纸，等到焙壁上的纸有边角翘起，便可将其揭下，一张纸便晒好了。

焙壁上刷有米浆，因此可以牢牢粘住湿纸。晒纸工根据经验，每晒一定量的纸就用鹅榔头在纸帖上刮几下，并对着边角吹气。每晒半刀纸（50张）左右就要往焙壁上涂米浆。如此往复，每名晒纸工每天大约可以晒1 500张纸，基本上50秒左右就可以晒好1张纸。

据庄道远介绍，2016年主厂区共有24名晒纸工，2019年扩展到29名，分为两个班次，一班从凌晨1点到早上10点，一班从早上10点到下午7点。每天工作8～10个小时，2016年月薪为5 000～6 000元，2019年月薪为6 000～7 000元。

⊙8

⊙9

Hangzhou Fuyang Shuangxi Calligraphy and
Painting Paper Factory

⊙
9
晒纸工往焙壁上刷纸
Workers pasting the paper on a drying wall

⊙
8
晒纸工揭湿纸
A worker peeling the wet paper down

⊙
7
捞纸工在捞纸
A worker making the paper

拾伍
检 验

15 ⊙10

对晒好的纸一张张进行检验，剔除有破损和褶皱的纸，然后堆放至仓库中。

⊙10

拾陆
裁 纸

16 ⊙11

用裁纸机裁切纸张，剩余的边角料重新运回石碾中碾磨打浆。

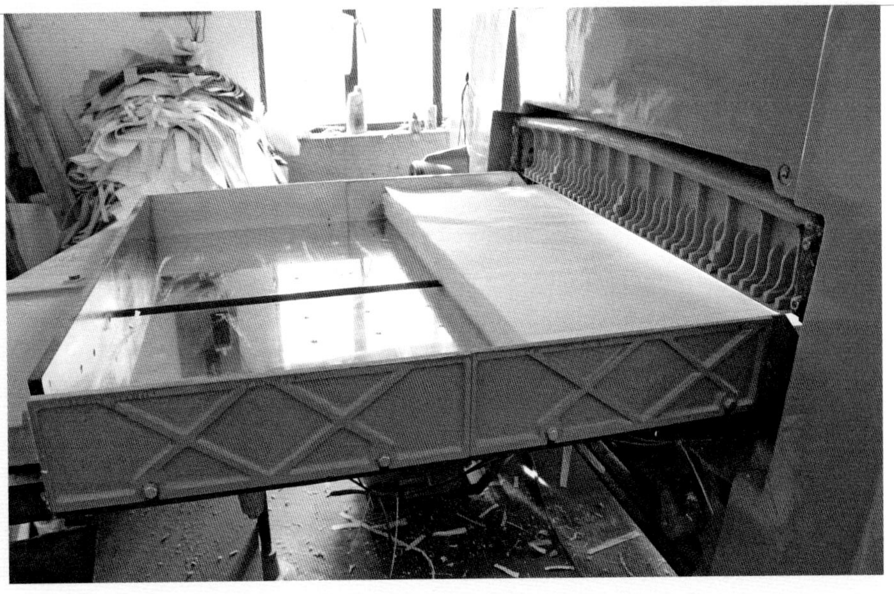

⊙11

拾柒
成 品 包 装

17 ⊙12

双溪书画纸厂生产的纸品全部按100张为1刀包装，包装用的纸不吸水，可以防止纸品受潮。同时值得一提的是，庄道远不在纸品上加盖印章，而是在纸包装上贴小标签。庄道远解释道，这是考虑到纸品保存时间长了印章油墨可能会渗开，会对书画效果产生影响，所以必须保证所有出厂的纸品上没有任何杂质。

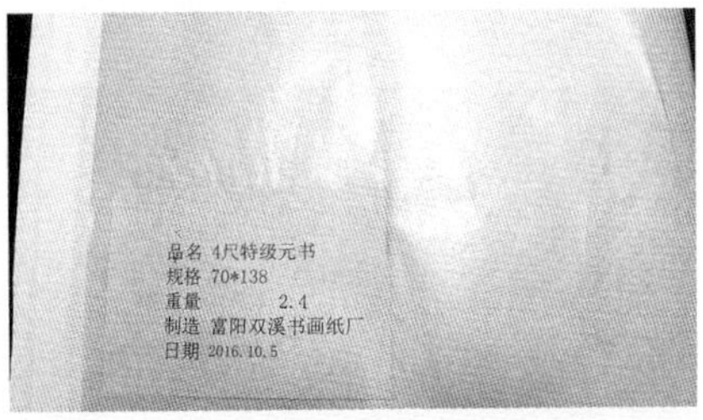

⊙12

⊙10 检验 Checking the paper
⊙11 裁纸 Cutting the paper
⊙12 包装上的小标签 Label on the packing

（三）双溪书画纸厂“特级”元书纸的主要制作工具

壹 石碾 1

碾磨竹料和皮料的工具，由石碾和磨盘组成。实测双溪书画纸厂所用石碾尺寸为：石碾直径110 cm，厚46 cm；磨盘直径301 cm，高57 cm。十几年前由本地石匠打造，花费了近万元。

⊙1

贰 打浆机 2

用于竹料打浆和皮料打浆的机器。实测双溪书画纸厂所用打浆机尺寸为：直径223 cm，高152 cm。2016年购买于山东省，售价约为2万元。

⊙2

叁 纸槽 3

用于盛放纸浆的长方体容器。传统为石砌或木质，调查时均由水泥砌成。捞纸时工人站在其一侧。实测双溪书画纸厂所用纸槽尺寸为：长264.5 cm，宽220 cm，高88 cm。

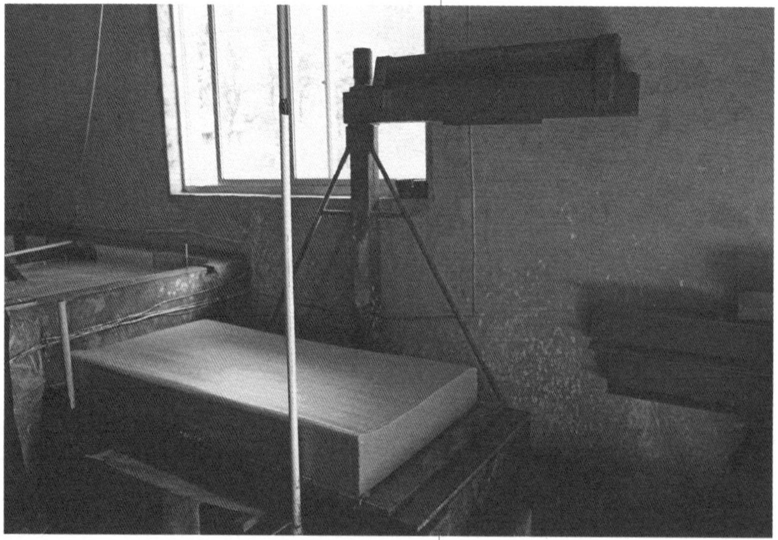

⊙3

肆 纸帘 4

捞纸的重要工具，用于形成湿纸膜，用细竹丝编织而成，刷有黑色土漆。实测双溪书画纸厂所用纸帘尺寸为：长151 cm，宽80 cm。

⊙4

⊙1 碾料中的石碾 Grinding the materials with a stone roller
⊙2 打浆机 Beating machine
⊙3 纸槽 Papermaking trough
⊙4 纸帘 Papermaking screen

伍 帘床 5

用于放置纸帘的用木头和竹子制成的长方形托架。实测双溪书画纸厂所用帘床尺寸为：长140 cm，宽90 cm。

⊙5

陆 鹅榔头 6

晒纸时用于划松纸帖的鹅脖子形状的榔头，木质。实测双溪书画纸厂所用鹅榔头尺寸为：直径3 cm，长22 cm。

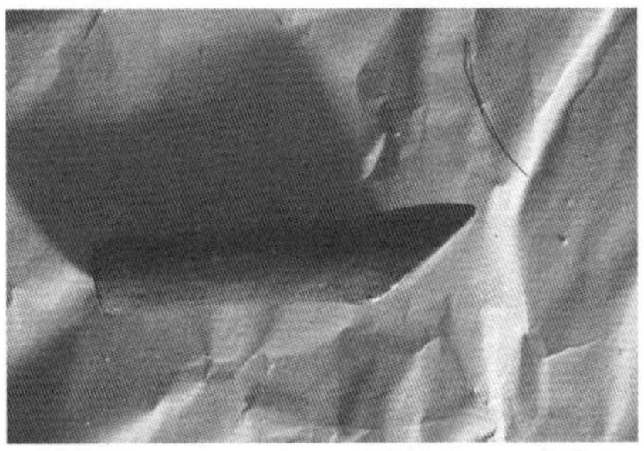
⊙6

捌 焙壁 8

用于晒纸的光滑铁壁，由两块长方形钢板焊接而成，中间为空心，通入加热的水蒸气后可烘干湿纸。实测双溪书画纸厂所用焙壁尺寸为：长352 cm，高198 cm，上宽24 cm，下宽33 cm。

柒 松毛刷 7

晒纸时刷纸上焙壁并使纸更服帖的工具，刷柄为木质，刷毛为松针。实测双溪书画纸厂所用松毛刷尺寸为：长45 cm，宽13 cm。

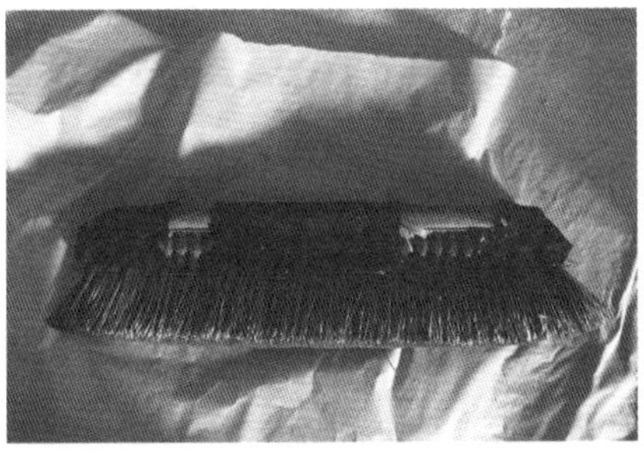
⊙7

⊙8

⊙5 帘床 Frame for supporting the papermaking screen
⊙6 鹅榔头 Tool for separating the paper
⊙7 松毛刷 Brush made of pine needles
⊙8 焙壁 Drying wall

五 杭州富阳双溪书画纸厂的市场经营状况

5 Marketing Status of Hangzhou Fuyang Shuangxi Calligraphy and Painting Paper Factory

2016年8～10月调查时获得的市场销售信息是：双溪书画纸厂生产的纸品70%用于出口，在出口的纸品中，60%销往韩国，30%销往日本，10%销往台湾地区。该厂从2001年开始通过贸易公司正式出口韩国书画纸，主要用途为书法练习，目前已有5个韩国客户，在韩国手工纸行业占有很大的比重，上海和宁波的海关出口数据以及韩国客户提供的数据显示，双溪书画纸厂出口的纸品在韩国手工纸市场上的份额大约已达90%。纸厂纸品2005年开始出口日本，2006年开始销往台湾地区。

2019年3月回访时获得的市场销售信息是：双溪书画纸厂生产的纸品60%出口，在出口的纸品中，60%销往韩国，30%销往日本，10%销往台湾地区，总体出口比例略有下降。

2016年双溪书画纸厂在国内市场每个大城市都有代理商，且代理商的数量在不断增加，北京有2～3家，全国大约几十家。到了2019年，代理商业务减少，目前全国只剩20家左右。客户直接通过纸厂或者线上淘宝店下单。据庄道远介绍，目前纸厂年销售额约为2 000万元人民币，其中有100万元人民币销售额是通过线上的淘宝店实现的，总出口销售额为1 000万元人民币，净利润为10%。双溪书画纸厂的国内市场销售范围较广，其中杭州、上海的顾客最多，远到西藏，近到富阳。双溪书画纸厂于2015年12月被评为杭州市富阳区非物质文化遗产生产性保护基地。

⊙1

⊙2

⊙1 堆放纸品的仓库 Paper products stored in the warehouse

⊙2 非物质文化遗产生产性保护基地 Intangible Cultural Heritage Production Protection Base

六
杭州富阳双溪书画纸厂的造纸文化与造纸故事

6
Papermaking Culture and Stories of Hangzhou Fuyang Shuangxi Calligraphy and Painting Paper Factory

20世纪70年代，庄道远的父亲庄如加担任双溪村的村支书，当时农村经济普遍较差，身为村支书的庄如加一直在思考如何带领村民们脱贫。富阳盛产竹子，所以他想到可以就地取材用造纸的技艺带领村民们致富。当时他组织了一批30岁左右的年轻人，到距离富阳县不远的龙游县学习书画纸的制作工艺，学成归来的年轻人将造纸技艺广为传播，影响深远。庄道远本人也因此走上了手工造纸之路。

庄道远刚开始学习晒纸，随后进行纸的收购与销售，因对手工纸有着极大的热情，随后创建了双溪书画纸厂。在手工纸行业内，庄道远结识了两位“贵人”。一位叫付尚宫，他带领庄道远走出了“国门”，创造了今天的出口神话。付尚宫1970年出生，朱家门人，富阳竹纸出口第一人，开创了日本市场，20世纪80年代初开办了改制后的富阳宣纸厂，一直从事手工纸的生产与销售，到了退休的年纪想要隐退，因非常欣赏庄道远的诚信与认真，便将自己日本和台湾的客户介绍给了庄道远。起初，客户并不是很放心，只让庄道远试着发货看看纸品的品质，随着客户与庄道远的深入接触，加上纸品一直保持着优良的质量，最终达成了长期的合作关系。

另一位“贵人”盛茂达1954年出生，大源镇赆口村人。庄道远亲切地称呼他为“领路人”。据庄道远说，他们每天都一起散步探讨企业未来的发展，庄道远在做许多重大决定前都会听取盛茂达的意见。1999年盛茂达转做机械纸生产，就将自己的韩国手工纸客户介绍给了庄道远，双溪书画纸厂于是首次通过地区中转站开始了非正式出口韩国的贸易。2008年的金融危机来袭时，盛茂达拥有的充足资本成为庄道远在这场“战争”中获胜的关键，使得庄道远有勇气不减小生产规模，从而再次抓住了机遇。

⊙3

⊙4

⊙3 纸厂名牌匾 Name plaque of the factory

⊙4 庄道远与盛茂达 Zhuang Daoyuan and Sheng Maoda

庄道远在经营纸厂的过程中，也并非一帆风顺。2016年，一个合作了三四年的韩国客户提出要先发货后付款，他告诉庄道远自己家里出现了变故，需要延后交款，希望可以先拿到货，本着诚信交易理念的庄道远同意了客户的要求，等到再次询问客户资金时，这位韩国客户开始编造各种理由拖欠货款，直到现在还有20万元人民币没有付清。庄道远表示这钱肯定是要不回来了，这个客户也不会再合作了，20万元给自己买了一个教训也还是值得的。从此，对待客户，庄道远一律秉承先付款后发货的原则。

庄道远也遇到过一些从做生意变成朋友的“优质”客户。2012年，庄道远的纸厂积压了很多库存，一个日本客户来厂里参观看到了这一幕，便提出先预付5 000刀纸钱第二年再发货的提议，这一举动感动了庄道远：这是对他本人的信任。第二年，庄道远将5 000刀纸如期发货，绝对地保证纸品与质量，日本客人收到货后十分满意。

庄道远总结这些年对纸厂的管理与经营，有着自己独到的见解，他认为做到工人稳定、客户稳定以及资金稳定，并且与客户进行良好的沟通以及最大化地保障彼此的权益，合作就会稳定，纸厂的发展也就会更好。

⊙1

⊙1 庄道远在整理仓库纸品
Zhuang Daoyuan sorting the paper products in the warehouse

七
杭州富阳双溪书画纸厂的业态传承现状与发展思考

7
Current Status and Development of Hangzhou Fuyang Shuangxi Calligraphy and Painting Paper Factory

⊙2

⊙3

⊙2
工人宿舍
Dormitory for workers

⊙3
工厂环境
View of the factory

（一）业态传承现状

1. 贵州工人现状与问题

2006年的调查显示，纸厂里的工人有25%是本地人，75%是外地人，外地的工人来自广西、四川、贵州等地，其中贵州的工人占了大多数，工人的平均年龄在45岁左右，都是进了纸厂以后才学习造纸的。2019年回访时了解到，纸厂里的工人40%是本地人，60%来自外地，而外地中的90%来自贵州。外地工人来纸厂工作，庄道远为他们安排住宿，通常两夫妻一间屋子，为子女提供读书机会。正式工人一年大约能挣十几万，实习工人需培训2个月左右，期间也支付工资，一天100元。

2. 家族传承的考虑

谈及是否想让两个女儿来接班，庄道远说，只要能有优秀的人才把手工纸事业做好就行，不是自家人来接班也无所谓；子女接班反而会对纸厂的发展产生负面影响，不利于手工纸事业的发扬光大。

（二）发展面临的挑战

1. 使用化工材料问题

双溪书画纸厂的产品中除了元书纸和“特级”元书纸，其他纸都添加了化工材料。庄道远本身对化工材料是持反对态度的，一是因为对环境有污染，二是因为增加了成本。如果中间的原料加工过程不添加化工材料，节省成本，纸的质量能够提高，纸品会更受欢迎，售价和利润也就能够相应地提高。所以，庄道远一直在思考如何在不使用化工材料的情况下提高纸的质量，截至调研时，已较成功地生产出符合预期的“特级”元书纸，其他品种的纸还有待研究。

2. 青年员工的发展问题

虽然目前纸厂给工人的待遇还不错，但是从

事手工纸制作相比其他工作而言，难上手、工作时间长、工艺复杂，这都是无法避免的，于是造成年轻一代的人从事手工纸制作者越来越少。如何唤起青年人对手工纸行业的热爱并加入，这是庄道远在未来企业发展中需要一直思考的问题。

3. 企业文化与品牌建设问题

现阶段的企业想要长远地发展，需要构建自身的品牌文化和企业文化。手工纸行业历史渊远，如何结合自身的发展去构建属于自己企业的文化，提高自身品牌的辨识度，这是庄道远一直思考的另一个问题。

杭州富阳双溪书画纸厂元书纸

Yuanshu Paper of Hangzhou Fuyang Shuangxi Calligraphy and Painting Paper Factory

『双溪』特级元书纸透光摄影图
A photo of "shuangxi" superb Yuanshu paper seen through the light

第八节
富阳大竹元宣纸有限公司

浙江省
Zhejiang Province

杭州市
Hangzhou City

富阳区
Fuyang District

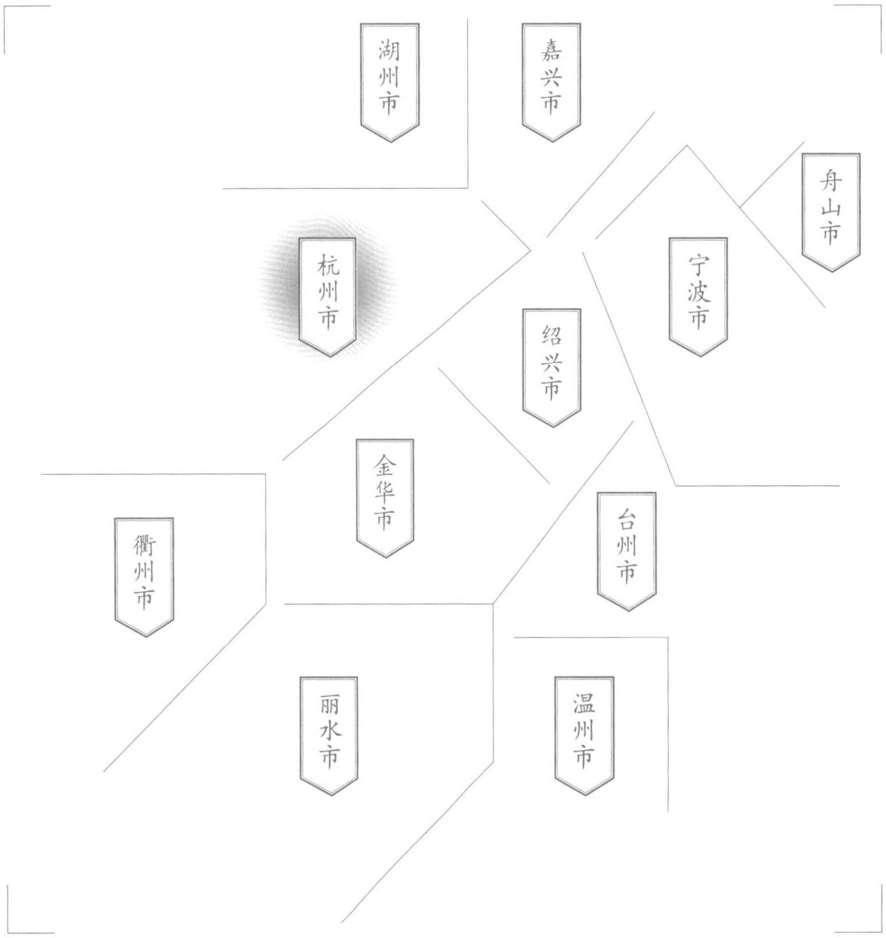

调查对象

富阳区湖源乡新二村
富阳大竹元宣纸有限公司
竹纸

Section 8
Fuyang Dazhuyuan Xuan Paper Co., Ltd.

Subject

Bamboo Paper in Fuyang Dazhuyuan Xuan Paper Co., Ltd. in Xin'er Village of Huyuan Town in Fuyang District

一
富阳大竹元宣纸有限公司的基础信息与生产环境

1
Basic Information and Production Environment of Fuyang Dazhuyuan Xuan Paper Co., Ltd.

富阳大竹元宣纸有限公司位于杭州市富阳区湖源乡新二村元书纸制作园区，地理坐标为：东经119° 58′ 50″，北纬29° 49′ 23″。

调查中，据大竹元宣纸有限公司负责人李文德介绍：富阳大竹元宣纸有限公司于2012年正式工商注册，其销售品牌为“大竹元”。调查时了解到的基础生产信息为：富阳大竹元宣纸有限公司生产的纸品包括元书纸、书画纸、竹纸和用竹纸加工而成的镜片纸。2016年8月6日和2016年8月22日，调查组成员两次前往富阳大竹元宣纸有限公司进行田野调查，截至第二次调查时，富阳大竹元宣纸有限公司有员工38人，集中制备原料时可达到60人。共有5个厂区车间：1个打浆车间，2个抄纸车间（7口槽），1个晒纸车间（3条焙墙），1个剪纸和仓库车间，总占地面积15 000 m^2左右。2015年，富阳大竹元宣纸有限公司年产量约5万刀，年销售额600万元左右。

湖源本名为壶源，以溪为名，1956年始称湖源，一来同音，二寓“五湖四海同一源”之意。2016年全境地域面积共计127.75 km^2，辖行政村10个，村民小组163个，总户数4 175户，总人口14 361人。新二村位于富阳东南部，距富阳市区45 km，坐落于湖源乡政府驻地小章村东偏北6 km处，由新二村和钟塔村两个自然村合并而成。全村四面环山，属以林为主的山区，盛产竹、木、柴、炭。

⊙1

⊙2

⊙3

⊙4

⊙1 湖源乡景观 Landscape of Huyuan Town

⊙2 湖源新二村景观 Landscape of Xin'er Village in Huyuan Town

⊙3 新二村元书纸制作园 Yuanshu Papermaking Park in Xin'er Village

⊙4 新二村元书纸制作园的连片泡料塘 Soaking pools in Yuanshu Papermaking Park in the Xin'er Village

路线图
富阳城区
↓
富阳大竹元宣纸有限公司
Road map from Fuyang District centre to Fuyang Dazhuyuan Xuan Paper Co., Ltd.

富阳大竹元宣纸有限公司位置示意图

Location map of Fuyang Dazhuyuan Xuan Paper Co., Ltd.

考察时间
2016年8月 / 2016年8月

Investigation Date
Aug. 2016/Aug. 2016

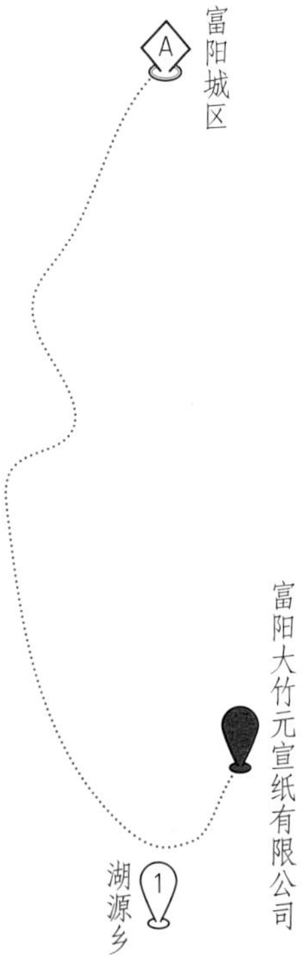

地域名称

A 富阳区
1 湖源乡
2 常安镇
3 洞桥镇
4 新登镇
5 灵桥镇
6 新义乡
7 大源镇

造纸点名称

富阳大竹元宣纸有限公司 造纸点

位置分布

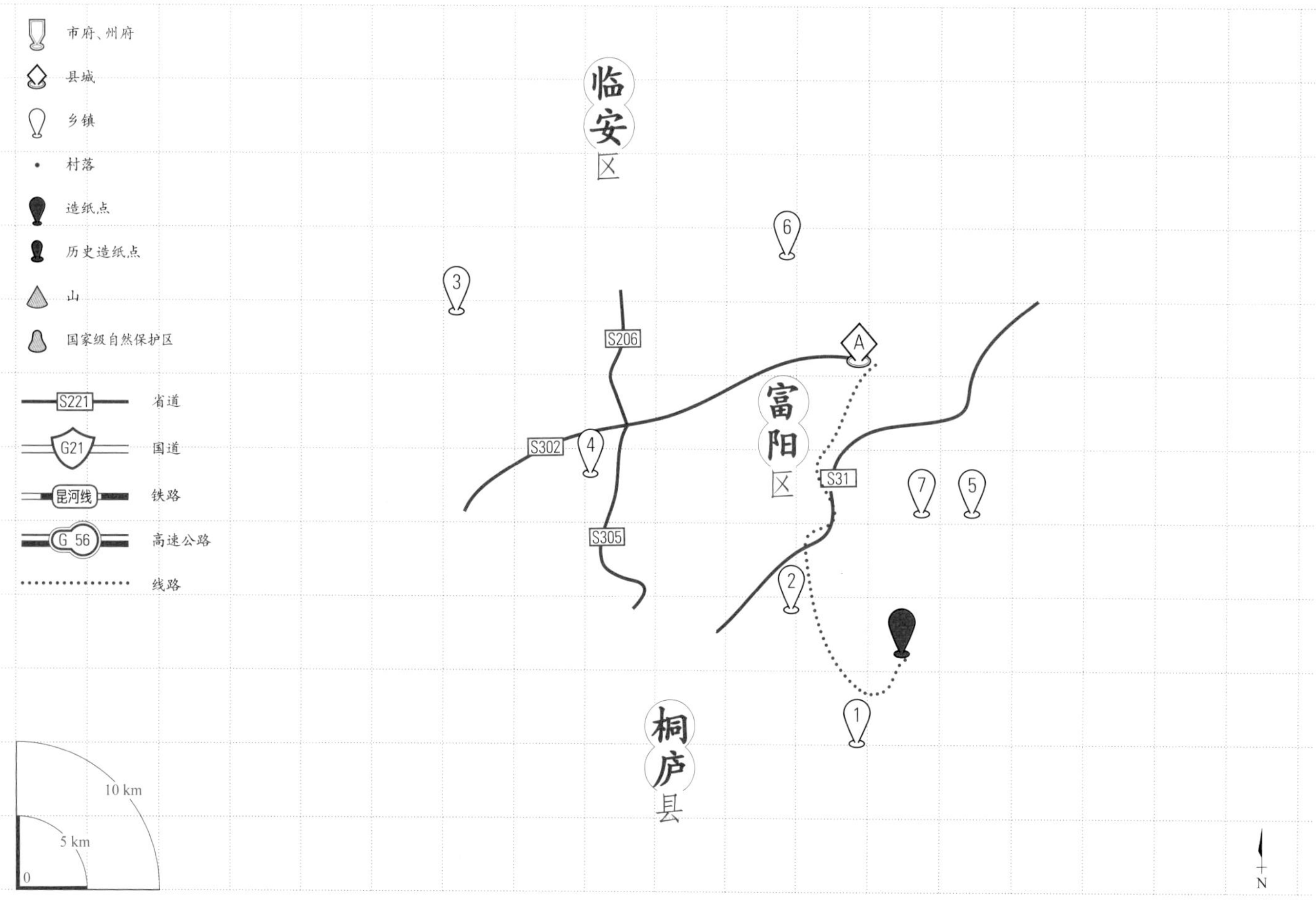

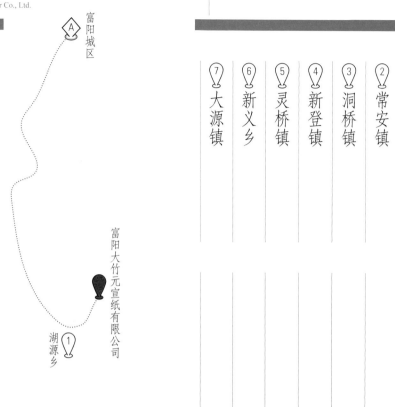

二
富阳大竹元宣纸有限公司的历史与传承

2
History and Inheritance of Fuyang Dazhuyuan Xuan Paper Co., Ltd.

李文德向调查组成员介绍的公司造纸信息如下：富元大竹元宣纸有限公司于1996年创立；2001年将传统小尺幅的元书纸尺寸扩大到四尺；2006年，生产规模从一开始的4口槽扩大到7口槽；2009年注册阿德元书纸厂（当地村人习称李文德为阿德）；2012年改名为富阳大竹元宣纸有限公司，并启用清代著名品牌“大竹元”。

“大竹元”原是上官乡盛村的盛立升的私人品牌，因产纸地靠近山的源头，水质较好，故生产出来的纸品质上乘，曾于20世纪70年代供国务院专用，在生产队改制期间停用。后该品牌由李文德的爷爷等人延续，2012年被李文德启用，沿用至今。

大竹元宣纸有限公司1996～2012年的厂址在新二村的李村自然村。2013年在富阳城区开设“文德轩”营销门面，同年被评为杭州市第一批非物质文化遗产生产性保护示范基地。2015年在新二村的生产规模曾扩大到10口槽。

李文德叙述的村里造纸简史为：新二村世代做纸，民国时期就有4口槽，1949年后发展到40口槽。后来生产队分成小队，新二村一共有约100口槽。生产出来的纸张统一由供销商采购后销售。当时，纸农1天可以拿到10个工分，折合1.1～1.2元/天。20世纪80年代初，改革开放分山到户后，由于新二村僻处深山交通不便，家庭式的小户经营市场效益下降，生产规模锐减到30口槽。

2012年，村里开始组织建设“新二村元书纸制作园区”，把新二村零散的小作坊都集中到园区里。2013年园区建成后，富阳大竹元宣纸有限公司随之搬到园区内。2016年，园区内共有34家作坊。入园以旧厂区置换和厂房租用两种方式为主，富阳大竹元宣纸有限公司的新厂房面积共计15 000 m^2，其中有一半是用以前厂房和土地换置的，另一半厂房为租用（租金75 000元/年）。

据李文德介绍：从清代至调查时，《富春李

⊙1

⊙2

⊙1
李村自然村
Licun Natural Village

⊙2
访谈李文德（右一）
Interviewing Li Wende (first from the right)

氏家谱》所记湖源乡李氏家族大多以做竹纸为业。李氏于清代早期从安徽省安庆地区迁移至此地。自康熙年间起传承谱系如下：李世英，1701年5月出生，从事手工纸制作；李学钜，1727年12月出生，做竹纸；李国浩，1777年8月出生，做竹纸；李树嵩，1810年9月出生，是做竹纸很有名气的师傅；李明炯，1849年10月出生，做竹纸；李承鑫，1875年9月出生，做竹纸，和“大竹元”品牌创始人盛立升是好友；李锡堂，1908年出生，做竹纸；李祥水，1939年12月出生，做竹纸，办元书纸厂。

李文德，1970年9月出生。1996年独自创办纸厂，当时自家有2口造纸槽，但销路不畅，19岁的李文德便出去跑销售，希望改善销量。

当时市场行情波动较大，元书纸收购价一般为260元/件（一件48刀，共计4 800张，单张尺寸42 cm × 46 cm），但当地供销商压价，收购价掉到115元/件，仅能保证纸农的工资开销，连成本都无法弥补，无奈之下的李文德下决心去上海亲戚家寻找新的机会。据李文德回忆：当时自己并不知道有哪些销售渠道，只听说有些纸会卖到火葬场，于是去了上海火葬场试试运气，结果没卖

⊙1

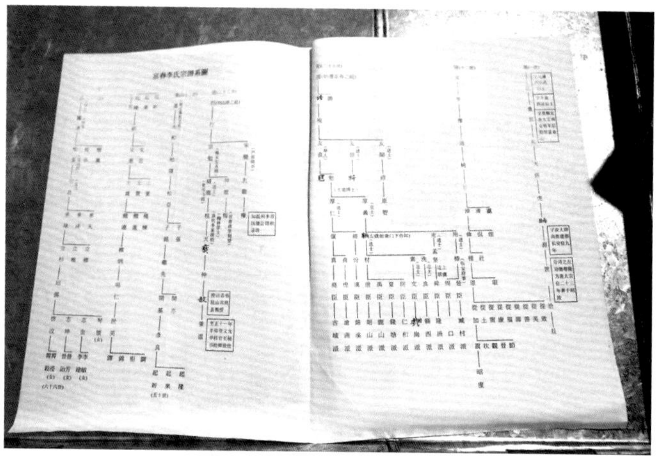

⊙2

表9.17 李文德传承谱系
Table 9.17 Li Wende’s family genealogy of papermaking inheritors

传承代数	姓名	性别	与李文德关系	基本情况
第一代	李世英	男	—	1701年5月出生，从事手工纸制作
第二代	李学钜	男	—	1727年12月出生，做竹纸
第三代	李国浩	男	—	1777年8月出生，做竹纸
第四代	李树嵩	男	—	1810年9月出生，是做竹纸很有名气的师傅
第五代	李明炯	男	高祖父	1849年10月出生，做竹纸
第六代	李承鑫	男	曾祖父	1875年9月出生，做竹纸，和“大竹元”品牌创始人盛立升是好友
第七代	李锡堂	男	祖父	1908年出生，做竹纸
第八代	李祥水	男	岳父	1939年12月出生，做竹纸，办元书纸厂（家庭作坊）

⊙1 新二村元书纸制作园区入口牌坊
Archway of Yuanshu Papermaking Park Entrance in Xin'er Village

⊙2 李氏宗族家谱
Genealogy of the Lis

掉。就在他灰心丧气，拉着纸路过虹口区一个菜市场的时候，一个文化商店购买了2捆纸。结果因缘际会，在那里遇到了文物馆的叶老师。叶老师看到李文德在卖纸，就与他闲聊起来，得知了其到处碰壁的经历。叶老师觉得纸品质不错，于是给李文德介绍了几家在上海福州路的商店。那些商店给出的收购价为每件300多元，远高于李文德家当地供销商的价格。因有了外地的收购渠道，李文德自家2口纸槽生产的纸无法满足需求，于是李文德开始收购别家作坊的纸，然后统一去外面卖。

⊙3

⊙4

⊙3
新二村李氏宗祠内景
Inside view of Ancestral Hall of the Lis in Xin'er Village

⊙4
新二村李氏宗祠外的碑帖
Inscription outside Ancestral Hall of the Lis in Xin'er Village

三
富阳大竹元宣纸有限公司的代表纸品及其用途与技术分析

3
Representative Paper and Its Uses and Technical Analysis of Fuyang Dazhuyuan Xuan Paper Co., Ltd.

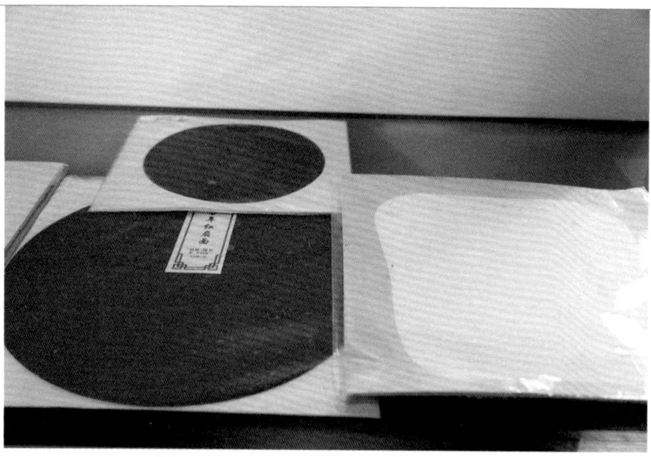

⊙1

⊙2

（一）富阳大竹元宣纸有限公司代表纸品及其用途

据2016年8月6日和2016年8月22日的调查得知：富阳大竹元宣纸有限公司生产元书纸、书画纸、竹纸以及用竹纸加工而成的镜片纸（卡纸）等纸品。李文德介绍，目前富阳大竹元宣纸有限公司最有代表性的产品为元书纸。

李文德介绍：富阳大竹元宣纸有限公司元书纸为100%竹浆制作，2016年调查时实际常态开工生产的有7口槽，产品以四尺规格为主，也可以按照市场或客户需求生产六尺、八尺、尺八屏等其他规格的元书纸。从用途上看，“大竹元”元书纸适宜勾线人物、花鸟等小写意类绘画创作。

（二）富阳大竹元宣纸有限公司代表纸品性能分析

测试小组对采样自大竹元宣纸有限公司的白唐纸所做的性能分析，主要包括定量、厚度、紧度、抗张力、抗张强度、撕裂度、撕裂指数、湿强度、白度、耐老化度下降、尘埃度、吸水性、伸缩性、纤维长度和纤维宽度等。按相应要求，每一指标都重复测量若干次后求平均值，其中定量抽取5个样本进行测试，厚度抽取10个样本进行测试，抗张力抽取20个样本进行测试，撕裂度抽取10个样本进行测试，湿强度抽取20个样本进行测试，白度抽取10个样本进行测试，耐老化度下降抽取10个样本进行测试，尘埃度抽取4个样本进行测试，吸水性抽取10个样本进行测试，伸缩性抽取4个样本进行测试，纤维长度测试了200根纤

⊙1
纸品『洒金万年红扇面』
Red fan paper decorated with golden dots

⊙2
各种品种的『大竹元』纸品
Various types of "Dazhuyuan" paper products

维，纤维宽度测试了300根纤维。对“大竹元”白唐纸进行测试分析所得到的相关性能参数如表9.18所示，表中列出了各参数的最大值、最小值及测量若干次所得到的平均值或者计算结果。

表9.18 “大竹元”白唐纸相关性能参数
Table 9.18 Performance parameters of “Dazhuyuan” Baitang paper

指标		单位	最大值	最小值	平均值	结果
定量		g/m²				31.2
厚度		mm	0.097	0.082	0.087	0.087
紧度		g/cm³				0.359
抗张力	纵向	mN	19.2	14.4	17.0	17.0
	横向	mN	11.9	9.3	10.5	10.5
抗张强度		kN/m				0.920
撕裂度	纵向	mN	575.6	343.5	479.2	479.2
	横向	mN	377.4	306.9	335.8	335.8
撕裂指数		mN·m²/g				13.1
湿强度	纵向	mN	553	503	530	530
	横向	mN	489	401	287	287
白度		%	52.6	52.1	52.4	52.4
耐老化度下降		%	48.3	47.8	48.1	4.3
尘埃度	黑点	个/m²				24
	黄茎	个/m²				80
	双浆团	个/m²				0
吸水性	纵向	mm	20	13	16	9
	横向	mm	15	10	12	4
伸缩性	浸湿	%				0.75
	风干	%				0.75
纤维	长度	mm	1.9	0.2	0.8	0.8
	宽度	μm	77.4	1.0	19.9	19.9

性能分析

由表9.18可知，所测“大竹元”白唐纸的平均定量为31.2 g/m^2。“大竹元”白唐纸最厚约是最薄的1.182倍，经计算，其相对标准偏差为0.032，纸张厚薄较为一致。通过计算可知，“大竹元”白唐纸紧度为0.359 g/cm^3。抗张强度为0.920 kN/m。所测“大竹元”白唐纸撕裂指数为13.1 mN·m^2/g。湿强度纵横平均值为408 mN，湿强度较小。

所测“大竹元”白唐纸平均白度为52.4%。白度最大值是最小值的1.010倍，相对标准偏差为0.004，白度差异相对较小。经过耐老化测试后，耐老化度下降4.3%。

所测“大竹元”白唐纸尘埃度指标中黑点为24个/m^2，黄茎为80个/m^2，双浆团为0。吸水性纵横平均值为9 mm，纵横差为4 mm。伸缩性指标中浸湿后伸缩差为0.75 %，风干后伸缩差为0.75 %。说明“大竹元”白唐纸伸缩性差异不大。

“大竹元”白唐纸在10倍和20倍物镜下观测的纤维形态分别如图★1、图★2所示。所测“大竹元”白唐纸纤维长度：最长1.9 mm，最短0.2 mm，平均长度为0.8 mm；纤维宽度：最宽77.4 μm，最窄1.0 μm，平均宽度为19.9 μm。

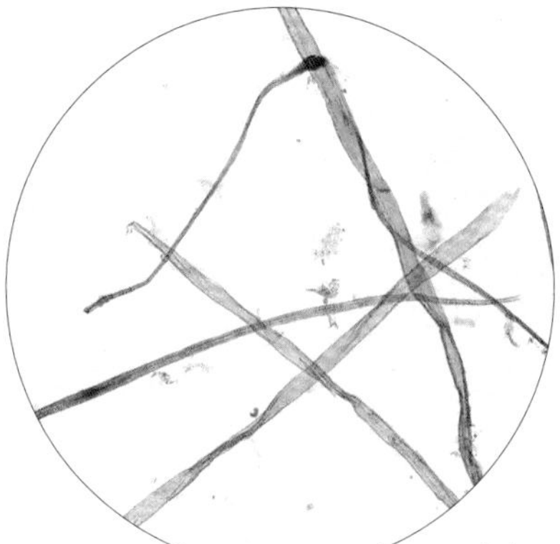

★1

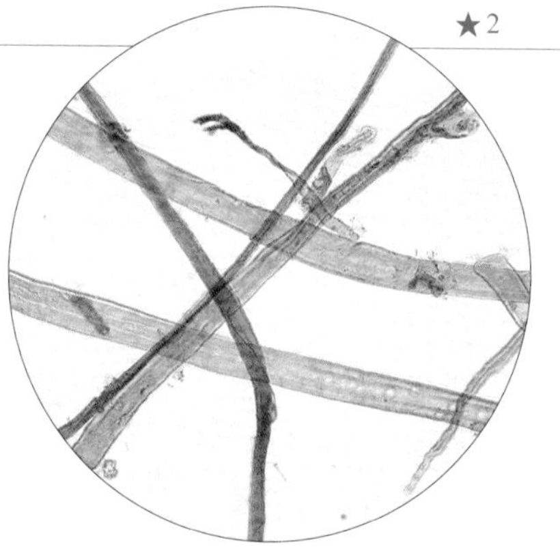

★2

⊙1

★1
『大竹元』白唐纸纤维形态图（10×）
Fibers of "Dazhuyuan" Baitang paper (10× objective)

★2
『大竹元』白唐纸纤维形态图（20×）
Fibers of "Dazhuyuan" Baitang paper (20× objective)

⊙1
『大竹元』白唐纸润墨性效果
Writing performance of "Dazhuyuan" Baitang paper

四
富阳大竹元宣纸有限公司“大竹元”元书纸的生产原料、工艺与设备

4
Raw Materials, Papermaking Techniques and Tools of Yuanshu Paper in Fuyang Dazhuyuan Xuan Paper Co., Ltd.

（一）“大竹元”元书纸的生产原料

1. 主料：嫩毛竹

当地所说的嫩毛竹是指农历小满前后砍的当年新生的毛竹。毛竹为多年生木本植物，茎秆圆柱形，材厚中空。毛竹纤维较长，和其他竹种相比，纤维较硬较挺，薄壁细胞较多。富阳大竹元宣纸有限公司一般在小满前3天开山，雇佣工人上山砍伐嫩毛竹。2016年时，雇砍竹工人的工资为400元/天。

2. 辅料：水

造纸需要大量的水，水源的好坏一定程度上可以决定纸张品质的高低。富阳大竹元宣纸有限公司选用的是当地被叫作“头把水”水源的源头水，水质清澈。据调查组成员现场的测试，“大竹元”元书纸制作所用的水pH为6.5，呈弱酸性。

⊙2

⊙3

⊙2
山泉水
Mountain spring water

⊙3
新二村山上的毛竹林
Phyllostachys edulis forest on mountains in Xin'er Village

（二）“大竹元”元书纸的生产工艺流程

据李文德介绍，“大竹元”元书纸的生产工艺流程为：

壹	贰	叁	肆	伍	陆	柒	捌	玖	拾
砍竹	断青	削青	拷白	落塘	断料	浸坯	蒸煮	翻滩	捆料

拾壹	拾贰	拾叁	拾肆	拾伍	拾陆	拾柒	拾捌	拾玖	贰拾	贰拾壹
挑料	淋尿	堆蓬	落塘	榨水	打浆	抄纸	压榨	晒纸	检验剪纸	成品包装

壹 砍竹

1 ⊙1～⊙4

小满前3天上山开始砍竹，主要砍伐当年新生长的竹子，从没有发根的根部上面1 cm处砍起。砍伐时长约一周。

嫩竹竹节里面有层黄斑，而一般生长在泥土较深处的竹子黄斑相对较少，因此砍伐时会专挑那些生长在泥土较深处的竹子。另外石头多的地区，竹子会硬一点。

砍下的竹子通过电动车运到山下。

⊙1

⊙1 传统运竹工具（现已改用电动车）

Traditional bamboo transport tools (now replaced by the electric vehicles)

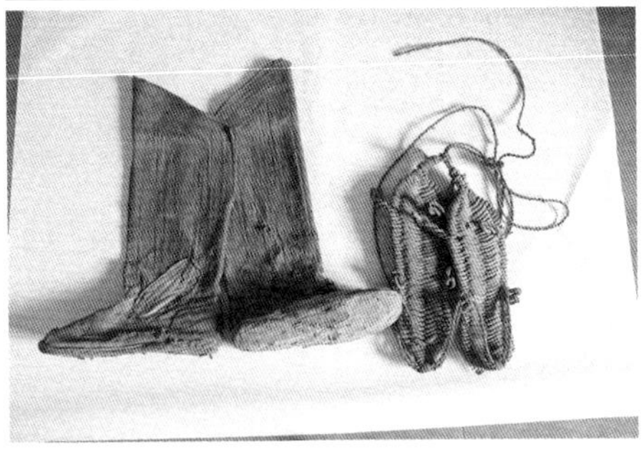

⊙2

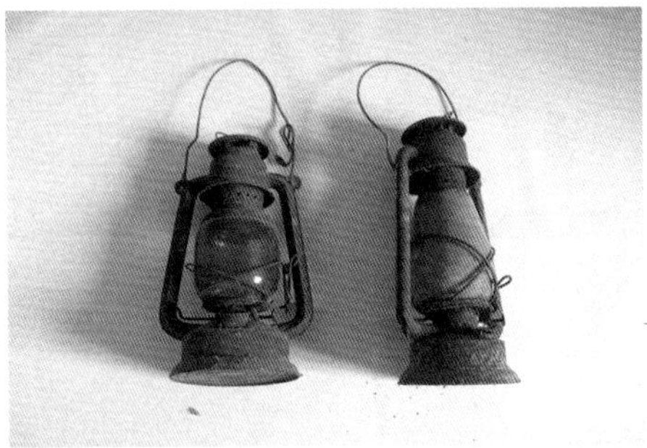

⊙3

⊙4

⊙5

贰 断青

2 ⊙5

将嫩毛竹运到空旷地带后，用竹刀把竹子砍成2 m左右的竹段。

⊙2
传统上山砍竹时穿的袜和草鞋
Socks and straw sandals used worn when cutting the bamboo

⊙3
传统的煤油灯（现在被手电筒取代）
Traditional Kerosene lamps (now replaced by flashlight)

⊙4
传统砍竹工喝水用的水筒
Traditional water pipe for bamboo cutters to drink water

⊙5
断青
Cutting the bamboo

叁 削青 3

⊙6

将竹段表面青色的皮去掉，称为削青。此时，削竹者面朝扶桩，左腿前跨成左弓步，右手在前，左手在后，两手握刀一前一后平行向前推进。竹梢无法削青，无法做出品质比较好的纸，多用于制作祭祀竹纸和低端书画练习纸。

⊙6

肆 拷白 4

⊙7⊙8

削去青皮后的竹段叫白筒，工人拿着白筒的一端使劲向地面敲打，使白筒破裂，然后用尖嘴榔头顺着白筒另一端的裂缝将其全部破开，直到白筒能平摊在石头上，这一过程称为拷白。拷白后白筒就变成了白坯。

⊙7

⊙8

⊙6 削青 Stripping the bark

⊙7/8 拷白 Striking the Bamboo

伍

落　塘

5 ⊙9

将白坯用塑料绳扎成小捆，一般20 kg一捆，放入塘中浸泡。先将白坯于塘中放好，再放满水，浸泡5天左右。

陆

断　料

6 ⊙10

将水塘里的白坯拿出来，放在一边稍微沥干后，用切割机将白坯切成40 cm左右一段的竹段，然后用塑料绳捆成15 kg左右的小捆。

⊙10

⊙9

⊙9 落塘 Soaking the bamboo in the pool
⊙10 断料 Cutting the materials into sections

柒 浸坯

7 ⊙11

将捆好的白坯浸入石灰池，一般石灰越浓越好，放入后5秒左右拿出，放在一边堆放1天左右。

⊙11

捌 蒸煮

8 ⊙12

将白坯放入蒸锅内堆放好，加水至离锅盖5 cm处，盖上塑料布。然后开始烧火，温度升至100 ℃后不再加火，焖5天左右。整个过程一共约需7天。然后将煮熟的白坯从蒸锅中取出，放入一边的清水塘。

⊙12

玖 翻滩

9 ⊙13

翻滩需要连续洗7次，前3天需每天洗1次，之后每隔1～2天清洗一次。最后一次检查看有没有泡沫，如果洗完白坯后水为黑色，且有泡沫，即代表洗好了。每次洗完立即堆放在池里，一共洗泡半个月。这道工序的目的是把竹料里的石灰洗出来。

⊙14

⊙13

拾 捆料

10 ⊙14

将洗好的竹料用干净的塑料绳重新捆扎。

⊙11 浸坯 Soaking the bamboo into lime water
⊙12 蒸煮 Steaming and boiling the bamboo
⊙13 翻滩 Cleaning the bamboo
⊙14 捆料 Binding the materials

拾壹
挑　　料
11

将重新捆扎好的竹料挑到塘里的尿桶边。

⊙15

拾贰
淋　　尿
12 ⊙15

尿的作用相当于药引子，尿呈酸性，竹子为碱性，淋尿后可使酸碱中和。尿需为童子尿，通常在小学学校积攒一年后去收。

把竹料放入尿桶，从下到上浸泡后立即拿出来堆在一边。尿桶里面是尿和水的混合液体，一般20捆料（250 kg嫩竹）需25～30 kg的尿。

拾叁
堆　　蓬
13 ⊙16

将堆在一边的竹料用塑料布盖起来，一是防止落灰，二是遮挡促其发酵。气温高时需发酵10天左右，气温较低时则需要一个半月左右。

⊙16

拾肆
落　　塘
14 ⊙17

将发酵好的竹料竖着放在塘里，放满清水，浸泡半个月左右。当水变红或变黑、竹料上长蘑菇时就可以将竹料拿出来继续加工了。

⊙17

拾伍
榨　　水
15

将竹料拿出榨干水分，此时的竹料叫作白料。

拾陆
打　　浆
16 ⊙18⊙19

先用石磨将白料磨成粉，一般磨30分钟即可。然后用泵将石磨磨好的竹粉加水搅拌10分钟。

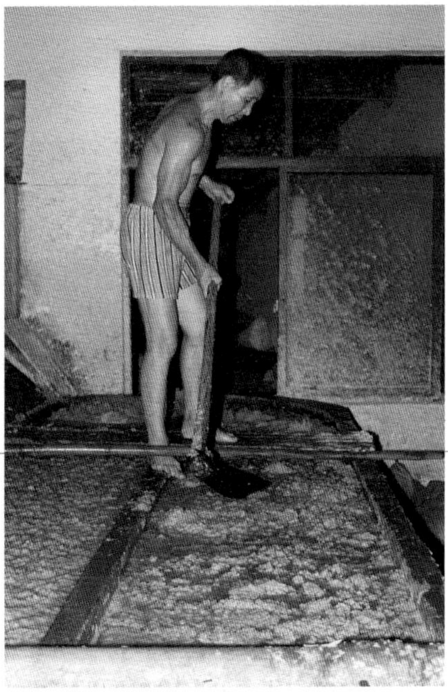

⊙18

⊙19

⊙15 尿桶 The urine barrel

⊙16 堆蓬 Piling up the bamboo materials

⊙17 发酵中的竹料 Fermented bamboo materials

⊙18 打浆 Beating the pulp

⊙19 沉淀浆（等待抄纸） Precipitating the pulp (waiting for papermaking)

拾柒

抄纸

17 ⊙20～⊙22

抄纸前首先需要将和单槽棍从自己身前方向外按照顺时针方向椭圆状推开，此时需保持匀速，和到纸槽中心成旋涡状即可。

然后抄纸工拿着纸帘，从上到下倾斜20°左右下到槽内，再缓慢将纸帘向身前方向提起。当纸帘出水面时，纸帘向前保持倾斜，以便将多余的纸浆匀出。最后将纸帘从帘架上抬起，把抄好的湿纸放到旁边的纸架上。这样一张湿纸就完成了。纸帖倾斜摆放，可使水流到一边，这样不容易弄湿衣服。

调查组现场访问抄纸师傅得知：一般一个工人一天可以捞12刀四尺元书纸。

⊙22

拾捌

压榨

18 ⊙23⊙24

抄纸工人捞完一定量湿纸后，将这些湿纸放在木榨上，使用45 kg的千斤顶（重力约70千克力）及8块木板、1个顶和2个铁块缓慢压榨出湿纸中的水分。压榨时力度由小变大，动作要缓慢，以免压坏纸张。压榨需8～9小时，一般一次压2个帖，1个帖600张。至湿纸不再出水时，压榨结束。

⊙23

⊙20

⊙21

⊙24

⊙20 帘滤 Scooping the papermaking screen

⊙21 抄纸泵 Papermaking pump

⊙22 抄纸 Papermaking

⊙23/24 压榨 Pressing the paper

拾玖

晒纸

19 ⊙25～⊙29

先用鹅榔头在压干的纸帖四边划一下，使纸松散开，然后捏住纸的右上角捻一下，纸的右上角翘起后用嘴巴吹一下，粘在一起的纸便分开了。晒纸工人用手沿着纸的右上角将纸帖中的纸揭下来，一边将纸贴上铁焙一边刷，保持纸张表面平整。然后重复该动作张贴下一张。贴满整个铁焙后，从一开始晒纸的地方将已经蒸发干燥的纸取下。该工序中水温保持在90 ℃，一般一面焙墙可以贴8张四尺元书纸。“大竹元”元书纸一般是夫妻配合工作，一个人晒纸一个人收纸。

⊙25

⊙26

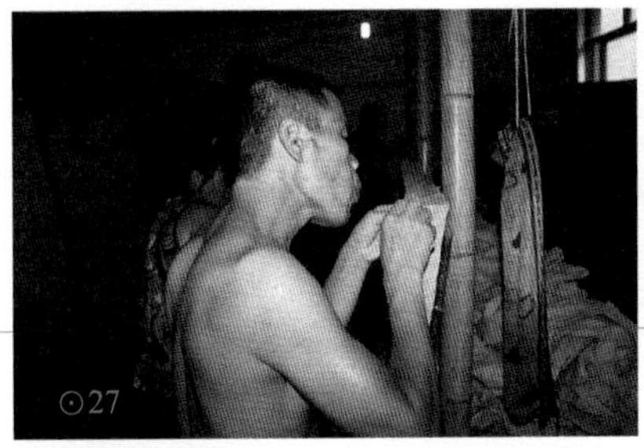

⊙27

⊙28

⊙29

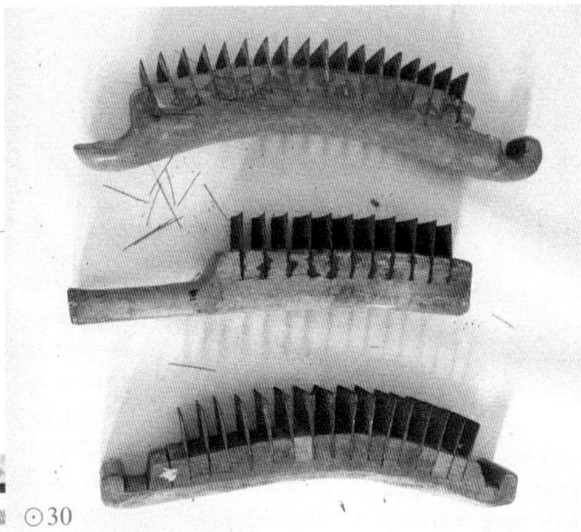

⊙30

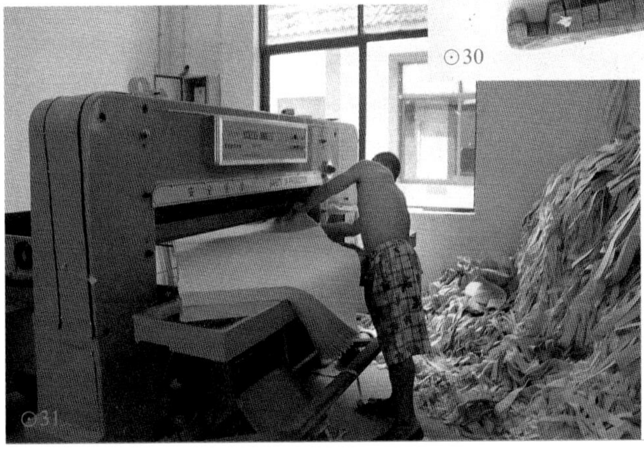

⊙31

贰拾

检验剪纸

20 ⊙30～⊙32

首先对晒好的纸进行检验，挑选出合格的纸，不合格的纸留着回笼打浆；然后将合格的纸整理好，数好纸张数量，根据客户要求的规格在裁纸机上进行裁剪，一般1 000张剪一次。

⊙32

⊙25 温度控制仪 Temperature controller

⊙26 划纸 Separating the paper

⊙27 揭纸 Peeling the paper down

⊙28 贴纸 Pasting the paper on a wall

⊙29 夫妻配合 Couple cooperating

⊙30 传统剪纸工具——龙刨 Traditional paper-cutting tools—Long Pao

⊙31 剪纸 Cutting the paper

⊙32 数纸 Counting the paper

贰拾壹

成品包装

21 ⊙33⊙34

将剪好的纸放入仓库，有客户需要的时候，按照客户要求或者按照100张一刀的标准包上“大竹元”包装纸。

⊙33

⊙34

（三）“大竹元”元书纸的主要制作工具

壹

断料刀

1

砍竹料用的刀。实测富阳大竹元宣纸有限公司所用的断料刀尺寸为：长41 cm，宽13.5 cm。

贰

刮青刀

2

用来刮除竹子青皮的刀。实测富阳大竹元宣纸有限公司所用的刮青刀尺寸为：长54 cm，宽5 cm。

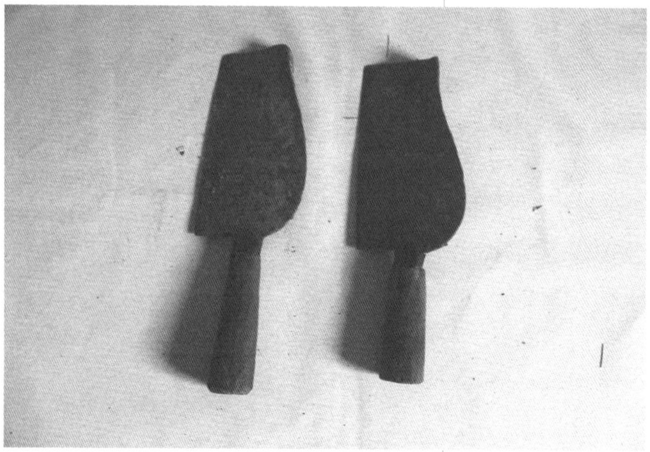

⊙35

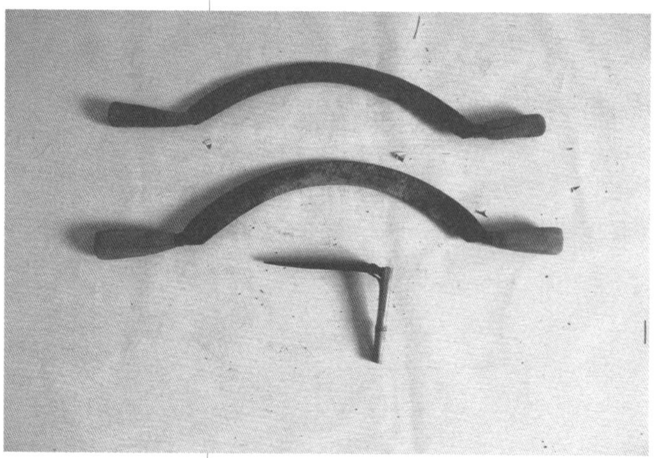

⊙36

⊙33 包装 Packaging the paper
⊙34 包装好的纸 Packaged paper
⊙35 断料刀 Knife for cutting the materials
⊙36 刮青刀 Knife for stripping the bark

叁
拷白榔头
3

用来敲碎白坯的榔头。实测富阳大竹元宣纸有限公司所用的拷白榔头尺寸为：大敲击榔头长42 cm，宽4 cm；小敲击榔头长32 cm，宽2 cm。

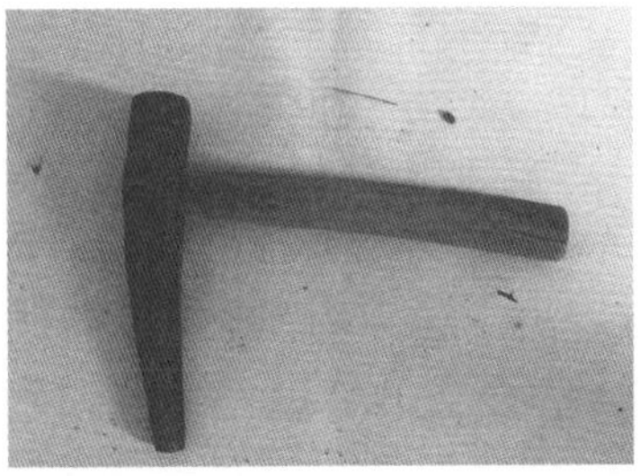
⊙37

肆
传统敲纸药榔头
4

传统制作皮纸需添加杨桃藤纸药，此为用来敲纸药的榔头。实测富阳大竹元宣纸有限公司所用的传统敲纸药榔头尺寸为：长95 cm，直径10 cm。

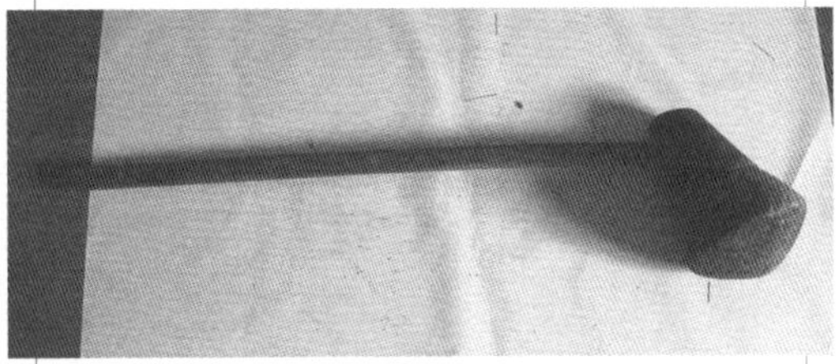
⊙38

陆
石　磨
6

用来把竹料磨成粉进而打浆。实测富阳大竹元宣纸有限公司所用的石磨尺寸为：平放的大磨直径285 cm，高7 cm，竖立的小磨直径125 cm，厚42 cm。

⊙40

伍
朝　天
5

用来收取蒸煮后的竹料。实测富阳大竹元宣纸有限公司所用的朝天尺寸为：长196 cm，直径9 cm。

⊙39

柒
打浆槽
7

用于打浆的设施。实测富阳大竹元宣纸有限公司所用的打浆槽尺寸为：长197 cm，宽108 cm，高72 cm。

⊙41

⊙37 拷白榔头 Hammer for beating the papermaking materials

⊙38 传统敲纸药榔头 Traditional hammer for beating the papermaking mucilage

⊙39 朝天 Chaotian (stick for picking out the papermaking materials)

⊙40 石磨 Stone roller

⊙41 打浆槽 Beating vat

捌 和单槽棍 8

用于抄纸前将浆打匀的工具。实测富阳大竹元宣纸有限公司所用的和单槽棍尺寸为：柄长195 cm，槽头尺寸为28 cm × 10 cm。

⊙42

玖 手工抄纸槽 9

用于盛放浆料待抄纸的设施，调查时为水泥浇筑而成。实测富阳大竹元宣纸有限公司所用的四尺抄纸槽尺寸为：长302 cm，宽249 cm，高84 cm。

⊙43

拾 纸 帘 10

用于抄纸的工具，苦竹丝编织而成，从富阳区大源镇永庆纸帘厂购买。实测富阳大竹元宣纸有限公司所用的四尺纸帘尺寸为：长194 cm，宽107 cm。

⊙44

拾壹 帘 架 11

用于支撑纸帘的托架，硬木制作。实测富阳大竹元宣纸有限公司所用的四尺帘架尺寸为：长198 cm，宽118 cm，高4 cm。

⊙45

⊙46

拾贰 鹅榔头 12

用于牵纸前打松纸帖的工具，杉木制作。实测富阳大竹元宣纸有限公司所用的鹅榔头尺寸为：长8.6 cm，直径2 cm。

⊙42 和单槽棍 Stirring stick

⊙43 手工抄纸槽 Papermaking trough

⊙44 纸帘 Papermaking screen

⊙45 帘架 Frame for supporting the papermaking screen

⊙46 鹅榔头 Tool for separating the paper

拾叁
榔　头
13

用于晒纸前再次打松纸帖的工具。实测富阳大竹元宣纸有限公司所用的榔头尺寸为：长42.5 cm，直径5 cm。

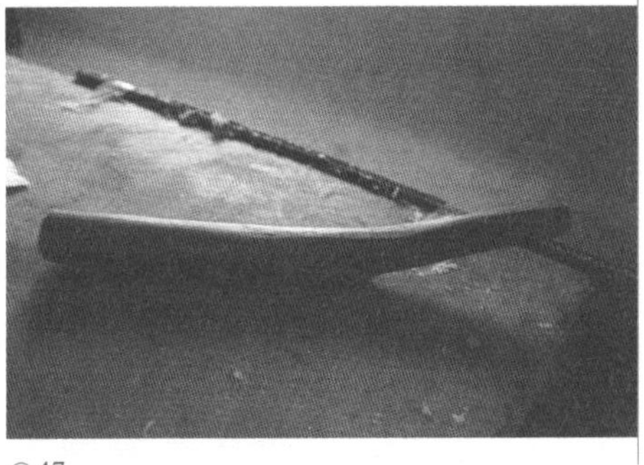

⊙47

拾伍
焙　墙
15

用于晒纸的设施。实测富阳大竹元宣纸有限公司所用的焙墙尺寸为：长145 cm，宽67 cm，厚1 cm。

⊙49

拾肆
松毛刷
14

用来晒纸时将纸刷上铁焙，刷柄为木制，刷毛为松针。实测富阳大竹元宣纸有限公司所用的松毛刷尺寸为：长47 cm，宽13 cm。

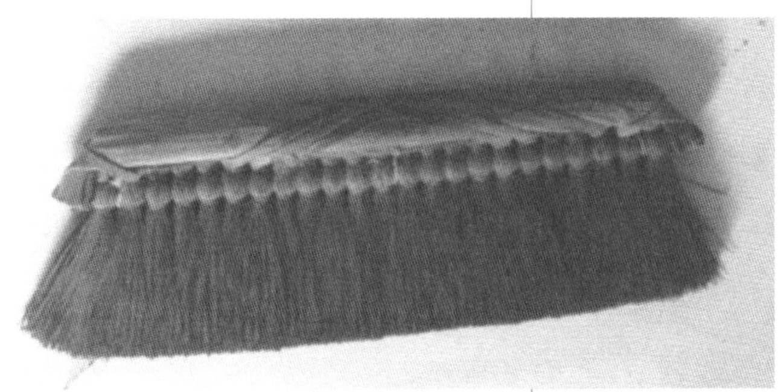

⊙48

拾陆
磨纸石
16

用来磨检验好的纸，让纸边整齐。实测富阳大竹元宣纸有限公司所用的磨纸石尺寸为：长51 cm，宽7 cm。

⊙50

⊙47 榔头 Hammer

⊙48 松毛刷 Brush made of pine needles

⊙49 焙墙 Drying wall

⊙50 磨纸石 Grinding stone

五 富阳大竹元宣纸有限公司的市场经营状况

5 Marketing Status of Fuyang Dazhuyuan Xuan Paper Co., Ltd.

按李文德的说法：富阳大竹元宣纸有限公司在发展过程中一直坚守市场导向，不仅会做一些加工纸，还计划于2019年开拓研学游等新的业务。

目前生产的纸品包括元书纸、书画纸、竹纸和用竹纸加工而成的镜片纸等。2015年的年销售额约为600万元，年产量5万刀。主要销售渠道包括国内多地的文房四宝店、文化用品店以及高校（如中国美院、清华美院、中央美院）的书法班；境外出口日本、台湾（出口占比约十分之一）。其中元书纸销售最好，总产量占比60%左右。日常供应链中采取现金交易。经销商的地域分布为：北京4～5家，西安2～3家，兰州1家，银川1家，其他省会和中型地级城市1～2家，一共有200多家。在淘宝网开设有“大竹元宣纸”店铺，调查时正在申请天猫旗舰店，2015年网络销售额为180多万元。

2016年富阳大竹元宣纸有限公司有3条焙墙、7口槽。日常生产共有11个抄纸工人、11个晒纸工人、11个收纸工人、1个切纸工人、3个杂工。其中有8人来自贵州，4人来自湖南，本地有5人。工人年龄以36～60岁为主，外地人年龄在36～50岁，本地人年龄在50～60岁。外地人负责生产，本地人负责管理。在生产中，抄纸工人从早上3点抄到下午4点，晒纸工人从早上4点晒到下午5点。平常不放假，每年从十二月初六放假到正月三十。抄纸工和晒纸工采取计件工资，以最后的成品算，四尺元书纸2人35元/刀，六尺元书纸2人45元/刀，八尺元书纸2人54元/刀。通常抄纸工人和晒纸工人为一对夫妻，这样丈夫抄完纸后会帮妻子晒纸1小时左右，提高效率。

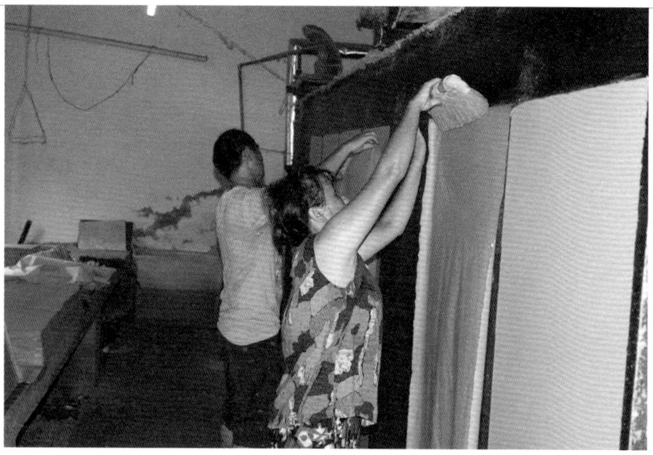
⊙1

⊙2

⊙1 工作中的夫妻 The working couples

⊙2 元书纸装箱 Yuanzhu paper packing box

六
富阳大竹元宣纸有限公司的品牌文化与习俗故事

6
Brand Culture and Stories of Fuyang Dazhuyuan Xuan Paper Co., Ltd.

⊙3

⊙4

⊙5

⊙3 李文德收集的古代纸号印章 Ancient paper number seals collected by Li Wende

⊙4/5 李文德收集的古代牌匾 Ancient plaques collected by Li Wende

（一）“大竹元”品牌故事

据《中国富阳纸业》介绍：“大竹元”是富阳历史上有名的土纸品牌，在民国时期就已闻名省内外。

大竹元原先是湖源乡钟塔村的一个小山坞，后来有槽户在那里开设了纸槽，造的纸质量特别好，就以地名作为品牌名。“大竹元”品牌的创始人是上官乡盛村的盛立升，他在清咸丰年间到钟塔村一个地名叫“鸡屁眼”的地方开槽，后来发展到3厂槽，分别由3个儿子盛岐年、盛华年、盛胜年掌管。因“鸡屁眼”那里多毛竹，后更名为“大竹元”。“大竹元”品牌鼎盛时期是清光绪年间至20世纪40年代末，3厂槽最好年景可做400来件纸。后来使用“大竹元”品牌的槽户只有盛立升的后裔盛乃堂一厂槽，并渐渐消失。

“大竹元”的产地位于上官乡、湖源乡与常绿镇交界的深山丛林中，交通十分不便，槽户雇人将元书纸毛坯肩挑到上官盛村，然后由上官盛村的磨纸师傅四面磨光，磨好后用竹篦“直四横二”打件。凡是“大竹元”的土纸均盖上圆印“立升”、长印“大竹元”，再雇工挑到大源街上的“蒋裕大”纸行。特级纸直销杭州“周全盛”纸行，当时纸的价格大约是二石（150 kg）米。每年新纸开盘时，盛立升会亲自到杭州开盘，一般每年在杭州住半个月。

（二）造纸习俗

1.“开山”祭祀

李文德回忆：以前集体造纸时砍竹子“开山”那天上山前要祭祀，以鹿角去打梅花铜鼓，用猪头、鱼等祭祀上供感谢祖先带来的好手艺，祭拜菩萨希望一年到头顺风顺水、生意兴隆。调查时富阳大竹元宣纸有限公司改为“开山”前请师傅们吃饭。

2. 忌讳

据李文德介绍，分山到户之前湖源乡的女人不得到做纸的地方去。李文德推测是因为那时候穷，男性身上所穿衣服较少，而洗料、晒纸、压榨等工艺都多是男性进行操作，故不方便女性现场参与。

⊙1

七 富阳大竹元宣纸有限公司的业态传承现状与发展思考

7 Current Status and Development of Fuyang Dazhuyuan Xuan Paper Co., Ltd.

富阳大竹元宣纸有限公司作为杭州市第一批非物质文化遗产生产性保护示范基地、浙江老字号、中国书法产业研究基地，在元书纸及手工纸行业中有着自己独特的地位。

李文德这一代在造纸生活中长大，对竹纸有着深厚的感情，怀有强烈的传承、保护竹纸的情怀。一方面坚持使用优质原料和水源，严格把关纸张质量，卢坤峰、方岩、中央美院的宋维源等人皆曾对其纸制品给予过赞扬；另一方面锐意进取，通过扩大纸张尺寸、制作复古纸、规划研学游等多种方式开拓新业务。销售方面，在接入淘宝之余，还通过策划“童子尿”这一爆点宣传来促进销售额。

除关注公司发展之外，李文德还积极帮助本地人实现增收。与多家私人作坊合作的同时，李

⊙1
工作中男性一般着衣较少
Men tending to wear fewer clothes when working

文德还会收购村中生产的一部分纸，帮助村民销售。这使李文德在湖源地区具有一定的影响力。

访谈中，李文德对元书纸行业的现状和未来发展谈了5点想法：

（1）现在造出的纸质量不如之前的纸，主要原因是原材料不同。李文德认为真正的传承不是捞纸、晒纸，而是原材料工艺的传承。原材料几乎可以说决定了纸张的一切。原料制备的前段工期短，正式招工不能长期使用，对工艺要求高，培训时间又太短，临时招的人无法很好地学会。每一道工序都比以前有欠缺，所以现在的纸质量不如之前的纸。目前从事原料制备工作的工人平均年龄在60岁左右，如果销售市场允许，还是会有一些人愿意做。

（2）元书纸宣传力度小、产品单一，泾县宣纸宣传力度大、产品众多，所以世人大多知宣纸而不知元书纸。浙江属于沿海省份，经济发达，很多人出去打工，做纸的人较少。元书纸技艺要延续下去，富阳需要注意宣传。

（3）造纸产生的污染问题必须解决，石灰水不是无毒的，反而超标很严重，未来富阳大竹元宣纸有限公司需和政府沟通做好环保处理，整体把元书纸产能压缩下来，减少污染，对社会负责。

（4）希望做出墨色不发灰的纸。墨色发灰是因为原料中的非纤维素没有处理干净，处理干净非纤维素是富阳大竹元宣纸有限公司现在着重发展的方向之一。

（5）富阳大竹元宣纸有限公司还在未来规划中设置了传统元书纸陈列馆和体验馆，希望通过这些形式可以更好地传播元书纸乃至纸的悠久文化。

⊙2

⊙3

⊙4

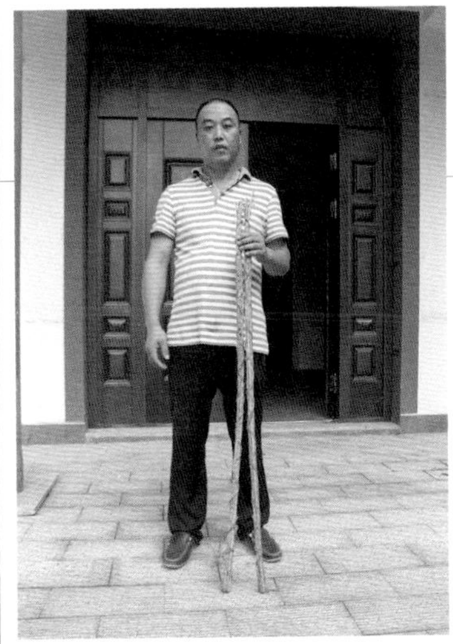
⊙5

⊙6

⊙2/4
富阳大竹元宣纸有限公司荣誉
Certificates of honor in Fuyang Dazhuyuan Xuan Paper Co., Ltd.

⊙5
李文德向调研组演示传统砍竹上山拄棍
Li Wende showing the sticks for climbing when cutting the bamboo to the researchers

⊙6
体验间的槽和纸帘
A room for experiencing papermaking with a papermaking trough and papermaking screen

富阳大竹元宣纸有限公司 白唐纸

Baitang Paper
of Fuyang Dazhuyuan Xuan Paper Co., Ltd.

『大竹元』白唐纸透光摄影图
A photo of "Dazhuyuan" Baitang paper seen through the light

第九节
朱金浩纸坊

浙江省
Zhejiang Province

杭州市
Hangzhou City

富阳区
Fuyang District

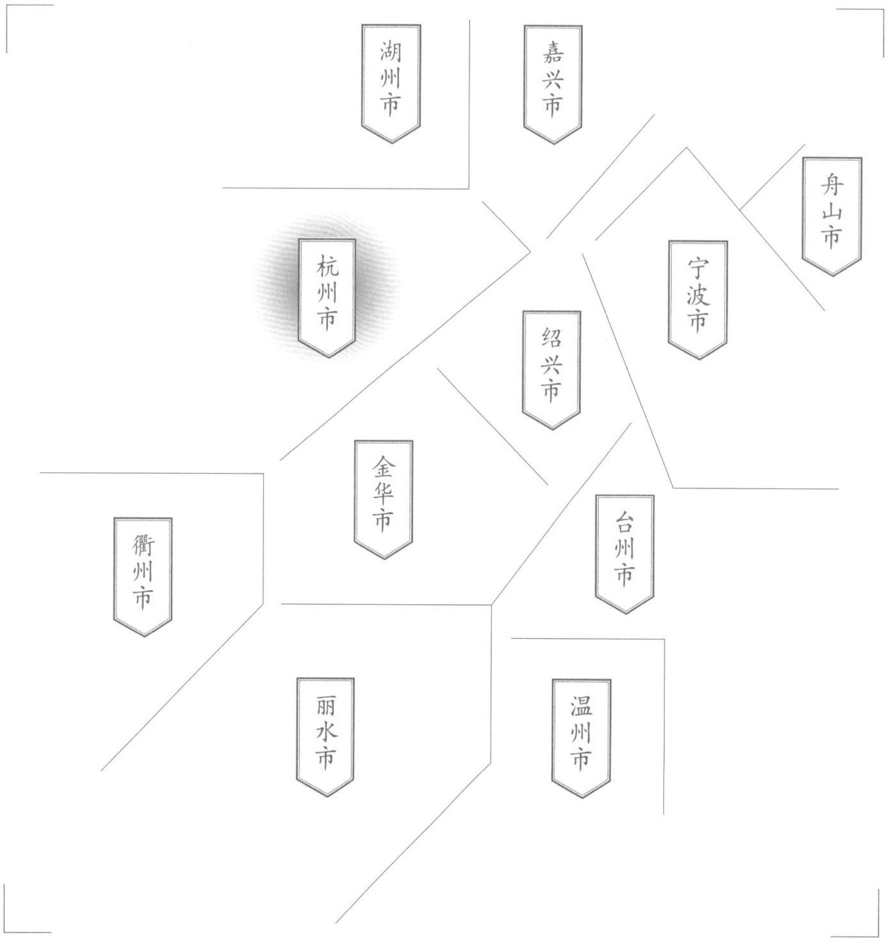

调查对象

富阳区大源镇大同村
朱金浩纸坊
竹纸

Section 9
Zhu Jinhao Paper Mill

Subject

Bamboo Paper in Zhu Jinhao Paper Mill
in Datong Village of Dayuan Town
in Fuyang District

一
朱金浩纸坊的基础信息和生产环境

1
Basic Information and Production Environment of Zhu Jinhao Paper Mill

朱金浩纸坊位于富阳区大源镇大同行政村朱家门自然村20号，地理坐标为：东经119° 59′ 51″，北纬29° 56′ 24″。创立时间很早，据纸坊负责人朱金浩表示，自分产到户之时开创纸坊，算起来至2016年接近30年了（准确年份朱金浩已经记不清了）。

调查组于2016年8月11日第一次前往作坊现场考察，通过朱金浩介绍和实地参观了解到的生产信息为：作坊自家的厂房约有150 m^2，包括1间漂浆磨料房、1间捞纸房、1间揭纸房。朱金浩表示作坊没有建专门的晒纸房，家中的毛边纸和元书纸晒纸租用了当地村委会的闲置房屋；而“宣纸”（亦称竹浆纸）租用了别人的烘纸房，租金约15元/天。

2019年3月回访朱金浩时，朱金浩表示年初已经租了别人的一口纸槽，准备再招一位捞纸师傅，补齐工具就开始开工了，这口槽是专门用来做毛边纸的。

毛边纸、元书纸、“宣纸”为朱金浩造纸作坊生产的主要纸品，其中毛边纸最具代表性。

调查组2019年回访朱金浩纸坊时，得知近几年纸坊毛边纸的订单比较大，而元书纸的订单比较小。2018年，毛边纸产量为250件，一件40刀，合10 000刀毛边纸；“宣纸”产量为300刀。2018年未生产元书纸。

大同村2007年由原庄家、朱家门、兆吉坞三村合并而成，现有农户845户，总人口2 819人，区域面积12.5 km^2，其中耕地面积203 333 m^2，山林面积10 000 000 m^2，因每村都有两条溪流穿过，故亦称为“双溪村”。村民主要经济来源是当地竹纸生产加工、外出经营门窗业务以及到企业打工。

调查时厂里除了朱金浩夫妻外，共有工人2名，都是从本地请来的造纸师傅，从事的环节为晒纸与捞纸，年龄皆在60岁以上，作坊为典型的家庭式作坊。朱金浩纸坊每月生产约25天，基本上做5天休息1天，过年期间从腊月25号开始放假一个半月，全年一般生产270～280天。

⊙1

⊙2

⊙3

⊙1 朱金浩造纸作坊的捞纸车间 Papermaking workshop in Zhu Jinhao Paper Mill

⊙2 朱金浩造纸作坊的晒纸车间 Paper drying workshop in Zhu Jinhao Paper Mill

⊙3 朱家门村的中心路口 Center path of Zhujiamen Village

路线图
富阳城区
↓
朱金浩纸坊
Road map from Fuyang District centre
to Zhu Jinhao Paper Mill

朱金浩纸坊位置示意图

Location map of Zhu Jinhao Paper Mill

考察时间
2016年8月 / 2019年3月

Investigation Date
Aug. 2016/Mar. 2019

地域名称

造纸点名称

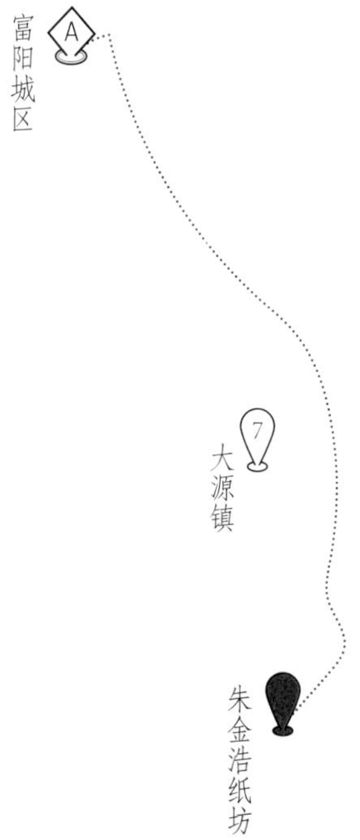

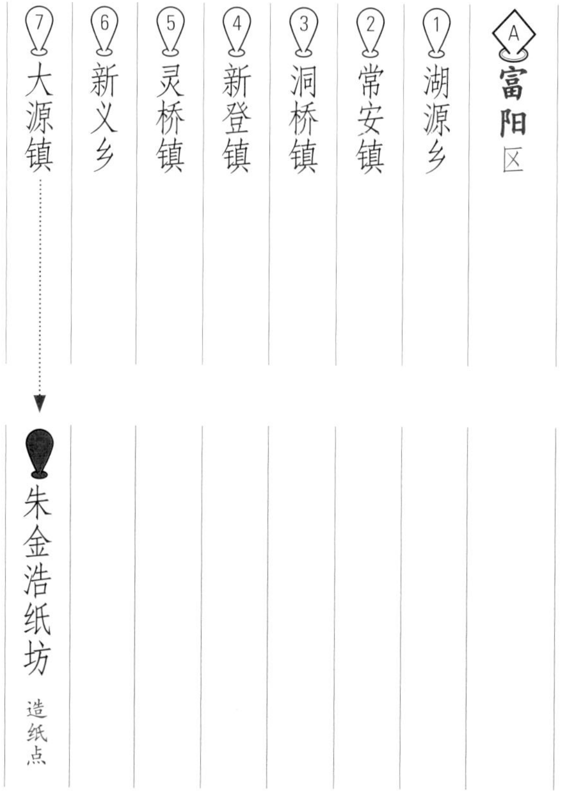

位置分布

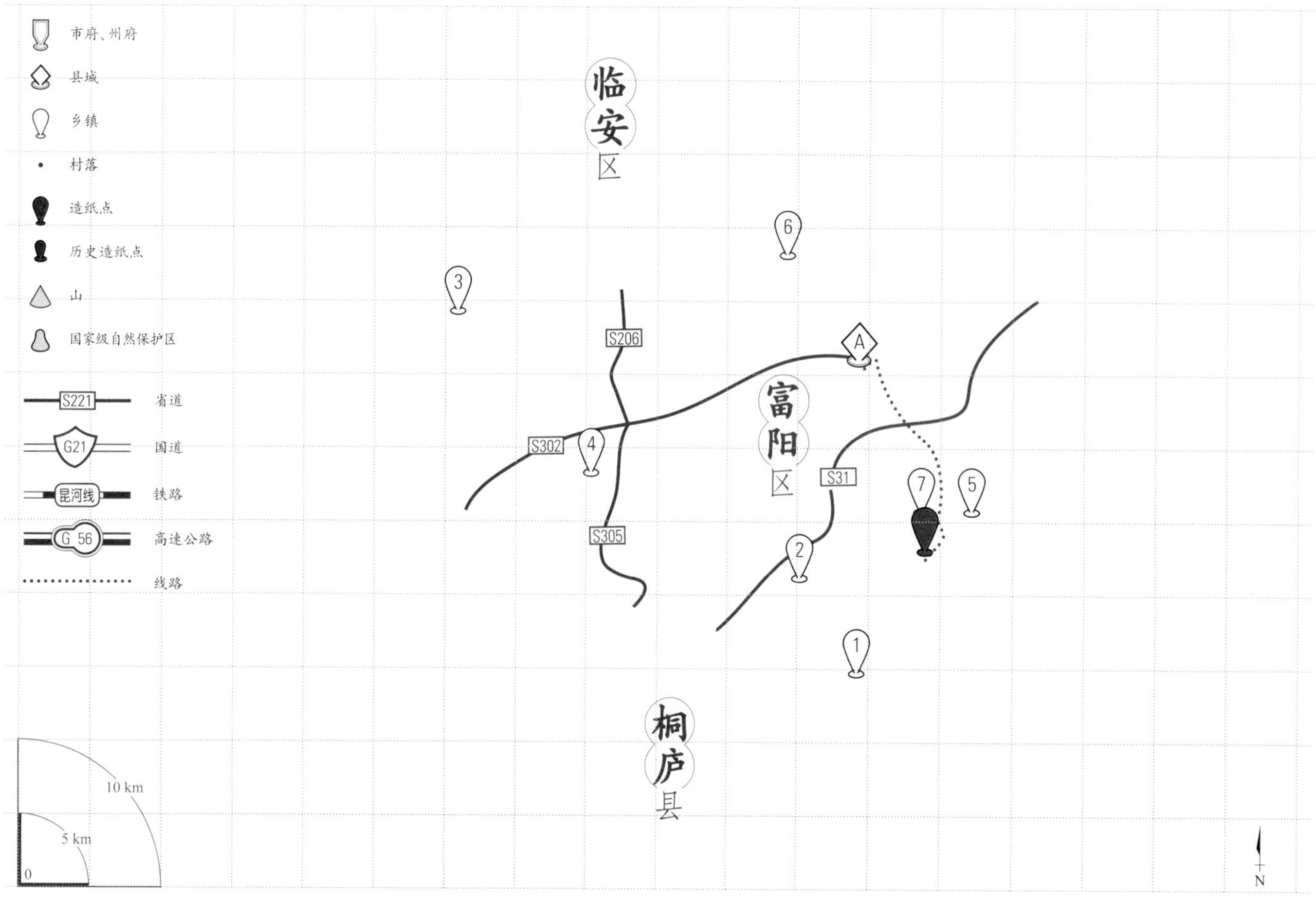

二
朱金浩纸坊的历史与传承

2
History and Inheritance of Zhu Jinhao Paper Mill

⊙1

⊙2

⊙3

⊙ 1
朱金浩在清扫石碾
Zhu Jinhao cleaning the stone roller

⊙ 2
35年前的加工纸
Processed paper made 35 years ago

⊙ 3
董庆丰在数纸
Dong Qingfeng counting the paper

朱金浩，1955年生，大源镇朱家门自然村人，比村中另一造纸户朱中华年长一辈，二者为亲戚关系。朱金浩自述20岁不到便开始在生产队中学习造纸。朱家门村田地少，当地人大多靠造纸谋生，许多未出门谋生的村民年幼时便开始学习造纸技艺。学习造纸时，朱金浩一开始接触的环节为办原料，主要的工作便是将竹子背下山，然后开始学习原料制作等，调查时朱金浩在自家作坊里从事的造纸工作也正是原料制作。

据朱金浩介绍，20世纪80年代前，村里的造纸作坊全为生产队集体所有，造纸方式也是集体化，每个造纸工人的工作量以“工分”来计算，造得越多其工分就越高，最后根据工分来换取工钱。朱金浩回忆：当时生产队对于每位工人的工分要求为最少12分/天，那时自己每个月工分换钱可以换到30多元，由于当时物价很低，所以那时自己生活是完全足够了。20世纪80年代前期，村里开始分山到户，生产队集体所有的造纸厂解散，朱金浩便开始筹建自家手工造纸作坊，也就是调查时的“朱金浩纸坊”。当年朱金浩也就是在家里自己干自己的，并没有要办厂的意识，因此具体时间也记不清了，大约接近30年。

提到自己开办的个体手工纸坊，朱金浩还特意向我们展示了当年曾经造过的一种特别的加工纸。朱金浩介绍，这种纸大约已经有35年了，是两层“宣纸”经过加工而成的。在30多年前的时候，这种纸一张就要3元钱。由于这种纸消耗的人力成本、物力成本、时间成本比较大，因此朱金浩纸坊现在不再生产这种加工纸了。

朱金浩的父亲朱佑福，1928年生，2008年卒，终年80岁。朱家门村人，主要熟知的工艺环节为捞纸、晒纸和原料制作。朱金浩表示父亲朱佑福对原料配方很讲究，所以当时学习原料制作时父亲为其主要师傅之一。朱佑福一生晒纸的时间较长，年纪渐长后不再从事造纸，而是担任朱家门村村干部，主管农业生产。

朱金浩的爷爷朱启樟也从事过造纸，但其在朱金浩年幼时已去世，所以朱金浩对爷爷朱启樟的年龄及生平知晓甚少，只是听父亲朱佑福提起朱启樟曾从事过造纸业。

朱金浩的妻子董庆丰，1958年生，富阳区大源镇稠溪村人，截至调查时从事造纸时间也已超过20年，主要从事造纸环节为晒纸。董庆丰向调查组反映，其家乡稠溪村也是造纸村，有竹纸厂，但是自己未在其中造过纸，在嫁至这边前未从事过任何手工造纸的工作，在稠溪村主要制作花盆、日用品蜜盒等。董庆丰22岁嫁过来之后逐步接触到造纸业，40来岁的时候跟着自家纸坊的晒纸师傅学会了揭纸、晒纸的工艺。

朱金浩有1儿1女。儿子朱成梁1981年生，2019年38岁，之前看捞纸师傅捞纸，跟着学习过捞纸，也在家庭作坊中工作过一段时间，后期前往外地打工，从事卷帘门生意，2018年至今一直在一家广告公司工作。女儿朱荷君1986年生，17岁时也开始学习造纸，其造纸天赋深厚，一个星期便学会了晒纸的所有技艺，但20多岁嫁人后便不再造纸，现在在从事卷帘门生意。对于儿女皆没有从事造纸工作，朱金浩夫妻认为手工做纸太苦了，笑称“他们干点别的也挺好的嘛”。

⊙1

⊙1 朱金浩与董庆丰夫妇
The couple Zhu Jinhao and Dong Qingfeng

三

朱金浩纸坊的代表纸品及其用途与技术分析

3

Representative Paper and Its Uses
and Technical Analysis of Zhu Jinhao
Paper Mill

⊙2

⊙3

⊙4

⊙2
毛边纸
Deckle-edged paper

⊙3
元书纸
Yuanshu paper

⊙4
竹浆纸
Bamboo pulp paper

（一）朱金浩纸坊代表纸品及其用途

截至2016年8月入村调查时，朱金浩纸坊所生产的纸品共有三类："宣纸"、毛边纸、元书纸，其中毛边纸为其最具代表性的纸品，"宣纸"是纸坊中的高档纸品，而元书纸早年间曾是纸坊销量最大的纸品。2019年3月回访朱金浩纸坊，发现3年间纸坊的毛边纸订单数额占了总订单数额的大部分，是纸坊中销量最大、订单最多的纸品。

毛边纸的纸品规格为48 cm×48 cm，本色，包装规格为40刀/捆，价格为650元/捆。原料及其配比情况为：12%黄纸边＋8%白木浆＋80%嫩毛竹。木浆是从别处直接买的已经制作好的木浆，朱金浩夫妇并不清楚是何种树木制作的浆。

元书纸尺寸为43 cm×43 cm，本色，包装规格为50刀/捆，价格为750元/捆。据朱金浩称，其原料配比与毛边纸是一样的，均是由12%黄纸边＋8%白木浆＋80%嫩毛竹配比而成。元书纸和毛边纸的主要差异就在于尺寸大小不同。

"宣纸"（竹浆纸）尺寸为138 cm×70 cm，包装规格为100张/刀，价格为500元/刀，白色。原料及其配比情况为：80%嫩毛竹＋20%檀皮。其中檀皮购自安徽泾县，每1 000 kg的檀皮价格为15 000元。朱金浩纸坊每年按照竹浆纸的订单量决定檀皮的购买数量，据朱金浩称，2018年购买了1 000 kg的檀皮。

三类纸皆可用于书写绘画。2019年3月调查组回访得知，近几年竹浆纸的主要用途为典籍或家谱的印刷纸、书画用纸；毛边纸和元书纸主要是作为书法练习纸，部分毛边纸或元书纸也会卖给经销商或者纸厂用作加工纸的原纸，也有少部分被用于祭祀。

279

第九章
Chapter IX

富阳区元书纸
Yuanshu Paper in Fuyang District

第九节
Section 9

朱金浩纸坊

（二）朱金浩纸坊代表纸品性能分析

测试小组对采样自朱金浩纸坊的元书纸所做的性能分析，主要包括定量、厚度、紧度、抗张力、抗张强度、白度、纤维长度和纤维宽度等。按相应要求，每一指标都重复测量若干次后求平均值，其中定量抽取5个样本进行测试，厚度抽取10个样本进行测试，抗张力抽取20个样本进行测试，白度抽取10个样本进行测试，纤维长度测试了200根纤维，纤维宽度测试了300根纤维。对朱金浩纸坊元书纸进行测试分析所得到的相关性能参数如表9.19所示，表中列出了各参数的最大值、最小值及测量若干次所得到的平均值或者计算结果。

由表9.19可知，所测朱金浩纸坊元书纸的平均定量为43.3 g/m^2。朱金浩纸坊元书纸最厚约是最薄的1.283倍，经计算，其相对标准偏差为0.068。通过计算可知，朱金浩纸坊元书纸紧度为0.303 g/cm^3。抗张强度为0.657 kN/m。

所测朱金浩纸坊元书纸平均白度为16.8%。白度最大值是最小值的1.030倍，相对标准偏差为0.017。

朱金浩纸坊元书纸在10倍和20倍物镜下观测的纤维形态分别如图★1、图★2所示。所测朱金浩纸坊元书纸纤维长度：最长1.8 mm，最短0.1 mm，平均长度为0.6 mm；纤维宽度：最宽68.8 μm，最窄1.0 μm，平均宽度为19.2 μm。

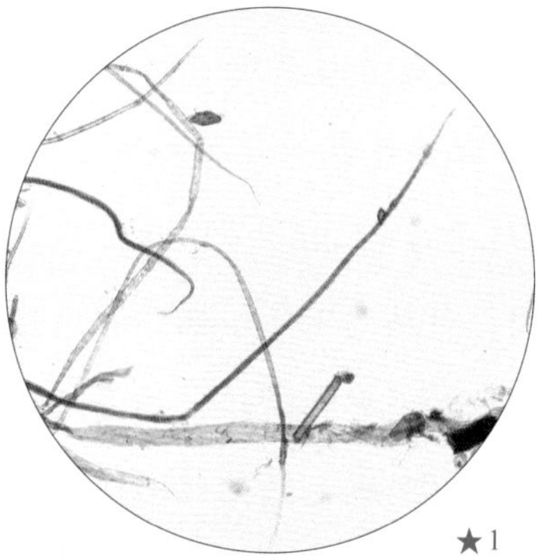

★1

★2

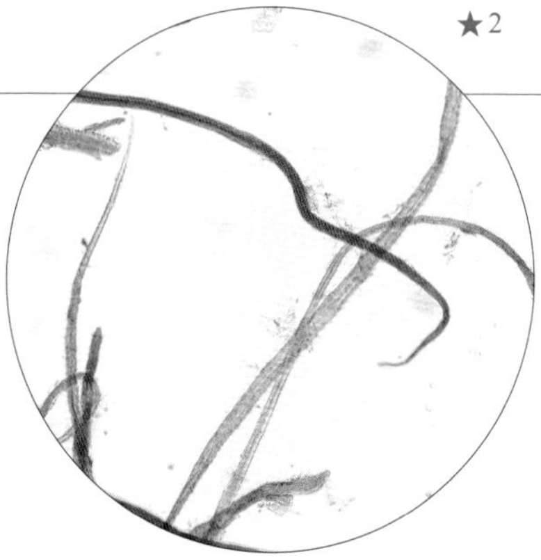

★1
朱金浩纸坊元书纸纤维形态图（10×）
Fibers of Yuanshu paper in Zhu Jinhao Paper Mill (10× objective)

★2
朱金浩纸坊元书纸纤维形态图（20×）
Fibers of Yuanshu paper in Zhu Jinhao Paper Mill (20× objective)

表9.19　朱金浩纸坊元书纸相关性能参数
Table 9.19　Performance parameters of Yuanshu paper in Zhu Jinhao Paper Mill

指标		单位	最大值	最小值	平均值	结果
定量		g/m^2				43.3
厚度		mm	0.163	0.127	0.153	0.153
紧度		g/cm^3				0.303
抗张力	纵向	mN	13.8	10.8	12.2	12.2
	横向	mN	7.7	7.1	7.5	7.5
抗张强度		kN/m				0.657
白度		%	17.0	16.5	16.8	16.8
纤维	长度	mm	1.8	0.1	0.6	0.6
	宽度	μm	68.8	1.0	19.2	19.2

四
朱金浩纸坊的生产原料、工艺与设备

4
Raw Materials, Papermaking Techniques and Tools of Zhu Jinhao Paper Mill

（一）朱金浩纸坊的生产原料

1. 主料一：毛竹

毛竹作为竹子的一种，是富阳造元书纸的主要原材料，其纤维较长，较硬挺，薄壁细胞较多。[10] 调查时据朱金浩介绍，他家纸坊生产的毛边纸采用的原料为当年生长的嫩毛竹，也被称为青竹，产于当地，每年小满后组织当地村民上山砍伐，砍伐位置以及阴面阳面无特殊讲究，但要选择又大肉又厚的嫩毛竹，其纤维长，利于造好纸。因为毛竹是别人家的，因此

[10] 王菊华.中国造纸原料纤维特性及显微图谱[J].造纸信息,1999(7):27-28.

需要花钱购买。2019年3月回访时，董庆丰介绍，当地如今的嫩竹价格为0.6元/kg，去年朱金浩纸坊购买了7 500 kg的嫩毛竹。

2. 主料二：白木浆

2019年3月回访朱金浩纸坊时得知，朱金浩家的毛边纸会加一点白木浆。据朱金浩介绍，木浆是直接从上海那边的工厂运过来的，并不清楚是何种木头的浆。纸坊2018年购买了1 000 kg的木浆，每1 000 kg的木浆价格为6 500元。

3. 主料三：黄纸边

2019年3月回访朱金浩纸坊时得知，朱金浩纸坊每年会从萧山购进一些黄色的纸边，采购的数量依据当年的订单量决定。2018年买了5 000 kg，每1 000 kg纸边3 200元，朱金浩表示纸边的价

⊙1

⊙2

⊙3

⊙1
纸坊附近的毛竹林
Phyllostachys edulis forest near the paper mill

⊙2
白木浆
White wood pulp

⊙3
黄纸边
Yellow paper slices

格一直在涨，2016年每1 000 kg的价格约为3 000
元，两年间便已涨了200元。

4. 辅料：山泉水

好的水对于造纸来说非常重要。朱金浩纸坊
选用的水为山涧水，作坊内设置管道将水引入
各生产间。据调查组成员在现场的测试，朱金
浩纸坊生产时所用的水pH为5.5～6.0，偏酸性。

5. "宣纸"专用辅料：漂白粉水

朱金浩纸坊在制作"宣纸"的过程中，需要
在制浆的时候加入一种辅料——漂白粉水，目
的是为了使"宣纸"的颜色更为白亮。2019年
回访朱金浩纸坊时，据董庆丰介绍，这种漂白
粉水购自富阳汽车南站附近的门店，近两年的
价格为1.6元/kg。

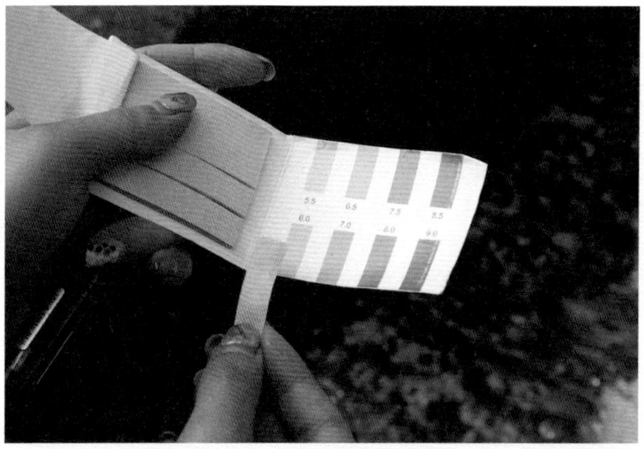

⊙5

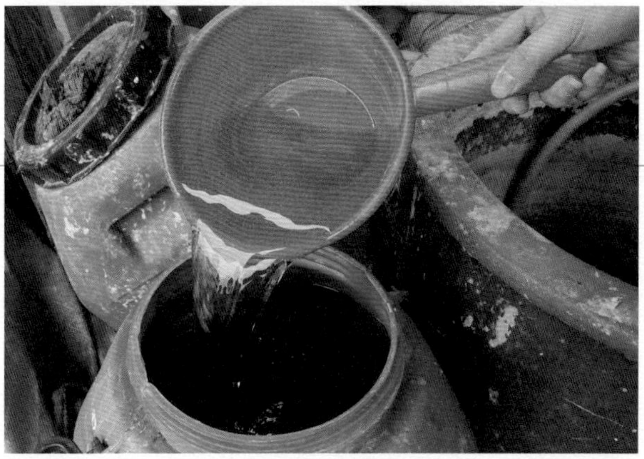

⊙6

生产原料

283

第九章　Chapter IX

富阳区元书纸　Yuanshu Paper in Fuyang District

第九节　Section 9

朱金浩纸坊

⊙4

⊙4 朱金浩造纸作坊使用的山涧水　Mountain spring water used by Zhu Jinhao Paper Mill

⊙5 水pH对比　Comparing the water pH

⊙6 漂白粉水　Bleaching the water

（二）朱金浩纸坊的生产工艺流程

以下生产工艺流程为综合2016年8月11日在纸厂的实地调查，结合朱金浩和董庆丰的工艺介绍，以及富阳地方竹纸研究者的文献资料记述总结而得。

朱金浩纸坊纸品中“宣纸”的工艺流程最为完整，具体为：

壹	砍毛竹
贰	断青
叁	削青
肆	拷白
伍	落塘
陆	清洗
柒	断料
捌	浸坯
玖	烧煮
拾	浸泡
拾壹	翻滩
拾贰	缚料
拾叁	淋尿
拾肆	落塘
拾伍	压榨
拾陆	洗料拣料
拾柒	缚料
拾捌	蒸煮
拾玖	放烧碱水
贰拾	压榨
贰拾壹	拣料
贰拾贰	碾料
贰拾叁	制浆
贰拾肆	捞纸
贰拾伍	压榨
贰拾陆	揭纸
贰拾柒	晒纸
贰拾捌	数纸检纸
贰拾玖	扎捆
叁拾	压纸
叁拾壹	成品包装

纸坊代表纸品毛边纸的生产工艺流程与“宣纸”比较相近，只是少了削青和拷白的步骤，具体工艺流程为：

壹 砍毛竹 → 贰 断青 → 叁 落塘 → 肆 清洗 → 伍 断料 → 陆 浸坯 → 柒 烧煮 → 捌 浸泡 → 玖 翻滩 → 拾 缚料 → 拾壹 淋尿 → 拾贰 落塘 → 拾叁 压榨 → 拾肆 洗料拣料 → 拾伍 缚料 → 拾陆 蒸煮 → 拾柒 放烧碱水 → 拾捌 压榨 → 拾玖 拣料 → 贰拾 碾料 → 贰拾壹 制浆 → 贰拾贰 捞纸 → 贰拾叁 压榨 → 贰拾肆 揭纸 → 贰拾伍 晒纸 → 贰拾陆 数纸检纸 → 贰拾柒 扎捆 → 贰拾捌 压纸 → 贰拾玖 成品包装

壹 砍毛竹

1　⊙1⊙2

毛边纸为朱金浩纸坊最具代表性的产品。毛边纸生产使用的毛竹要求为当年生长的嫩毛竹，每年农历小满前3天在附近山上开始砍伐。砍伐竹子的刀为一种特制的刀具，一头为锄头，一头为斧头。砍伐时，首先用锄头一端挖土，挖至离地面10～15 cm处可见竹子根时，在竹子根处用另一端的斧头开始砍伐。砍伐后将竹子放倒并拖下山。每年砍竹朱金浩需雇佣2名本地临时工，年龄为50～60岁，2016年每名工人工资约为300元/天。

⊙1

⊙2

贰 断青

2　⊙3

将拖下山的毛竹用刀砍成2 m长的竹段。

⊙3

叁 削青

3　⊙4

将毛竹段固定在一个专门用于削竹皮的木架上，用削竹刀削去外层竹皮。技法要点：2 m长的竹段从中间分成两部分，以削竹师傅为支点，从离师傅1 m远的距离开始落刀，从外向内削皮，离师傅较远部分竹皮全部削净后，将竹子掉头从另一头开始削起。削皮的工作常在早上或者上午进行，当天削净当天砍伐的全部新鲜毛竹。一名削青工人一天的工作量约为1 500 kg，2016年工钱约为300元/天。2019年3月回访时，了解到近几年的工人工资没有变化。此为“宣纸”专有步骤。

⊙4

⊙1 毛竹 *Phyllostachys edulis*

⊙2 砍竹刀 Knife for cutting the bamboo

⊙3 断青刀 Knife for stripping the bark

⊙4 捆扎削完青的竹料 Binding the bamboo materials after stripping the bark

肆 拷白

4 ⊙5

将削好的毛竹放在地面上，先用榔头敲打每个竹节处，敲4～5次即可，从头敲至尾；然后用小刀沿横截面剖开竹子；剖开竹子后，再用榔头敲打内部未碎的竹节，直至完全敲碎为止。当天砍伐的毛竹需将其全部拷白，不可留至第二天，因此一个工人每天拷白的工作量也约为1 500 kg，其工钱约为300元/天。此为“宣纸”专有步骤。

⊙5

伍 落塘

5

拷白完后，将2 m长的竹子以100 kg为1捆扎捆，放入固定的清水池中浸泡，至水发臭、水中生长出青苔即可。据朱金浩介绍，每次落塘浸泡约5 000 kg竹坯，灌入的水需将所有竹料泡在水中，不可让竹料露出水面。

陆 清洗

6

将落塘浸泡好的竹子取出料池后，先用扫帚扫一遍，将上面的青苔扫掉，再用水清洗，直到将竹子洗得很白为止。

柒 断料

7 ⊙6

清洗完毕后，将每根竹子用切割机截成5段，每段大约40 cm，再以12.5 kg为1捆扎捆，使用普通塑料绳扎捆便可。扎好后的1捆竹料也被称为1页料。

捌 浸坯

8 ⊙7

将扎捆好的竹料放入石灰水中浸泡，呛1页料（12.5 kg）约需要2 kg的石灰。技法要点：按照石灰与水1∶1的比例和当天所需浸坯的量放入相应分量的石灰和水。浸坯前，先将每捆料散开，再用锤子或者榔头敲打每根竹料，越碎越好，然后按之前的12.5 kg标准扎捆。待石灰放进水中开始沸腾后，用带有铁钩的木棍勾起1捆料放入石灰水中，让其浸泡约1分钟后，使用带铁钩的木棍携其滚3次，再上下涮4～5次。涮的过程中用铁钩不断从竹料捆的侧面敲松竹料，扩大竹料间的间隙使石灰充分浸入。最后捞上来，用铁钩掰开竹料捆，检查石灰浸入程度，如若不够，用铁钩调整每捆中竹料的位置再放入水中重涮1次，直至所有部分都呛到石灰。这个过程也被称为呛石灰。一天可呛500多捆料，也就是6 250 kg的料。以前朱金浩纸坊所使用的石灰购买于诸暨，大约2元/kg，近几年直接在朱中华家购买，只需1.4元/kg。

⊙6

⊙7

⊙5 拷白用的榔头 Hammer for beating the papermaking materials

⊙6 断料 Cutting the materials

⊙7 朱金浩在浸坯 Zhu Jinhao soaking the bamboo materials

玖 烧煮 9

⊙8

将呛好的竹料一层层地放进皮镬，加上水直至水装满整个皮镬，在上面盖上塑料布，压上石头进行烧煮，煮3天焖2天。一般是从早上五六点开始烧火，煮到晚上七八点钟。烧熟之后，竹料用手捏捏是非常软的，表面呈白色，有时会有点发黄，闻起来充满着石灰香，这个时候就表明料煮好了。

拾 浸泡 10

⊙9

取出皮镬中煮好的竹料，放入清水池中浸泡约30天，中间无需换水，利用石灰再遇水产生的热量再次熟化竹料。待池中清水变成黄色，表明竹料已经熟透。呛熟后的竹料，可以放在泡料池中储存，什么时候拿出来用都可以，没有保存期限。交流时朱金浩表示其造纸的原料制作过程固定于每年上半年，从小满前后砍竹开始就进入了原料制作的过程，因为上半年气温高利于竹子发酵和熟化，而下半年纸坊只需要生产纸便可。

拾壹 翻滩 11

⊙10～⊙13

翻滩工序中的浸泡与清洗是结合进行的。通常把竹料放在翻滩凳上清洗，将每捆料竖着放于翻滩凳上，从上面用水浇，浇时需保证水为清水，水流要有冲力，以冲刷掉竹料上黏着力较大的残存石灰。手顺势上下清洗，同时将每捆竹料中间的部位掰开，使中间处留有空隙，方便水流进去清洗内部黏住的石灰。做完一次后拿起料捆轻摔于翻滩凳上，利用惯性将中间粘在竹子上的石灰水沥出，然后再清洗1遍即可。

⊙8

⊙9

⊙10

⊙11

⊙8 煮料 Boiling the materials

⊙9 浸泡出黄水的料池 Pool for soaking the materials

⊙10/11 翻滩 Cleaning the materials

洗完后先将料捆放在池边堆放晾干，等积累一定量后将其一起放入清水池中浸泡，放入时横竖都可以，但尽量保证料捆按照一个顺序摆放。泡1天后，再取出料捆清洗第二次。洗完后再放池中浸泡1天，拿出清洗第三次。该过程总共需重复5次。清洗与浸泡一起前后大约需要10天时间。

工艺流程

289

第九章
Chapter IX

富阳区元书纸
Yuanshu Paper in Fuyang District

第九节
Section 9

朱金浩纸坊

⊙ 12
正在翻滩的朱金浩
Zhu Jinhao cleaning the materials

⊙ 13
浸泡
Soaking the materials

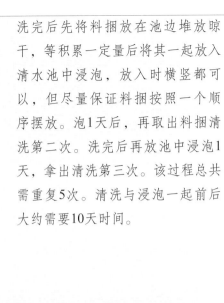

拾贰
缚　　料

12

第五次清洗完毕后，直接扎捆每页料，要求捆2道，以方便下一步的发酵。

拾叁
淋　　尿

13　⊙14

把竹料竖着放于塑料盆中，用塑料瓢将尿从上至下淋一遍。尿主要来自本村村民朱中华的造纸作坊，不需要钱。尿液的作用是促进竹子中的纤维软化，使竹子上粘得很紧的石灰变松或脱落。

拾肆
落　　塘

14　⊙15

淋尿完毕后，将每页料横向摆在池子中，注入清水浸泡。浸泡时间主要看天气，如遇持续艳阳高照天，7天即可，如遇下雨天则需十来天。朱金浩表示，如果不以时间来计算的话，主要看料池中的水，如浸泡的水变成红色则代表发酵完成。浸泡时需在最上层竹料上面盖上塑料薄膜并用石头压紧，以形成高温利于发酵。每次浸泡一池可放入约800页料，即10 000 kg的料。

⊙15

⊙14

⊙14 淋尿 Pouring urine on papermaking materials

⊙15 落塘 Putting the materials in the soaking pool

拾伍
压　榨
15

将泡好的竹料取出运到压榨机处压榨，挤出竹料中的水分。1次可压榨约40页料，即500 kg的料，大约需要40分钟。经过充分挤压的竹料会变得很硬，竹料间也没有缝隙，手指都伸不进去。此时压榨环节才结束。调查时使用的千斤顶是朱金浩20多年前从富阳市场上买的，那时候花了350元才买到。

拾陆
洗料拣料
16　⊙16

压榨完后将每页料洗净，将绳子松开，挑选和剔除其中黑色和黄色的杂质以及被虫咬过的竹料。

拾柒
缚　料
17

拣完料后，将每页料重新捆扎好，此时需扎捆3道，将其捆紧即可。

⊙16

拾捌
蒸　煮
18　⊙17⊙18

朱金浩纸坊使用的蒸锅是与村民朱中华合用的，每次蒸煮时，约可放置300多捆料，2 000 kg多一些（据朱金浩介绍，压榨挑选后的竹料每捆不足12.5 kg）。放料的同时放入烧碱，比例约为1捆料1 kg烧碱。方法为逐层添加，即先将竹料放置于蒸锅最底层，放满一层后将烧碱铺满其上方，然后再于烧碱上放置第二层竹料，铺满第二层后，用烧碱覆盖第二层竹料的上方，即可再放置第三层，逐层如此，直至铺满。放好后往蒸锅里注入冷清水，当水与最顶层料相平时即可。水注满后用塑料皮覆盖表面，然后开始烧火，将水烧至沸腾。竹料需持续不断蒸煮3天，3天后熄火再让其在蒸锅中焖2天。煮好的竹料上面有一层东西，摸上去很软，好像白色棉花一样。

⊙17

⊙18

拾玖
放烧碱水
19

将烧碱水放出，然后将每页料再放置清水中浸泡1个月后用水清洗。清洗完将竹料放入清水中，大约过10天后将池中水放掉，再清洗一遍，然后再放入重新注入的清水中浸泡10天。10天后再将料取出清洗一遍，再放入重新注入的清水中浸泡10天。此3次重复的清洗和浸泡过程朱金浩称之为“放烧碱水”，约持续30天，如遇下雨天则时间需延长几日。此过程中的浸泡无需再在上层覆盖任何物体，因为清水已经覆盖竹料。

⊙16 拣料 Picking the materials

⊙17 蒸锅 Steamer

⊙18 刚煮好的料 Boiled materials

贰拾 压榨

20 ⊙19

第三次放烧碱水结束后，对料进行压榨，每次压榨约40捆料，需要约40分钟。

⊙19

贰拾壹 拣料

21

压榨完后，将每捆料解开，用双手将其搓松，需一捆一捆分开搓，并剔除其中的杂质，然后将料放入竹筐中，准备碾料。完成整个过程约需10分钟。

贰拾贰 碾料

22 ⊙20⊙21

将拣出的料运至石碾旁开始碾料，每次碾料35捆左右，每次约需20分钟。碾完后一般会检查料中是否含有杂质。

⊙20

⊙21

贰拾叁 制浆

23 ⊙22

碾完的料运至打浆房中打浆。

打“宣纸”浆前，要将漂白粉放入打浆机中的专门位置，按每次制浆约35捆料，大约400 kg计，漂白粉需放入75 kg多一点，再灌满水，浸泡3个小时。加入漂白粉的过程只有做“宣纸”的时候需要，毛边纸和元书纸是不需要加漂白粉的。

据董庆丰介绍，她们纸坊的毛边纸原料全为嫩竹料，浸泡后将35捆竹料放入放浆槽中，注满一槽水就直接使用拌浆机打浆了，此过程约需一个多小时。漂白粉盛放的位置设有竹帘过滤，防止漂白粉直接进入浆中影响纸的质量。

据朱金浩介绍，近些年他们制作“宣纸”的时候，都是用漂白粉水进行漂白，无需再在打浆前浸泡，更加节约时间和成本。朱金浩纸坊的竹料成浆率在70%左右。

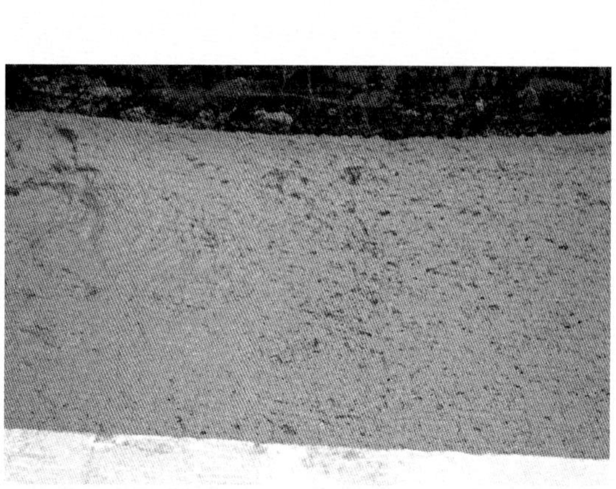
⊙22

⊙19 压榨 Pressing the paper

⊙20 碾好的料 Materials after grinding

⊙21 剔除料中杂质 Picking out the impurities

⊙22 待制浆的浆料 Pulp materials

贰拾肆
捞　　纸

24　　⊙23～⊙27

第一步，将浆料导入捞纸槽中。据朱金浩介绍，一般每天有4次放料时间，分别为早上5点、上午11点、下午1点和下午2点30分前后。每次放好料后注满水。

第二步，用翻浆棒搅拌浆料约30秒，让纸浆与水充分混合，防止纸浆黏附于捞纸槽壁。

第三步，捞纸师傅握住把手，将靠近自己一侧的横向纸帘边或帘床边以70°～80°的角度插进水里，待水漫至另一侧横向纸帘边时，将帘床端平，平稳抬起出水面，多余的水分会沿着纸帘和帘床的缝隙流出，而浆料则在纸帘上形成一张湿纸，整个过程持续时间约7秒（帘床为长方形，横向边是较长边）。有时师傅也会将靠近自己一侧的帘床边抬起，使帘床形成一个斜面，加速水的流出。

富阳元书纸捞纸过程中无需添加纸药，所以捞纸的过程特别注重平稳，帘床不可过多晃动，同时抬帘时需匀速抬出。

第四步，纸帘抬出水面后，将帘床架在纸槽边上，然后将把手推向另一侧，取出纸帘，放置在纸槽边搁置捞好湿纸的木板上，将有湿纸的一面朝下，按照已放好的湿纸边线放置。整个过程需稳而快，以防水滴滴入下方已捞好的纸上，现场观察持续时间约6秒。放好后师傅会在计数器上计下捞纸的张数。

据朱金浩介绍，一般捞纸10分钟后需用和单槽棍搅拌一下纸槽。捞纸工人每天早上5点开始工作，每天完成量约为40刀（以尺寸为48 cm×48 cm一隔三的毛边纸计算）。

⊙23

⊙24

⊙25

⊙26

⊙27

⊙28

⊙29

贰拾伍
压　　榨

25　　⊙28⊙29

傍晚时分约5点左右时，工人会将当天捞好的纸一次性放在木榨上压榨，压一个小时即可。压榨时，每20刀纸用一张帘子隔开，同时在纸的最上方和最下方再铺一层木板，一是为了防止纸张弄脏，二是为了受力更为均匀。压榨完毕，先把缝线隔开的外纸边去除，然后将纸无定数分成几摞，轻掰中间，压榨前一隔三形式的纸张就会散开成3份，无需再切纸了。

⊙23 朱金浩用翻浆棒搅拌
Zhu Jinhao stirring the pulp

⊙24/27 捞纸主要步骤动作示意
Main procedures of papermaking

⊙28 安装压榨工具
Installing the pressing tools

⊙29 朱金浩在压榨
Zhu Jinhao pressing the paper

贰拾陆
揭　　纸

26 ⊙30～⊙33

将纸运至晒纸房，抱至晒纸板上。第一步，用水壶喷洒待晒的纸帖四周（冬天无需喷洒）。第二步，用鹅榔头轻划纸的表面，使纸松开（平均牵纸15张后划一次）。第三步，捏住纸块的右上角捻一捻，使一侧的纸角翘起，对着纸角吹一口气，用手小心撕下纸角，撕的过程中如若发现吃力，则可再对黏连处吹气。纸坊中的晒纸师傅平均吹1次气约可牵纸5张。

贰拾柒
晒　　纸

27 ⊙34～⊙37

牵下来的纸，放在一边堆好，堆至一定数量时，另一位师傅会扛起3～5刀纸去位于村委会3楼的晒纸房。将纸运至晒纸房后，以15～20张纸为一份按照顺序摊在地面上，夏天的话晒3天即可；如遇雨天或者冬天，则每份取10张纸，大约需晒5天。晒的过程中无需翻面。晒好后，每张纸会自然分开。据朱金浩介绍，其实冬天是晒毛边纸等竹浆所做纸的好季节，因为冬天气温不高不会造成纸中水分过分蒸发，晒出的纸不会太干，因此其纸坊冬天晒纸的数量要比夏天多。

朱金浩介绍，一般而言，元书纸和毛边纸自然阴干即可，而“宣纸”（竹浆纸）则需要到烘纸房在焙壁上烘干，因此制作“宣纸”（竹浆纸）对朱金浩夫妻来说更为辛苦。

⊙30

⊙31

⊙32

⊙33

⊙34

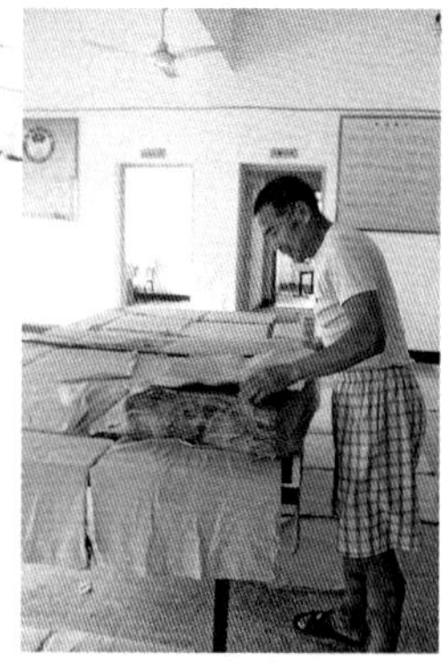
⊙35

⊙36

⊙37

⊙30/33 揭纸 Peeling the paper down

⊙34/37 晒纸 Drying the paper

工 艺 流 程

295

第九章
Chapter IX

富阳区元书纸
Yuanshu Paper in Fuyang District

第九节
Section 9

贰拾捌
数 纸 检 纸
28 　⊙38

纸晒干后，整理堆好，送给检纸师傅挑选，剔除含有杂质、破损、颜色异样的纸张，并按每刀100张的规格数好，摆放整齐等待包装。

⊙38

贰拾玖
扎 捆
29

朱金浩纸坊的毛边纸以捆为单位，每捆20刀，一次性放到专门的打包机上扎捆。

叁拾
压 纸
30 　⊙39

扎捆完后，在每捆纸上、下各放1块木板，运至榨床上进行压榨，每次压榨约10分钟至平整即可。

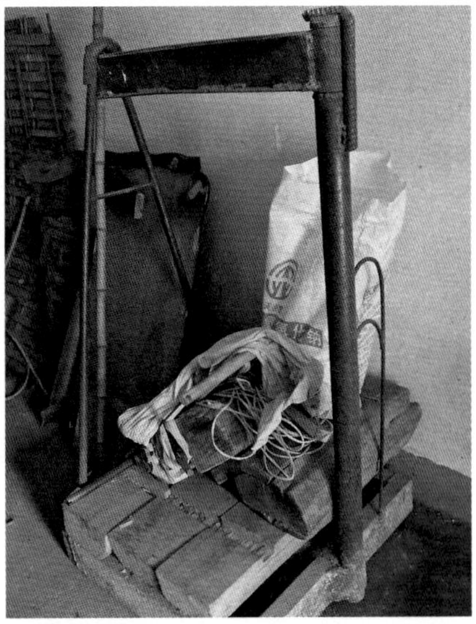

⊙39

叁拾壹
成 品 包 装
30 　⊙40

将压榨好的毛边纸根据每件2捆的标准包装，再由师傅在一边或四边加盖作坊名称、品种、尺寸等信息印章待出售。2019年3月调查组回访纸坊时，发现纸坊已经多年没有在纸品上盖章了。据董庆丰介绍，20多年前时，纸坊发往外地的"宣纸"要盖章，但是现在不用盖章了，因为如今"宣纸"主要作为印刷用纸，它的用途发生了变化，自然也就不用盖了。

董庆丰表示，这些章是自己的父亲董舜邦在70来岁的时候特意为朱金浩纸坊刻的。这些章上分别刻着"熟宣""棉草宣""龙须""拣宣"等字样。

⊙40

⊙40
朱金浩纸坊的旧章
Old Stamps in Zhu Jinhao Paper Mill

⊙39
榨床
Table for pressing

⊙38
数纸
Counting the paper

朱金浩纸坊

（三）朱金浩纸坊的主要制作工具

壹 料池 1

浸泡竹料的池子，多由水泥砌筑。调查时朱金浩纸坊与造纸村邻朱中华合用料池2个。实测朱金浩纸坊所用料池尺寸为：宽342 cm，长588 cm。

⊙1

贰 石碾 2

用于将竹料碾碎的工具，主要由碾槽、碾砣等组成，电动操作。朱金浩纸坊共有2个石碾，大石碾直径为300 cm，小石碾直径为120 cm。石碾材质为青石，20多年前购买于方家地村，当年与其他制作原料一起共花费了约5 000元。

据朱金浩回忆，十六七年前的时候，全村当时有25个槽户在做纸，朱金浩的石碾房对全村造纸厂坊开放，租用价格为10分钟10元、15分钟12元。后来渐渐的做纸的人越来越少，也就没人再租用石碾了。

⊙2

⊙3

叁 放浆池 3

打浆时和打浆前后盛放浆料的池子，水泥砌筑，中间常砌筑水泥隔墙，在末端处留有浆料通过的通道，因此放浆池常呈U形。U形池中间隔一下，方便池中水的不断流动，带动浆料的搅拌。

朱金浩纸坊有一大一小两个放浆池，大的专门用来制作和盛放“宣纸”浆料，小的用来制作和盛放毛边纸和元书纸浆料。实测朱金浩纸坊所用放浆池尺寸为：“宣纸”放浆池长310 cm，宽198 cm，高77 cm；毛边纸和元书纸放浆池长170 cm，宽92 cm，高86 cm。

⊙1 料池 Soaking pool

⊙2 石碾 Stone roller

⊙3 正在碾料的石碾 Stone roller grinding the materials

⊙4

⊙5

肆
捞纸槽
4

捞纸时盛放浆料的槽。朱金浩纸坊所用的捞纸槽由水泥砌成，实测尺寸为：长223 cm，宽178 cm，高104 cm。

⊙6

伍
纸　帘
5

捞纸工具，用于形成湿纸膜和过滤多余的水分。用细竹丝编织而成，表面刷有黑色土漆，光滑平整。朱金浩纸坊所用的纸帘为一隔三的纸帘，产自富阳大源镇，2016年价格为400～500元/张。中间隔线为尼龙线，需要专门的师傅缝线，朱金浩纸坊请的是兆吉村的庄关福师傅，缝线按照纸帘的大小收费，每张收取10～200元。平均每张纸帘使用年限为1年。

2019年3月回访纸坊，董庆丰介绍，纸坊现在捞元书纸和毛边纸的帘子每张需要600～700元，捞四尺"宣纸"的专用纸帘每张则需要1 000元。

实测朱金浩纸坊所用纸帘尺寸为：长158 cm，宽55 cm。

⊙7

陆
帘　床
6

捞纸时承托纸帘的工具。朱金浩纸坊使用的帘床由朱家门村的村民帮其制成，主要材料为杉木和黄毛竹，为朱金浩自己上山砍伐来的。盛放一隔三规格元书纸纸帘的帘床价格为100～200元/个，平均每个使用年限为2～3年。实测尺寸为：长170 cm，宽63 cm。

⊙8

工　具　设　备

第九章
Chapter IX

富阳区元书纸

Yuanshu Paper
in Fuyang District

⊙
8
帘　床
Frame for supporting the papermaking screen

⊙
7
纸　帘
Papermaking screen

⊙
6
捞纸槽
Papermaking trough

⊙
5
毛边纸和元书纸专用放浆池
Pool for making deckle-edged paper and Yuanshu paper

⊙
4
「宣纸」专用放浆池
"Xuan paper" pulp pool

柒 榨床 7

压榨纸张的工具，外围为一个铁架，中间设置两片木板用于放置纸张，最上方的木板配有几根木桩。实测朱金浩纸坊所用榨床尺寸为：长160 cm，宽90 cm，高172 cm。

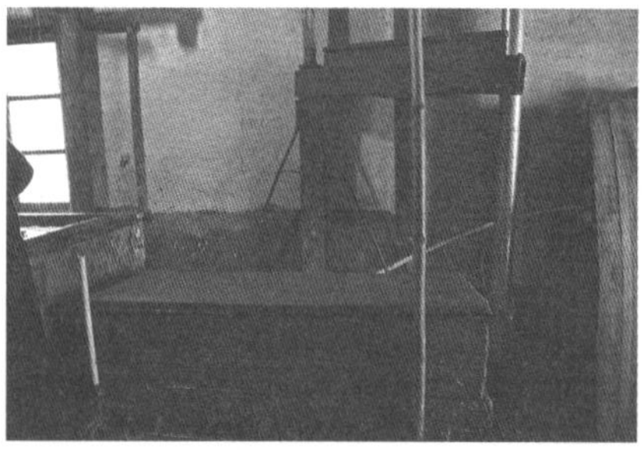

⊙9

捌 鹅榔头 8

木制光滑的松纸帖用工具，用于晒纸前划纸使其变松便于牵纸。朱金浩纸坊使用的鹅榔头是檀木做的，实测尺寸为：长21 cm，底部直径3 cm。

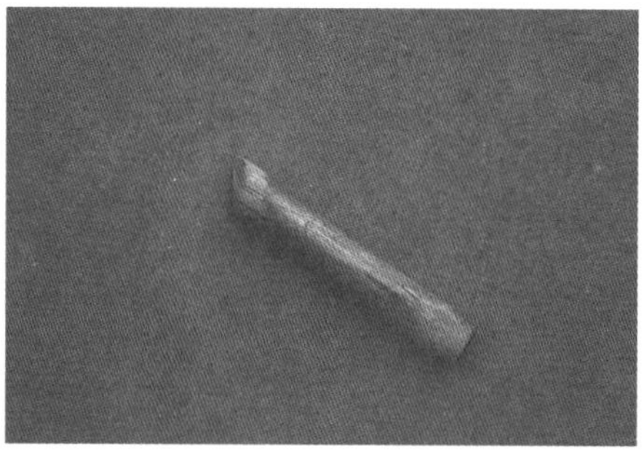

⊙10

玖 和单槽棍 9

放浆池或捞纸槽中搅拌原料所用，常呈一木棍状，头部镶嵌汽车轮胎上裁下的橡胶方片。实测朱金浩纸坊使用的和单槽棍尺寸为：柄长216 cm；橡胶方片长26 cm，宽26 cm。

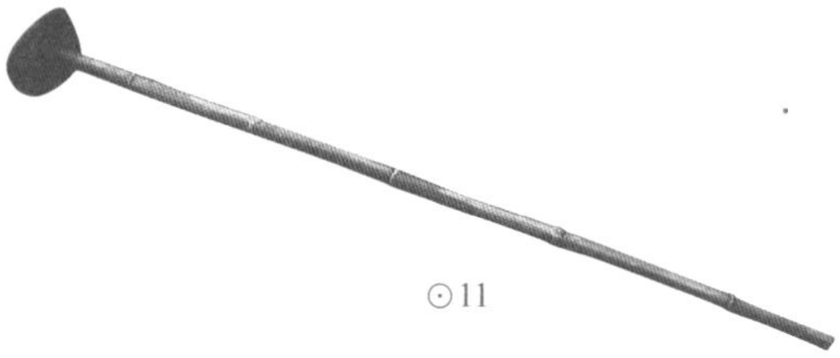

⊙11

拾 削青刀 10

削青时使用的工具，多由贴纸刀片镶嵌于木头上。朱金浩纸坊使用的削青刀长度为59 cm，呈弓形，刀片位于弓身上，其宽度为10 cm。

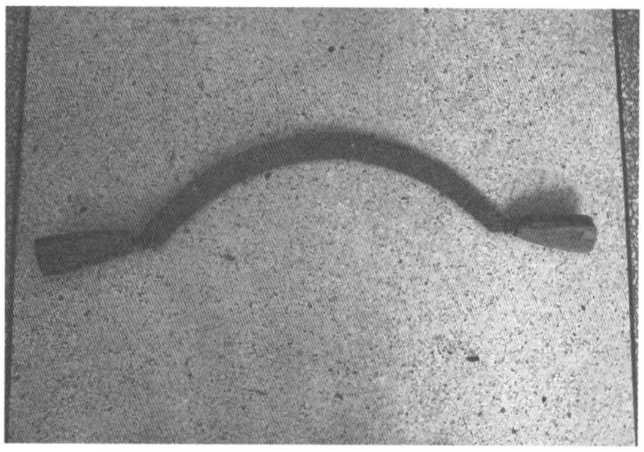

⊙12

⊙9 放着湿纸帖的榨床 Pressing table with wet paper pile on it

⊙10 鹅榔头 Tool for separating the paper

⊙11 和单槽棍 Stirring stick

⊙12 削青刀 Knife for stripping the bark

五 朱金浩纸坊的市场经营状况

5 Marketing Status of Zhu Jinhao Paper Mill

2016年8月11日调查组第一次调查纸坊时，据朱金浩介绍，2014～2016年毛边纸年销量约为300件，计12 000刀，价格约为15元/刀，所以其销售额为18万元/年，其中成本占比60%～70%。每年大部分的纸是根据订单安排生产的，其销售渠道主要为线下，以售卖给杭州市文化市场附近的个体经营户为主。其次是元书纸和“宣纸”（竹浆纸），两者生产产量较小。元书纸主要销往浙江省内，山东聊城、安徽淮南也有其客户。“宣纸”的客户主要为富阳、杭州的个体经营户。

2019年3月回访朱金浩纸坊，朱金浩回顾2018年纸品的生产和销售情况为：2018年生产了毛边纸250件（10 000刀）且全部售出，按照每件650元的价格，毛边纸的销售额约为162 500元，毛边纸是其主要销售产品。

对于元书纸，朱金浩表示除了2016年生产了30～40件外，近两年由于元书纸销路不畅并未生产，遇到元书纸订单，就售卖家中库存的元书纸或者去附近元书纸造纸户家收一定量的元书纸。

⊙13

另外“宣纸”生产了300刀，不过只卖出了几十刀。按照朱金浩夫妇的说法，“宣纸”越陈越贵，可以留着“等升值”。提到这点，朱金浩夫妇开心地告诉调查组：就在2018年，纸坊以一刀2 000元的价格卖出了存放三十多年的“宣纸”。因此他们认为“宣纸”做了可以放在家里存着，用董庆丰的话来说就是“时间越久纸越好”。但是，朱金浩夫妇都表示“宣纸”做起来是最累的，他们俩年纪渐长越来越吃不消了，因此只能每年依照订单少量做一些存放在家里。

⊙13 堆放的成品『宣纸』 Piles of "Xuan paper"

据朱金浩介绍，纸坊销售不通过经销商，以前完全根据订单生产，但是近年来每年都有一批毛边纸的新客户。

成本开支中，主要是工人工钱与原料成本。毛竹前期砍伐、削青、拷白等工序，约需5名工人：2名砍伐，1名削青，2名拷白，每人每天工作8小时，每天工钱300元。另外纸坊中捞纸和晒纸师傅的工资每月按照成品数结算，40刀纸150块钱。原料花费上，主要为漂白剂、石灰和烧碱。

六
大源镇大同村造纸文化与朱家门村造纸风俗故事

6
Papermaking Culture of Datong Village in Dayuan Town and Stories of Zhujiamen Village

（一）祭祀槽桶菩萨

据董庆丰介绍，早些年，造纸师傅习惯于在开工前祭祀菩萨。约20多年前，20世纪90年代的时候，这种习俗还在年纪较大的造纸师傅间传承着。他们会在开工的时候，聚集在纸槽前面，拿出村里面念经的老婆婆折叠的纸元宝，带上香和蜡烛祭拜“槽桶菩萨”，祈求造纸顺利，造出好纸。但是这种习俗随着年长的造纸工退休、去世而渐渐退出了造纸舞台，现在纸坊都是在开工前宴请各个造纸师傅和工人，分发给他们香烟和酒等，这一宴标志着今年的造纸工作开始了。

（二）造纸师傅多为男

当问及大同村是否有“造纸技艺传男不传女”的习俗时，董庆丰笑着摇了摇头，表示在早年间造纸的肯定是男人，但是这并非是“传男不传女”，而是女人干这种活是比较辛苦的，尤其是樱料、捞纸这些工序。

董庆丰介绍，曾经朱家门村有位叫朱金水的造纸个体户，他有三个孩子，两个女儿一个儿子，其中两个女儿都很会捞纸，而且捞的还是七尺和八尺的大纸。两个女儿做了几年纸，身体就不好了，大女儿朱银群30多岁就去世了，小女儿朱玉蓉身体一直不好，大家猜想可能是做纸那时候落下的病根。因此，董庆丰表示不是不教女人造纸的技艺，而是由于体力的原因，故造纸的师傅多为男性。

⊙1

七
朱金浩纸坊的业态传承现状与发展思考

7
Current Status and Development of
Zhu Jinhao Paper Mill

第九章
Chapter IX

富阳区元书纸
Yuanshu Paper
in Fuyang District

第九节
Section 9

朱金浩纸坊

（一）朱金浩纸坊业态传承现状

在访谈过程中，朱金浩夫妇多次提及自己年纪大了，"身体吃不消了，没几年好做了"。纸坊请来的工人亦是如此，不论是临时请来的砍竹、削皮工人还是长期雇佣的捞纸、揭纸的师傅都已经是60岁高龄了。朱金浩表示，自己的儿女曾经屡次让他们少做点纸或者不要做纸了，带带孙女，好好在家安享晚年，但是他们夫妻俩还是想趁着现在还有点力气的时候再做几年纸。

面对纸坊和造纸工艺的无人传承现状，朱金浩夫妇的感情很复杂，既遗憾又有点欣慰，欣慰的是，他们觉得目前子女的工作及生活状态都不错，不用像自己这辈人一样做着这么辛苦的活；遗憾的是自己的纸坊和这份造纸技艺无法传承下去，尤其是当提起同宗朱中华两个儿子都会做纸时，朱金浩和董庆丰的语气里有着显而易见的羡慕。"现在年轻人不愿意学，又苦又累，我们两个也老了，再坚持几年也就不干了。"

⊙1
捞纸师傅
Papermaker

（二）造纸工坊合作互助，互利互惠

此次对朱金浩造纸作坊的调研中，朱金浩多次提及其亲戚兼好友朱中华。朱中华对朱金浩造纸作坊给予了不少帮助，例如免费提供一些尿液，一起合作呛石灰，合用原料池等，同时

也为其介绍一些资源帮助其经营发展。朱中华是杭州富阳逸古斋元书纸有限公司法人代表，其工厂设在朱家门村，与朱金浩造纸作坊相隔不远。朱中华的“逸古斋”元书纸在当地小有名气，其销售量和生产量较大，2016年12月其更是成为中国科学技术大学手工纸研究所富阳竹纸研发基地，因此相比朱金浩造纸作坊可算作“规模较大”“经营更大”的手工纸企业。

两家手工纸造纸厂同时生产元书纸，因此某些生产环节存在一定的重合，在实际生产过程中进行过多次合作，这种“大”纸厂与“小”作坊的互帮互助，在手工纸生产生态圈中的和谐共存，在如今低迷又竞争激烈的手工纸市场中是难得的。

手工纸市场发展良莠不齐，而且大多数都为朱金浩式的家庭作坊，面对如今激烈的市场竞争，其生存环境并不有利，因此很多小型家庭作坊随着历史潮流逐渐以高淘汰率逐年消失，不利于手工造纸生态圈的丰富多样，更不利于文化遗产的保护。手工纸造纸行业中多数为家庭式作坊，规模不大，其发展前景也有限，而且其持续生存需要外界的共同帮助，如何促进经营较为成功的手工纸企业带动发展有限的手工纸企业，促进整个业界良性发展是需要思考的问题。

“大”企业帮助“小”企业，不仅可以维持小型企业的发展，也为大企业未来寻找潜在合作伙伴打下了基础，同时也增加了其在业界的影响。朱中华与朱金浩的互帮互助，不可排除其亲情因素，但是却是一个很好的示范。或许以后的市场合作中，仅依靠情分是不够的，如何形成自发意识进行互帮互助，需要各界帮助提高和推动该良性发展模式，首先便是需要提高各手工造纸企业尤其是经营较为成功企业该方面的意识。合作的方式多种多样，依实际情况采取合适的方式。企业之间的互帮互助目前在国内的手工造纸圈少之又少，可能是低迷的市场行情让企业敞开胸怀具有一定难度，因此合作互惠互利的发展模式可能还需要较长时间的努力。

⊙1

⊙1
董庆丰（左）朱金浩（右）展示『宣纸』
Dong Qingfeng (left) and Zhu Jinhao (right) showing "Xuan paper"

朱金浩纸坊 元书纸

Yuanshu Paper of Zhu Jinhao Paper Mill

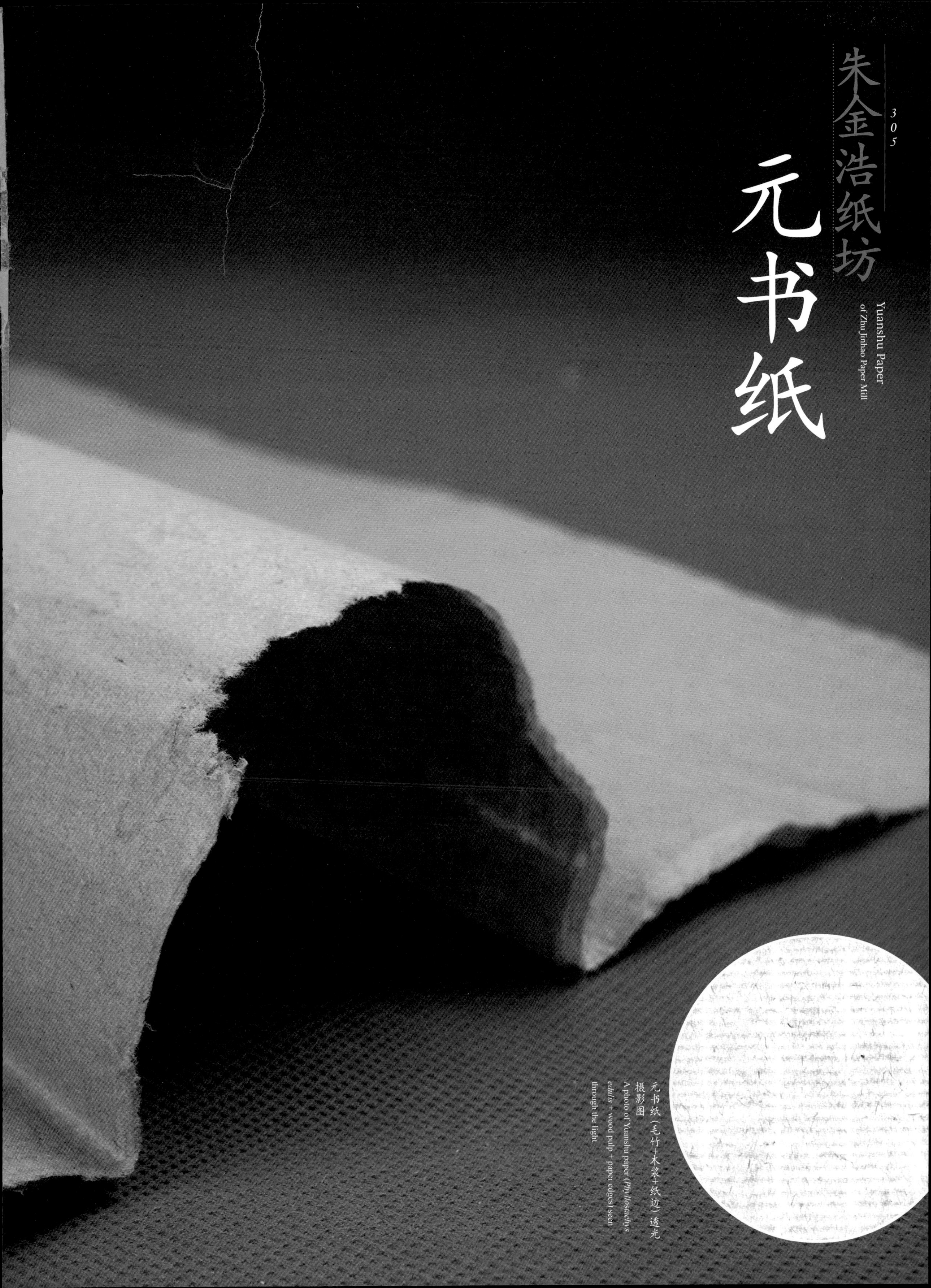

元书纸（毛竹+木浆+纸边）透光摄影图

A photo of Yuanshu paper (*Phyllostachys edulis* + wood pulp + paper edges) seen through the light

第十节
盛建桥纸坊

浙江省
Zhejiang Province

杭州市
Hangzhou City

富阳区
Fuyang District

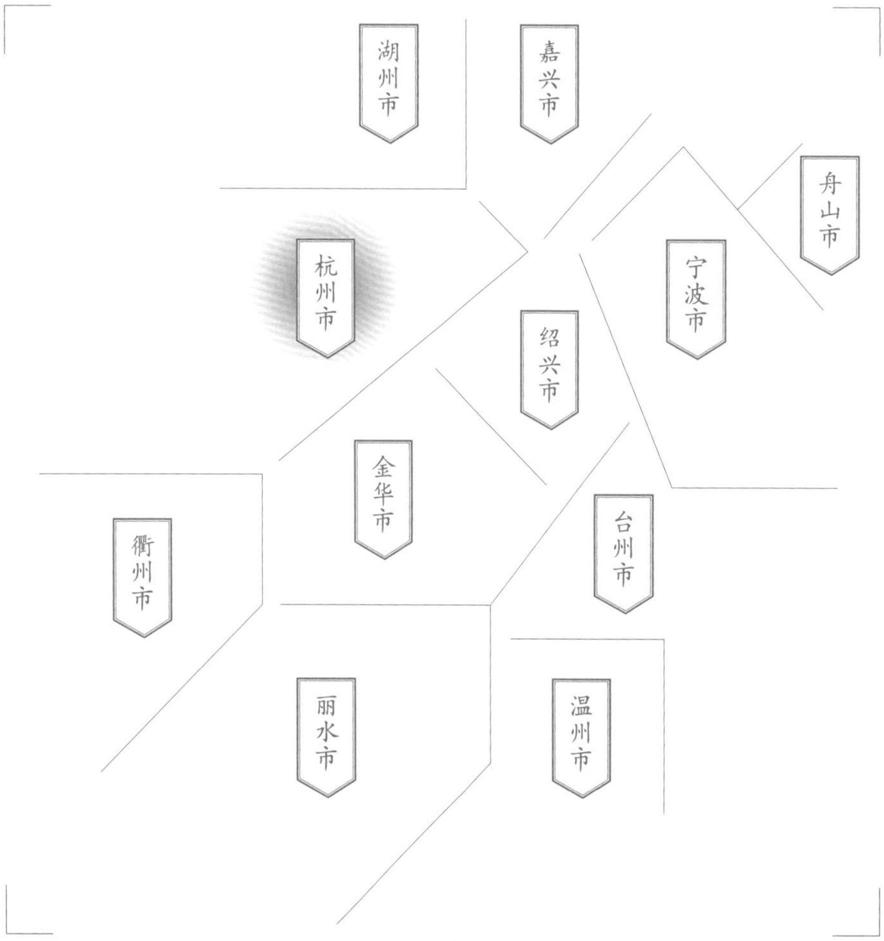

调查对象

富阳区湖源乡新二村
盛建桥纸坊
竹纸

Section 10
Sheng Jianqiao Paper Mill

Subject

Bamboo Paper in Sheng Jianqiao Paper Mill in Xin'er Village of Huyuan Town in Fuyang District

一
盛建桥纸坊的基础信息与生产环境

1
Basic Information and Production Environment of Sheng Jianqiao Paper Mill

盛建桥纸坊坐落于富阳区湖源乡新二村钟塔自然村46号，地理坐标为：东经119° 59′ 17″，北纬29° 49′ 42″。纸坊在1983年建立，以创建人盛建桥本人的名字命名。

调查组于2016年8月13日第一次前往钟塔村的作坊现场考察，通过盛建桥介绍和实地参观了解到的信息为：作坊共有厂房面积约400 m^2，6～7间生产室，其中原料制作区的原料池共计3个，全部系租用当地村民的；原纸加工区有捞纸槽2口，但平常只有1口槽开工；有晒纸焙壁1座（双面）。截至调查时，元书纸为盛建桥造纸作坊产出的唯一纸品。

钟塔自然村属湖源乡新二村管辖，村中约有50多户人家，200多人，其中以盛姓居多。关于钟塔村的得名，2017年出版的清光绪年间《富阳县志》记载："在县西南八十里，石峰壁立高矗云霄，其形似钟也似塔，故名。"[11] 由县志记载可知钟塔村位于钟塔山上，该山因外形酷似钟，故被命名为"钟塔山"，海拔约为700 m。

钟塔村这个山里的小村落由于地处山脉的坡谷，不利于农田开垦，所以传统上当地的村民普遍以造纸为生。20世纪80年代和90年代的钟塔村是个几乎家家造纸的造纸村，巅峰时村里约有40户人家造纸。但形势变化很快，2016年8月调查组进入钟塔村时，村中只剩2个家庭造纸作坊——盛建桥和其弟盛国平的造纸作坊。2019年1月19日回访入村调查时，盛建桥介绍，目前村里的纸坊大多废弃，弟弟盛国平仍在生产，但自己的纸坊因原料和传承问题，已考虑在现有原料使用完后，就不再生产了。

2016年调查时，盛建桥造纸作坊日常有工人2名，即盛建桥和其妻子倪绍艳，除砍竹时竹料断青、拷白工作需请人临时帮忙外，其他时间2人负责从原料生产、制浆、捞纸到晒纸等所有环节，属于最典型的家庭造纸作坊。

⊙1

⊙2

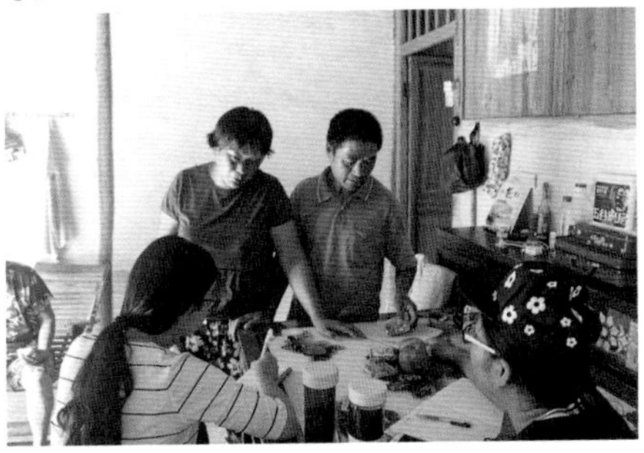

⊙3

⊙1 位于钟塔村的盛建桥家庭纸坊 Sheng Jianqiao Paper Mill in Zhongta Village

⊙2 钟塔村村口的石刻村名 The name of Zhongta Village carved on the stone at the entrance

⊙3 盛建桥（后右）与倪绍艳（后左） Sheng Jianqiao (back right) and Ni Shaoyan (back left)

[11] [清]汪文炳，[清]蒋敬时.光绪富阳县志[M].北京：国家图书馆出版社，2017：卷九地理上篇，十九.

盛建桥纸坊位置示意图

Location map of Sheng Jianqiao Paper Mill

考察时间
2016年8月 / 2019年1月

Investigation Date
Aug. 2016/Jan. 2019

路线图
富阳城区
↓
盛建桥纸坊
Road map from Fuyang District centre
to Sheng Jianqiao Paper Mill

地域名称

造纸点名称

位置分布

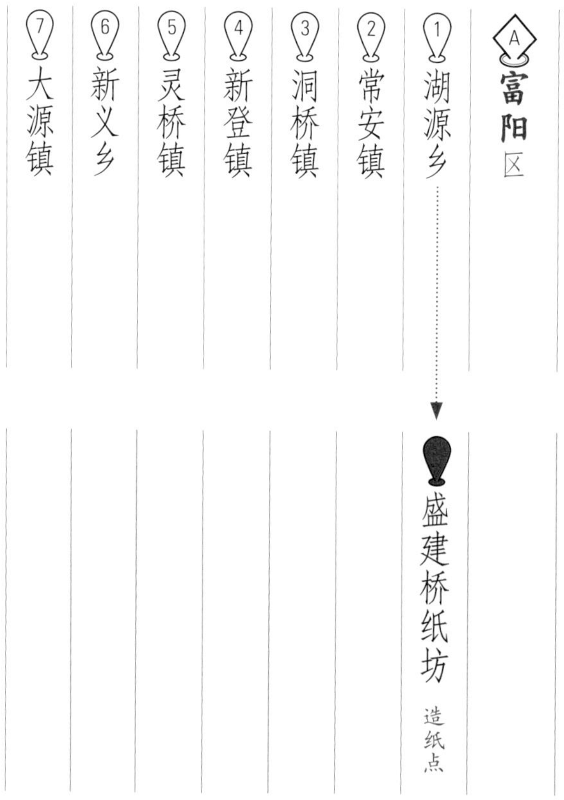

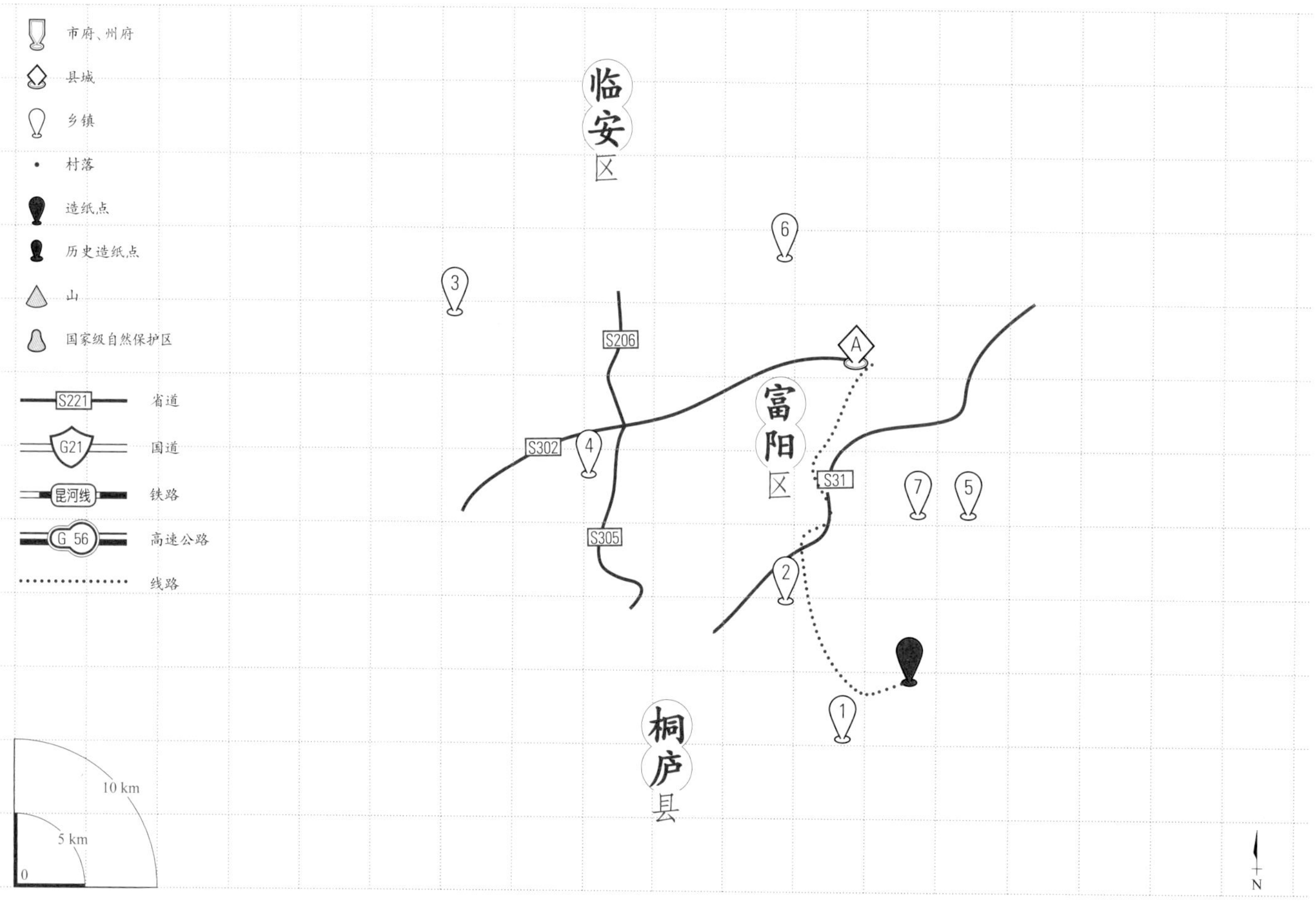

二
盛建桥纸坊的历史与传承

2
History and Inheritance of Sheng Jianqiao Paper Mill

盛建桥生于1966年，湖源乡钟塔村人，2016年访谈时50岁。关于其家族在钟塔村的起源，盛建桥本人表示听上辈人说过家族在此地生活很久，但是具体多久已无法算清。

调查时盛建桥介绍，他十五六岁开始学习造纸，拜当时村里的一位造纸师傅盛君岁为师。盛君岁为当时村里集体生产造纸时一个小造纸厂的负责人，1978年改革开放实行分山到户政策，小纸坊纷纷兴起，在盛建桥十七八岁时，盛君岁所在的纸厂停业，盛君岁从此就不再做纸了。

盛建桥回忆，当年学习造纸时，最先接触的环节为晒纸，待晒纸学习有所成后，其他环节开始逐步一起接触和学习。访谈中盛建桥很骄傲地表示，自己可以独立操作从原料到成纸的所有加工环节。十七八岁离开盛君岁纸厂后，分山到户时盛建桥分得约4亩（2 667 m^2）地，在此基础上，盛建桥开始创立属于自己的造纸作坊，即现在的盛建桥纸坊。但是当时的纸品销售并不是如今的独立直接销售模式，而是需先将纸售至村里的供销社，再由其统一售出，此模式一直延续至1994年供销社将销售权划拨给每户生产商独立所有时止。所以1994年之后，盛建桥造纸作坊才独立销售并一直延续至今。

倪绍艳，浙江金华人，生于1973年，1994年从金华嫁至此地后一直随盛建桥造纸，之前未有过造纸经验。倪绍艳一直从事的造纸环节为烘纸、磨纸边，调查时据她自述未拜师学艺，只是自己不断在实践中摸索，如今一天也可晒规格41 cm×42 cm的小元书纸50刀以上。

盛建桥与倪绍艳的儿子盛佳炜，生于1995年，调查时了解的信息是没有传承家中手工造纸技艺的想法。

盛建桥之弟盛国平，生于1967年，与盛建桥同为2016年入村调查时钟塔村仅剩的造纸户，日常在造纸时也包揽了从原料至成纸的所有造纸环

⊙1

⊙2

⊙3

⊙1 盛建桥夫妇在料塘边介绍原料浸泡
Sheng Jianqiao and his wife introducing the soaking procedure by the soaking pool

⊙2 盛建桥
Sheng Jianqiao

⊙3 倪绍艳
Ni Shaoyan

节，捞纸时使用盛建桥造纸作坊中的另一个捞纸槽。但是交流中发现盛国平纸坊的生产经营状况不乐观，家中库存严重，盛建桥表示库存多与弟弟捞出的纸匀细度和光滑度不太好有关。盛建桥表示，捞纸是决定一张纸质量好坏的重要环节，因此其不太愿意从外界请师傅帮助捞纸，也是怕找的人技术不达标。

三

盛建桥纸坊的代表纸品及其用途与技术分析

3

Representative Paper and Its Uses and Technical Analysis of Sheng Jianqiao Paper Mill

（一）盛建桥纸坊代表纸品及其用途

截至调查时，元书纸为盛建桥造纸作坊生产的唯一手工纸品种。据盛建桥介绍，他们纸坊造的元书纸为100%嫩毛竹所做，最适用于书法练习。倪绍艳补充说，她们家生产的大多数纸都供给小学生做书法练字用了，适合写大字，但是也有一些经销商将她们家的纸卖给别的纸商制作加工纸，或在上面印制菩萨等，也有将盛建桥纸坊的元书纸作为普通乡间祭祀用纸的消费。41 cm × 42 cm为盛建桥纸坊元书纸的统一规格尺寸。

（二）盛建桥纸坊代表纸品性能分析

测试小组对采样自盛建桥纸坊的元书纸所做的性能分析，主要包括定量、厚度、紧度、抗张力、抗张强度、撕裂度、湿强度、白度、耐老化度下降、尘埃度、吸水性、伸缩性、纤维长度和纤维宽度等。按相应要求，每一指标都重复测量若干次后求平均值，其中定量抽取5个样本进行测试，厚度抽取10个样本进行测试，抗张力抽取20个样本进行测试，撕裂度抽取10个样本进行测试，湿强度抽取20个样本进行测试，白度抽取10个样本进行测试，耐老化度下降抽取10个样本进行测试，尘埃度抽取4个样本进行测试，吸水性抽取10个样本进行测试，伸缩性抽取4个样本进行测试，纤维长度测试了200根纤维，纤维宽度测试了300根纤维。对盛建桥纸坊元书纸进行测试分析所得到的相关性能参数如表9.20所示，表中列出了各参数的最大值、最小值及测量若干次所得到的平均值或者计算结果。

表9.20 盛建桥纸坊元书纸相关性能参数
Table 9.20 Performance parameters of Yuanshu paper in Sheng Jianqiao Paper Mill

指标		单位	最大值	最小值	平均值	结果
定量		g/m^2				25.3
厚度		mm	0.103	0.075	0.086	0.086
紧度		g/cm^3				0.29
抗张力	纵向	mN	6.1	5.9	6.0	6.0
	横向	mN	5.9	5.8	5.8	5.8
抗张强度		kN/m				0.393
撕裂度	纵向	mN	204.1	177.4	192.1	192.1
	横向	mN	168.3	134.9	150.4	150.4
撕裂指数		mN·m^2/g				7.2
湿强度	纵向	mN	527	456	478	478
	横向	mN	348	270	293	293
白度		%	36.3	35.1	35.6	35.6
耐老化度下降		%	29.1	26.9	28.5	4.7
尘埃度	黑点	个/m^2				152
	黄茎	个/m^2				224
	双浆团	个/m^2				0
吸水性	纵向	mm	21	16	18	12
	横向	mm	18	12	15	3
伸缩性	浸湿	%				0.50
	风干	%				0.25
纤维	长度	mm	2.8	0.3	0.9	0.9
	宽度	μm	31.7	0.6	12.4	12.4

由表9.20可知，所测盛建桥纸坊元书纸的平均定量为25.3 g/m^2。盛建桥纸坊元书纸最厚约是最薄的1.373倍，经计算，其相对标准偏差为0.007。通过计算可知，盛建桥纸坊元书纸紧度为0.29 g/cm^3。抗张强度为0.393 kN/m。所测盛建桥纸坊元书纸撕裂指数为7.2 mN·m^2/g。湿强度纵横平均值为386 mN，湿强度较小。

所测盛建桥纸坊元书纸平均白度为35.6%。白度最大值是最小值的1.034倍，相对标准偏差为0.513，白度差异相对较小。经过耐老化测试后，耐老化度下降4.7%。

所测盛建桥纸坊元书纸尘埃度指标中黑点为152个/m^2，黄茎为224个/m^2，双浆团为0。吸水性纵横平均值为12 mm，纵横差为3 mm。伸缩性指标中浸湿后伸缩差为0.50 %，风干后伸缩差为0.25 %。说明盛建桥纸坊元书纸伸缩性差异不大。

盛建桥纸坊元书纸在10倍和20倍物镜下观测的纤维形态分别如图★1、图★2所示。所测盛建桥纸坊元书纸纤维长度：最长2.8 mm，最短0.3 mm，平均长度为0.9 mm；纤维宽度：最宽31.7 μm，最窄0.6 μm，平均宽度为12.4 μm。

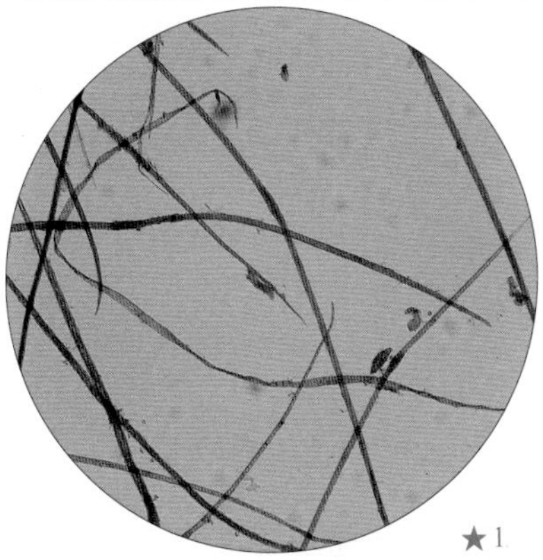

★1

★2

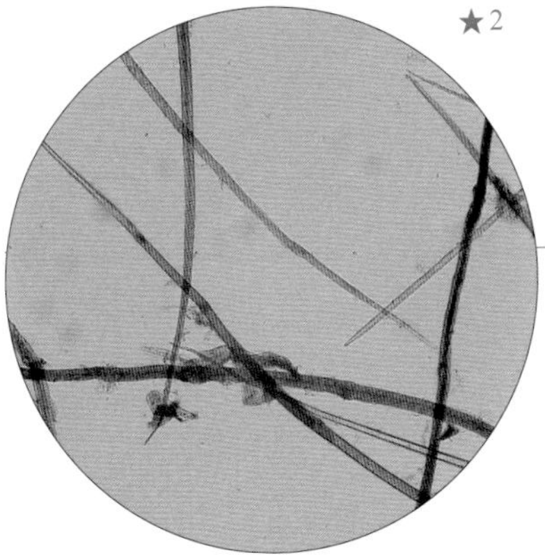

⊙1

四
盛建桥纸坊元书纸的生产原料、工艺与设备

4
Raw Materials, Papermaking Techniques and Tools of Yuanshu Paper in Sheng Jingqiao Paper Mill

（一）盛建桥纸坊元书纸的生产原料

1. 主料：毛竹

毛竹是湖源乡元书纸的主要原材料，甚至是全部原材料。据盛建桥介绍，其生产的元书纸原料为100%当年生长的嫩毛竹，也被称为青竹，产于钟塔村当地，每年小满后收购于当地村民。收购的毛竹需为阳面长于半山腰的毛竹，山顶的毛竹由于长期受到阳光曝晒，其竹肉不利于造纸；外观稍大、竹肉稍厚一点的竹子为其收购首选。

★1
盛建桥纸坊元书纸纤维形态图（10×）
Fibers of Yuanshu paper in Sheng Jianqiao Paper Mill (10× objective)

★2
盛建桥纸坊元书纸纤维形态图（20×）
Fibers of Yuanshu paper in Sheng Jianqiao Paper Mill (20× objective)

⊙1
盛建桥纸坊元书纸润墨性效果
Writing performance of Yuanshu paper in Sheng Jianqiao Paper Mill

生产原料

3 1 4

Library of Chinese Handmade Paper

中国手工纸文库

浙江 卷·中卷 | Zhejiang II

Sheng Jiangqiao Paper Mill

2. 辅料: 山泉水

水贯穿于造纸的全部环节, 因此好的水对于造纸来说非常重要。调查时盛建桥纸坊使用的山泉水来自附近的"黄源山"（谐音, 盛建桥表示当地人就是这么喊的）, 作坊内设置管道将水引入各生产间, 同时山上流下溪水形成的水池也为其浸泡原料所用, 经现场检测其pH为5.5, 偏酸性。

⊙2

⊙1

1
盛建桥纸坊附近的毛竹林
Phyllostachys edulis forest by Sheng Jianqiao Paper Mill

2
盛建桥纸坊附近的山泉水
Mountain spring water by Sheng Jianqiao Paper Mill

（二）盛建桥纸坊元书纸的生产工艺流程

以下生产工艺流程是综合2016年8月13日在纸厂实地调查时所见，结合盛建桥和倪绍艳的介绍，以及富阳地方研究者的文献资料记述总结而得。盛建桥纸坊元书纸的生产工艺流程为：

壹	贰	叁	肆	伍	陆	柒	捌	玖	拾	拾壹
购买毛竹	断青	削青	拷白	落塘	断料	浸坯	浸泡	翻滩	缚料	淋尿

拾贰	拾叁	拾肆	拾伍	拾陆	拾柒	拾捌	拾玖	贰拾	贰拾壹	贰拾贰
落塘	榨料	碾料	制浆	捞纸	压榨	晒纸	压纸	数纸检纸	磨纸	成品包装

壹 购买毛竹

1 ⊙3⊙4

盛建桥纸坊生产所使用的毛竹长于钟塔村外的山上，2016年收购毛竹超过30 000 kg，收购价格为0.54元/kg，较2015年下跌了0.16元/kg，主要因为毛竹商品市场供大于求。据盛建桥介绍，其收购的毛竹在砍伐时有所讲究，砍伐的位置约在地面上2～3 cm处，这个位置在方便工人师傅操作的同时，也可以保证毛竹的利用最大化。毛竹砍完后将其放倒于一边待运下山，无需去叶。

⊙3

⊙4

⊙3/4 当地村民拖毛竹下山 A villager pulling the Phyllostachys edulis down the hill

⊙5

贰
断　　青

2

⊙5⊙6

将毛竹运下山后，先将其倒放于地上，将枝头叶子生长处砍去，然后按照2.1 m左右一段的规格将毛竹砍成竹段。

叁
削　　青

3

将毛竹放在石头或者架子上，用削竹刀削去外面的竹皮。先从离削竹师傅最远的一头削起，以竹子中间为界分成两部分，离师傅较远部分的竹皮全部削净后，将竹子掉头，从另一头继续削。削青和断青的量不一致，100 kg的竹子能削出约30 kg的青。削下的竹皮也会放在水中浸泡和在尿中发酵，然后再以25元/捆（一捆约为10 kg）的价格卖给新二村李家村的造纸厂家，供其制作“宣纸”。

⊙6

肆
拷　　白

4

削完皮后，将竹子放在石头上敲打，每根分开敲一次即可，然后再用铁榔头敲打竹节处，每处敲几次，从头敲至尾，直至把竹节敲碎。

伍
落　　塘

5

⊙7

拷白完成后，将2.1 m长的竹段以40～50 kg为1捆扎捆，放入清水池中浸泡约15天，至竹中的“苦”水浸出，水染成绿色即可。浸泡时每1排的竹子上可压1根长竹，同时辅以石头压住长竹保证其压力更大，促使竹子中的“苦”水浸出。落塘只能在夏天进行，大多集中在6月份。

⊙5 拖下山的毛竹 *Phyllostachys edulis* down the hill

⊙6 砍去竹叶生长部分 Cutting the bamboo leaves

陆
断　　料

6　⊙8

捞起竹坯，用切割机将每根截成5段，每段大约长40 cm，再以12.5～15 kg为1捆扎捆。使用普通塑料绳即可。扎好后的一捆竹料也被称为一页料。

⊙8

⊙7

柒
浸　　坯

7　⊙9

将扎捆好的竹料放入石灰水中浸泡。按照石灰与水1：1的比例和当天所需浸坯的量放入石灰和水，约30 kg竹料兑2 kg石灰。

第一步，浸坯前，先将每捆竹料散开，用锤子或者榔头敲打每根竹料，越碎越好，再根据之前的12.5～15 kg为1捆的标准扎捆。

第二步，待石灰放进水中开始沸腾冒泡后，用带有铁钩的木棍勾起1捆料放入石灰水中，让其浸泡1分钟，使用带铁钩的木棍携其上下翻滚几次，同时用铁钩不断从竹料捆的侧面松散竹料，扩大竹料间的间隙使石灰液充分浸入。

第三步，将在石灰液中浸泡好的竹料捆捞上来，用铁钩掰开竹料捆，检查石灰浸入程度，如若不够，可用铁钩调整每捆中竹料的位置，再放入石灰水中重涮一次，直至所有部分都呛到石灰。这个过程也被称为呛石灰。呛好后的料先用水整体淋一下，再放在料池中浸泡。

⊙9

⊙7 落塘 Putting the materials in the soaking pool

⊙8 正在工作的断料机器 Cutting machine working

⊙9 石灰池 Lime pool

捌
浸　泡

8　⊙10

将淋好的料放入未注水的池中，一捆捆相继排好，放料多少依据料池大小而定，一般一个料池可放约1 000捆料。横竖排列无特定要求。待池子里排满料后，开始注入清水，然后浸泡约30天，中间无需换水。传统工序中有时将页料置于流动的溪水中浸泡，效果更好，但由于环保等原因，富阳现在基本上都是在池中浸泡了。

⊙10

⊙11

⊙12

⊙13

⊙14

玖
翻　滩

9　⊙11～⊙16

将浸泡好的页料从池中捞出开始翻滩，总共需要冲洗约3～4次。

第一步，将页料放置在淋板上，从上面用水浇，手顺势上下清洗，并掰开页料，保证清水可清洗到中间处的石灰。做完一次后拿起料捆轻摔于淋板上，利用惯性将中间黏在竹子上的石灰液沥出，然后再清洗一遍，重复几次即可。

第二步，洗完第一次后将页料放到旁边堆放晾干，等积蓄一定量后再放入清水池中浸泡，放入时横竖摆放皆可，但尽量保证每页料按照一个顺序摆放。隔一天再取出页料清洗第二次，清洗过程与第一次相同，清洗完放水中浸泡，再隔一天取出清洗第三次。每次清洗的频率与过程相同，洗完4次约需要8天。

第三步，第四次洗完后，将竹料放入水中再次浸泡约15天，待水面有泡冒出时取出。水中有泡表明毛竹竹肉已开始发软，其中浸入的石灰已吐出。当水起泡时，水的颜色也会变成黑色，一旦去除黏附在竹肉表面的黑水，则竹肉显现白色。

⊙15

⊙16

⊙10 浸泡页料
Soaking the sections

⊙11/16 翻滩中的诸工序
Various procedures of cleaning the materials

拾 缚料

10

清洗完毕后，需在之前捆绑过的每页料上再扎捆1道，即捆2道，方便下一步的发酵，每捆为15～20 kg。

拾壹 淋尿

11

一次将3捆竹料竖着放于木桶或澡盆里，用舀子将尿液浇于竹料捆上，从上至下淋一遍即可。尿液主要为盛建桥家庭积攒的，其中无需添加其他液体。1天最多可淋1 000捆料。尿液可以促使竹子中的纤维软化，并且去除竹子上黏得很紧的石灰。

拾贰 落塘

12 ⊙17⊙18

淋尿完毕，将每页料横向摆在池子中，摆满后，注入清水浸泡15～20天，如见水中冒气泡或者长出蘑菇菌丝等，则代表其发酵完成。夏天气温高，阳光强烈，尿液作用下易产生高温促进竹子发酵，所以夏天做原料更合适。页料取出时间没有固定限制，何时需要何时取出即可，但至少需浸泡发酵15天以上。

拾叁 榨料

13

将泡好的竹料取出运至压榨机处进行压榨，一次压榨约25页料，大约20分钟。每页料压榨前为15～20 kg/捆，压榨后变成6.5～7 kg/捆。调查时榨料使用的千斤顶购买于富阳本地的商家。

⊙17

⊙18

拾肆 碾料

14 ⊙19

将榨好的料解开运至石碾旁开始碾料，一次碾料约12捆，约需30分钟时间。12捆的竹料压榨完可用于1天的捞纸，可捞50～60刀纸。

⊙19

⊙17 淋完尿后的落塘竹料
Bamboo materials after being poured the urine

⊙18 倪绍艳讲解落塘技巧
Ni Shaoyan introducing the soaking techniques

⊙19 碾料石碾
Stone roller

拾伍 制浆

15 ⊙20

磨好的料直接用小车运至制浆间制浆。由于盛建桥纸坊的元书纸全由竹料所做，无需添加其他原料，因此制浆过程中只需竹浆料和水即可。盛建桥介绍的制浆工序为：师傅用铲子将浆料放入池子中，一次约放6捆料，正好可填满半口槽，剩下则注满半槽水，然后用电动搅拌机搅拌浆料与水，约持续30分钟即可。据盛建桥介绍，每100 kg的竹料约可成浆15 kg，成浆率15%，1天如做50刀纸（41 cm × 42 cm规格的小元书纸）需制成浆料20 kg，约需133.5 kg竹料。

制浆完毕，将浆料通过管道运至下一个浆槽中，其中在下方设置用毛竹编织而成的过滤网，起到沥水作用，此过程约持续60分钟。

拾陆 捞纸

16 ⊙21～⊙23

浆料制好后将其放置在捞纸槽中。据盛建桥介绍，每次放入浆料多少不一，有时前一天晚上将12捆料制成的浆料全部放进去，然后加满水，第二天捞纸；有时将12捆料制成的浆料分早、中、晚3次添加，每次添加完便放满水。这两种做法的区别是捞纸时工作的吃力程度不同，放料多，捞纸时人感觉比较轻松；相反人则感觉比较吃力。每次加入浆料后，需要用和单槽棍搅拌约1分钟；每捞完10张纸，再用和单槽棍搅拌10秒钟左右。

搅拌完毕后开始捞纸。捞纸所用的纸帘铺在帘床上，同时帘床上侧设有2个把手方便工人操作所用。根据2016年8月13日当日观察，捞纸师傅捞纸时握住把手，将靠近自己一侧的横向纸帘边或帘床边以70°～80°的角度插进水里，待水漫至另一侧横向纸帘边，将帘床端平，平稳抬起出水面，多余的水分会沿着纸帘和帘床的缝隙流出，而浆料则在纸帘上形成一张湿纸，整个过程持续时间约7秒（帘床为长方形，横向边是较长边）。有时师傅也会将靠近自己一侧的帘床边抬起，使帘床形成一个斜面，加速水的流出。

由于竹子纤维重叠程度不高，富阳元书纸捞纸过程中无需添加纸药，所以捞纸的过程注重平稳，帘床不可过多晃动；同时师傅抬帘时需匀速抬出，否则在纸帘上留下的浆料厚度不一，影响纸张质量。调查时，盛建桥介绍每天至少捞纸5 000张（41 cm × 42 cm规格的小元书纸），工作时间约从早上5点开始，正常工作10个小时，但有时也会工作至晚上10点。

纸帘抬出水面后，师傅将帘床架于纸槽边，并借助特殊装置将其固定在水面上，然后将把手推向另一侧，取出纸帘，放置在纸槽边的搁置捞好湿纸的木板上。师傅会将有湿纸的一面朝下，按照已放好的湿

⊙20

⊙21

⊙20 制浆池中打好的浆料 Prepared pulp materials in the pulp pool

⊙21 纸坊的捞纸间 Papermaking workshop

纸边际放置。放置时，从离其最近的一边开始放置，然后沿着下方湿纸的边际慢慢放置，当确保整张纸帘沿着下层纸张边际放置完毕后，再从离其最近的一边将纸帘迅速抬起。整个过程需稳而快，以防水滴滴到下方已捞好的纸上，从现场来看，持续时间约6秒。放好湿纸后师傅在计数器上计下捞纸的张数。

⊙22

⊙23

拾柒

压　　榨

17　⊙24

当天晚上将捞好的纸一次性放在压榨机上压榨，单次约10分钟。压好后，放置在压榨机附近等待第二天晒纸。压的时候中间需用席子将纸隔开，大约30刀隔一次。一个晚上可压榨1 000～1 500张纸，全过程约需60分钟。

⊙24

拾捌

晒　　纸

18　⊙25

晒纸前首先将纸贴边缘处用缝线隔好的纸边剔除，然后再把一隔三的纸贴掰成3截，即成为每张规格为41 cm × 42 cm的传统规格元书纸。把分隔好的小元书纸纸块放置在晒纸板上，先用榔头在全部纸面上竖着轻敲一遍，再捏住纸块的右上角捻一捻，使一侧的纸角翘起，对着纸角吹一口气，用手撕起。

根据倪绍艳介绍的工艺要领，频率约保持在晒完10张用榔头敲打1次，晒完20张对纸角吹气1次。晒纸时每2张一起撕一起晒。牵纸（撕纸）的时候，力度需缓而均匀，不可力度过大而撕破纸张，也不可力度过轻至纸张无法撕下。牵下纸张后贴在刷有稀米糊的焙壁之上，并用松毛刷在纸上刷满，待2张纸中外层纸晒干后即可揭下。晒纸过程中，倪绍艳熟知2张纸晒好所需时间，因此常用此间隙时间牵下面所需晒的纸。每次晒的纸上下错位，中间间隔约2 cm。

纸坊的工作习惯是每天早上4点半起床烧炉火热焙壁，约60分钟后开始晒纸。如果手脚灵巧，大约下午2点前可晒完约5 000张纸。一天需将前一天捞的纸张全部晒完，如果放置时间过长，牵纸过程将会受到影响。

⊙25

⊙22/23
盛建桥在捞纸出水与放帘扣纸
Sheng Jianqiao lifting the papermaking screen out of water and turning it upside down on the board

⊙24
榨纸工序
Squeezing procedure

⊙25
晒纸焙壁的烧火间
Firing workshop besides the drying walls

拾玖
压纸
19 ⊙26

晒完纸后，将所有纸张整齐叠放在一起，然后在上方放置木板压纸。约5 000张纸放1块木板，压纸时间则不固定。

贰拾
数纸检纸
20 ⊙27

纸压好后，整理堆好，送给检纸师傅供挑选，剔除含有杂质、破损、颜色异样的纸张，按每刀100张的规格数好，摆放整齐等待磨纸。

贰拾壹
磨纸
21 ⊙28～⊙31

检好纸后需将5 000张纸举高立起来，围绕纸的四边拍打，再用头部压实纸堆。这个过程需要一定的体力和技巧，都由盛建桥来完成。使用磨纸刀把纸堆四边和表面打磨至光滑平整，一般用时2～3分钟。每次5 000张一起磨，磨好一起捆绑。一般当天晒完纸，当天磨好。

⊙26

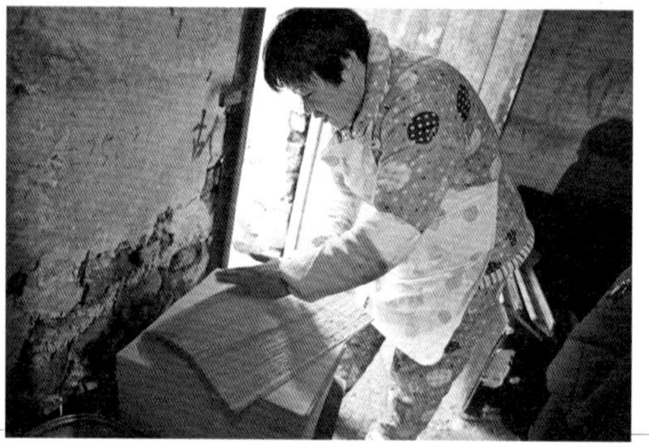
⊙27

⊙28

⊙29

⊙30

⊙31

贰拾贰
成品包装
22 ⊙32

将磨好的纸一刀刀地放置平整，按照50刀为1件统一包装，然后在纸的一边或四边加盖作坊名称、品种、尺寸等信息印章，根据订单打包出售。

⊙32

⊙26 压纸 Pressing the paper

⊙27 倪绍艳在数纸检纸 Ni Shaoyan counting and checking the paper

⊙28/31 磨纸工序 Trimming the deckle edges

⊙32 盛建桥夫妇演示包装工序 Sheng Jianjiao and his wife showing how to pack the paper

(三) 盛建桥纸坊元书纸的主要制作工具

壹 料　池 1

浸泡竹料的池子，多由水泥砌筑。调查时盛建桥纸坊共有料池3个，系租用他人的，每年租用费用共1 000元。调查当日实测料池尺寸为：长1 083 cm，宽520 cm，高73 cm。

⊙33

贰 石　碾 2

将竹料碾碎便于打浆的工具，主要由碾槽、碾砣等组成，电力驱动。调查时盛建桥纸坊所使用的石碾直径约4 m，为三四年前请浙江省江山市双溪口乡工人所做，材料为青石，制作费用约1 000元。

⊙34

叁 打浆机 3

用于将竹料制作成竹浆的工具。调查时盛建桥纸坊使用的打浆机为电动搅拌工具。

⊙35

⊙37

肆 放浆池 4

打浆时和打浆前后盛放浆料的池子，多由水泥砌筑，中间常砌筑大半截的水泥隔墙，在末端处留有浆料通过的通道，因此放浆池常呈U形。调查当日实测盛建桥纸坊放浆池尺寸为：长210 cm，宽150 cm，高65 cm。

⊙36

伍 捞纸槽 5

捞纸时盛放浆料的槽。盛建桥纸坊生产所用的捞纸槽由水泥砌成。调查当日实测尺寸为：长200 cm，宽160 cm，高110 cm。

⊙33 料池 Soaking pool
⊙34 石碾 Stone roller
⊙35 打浆机 Beating machine
⊙36 放浆池 Pulp pool
⊙37 纸槽 Papermaking trough

陆 纸帘 6

捞纸工具，用于形成湿纸膜和过滤多余的水分。由细竹丝编织而成，表面刷有黑色土漆，光滑平整。盛建桥纸坊生产所用的纸帘为一隔三纸帘，产自富阳湖源镇新三村，2015～2016年的价格约为300元/张。中间隔线为盛建桥夫妇自己缝制，材料为尼龙线。每张纸帘平均使用年限为2～3年。调查当日实测尺寸为：长136 cm，宽50 cm。

⊙38

⊙40

捌 木质千斤顶 8

用来压榨纸张的工具。盛建桥纸坊使用的千斤顶为木质，购买于富阳本地商户，价格约200元。

柒 帘床 7

捞纸时盛放纸帘的工具。盛建桥使用的帘床用杉木和黄毛竹制成，一隔三规格，购买于湖源镇新三村，2015～2016年的价格约为300元/张，平均每个使用年限为2～3年。调查当日实测尺寸为：长140 cm，宽60 cm。

⊙39

⊙38 纸帘 Papermaking screen
⊙39 帘床 Frame for supporting the papermaking screen
⊙40 木质千斤顶 Wooden lifting jack

玖 鹅榔头 9

木制光滑的榔头，用于晒纸前划纸使其变松。实测盛建桥纸坊使用的鹅榔头长度约为23 cm。

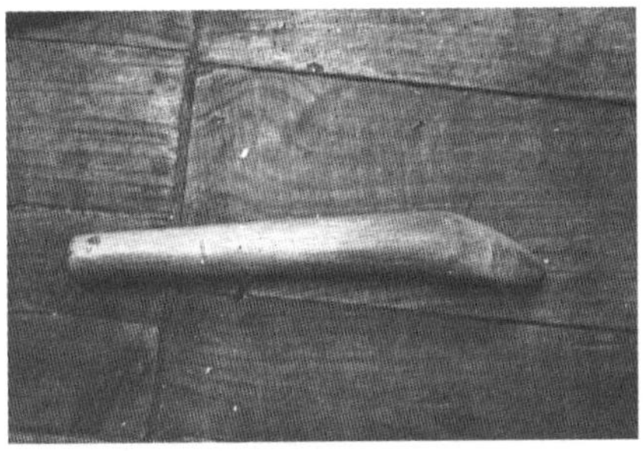

⊙41

拾贰 磨纸刀 12

用来打磨纸边的工具。盛建桥纸坊使用的磨纸刀为铝片所做，实测其中一个尺寸为：长17 cm，宽8 cm。

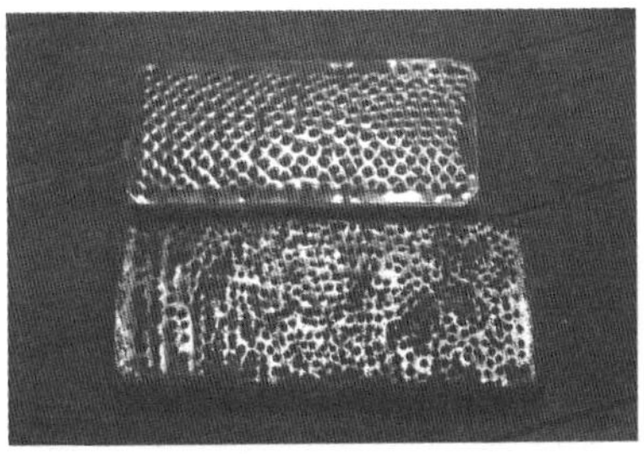

⊙44

拾 晒纸焙壁 10

晒纸壁炉，一般为双面，将纸贴于表面。盛建桥纸坊使用的晒纸焙壁由两块长方形的钢板焊接而成，中空，下方水沸腾后水蒸气进入内部中空部分，利用水蒸气的热度加热钢板。调查当日实测焙壁尺寸为：长782 cm，高315 cm，上宽36.5 cm，下宽54.5 cm。

⊙42

拾叁 和单槽棍 13

放浆池或捞纸槽中搅拌原料所用，常呈棍形，其一头镶嵌橡胶方片。实测盛建桥纸坊使用的和单槽棍尺寸为：槽头长宽均为21 cm，杆长176 cm。

拾壹 松刷 11

晒纸时用于将纸刷平的刷子。盛建桥纸坊所用的松刷为松树的松针所做，实测尺寸为：长38 cm，宽13 cm。

⊙43

⊙45

⊙41 鹅榔头 Tool for separating the paper

⊙42 晒纸焙壁 Drying wall

⊙43 松刷 Brush made of pine needles

⊙44 磨纸刀 Trimming tools

⊙45 和单槽棍 Stirring stick

五
盛建桥纸坊的市场经营状况

5
Marketing Status of Sheng Jianqiao Paper Mill

⊙1

⊙2

据盛建桥介绍，2014～2015年其造纸作坊每年生产元书纸140～150捆（41 cm×42 cm规格的元书纸），1捆50刀，如果换算成以刀为单位，其年产量为7 000～7 500刀。盛建桥纸坊生产的元书纸平均每捆售价为1 200元，每刀售价为24元，因此测算其近两年每年销售额为17万～18万元。

盛建桥表示现在（2016年）的竹纸价格为其历史最高水平，四五年前的售价约为1 000元/捆，每年保持着50元/捆左右的增长速度。价格之所以增长是因为现在元书纸质量较之以前大为提升，相比20世纪90年代120～130元/捆的元书纸，现在的元书纸做法更为细致。17万～18万元的销售额中，毛利润约为10万元，因其纸坊为夫妻共同生产，所以节约了大量劳动力成本，但还是需要支付一定的费用给砍竹工人，工资约为300元/天。其他成本中原料成本每年约为2万～3万元。

盛建桥纸坊元书纸的销售渠道皆为国内的线下销售，客户多为富阳、杭州当地的元书纸经销商，合作已有多年的老客户居多，尤其富阳的元书纸经销商，关系基本已维持三四年以上。客户上门收购，但需提前下订单并预付款。2019年1月19日回访时了解到，2017～2018年盛建桥纸坊年产量约为100余捆，年销售额12万～13万元，扣除原料与请砍竹工人的费用后，毛利润5万～6万元，较2016年有明显下降。

⊙1/2
纸坊中聚精会神工作的盛建桥夫妇
Sheng Jianqiao and his wife working in the paper mill

六
钟塔村关于李煜葬于富阳钟塔山的传说

6
Legend of Zhongta Village about Li Yu Being Buried in Zhongta Mountain of Fuyang District

“问君能有几多愁，恰似一江春水向东流”，这句脍炙人口的词句出自南唐后主李煜词《虞美人》。李煜风华绝代，才华横溢，但是沦落为亡国之君的命运为他后期人生注入了悲剧色彩。李煜于公元978年被宋太宗赵匡义毒死，死后尸藏何处一直有争议。富阳当地民间一直流传的说法则是其葬于富阳湖源乡钟塔山，说法仿佛颇有来历。

这种说法主要与三人有关。第一人为大将军李重耳，历代《富阳县志》均记载李重耳墓位于“富阳县西南九十里栖鹤钟塔山”[12]，同时《富阳县志》还记载李煜墓“在重耳墓北，月燕山吴驾坞（今湖源乡钟塔山）”。第二位与其相关的人物为李煜之孙李昭度。辞官后李昭度选择将富阳作为其安享晚年之地，并且携子孙“守邱墓于富春”（出自宋范仲淹的《宋殿中侍御史同中书门下平章事李昭度墓志铭》）。李昭度守奉的主要为两位李氏先祖，一位是李重耳，还有一位当地流传即为李煜。第三位透露李煜葬于富阳的便是其姻亲——吴越忠懿王钱弘俶，其为李煜撰写过墓志铭，名曰《南唐后主陇西郡公李煜公墓志铭》，其中记载：“次明年己卯（979年）乞恩归柩于杭之富春山，越岁辛巳（981年）二月十一日葬于祖重耳公之墓北，月燕山之阳，因曰吴驾坞，适俶祭省归杭，且有姻娅之好，事状强志其墓。”这为一些史学家肯定李煜葬于钟塔山添加了另一有利证据。

⊙3

⊙3 钟塔山远景 Landscape of Zhongta Mountain

[12] [清]汪文炳，[清]蒋敬时.光绪富阳县志[M].北京：国家图书馆出版社，2017：卷十六胜迹（塚墓），十七.

七 盛建桥纸坊的业态传承现状与发展思考

7 Inheritance and Development of Sheng Jianqiao Paper Mill

（一）环保已经形成了巨大压力

当代的手工造纸使用了一些化学药剂，而小型手工纸作坊缺乏环保设备，生产污水直接排放，可能会对环境造成一定的污染，而且大多数的手工造纸作坊如同盛建桥作坊一样位于山中，往往是河流或者溪水的上游，因此其污染影响可能更容易引发广泛关注。

盛建桥在访谈时表示：之前其原料制作需经过蒸煮这一环节，但是由于现在环保力度太严，不得不取消，好在后期找到了剥皮之法替代蒸煮（以前加工的竹料不去皮因此需蒸煮）。但随着环保力度的加大，盛建桥担心其目前使用的石灰浸泡可能也将被禁止，如果被停，盛建桥表示像他这样买不起环保设备的小作坊很难找到出路，基本就无法再存活了。

（二）钟塔村传统造纸传承困难

传统造纸工序繁杂，工作时间很长，造纸利润相比之下显得较低；同时，钟塔村地理位置偏僻，交通非常不便，因而进出与运输成本成为突出问题。在上述压力下，21世纪的十余年里，钟塔村很多纸坊相继停产。以盛建桥纸坊为例，盛建桥夫妇每日工作约14小时，可捞5 000～6 000张纸，年销售100余捆纸，但劳力没有计入成本；在每年小满砍竹时，会以1天300元左右的价格聘请2位帮忙砍竹削竹的师傅，通常师傅会工作约15天；每年10多万元的销售额去掉人员与原料费用，利润并不可观。

2019年1月19日回访时谈及纸坊传承，盛建桥表示儿子盛佳炜小时候虽跟着自己学习过造纸，也参加过中国科学技术大学承办的文化部、教育部第四届手工造纸非遗研修班，但还是觉得造纸这一行太辛苦，也很难以之维持生活，所以没有回来继承纸坊的打算，现在已经在富阳上班。同时，因环保问题，纸坊目前无法生产造纸的原料，回访时盛建桥所用造纸原料还是2018年剩下的，如果原料不能继续生产，盛建桥自己也计划在纸料用完后外出务工，不再造纸。

⊙1

⊙2

⊙1
盛建桥夫妇向调查组成员介绍造纸面临的问题
Sheng Jianqiao and his wife telling the difficulties of papermaking

⊙2
钟塔村废弃的纸坊
Abandoned paper mill in Zhongta Village

盛建桥纸坊

331

元书纸

Yuanshu Paper
of Sheng Jianqiao Paper Mill

纯毛竹元书纸透光摄影图
A photo of pure *Phyllostachys edulis* Yuanshu paper seen through the light

第十一节

鑫祥宣纸作坊

浙江省
Zhejiang Province

杭州市
Hangzhou City

富阳区
Fuyang District

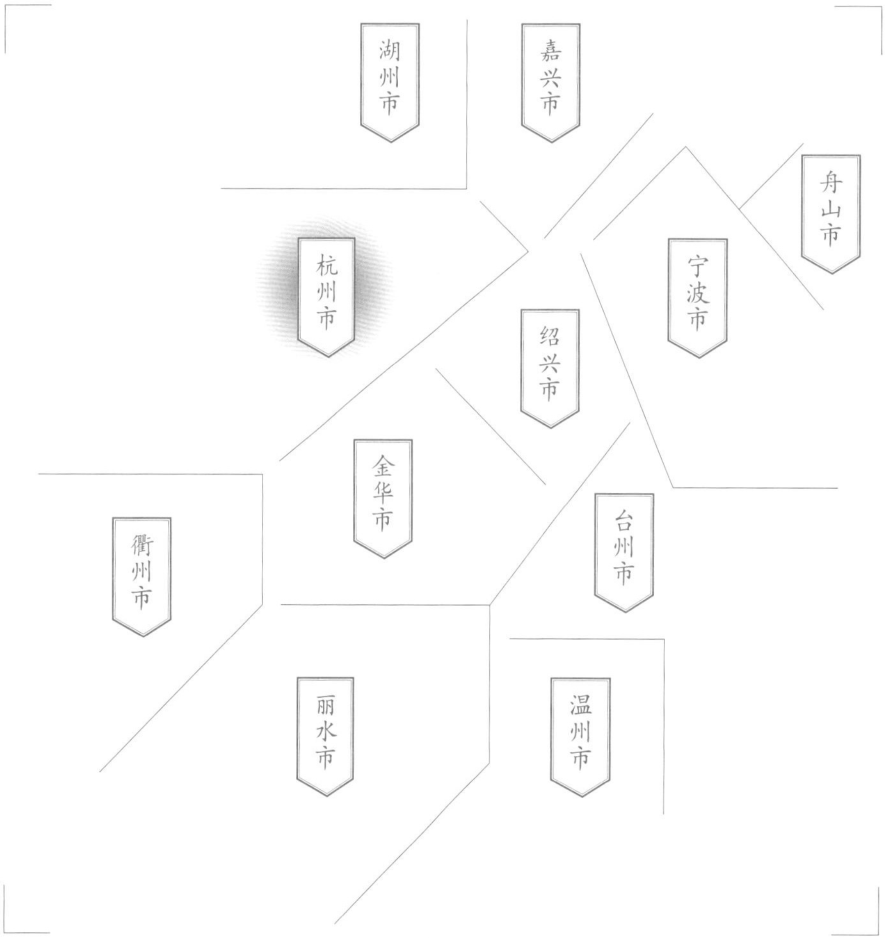

调查对象

富阳区大源镇骆村
鑫祥宣纸作坊
竹纸

Section 11
Xinxiang Xuan Paper Mill

Subject

Bamboo Paper in Xinxiang Xuan Paper Mill
in Luocun Village of Dayuan Town
in Fuyang District

一
鑫祥宣纸作坊的基础信息与生产环境

1
Basic Information and Production Environment of Xinxiang Xuan Paper Mill

鑫祥宣纸作坊坐落于富阳区大源镇骆村（行政村）村委会秦骆（自然村）241号，地理坐标为：东经120° 2′ 2″，北纬29° 54′ 37″。2005年开始建作坊型纸厂，2012年9月以工商登记形式注册为公司，公司名为“富阳市大源镇鑫祥宣纸作坊”，法人代表为骆鑫祥，公司是以主持人名字作为企业名的。

调查组于2016年8月18日第一次前往纸厂现场考察，通过交流中骆鑫祥的介绍和纸厂生产现场实地了解获得的基础信息为：纸坊共有厂房面积约200 m^2，约分4个生产间，其中原料制作区有原料池5个，原纸加工区有捞纸槽5口、晒纸焙壁1个（双面）。截至调查时，元书纸和书画用途的富阳“宣纸”是鑫祥宣纸作坊生产的全部纸类。

骆鑫祥介绍，骆村作为一个行政村，在2007年底行政村规模调整过程中得到了新的发展，合并后由骆村、秦骆、秦坞、张村坞四个自然村组成，2016年时骆村约有人口3 100多人，其中97%的人姓骆。本地村民的说法是据传骆姓村民均为唐朝大诗人骆宾王的后裔，这也是村名“骆村”的由来。鑫祥宣纸作坊便坐落在骆村下名叫“秦骆”的自然村里，如今秦骆村约有300多户人家。由于地处山脉深处，很不利于农田开垦，所以当地的许多村民开始都以造纸为谋生重要手段，现代阶段造纸的最高峰期约在1984年，全村有50～60户人家长年生产手工纸。20世纪90年代后，由于大源镇卷帘门行当的勃兴及走向全国市场，以及机械造纸对手工纸行业的冲击，整个骆村手工造纸业走向衰微，2016年入村调查时村里只剩骆鑫祥1家造纸户，85%的村民都在从事卷帘门生产和销售。

截至第一次入村调查时的2016年8月18日当天，鑫祥宣纸作坊有工人13人。但骆鑫祥表示，厂里工人岗位间有流动性，即岗位工人数不固定，会随着需要动态调整。例如捞纸工人依工作繁忙程度人数不一，任务较多时5人捞纸，较少时4人捞纸，晒纸工也根据需要而有5～8个不等。从事原料

⊙1

⊙2

⊙3

⊙4

⊙1
鑫祥宣纸作坊优质的外部环境
Beautiful environment around Xinxiang Xuan Paper Mill

⊙2／3
骆村旧日造纸的遗址和遗物
Former papermaking site and relics in Luocun Village

⊙4
工人中午在纸坊用餐
Workers having lunch in the mill

路线图
富阳城区
↓
鑫祥宣纸作坊
Road map from Fuyang District centre to Xinxiang Xuan Paper Mill

鑫祥宣纸作坊位置示意图

Location map of Xinxiang Xuan Paper Mill

考察时间
2016年8月 / 2019年1月

Investigation Date
Aug. 2016/Jan. 2019

地域名称

造纸点名称

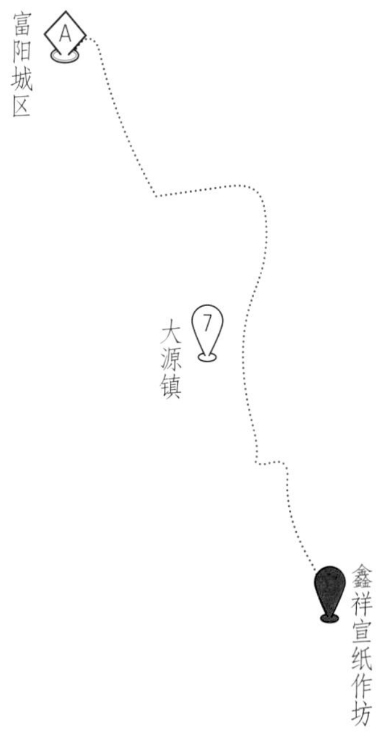

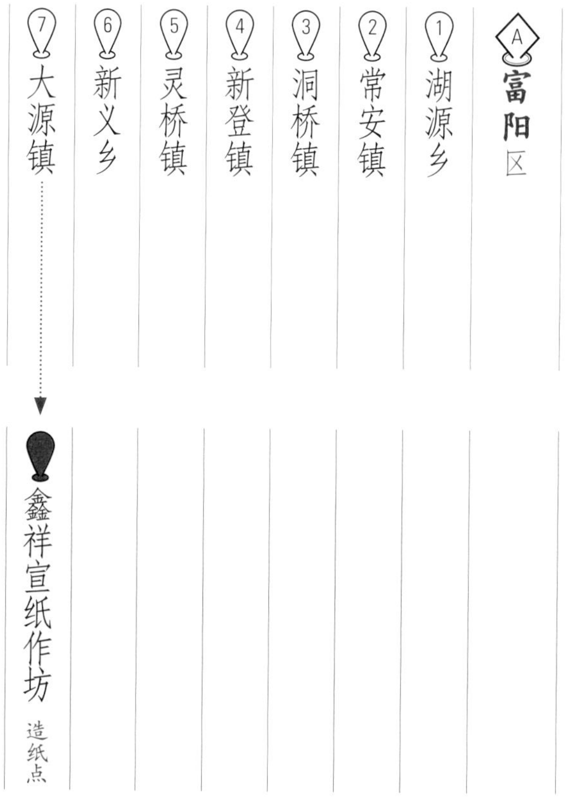

位置分布

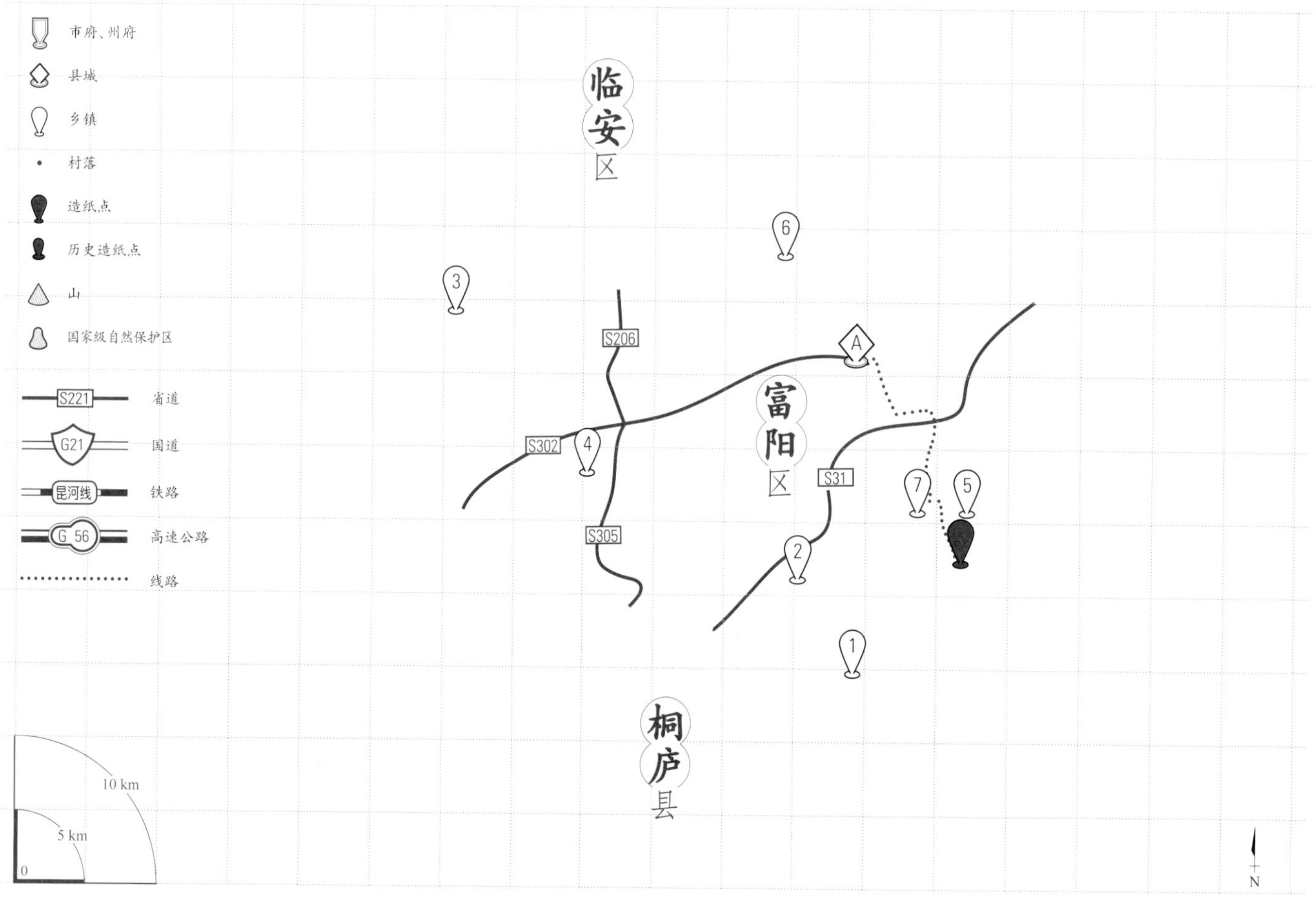

生产的工人流动更为明显，原材料加工时间较为集中，尤其是削青、拷白等环节，工人大多为当时邀请来的当地临时工，最多时会邀请7～8位工人，2015～2016年工钱约为每人300元/天。

二 鑫祥宣纸作坊的历史与传承

2 History and Inheritance of Xinxiang Xuan Paper Mill

调查中说到家族造纸情况，骆鑫祥介绍道：以他所了解的信息，至少从其高祖父一代便开始造纸，因为骆村所处山地无田无地，但竹子和其他资源可获得性好，因此选择了造纸。至于骆村造纸的起源，由于一代代都是口耳相传，时间久远，早期的已经无法记清，家谱上对这一方面介绍也不详，所以无法详细说出父亲以上辈分的人从事造纸的情况。骆鑫祥父亲名骆全根，1930年出生，从事的造纸生产环节主要为樱料，即踏料，由于家贫，年轻时在当地一位名叫骆小宝的造纸大户家中打工，做樱料和捞纸的活；1949年后，随着“土地改革”等运动，地主以及造纸大户逐渐退出历史舞台，骆全根就不再在骆小宝家帮工了；70年代后，骆全根四十多岁的时候，转而做给壁笼烧火之类的造纸辅助工作。

⊙1

⊙2

⊙1 访谈骆鑫祥 Interviewing Luo Xinxiang

⊙2 访谈时处于回忆中的骆鑫祥 Luo Xinxiang recalling the old days

骆鑫祥同辈共有4个兄弟姐妹，大哥骆鑫海生于1956年，是除骆鑫祥外唯一从事过造纸的直系兄弟姐妹。1974年，18岁的骆鑫海开始跟着师傅骆子校学习做纸，除了晒纸之外的其他工艺都学会了。生产队时期，骆鑫海在秦骆生产队的造纸作坊主要做樱料和抄纸工作，分产到户之后，骆鑫海做了几年纸，然后由于做纸收入低便改行去做泥水活了。

骆鑫祥，1968年出生于骆村，1984年，16岁的骆鑫祥开始跟着大哥骆鑫海学习樱料和削竹等工艺，同时还跟村里当地造纸老师傅骆如金学习捞纸技术。据骆鑫祥介绍，师傅骆如金当年已经60多岁了，为骆如金造纸坊的负责人，是富阳当地小有名气的造纸师傅；与骆鑫祥同期在其门下学习造纸技术的共有20～30人，在学习捞纸的时候，师傅骆如金在旁边笑呵呵地看着他们捞纸，不时地在旁指导动作，告诉他们哪样捞比较好，哪样使力气才合适。1991年，骆鑫祥23岁的时候开始造小型元书纸，主要规格为41 cm×42 cm、47 cm×47 cm、43 cm×45 cm和41 cm×45 cm。

"26岁后我开始制作大一点规格的纸。"骆鑫祥说道。1997年师傅骆如金造纸坊停产后，骆鑫祥便来到秦骆造纸厂（本村村民骆根土所有），从事捞纸工作，直至2005年自建鑫祥作坊。鑫祥作坊为鑫祥宣纸作坊的前称，刚建厂时骆鑫祥投资了20万元，其中5万元在当地购买了150 m²的土地，加上自己原有的50 m²土地形成现在鑫祥宣纸作坊的规模。通过7年积累，2012年9月骆鑫祥以100万元资金注册"富阳市大源镇鑫祥宣纸作坊"。

骆鑫祥的妻子骆红玉，1970年出生，嫁过来之后跟着晒纸师傅学了一点晒纸工艺，平常在纸坊里帮忙晒纸。

骆鑫祥有一个儿子骆志杰，1993年出生，浙江技术学院车床专业毕业。调查组2016年8月18日第一次于鑫祥宣纸作坊调查时，骆志杰正帮着父亲经营纸品生意；2019年1月回访时，骆志杰已经在富阳市阿里巴巴旗下的一家公司从事销售工作了。据骆鑫祥说，骆志杰2018年12月固定工资4 500多元，加上其他年收入已经有5万多了，这样的收入对比造纸的艰辛和得到的工资，骆志

杰是不太愿意回来传承父亲的造纸作坊的。

调查时与骆鑫祥合伙经营造纸作坊的是一位名为骆全军的朋友，1966年出生。1992年前后，约27岁的骆全军在骆村生产队集体造纸作坊开始造纸，主要从事的工作环节为晒纸，做了四五年；1997年前后骆全军不再做纸，转而去外地从事建筑类行业；2015年骆全军回至村里与骆鑫祥合作经营鑫祥宣纸作坊，为合伙人并负责销售。

⊙1

⊙2

Library of Chinese Handmade Paper
中国手工纸文库

浙 江 卷·中卷 Zhejiang II

Xinxiang Xuan Paper Mill

⊙ 1
骆鑫祥（左）与骆全军（右）合照
Luo Xinxiang (left) and Luo Quanjun (right)

⊙ 2
骆全军
Luo Quanjun

三
鑫祥宣纸作坊的代表纸品及其用途与技术分析

3
Representative Paper and Its Uses and Technical Analysis of Xinxiang Xuan Paper Mill

⊙3

⊙4

⊙5

⊙3
小元书纸
Small-sized Yuanshu paper

⊙4
『宣纸』（四尺规格）
"Xuan paper" (138 cm×70 cm)

⊙5
鑫祥宣纸作坊库房堆放的成品纸
Stored paper piles in Xinxiang Xuan Paper Mill

（一）鑫祥宣纸作坊代表纸品及其用途

目前，鑫祥宣纸作坊主要生产的纸品为元书纸和“宣纸”。2016年调查时，小元书纸占全部生产量的70%。小元书纸，每张规格为41 cm×45 cm，近正方形，主要用于毛笔字书写。“宣纸”的生产规格有四尺、五尺和六尺三种，约占30%的生产量，主要用于书法绘画，另有10%卖与一些加工纸生产商，供其制作加工纸。其中四尺规格为138 cm×70 cm，约占其“宣纸”总生产量的60%；五尺规格为150 cm×80 cm（2016年调查时已不再做）；六尺规格为180 cm×97 cm，约占其“宣纸”总生产量的40%。各类规格“宣纸”生产均以本色为主，但是也会依据客户需求生产白度更高的“宣纸”。如遇定制其他特殊规格要求的纸，需要客户自己向鑫祥纸厂提供捞纸纸帘。

2019年1月回访纸坊，骆鑫祥介绍，纸坊现在主要生产小元书，“宣纸”的产量已经很小了，一般都是“宣纸”客户定制，下了订单后按量生产。问及削减“宣纸”产量的原因，骆鑫祥也感到十分无奈，向我们透露，相对于造“宣纸”的师傅，在当地能生产小元书的老师傅更好找，而且当地的晒纸工也都习惯于晒小元书，“宣纸”规格的纸对于他们而言不好晒，而培训的话难度比较大、时间也比较长，基于工人和工艺的原因，骆鑫祥只得减少“宣纸”的产量，转而加大小元书的产量。

（二）鑫祥宣纸作坊代表纸品性能分析

测试小组对采样自鑫祥宣纸作坊的元书纸所做的性能分析，主要包括定量、厚度、紧度、抗张力、抗张强度、白度、纤维长度和纤维宽度等。按相应要求，每一指标都重复测量若干次后求平均值，其中定量抽取5个样本进行测试，厚度抽取10个样本进行测试，抗张力抽取20个样本进行测试，白度抽取10个样本进行测试，纤维长度测试了200根纤维，纤维宽度测试了300根纤维。

对鑫祥宣纸作坊元书纸进行测试分析所得到的相关性能参数如表9.21所示，表中列出了各参数的最大值、最小值及测量若干次所得到的平均值或者计算结果。

表9.21　鑫祥宣纸作坊元书纸相关性能参数
Table 9.21　Performance parameters of Yuanshu paper in Xinxiang Xuan Paper Mill

指标		单位	最大值	最小值	平均值	结果
定量		g/m²				49.7
厚度		mm	0.254	0.119	0.175	0.175
紧度		g/cm³				0.28
抗张力	纵向	mN	7.3	6.2	6.8	6.8
	横向	mN	6.1	4.2	5.0	5.0
抗张强度		kN/m				0.393
白度		%	18.8	16.7	18.0	18.0
纤维	长度	mm	1.9	0.1	0.7	0.7
	宽度	μm	48.3	0.4	10.9	10.9

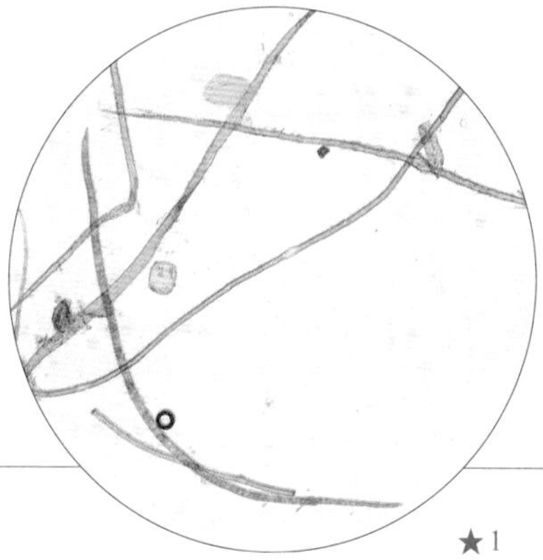

★1

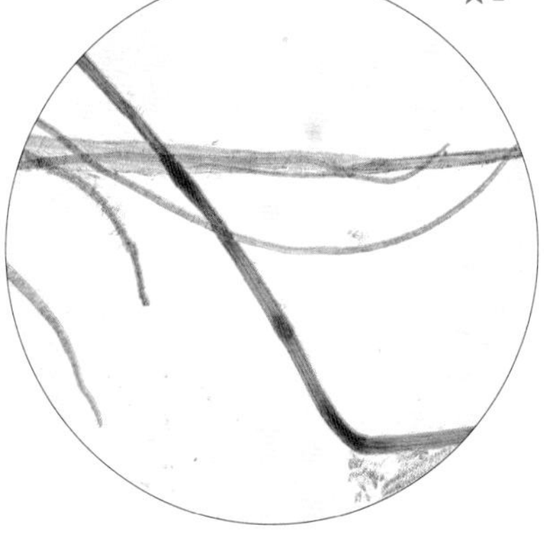

★2

由表9.21可知，所测鑫祥宣纸作坊元书纸的平均定量为49.7 g/m²。鑫祥宣纸作坊元书纸最厚约是最薄的2.134倍，经计算，其相对标准偏差为0.053。通过计算可知，鑫祥宣纸作坊元书纸紧度为0.28 g/cm³。抗张强度为0.393 kN/m。

所测鑫祥宣纸作坊元书纸平均白度为18.0%。白度最大值是最小值的1.126倍，相对标准偏差为0.087。

鑫祥宣纸作坊元书纸在10倍和20倍物镜下观测的纤维形态分别如图★1、图★2所示。所测鑫祥宣纸作坊元书纸纤维长度：最长1.9 mm，最短0.1 mm，平均长度为0.7 mm；纤维宽度：最宽48.3 μm，最窄0.4 μm，平均宽度为10.9 μm。

★1
鑫祥宣纸作坊元书纸纤维形态图（10×）
Fibers of Yuanshu paper in Xinxiang Xuan Paper Mill (10× objective)

★2
鑫祥宣纸作坊元书纸纤维形态图（20×）
Fibers of Yuanshu paper in Xinxiang Xuan Paper Mill (20× objective)

四 鑫祥宣纸作坊元书纸的生产原料、工艺与设备

4
Raw Materials, Papermaking Techniques and Tools of Yuanshu Paper in Xinxiang Xuan Paper Mill

（一）鑫祥宣纸作坊元书纸的生产原料

1. 主料：毛竹

毛竹是富阳元书纸的主要原材料，甚至是全部原材料。用于鑫祥宣纸作坊元书纸生产的毛竹主要产于富阳当地，据骆鑫祥介绍为其唯一生产原料。每年小满前后，当地开始集中砍伐毛竹，此时嫩毛竹生长时机成熟，过此时间段便会快速变老，不利于造出好品质的元书纸。鑫祥宣纸作坊生产所用的毛竹全为当年阴面山上生长的嫩毛竹，砍伐时毛竹长度在10米左右。

2. 辅料：山泉水

水贯穿于造纸的全部环节，调查时鑫祥宣纸作坊生产所用的水来自于附近山上（骆鑫祥表示没有具体山名），厂内设置管道将水引入，现场测试其pH为5.5，偏酸性。

⊙1

⊙2

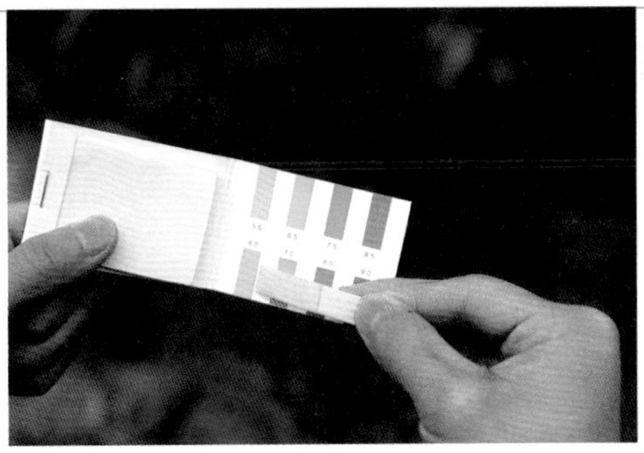
⊙3

⊙1
鑫祥宣纸作坊附近茂密的毛竹林
Phyllostachys edulis forest near Xinxiang Xuan Paper Mill

⊙2
鑫祥宣纸作坊生产使用的山泉水
Mountain spring water for papermaking in Xinxiang Xuan Paper Mill

⊙3
山泉水pH测试
Testing the mountain spring water pH

（二）鑫祥宣纸作坊元书纸的生产工艺流程

以下生产工艺流程是综合2016年8月18日调查组在纸厂实地调查所见，骆鑫祥和骆全军的介绍，以及富阳地方研究者的文献资料记述总结而得。鑫祥宣纸作坊元书纸的生产工艺流程可归纳为：

壹	贰	叁	肆	伍	陆	柒	捌	玖	拾	拾壹	拾贰	拾叁
购竹	断青	削青	拷白	落塘	断料	浸坯	浸泡	翻滩	缚料	淋尿	落塘	压榨

拾肆	拾伍	拾陆	拾柒	拾捌	拾玖	贰拾	贰拾壹	贰拾贰	贰拾叁	贰拾肆
洗料拣料	碾料	制浆	捞纸	压榨	靠帖	晒纸	压纸	数纸检纸	磨纸裁纸	成品包装

壹 购竹

1 ⊙1

竹浆元书纸为鑫祥宣纸作坊最具代表性的产品。鑫祥宣纸作坊生产使用的毛竹收购于当地村民，每年小满过后开始收购，2016年收购价格为0.4元/kg。毛竹产于附近方坞山，为当年阴面山上所生长的嫩毛竹。据骆鑫祥介绍，阴面山所产毛竹，其纤维密度较大，可延缓纸的老化速度，利于纸的长期保存。同时毛竹的大小在骆鑫祥眼中也有讲究。骆鑫祥访谈时说："最好选择（当年新生长）长度在10 m以上的大毛竹，其质量比较好。"鑫祥宣纸作坊每年收购毛竹量大小不一，2014年、2015年收购量达5万～6万kg，而2016年却只收购了2.5万kg左右（不带叶）。

⊙1

贰
断青

2 ⊙2⊙3

先制作简易的两米标尺，用标尺来量出2 m长的竹段，将收购来的毛竹砍成2 m左右的竹段，再运至山下剥皮。

⊙2

⊙3

⊙1
购买的毛竹料
Purchased *Phyllostachys edulis* materials

⊙2
骆鑫祥制作量竹段的标尺
Luo Xinxiang making the ruler for measuring the bamboo sections

⊙3
骆鑫祥示范断青
Luo Xinxiang showing how to cut the bamboo into sections

叁

削青

3

将毛竹放在石头或者专用削青架子上，用削竹刀削去外层的青竹皮。技法要点：先从离削竹师傅最远的一头削起，以竹子中间为界分成两部分，离师傅较远部分竹皮全部削净后，将竹子掉头削另一头。削皮的工作常在早上或者上午进行，当天削净当天砍伐的毛竹。削青既是技术活也是力气活，根据技巧掌握和力气大小情况，一名工人一天可削毛竹1 500～2 500 kg，2016年的工钱约在300元/天。

肆

拷白

4

将削去青皮后的毛竹放在光滑的石头上敲打，每根分开敲打几次即可。然后用铁榔头敲打每个竹节处，每处约敲5次，约敲到竹子一半处时将其掉头从另一头继续敲。在此过程中，竹子会被敲碎，若发现竹子里面竹节未碎，则再在未碎竹节处敲4次，同时将竹子摔向地面，直至竹节相较于竹壁凸起部分小于1 cm。骆鑫祥本人的经验是竹子宽度越窄越好，利于其在呛石灰环节与石灰发生充分化学反应。当天砍伐的毛竹需将其全部拷白，不可留至第二天。一名工人每天拷白的工作量在1 500 kg以上，其工钱约为300元/天。

伍

落塘

5

拷白完后，将2 m长的竹子以60 kg为1捆扎捆，放入固定的清水池中浸泡约半个月，至竹中的“苦”水浸出，水染成绿色即可。据骆鑫祥介绍，每次落塘约浸泡1 500 kg竹坯，灌入的水需浸过所有竹料。

陆

断料

6

捞起水塘里的竹坯，用切割机将每根截成5段，每段维持在30～40 cm，再以12.5 kg为1捆扎捆。使用普通塑料绳扎捆。扎捆好的一捆竹料也被称为一页料。

柒

浸坯

7 ⊙4

将扎捆好的竹料放入石灰水中浸泡。按照每捆竹料1.5 kg石灰、石灰与水1∶1的比例，计量当天所需浸坯的竹料数量后放入相应量的石灰和水。浸坯前，先将每捆料散开，用锤子或者榔头敲打每根竹料，越碎越好，再根据之前的12.5 kg标准扎捆。待石灰放进水中开始沸腾后，用带有铁钩的木棍勾起一捆料放入石灰水中，让其浸泡1分钟，然后使用带铁钩的木棍携竹料翻滚3次，再上下涮4～5次，涮的过程中用铁钩不断从竹料捆的侧面打松竹料，扩大竹料间的间隙使石灰水充分浸入。最后捞上来，用铁钩掰开竹料捆，检查石灰浸入程度，如若不够，用铁钩调整竹料捆中竹坯的位置再放入水中重涮一次，直至所有部分都呛到石灰为止。这个过程也被称为呛石灰。每次呛600～700捆料，即7 500～8 750 kg的料。呛好的料放在一边堆好，并用塑料薄膜覆盖，放置2～3天后放入清水池中浸泡。调查时鑫祥宣纸作坊使用的石灰购买于诸暨，价格为0.8～1.0元/kg。

⊙4

⊙4 骆全军现场解说竹料呛石灰程度 Luo Quanjun explaining bamboo materials fermentation degree

捌

浸泡

8 ⊙5⊙6

将呛好石灰的竹料放入清水池中浸泡，利用石灰再遇水产生的热量再次熟化竹料。浸泡无需换水，至少浸泡一个半月，冬天最长可浸泡半年，夏天容易滋生虫子，泡料不宜过久。待池中清水变成黄色，即表明石灰已将竹料呛熟。据骆鑫祥介绍，1池一般泡800页料，1页料是12.5 kg，也就是1池浸泡10 000 kg的竹料。

⊙5

⊙6

玖

翻滩

9

翻滩是与浸泡结合进行的，是指把竹料放到小溪中或者淋尿板上进行清洗。放到小溪中是利用持续不断流动的水的动力来清洗料捆中的石灰。如果是在淋尿板上清洗，则将料捆竖着放于淋尿板上，从上面用水浇注，手顺势上下清洗，同时将料捆中间部位掰开，使中间处留有空隙，方便水流进去清洗内部黏附的石灰。做完一次后拿起料捆轻摔于淋尿板上，利用惯性将料捆中间黏在竹子上的石灰沥出，然后再清洗一遍，如此重复几次即可。

清洗完第一次后将竹料放回清水池中浸泡，放入时横竖摆放皆可，但尽量保证料捆按照一个顺序摆放。隔天取出竹料清洗第二次，清洗过程与第一次相同，洗后再放回清水池浸泡。再隔天进行第三次清洗，洗后放回水中浸泡2～3天后取出进行第四次清洗，洗毕放入清水中浸泡2～3天后进行第五次清洗。总共需清洗5次，大约需要9天时间。

拾

缚料

10 ⊙7

第五次清洗完毕，直接扎捆页料，要捆2道，以方便下一步的发酵。

⊙7

拾壹

淋尿

11

把料捆竖着放在淋尿板上，将尿从上至下淋一遍即可。尿主要来自于当地小学学生和造纸作坊里的工人，纸坊通常会收集一年造纸需使用的尿量。尿液可以促使竹子中的纤维软化，并且祛除竹子上黏得较紧的石灰。

拾贰

落塘

12 ⊙8

淋尿完毕，将料捆横着摆放在池子中，摆满后，注入清水浸泡半个月，同时在上方盖上塑料薄膜并用石头压盖住。鑫祥宣纸作坊一池约放入1 000页料，即12 500 kg竹料。半个月后如见水中冒气泡或者长出蘑菇菌丝等，即代表其发酵完成。

⊙8

⊙5 泡料池 Soaking pool

⊙6 浸泡完全的竹料 Soaked bamboo materials

⊙7 缚料 Binding the materials

⊙8 落塘 Putting the materials in the soaking pool

拾叁
压　榨
13

将在塘里泡好的竹料取出运至压榨机处进行压榨，一次压榨约30页料，大约需要一个小时。

拾肆
洗　料　拣　料
14

压榨完毕，将每页料洗净，把其中黑色和黄色的杂质以及被虫咬过的竹料剔除。

拾伍
碾　料
15　⊙9

将拣好的料运至石碾旁开始碾料，一次碾料30捆左右，碾压40～50分钟。鑫祥宣纸作坊碾料过程中有时会添加纸边一起碾。作坊共有2名工人从事碾料工序，一名工人一天可做15个料，一个料约30捆，当然每天碾磨的量要根据制浆所需的量而定，30个料为常见，磨好的浆料无法放置太久。鑫祥宣纸作坊使用的石碾有30～40年的历史，主要为当地出产的青石所做，骆鑫祥说是他自己当年打制的。

拾陆
制　浆
16　⊙10

磨好的料直接用小车运至制浆间制浆。骆鑫祥介绍其所制的元书纸全由竹料所做，无需其他原料，因此制浆过程中只需竹浆料和清水即可。技艺要点：第一步，师傅用铲子将浆料放入池子中，一次约放30页料。据骆鑫祥介绍，放料时尽量将浆料放在U形制浆槽中回路的位置，这样所制的纸浆较好。放好的浆料大约占据半个浆槽，接下来再放置半个浆槽的水。放水完毕，即可开始打浆，也就是搅拌浆料。一次打浆时间约持续一个半小时。第二步，通过管道将打好的浆料运至下一个浆槽中，其中在下方设置用毛竹编织而成的过滤网，起到沥水作用。此过程约持续2个小时。第三步，沥水完毕，从中先取出一半浆料（约15页料）放入放浆池，用翻浆棒进行多次搅拌（一次搅拌无法完全搅匀）。整个过程约需要一个半小时。这样做不仅可以使浆料更加稠密，同时可以将磨料中拧结在一起的浆料分开。第四步，对搅拌好的浆料进行第二次制浆，过程中需要放入相对于竹料5%的漂白剂（据骆鑫祥介绍，只有制作“宣纸”浆料的时候需要用到漂白剂，小元书制浆的时候是不需要加的），各步骤所用时间与第一次相同。第二次制浆完毕后需将浆料放置一个半小时，然后检测浆料中是否存在呈颗粒状的料，如果没有则可运至捞纸槽中捞纸，如果有还需进一步搅拌。沥水过后剩下的一半浆料可放入另一个放浆池进行搅拌，重复上述过程。第二次制浆添加的漂白剂购买于当地，价格约为2元/kg。

⊙9

⊙10

⊙9 石碾碾料 Grinding the materials with a stone roller

⊙10 制浆 Making the pulp

工艺
345
流程

第九章
Chapter IX

富阳区元书纸
Yuanshu Paper in Fuyang District

第十一节
Section 11

鑫祥宣纸作坊

拾柒

捞 纸

17 ⊙11～⊙16

鑫祥宣纸作坊的捞纸槽下方设有一层过滤网，浆料运来时先放在网格上进行滤水，待没有水滴下时，堵住槽眼，开始注水。浆料和水约维持1∶1的比例。放好水后，用和单槽棍在捞纸槽内进行简单搅拌，约1分钟即可，然后就可以开始捞纸了。捞纸所用的纸帘铺于帘床上，帘床上侧设有2个把手方便工人操作所用。根据2016年8月19日调查当日观察，捞纸师傅捞纸时握住把手，将靠近自己一侧的横向纸帘边或帘床边以70°～80°的角度插进浆料中，待浆料漫至另一侧横向纸

帘边，将帘床端平，平稳抬起出水面，多余的水分会沿着纸帘和帘床的缝隙流出，而浆料则在纸帘上形成一张湿纸。有时师傅也会将靠近自己一侧的帘床边抬起，使帘床形成一个斜面，加速水的流出。捞纸过程注重平稳，帘床不可过多晃动；同时师傅抬帘时需匀速抬出，否则在纸帘上留下的浆料厚度不一，会影响纸张质量。据骆鑫祥介绍，其纸坊一天只加一次料。入厂调查时，鑫祥宣纸作坊有3个纸槽在生产。工人每天早上5点开始工作，一天约工作10个小时，每天每位工人产量指标是50刀（规格为41 cm×45 cm的元书纸，一隔三的纸帘，即1帘可分出3张纸）。

纸帘抬出水面后，师傅将帘床架于纸槽边，并借助特殊装置将其固定

在水面上，然后将把手推向另一侧，取出纸帘，放置在纸槽边的搁置捞好湿纸的木板上。师傅会将有湿纸的一面朝下，按照已放好的湿纸边沿放置。放置时，从离其最近的一边开始放置，然后沿着下方湿纸的边沿慢慢放置，当确保整张纸帘沿着下层纸张边沿放置完毕后，再从离其最近的一边将纸帘迅速抬起。放好后师傅会在计数器上计下捞纸的张数。

⊙11

⊙12

⊙13

⊙14

⊙15

⊙16

⊙11/16
捞纸主要环节动作
Main procedures of papermaking

拾捌 压　榨

18

傍晚时分，将当天捞出的纸一次性放在压榨机上压榨，约压榨半个小时。压好后，将纸垛边缘处用缝线隔好的纸边剔除；如果是规格为41 cm×45 cm的元书纸，将压榨好的纸垛往地上轻轻一摔，一隔三的纸就会分成3份，无需再切纸，但摔时要注意控制力度，过重会导致纸张破碎。

拾玖 靠　帖

19 ⊙17

将纸垛分成若干帖放在墙边靠放，等待第二天晒纸。

⊙17

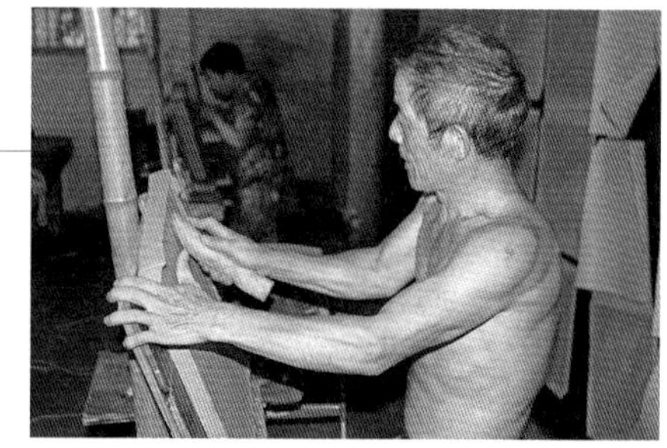
⊙18

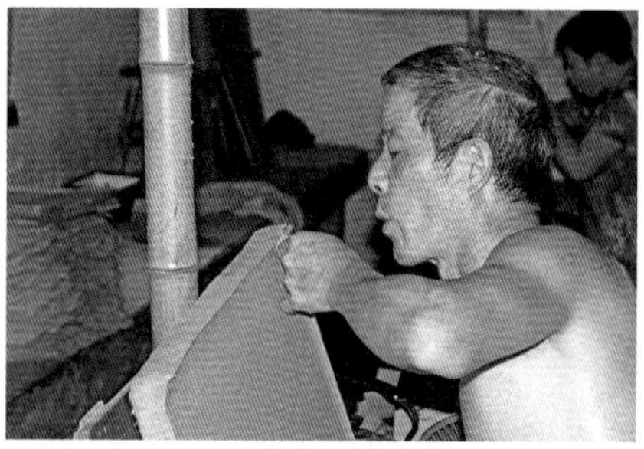
⊙19

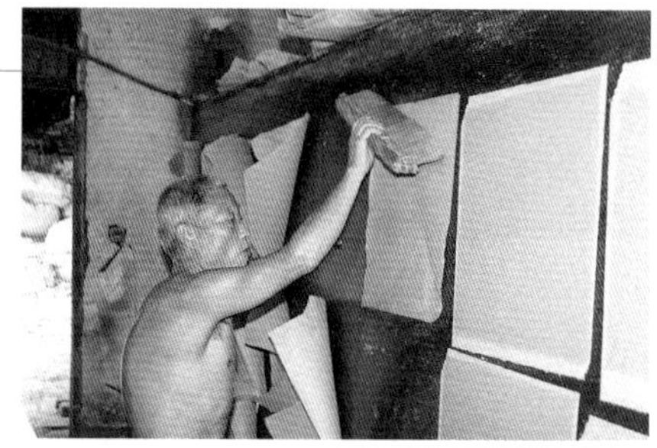
⊙20

⊙21

贰拾 晒　纸

20 ⊙18～⊙21

晒纸前，首先用水壶在待晒的一帖纸四周喷一下，然后用鹅榔头在纸面上轻划几下，再捏住纸块的右上角捻一捻，使一侧的纸角翘起，然后对着纸角吹一口气，即可用手揭起纸张。据骆鑫祥介绍，晒纸师傅常晒完5张纸吹一次，可以1～5张不等一起晒，张数依据所做纸的质量要求而定。如果是做特级元书纸，则每张纸单独牵、单独晒，这样纸的表面较为光滑。做质量低一点的纸时，则5张纸一起牵，5张纸一起晒，以提高效率。

牵纸（撕纸）的时候，力度需缓而均匀，不可用力过大而撕破纸张，也不可用力过轻至纸张无法顺畅撕下。撕下纸张后贴在刷着稀米糊的焙壁之上，并用松毛刷在纸上迅速刷满，待1～5张纸最外一层纸晒干后即可揭下。晒纸过程中，有经验的师傅熟知1～5张纸晒好所需时间，常利用此间隙撕下面需晒的纸。当天需将前一天捞出的纸张全部晒完。

⊙17
靠帖
Wet paper piles for drying

⊙18/21
晒纸主要步骤（鹅榔头松纸；吹气；晒纸；揭纸）
Main procedures of drying the paper: separating the paper with a tool; blowing the paper; drying the paper; peeling the paper down

贰拾壹 压纸

21 ⊙22

纸张晒好揭下后，需用千斤顶进行压榨，以使纸张更为平整。50刀纸压一次，每次约需压5分钟。

⊙22

⊙25

⊙26

贰拾贰 数纸检纸

22 ⊙23⊙24

压榨完毕，将纸张整理堆好，送给检纸师傅挑选，剔除含有杂质、破损、颜色异样的纸张，并按每刀100张的规格数好，摆放整齐等待裁纸。

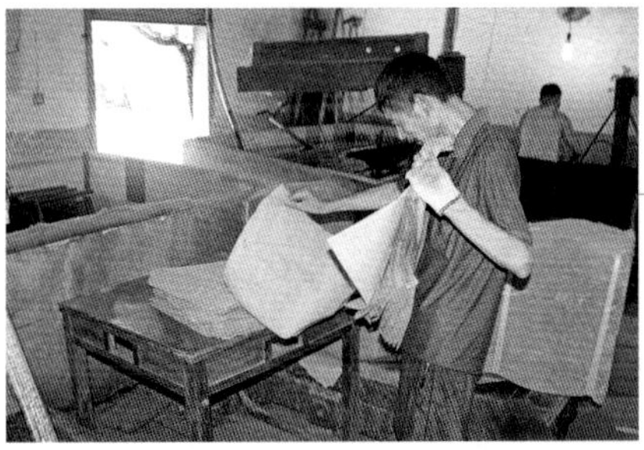

⊙23

⊙24

贰拾叁 磨纸裁纸

23 ⊙25⊙26

鑫祥宣纸作坊依据纸张品种的不同，采取不同的纸边处理方法。一般四尺、五尺、六尺规格的纸张需通过裁纸刀裁边，一刀为一裁；小的元书纸（规格41 cm×45 cm）使用磨纸工具将纸堆四边和表面打磨至光滑平整即可。磨纸是一捆纸一起磨，先压好，捆起来，4 800张纸一起磨。

2019年1月调查组回访纸坊时，骆鑫祥介绍，之前都是用磨纸石来磨纸，自2016年起，采用磨光机来磨纸，提高了磨纸效率，也节省了人力。磨光机是从江苏东城电动工具有限公司购买的，长27.5 cm，价格在200元左右。

贰拾肆 成品包装

24 ⊙27⊙28

将裁好的纸一刀刀放置平整，41 cm×45 cm规格的元书纸按照50刀的批量进行一次包装，其他规格则按刀批量包装，由师傅在一边或四边加盖“鑫祥宣纸作坊”、纸品、尺寸等信息印章，然后根据订单打包出售。

⊙27

⊙28

⊙22 骆鑫祥示范压纸 Luo Xinxiang showing how to press the paper

⊙23/24 数纸与检纸 Counting and checking the paper

⊙25 骆鑫祥示范用磨纸石磨纸 Luo Xinxiang showing how to use a stone to trim deckle edges

⊙26 磨光机 Polishing machine

⊙27/28 包装好的成品元书纸 Packed Yuanshu paper

（三）鑫祥宣纸作坊元书纸的主要制作工具

壹 料池 1

浸泡竹料的池子，调查时多由水泥砌筑。鑫祥宣纸作坊共有料池5口，其中实测用于呛石灰的料池尺寸为：长2.0 m，宽1.3 m。

⊙1

贰 石碾 2

将竹料碾碎用于打浆的工具，主要由碾槽、碾砣等组成。调查时鑫祥宣纸作坊所使用的石碾直径约3 m，为骆鑫祥自家所制作，材料为当地山上青石，已使用30～40年。

⊙2

叁 打浆机 3

用于将竹料制作成纸浆的设备。调查时鑫祥宣纸作坊使用的搅拌机为电动搅拌工具。

⊙3

肆 放浆池 4

打浆时和打浆前后盛放浆料的池子，多由水泥砌筑，中间常砌筑大半截的水泥隔墙，在末端处留有浆料通过的弯道，因此放浆池常为U形。实测鑫祥宣纸作坊的放浆池尺寸为：长352.5 cm，宽174.5 cm，高102.5 cm。

⊙4

伍 捞纸槽 5

捞纸时盛放浆料的槽。鑫祥宣纸作坊生产所用的捞纸槽由水泥砌成，实测尺寸为：长256 cm，宽232 cm。

⊙5

⊙1 呛石灰料池 Lime pool for soaking the bamboo sections

⊙2 石碾 Stone roller

⊙3 打浆机 Beating machine

⊙4 放浆池 Pulp pool

⊙5 捞纸槽 Papermaking trough

陆
纸帘
6

捞纸工具，用于形成湿纸膜和过滤多余的水分，由细竹丝编织而成，表面刷有黑色土漆，光滑平整。鑫祥宣纸作坊所用的纸帘根据纸品规格不同而不同，以41 cm×45 cm元书纸生产使用一隔三纸帘为例，其产自富阳大源镇，2015年前后价格为400～500元/张，如再请师傅在纸帘上用尼龙线缝线，其成本再加100～200元/张。实测鑫祥宣纸作坊所用一隔三纸帘尺寸为：长136 cm，宽50 cm。

⊙6

⊙7

柒
帘床
7

捞纸时托放纸帘的工具。鑫祥宣纸作坊使用的帘床用杉木和毛竹共同制成，由当地工人师傅手工制作，一个盛放一隔三纸帘的帘床成本约为400元。实测鑫祥宣纸作坊所用一隔三帘床尺寸为：长143 cm，宽60 cm。

⊙8

捌
千斤顶
8

用来压榨纸张的工具，多为铁制。鑫祥宣纸作坊生产所用的千斤顶购买于富阳本地，70 000 kg规格的千斤顶价格约为1 000元。

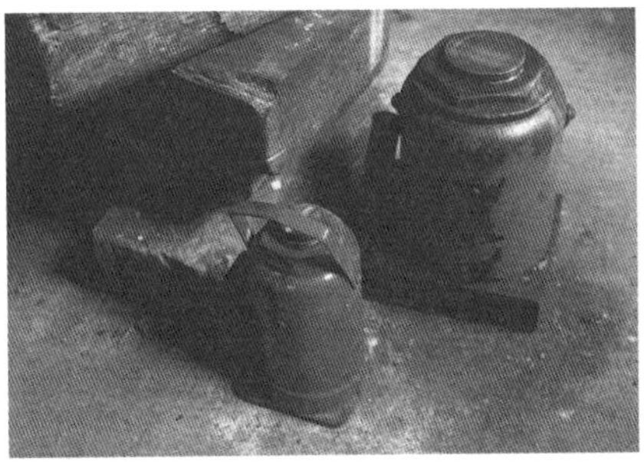

⊙9

玖
鹅榔头
9

木制光滑的榔头，用于晒纸前划纸使其变松。鑫祥宣纸作坊使用的鹅榔头是自家用青柴木做的，实测尺寸为：长23 cm，直径3.0～3.5 cm。

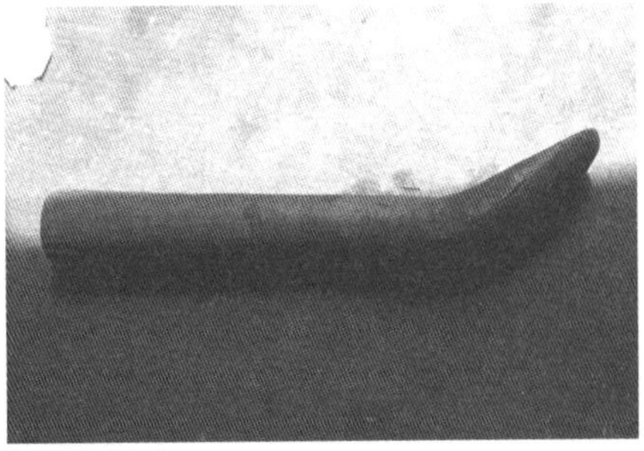

⊙10

⊙6 一隔三纸帘 Papermaking screen for making three pieces of paper simultaneously

⊙7 纸帘近景 Close-view of the papermaking screen

⊙8 一隔三帘床 Frame for supporting the papermaking screen for making three pieces of paper simultaneously

⊙9 千斤顶（左为30 000 kg规格，右为70 000 kg规格） Lifting jack (left one can hold 30,000 kg, right one can hold 70,000 kg)

⊙10 鹅榔头 Tool for separating the paper

拾 晒纸焙壁 10

晒纸用的壁炉，一般为双面，用于烘干贴于表面的纸张。鑫祥宣纸作坊使用的晒纸焙壁由两块长方形的钢板焊接而成，中空，注水加热后产生水蒸气，利用水蒸气的热度加热钢板，进而烘干纸张。实测其尺寸为：长680 cm，高199 cm，上宽32 cm，下宽40 cm。

⊙11

⊙12

拾壹 松刷 11

晒纸时用于将纸刷平的刷子。鑫祥宣纸作坊使用的松刷为松树的松针所做，实测其尺寸为：长44 cm，宽14 cm。

⊙13

拾叁 耙子 13

放浆池或捞纸槽中搅拌原料所用，木棍状，其一头镶嵌有橡胶方片。实测鑫祥宣纸作坊使用的耙子尺寸为：柄长130.5 cm；橡胶方片长24 cm，宽21 cm。

拾贰 磨纸工具 12

用来打磨纸边的工具。鑫祥宣纸作坊打磨纸边先前使用的是磨纸石，自2016年起采用磨光机。实测磨纸石尺寸为：长21.5 cm，宽7.8 cm，高8.1 cm。实测磨光机尺寸为：长27.5 cm。

⊙14

⊙15

⊙11 晒纸焙壁 Drying wall
⊙12 晒着纸的焙壁 Paper in the drying procedure
⊙13 松刷 Brush made of pine needles
⊙14 磨纸石 Grinding stone
⊙15 耙子 Rake

五
鑫祥宣纸作坊的市场经营状况

5
Marketing Status of Xinxiang Xuan Paper Mill

据骆鑫祥的介绍，近两年鑫祥宣纸作坊每年销售各类手工纸7 000～8 000刀，销售额为70万～80万元，四五年前其年销售量为10 000刀，年销售额约为100万元，整体而言处于下降状态。2016年8月，元书纸售价为15元/刀（规格为41 cm×45 cm），48～50刀为一捆，每捆720～750元。书画纸类的富阳“宣纸”的价格依据制作原料不同而不同，若制作原料为75%龙须草（浆板）+25%木浆/竹浆（浆板），四尺纸的售价为80～100元/刀（规格为138 cm×70 cm）；若制作原料为95%竹料+5%檀皮，其售价为250～300元/刀（规格为138 cm×70 cm）。六尺“宣纸”的价格则依原材料的差异为相应四尺“宣纸”价格的两倍，但受人力、财力所限，其利润空间相对四尺反而较小；五尺规格过去做过，现在也因为这个原因不做了。调查时六尺“宣纸”生产量约占所有“宣纸”生产量的40%，四尺“宣纸”占所有“宣纸”生产量的60%。

⊙16

关于销售情况及数据，骆鑫祥表示成本占其销售额的85%～90%，主要用于支付原料费用和劳动力费用，利润空间极小，利润率只有10%左右。截至2016年调查时，纸厂有固定工人13名，捞纸工人和晒纸工人工资根据成品量按月结算，约为15元/刀；如遇需做质量较高的大纸，则给予捞纸和晒纸工人300元/天，主要是担心其为追求工作进度而放弃工作质量。负责原料制作的流动工人其工资按天结算，300元/天，并包三餐。2019年1月回访时，据骆鑫祥介绍，目前工人稳定在12个左右，平均年龄60来岁，工作薪酬与2016年情况无异。

⊙17

⊙16 鑫祥宣纸作坊准备销售的纸张
Prepared paper for sale

⊙17 提供给中国美院的『宣纸』
"Xuan paper" supplying China Academy of Art

2019年1月调查组回访纸坊得知，鑫祥宣纸作坊的销售渠道主要在线下，全部销往国内。线下的销售渠道主要为有多年合作关系的经销商，大多来自义乌、杭州、金华和蒲江，其中也包括中国美术学院的纸品供应商。问及是否会接触淘宝店这种线上销售渠道，骆鑫祥表示六七年前是开过淘宝店的，但由于客户基本上都是线下的老主顾或者熟人介绍而来，淘宝店铺销量较低，成效不大，因此渐渐地就不再打理淘宝店铺了。

六 富阳区大源镇骆村造纸制作原料的讲究与神奇的烘纸故事

6 "Exquisite" Raw Materials and Magical Stories of Paper-drying in Luocun Village of Dayuan Town in Fuyang District

⊙1

⊙1 位于骆村的骆氏宗祠 Ancestral Hall of the Luos in Luocun Village

（一）老辈造纸人对办料的讲究

1. 如何让不同天砍伐的竹子长度一致？

竹子生长速度很快，有时隔一天其长度便差很多，对造出好纸往往会产生不小的影响。几十年前砍伐工具不及现今先进，砍伐竹料往往耗费时间较长，为了使前后砍伐下的竹子长度一致，当地人会剔除部分竹子头部的竹笋包，这样可以使竹子不再继续生长，但又不能完全剔除竹笋包，那样会使竹子无法继续存活，所以只剔除笋包头部的一部分即可。

2. 近乎"洁癖"的原料制作

骆村当地老人说：想要纸做得好，就需要在做纸的过程中始终保持干净。据他们回忆，1949年前骆村造纸人曾经有拒绝让削完皮后的竹子直接晒到太阳的习俗。有时竹子削完皮后无法直接放入水中，原先的骆村人会为其撑起大油伞遮挡阳光，以避免竹肉中的纤维素、营养体在阳光下过快产生化学反应。竹子放在地面上时，下面需要铺一层布或者纸隔绝地面上的灰尘和细菌。不仅如此，料池需要经常清洗，并且清洗竹料的水必须是干净和流动的水，浸泡竹料的水还需要经常更换。

村里老辈造纸人描述，以前人们常把竹料放在溪水中浸泡，利用水流冲刷掉其表面黏附的石灰和灰尘。浸泡竹料时，骆村当地村民常在料池底平铺一层甘草，甘草会吸收水里面的杂质，同时也可以隔断料池底部的污染物，所以底部有甘草的料池放满水后不会有杂质。同时，当地人流行使用甘草遮盖浸泡或发酵的竹料，甘草可以吸附竹料中漂浮到水面上的杂质或石灰，不仅可以保持水的清洁度，甘草中的缝隙还有利于竹料发酵时透气。

3. 竹子有“姓”，按序标号

在骆村山上的毛竹林里，可以看到这样一番有趣的景象：每根毛竹上都标有几个汉字和几行数字。据骆鑫祥介绍，这是给自家的竹子做标记呢。一般上面会标注自家的姓名（或简称）、是哪年生的竹子、当年生的第几根竹子。如下页图中的竹子，便是柏松家2009年生的第10根竹子，这样将竹子进行标记，方便知晓竹子的年岁、新老以及归属。竹林之间，一眼望去，虽“错落”却“有致”。

（二）技术高妙的晒纸师傅传说

骆村本地传说，有一位真实存在的晒纸技艺高超的师傅，号称其晒过的纸不需要手撕只需嘴吹便可吹下晒纸焙壁上晒好的纸。

话说以前，晒纸的人只要看到纸的边缘长时间无法烘好，便知可能是捞纸时技术不达标或者晒纸前在焙壁上涂的浆料不够或过量，不

⊙2

⊙3

愿意揭下，怕别人误会是因其晒纸技术不过关造成的。一次，一个晒纸师傅看到某个晒纸师傅晒的纸边缘长时间没晒好，而且感觉很难揭下，于是便放弃了当天的晒纸工作。回家途中被老板碰见，老板问其为什么不做，他说今天某位晒纸师傅晒纸前在焙壁上涂了过多的浆料，致使纸难以揭下，不希望自己承担这个后果。老板说：你大错特错了，那位晒纸师傅是我请来的，被誉为技术最好的师傅，听说他晒好的纸只要嘴一吹，便可从焙壁上揭下，不信你回去看看。这位晒纸师傅回去一看，果然如此，传说中的技术高超师傅晒好的纸只需嘴吹便可揭下。不仅如此，这位技术高超晒纸师傅晒的纸不用再重新计数，因为其晒纸过程中不会损坏任何纸张，多少张交给他多少张交回。老人们说这位晒纸师傅如果要活着的话已经100多岁了（2016年），其技术骆村包括周边村庄

⊙2/3 骆村当地老人讲述骆村造纸的民俗故事
The local elderly telling the folks of papermaking

至今无人可以超越。骆鑫祥介绍，这种技术目前村里还有一位老师傅会，名叫骆志福，今年80多岁了，只不过水平可能没有那位100多岁的师傅高。

⊙1

⊙1
骆村做了标记的竹林
Bamboo forest with marks in Luocun Village

七
鑫祥宣纸作坊的业态传承现状与发展思考

7
Inheritance and Development of Xinxiang Xuan Paper Mill

（一）关键技术的保存与传播是保护技艺传承的第一步

1. 好的传承离不开那个“高人”

在骆村当地听取民俗故事时，村民对以前本地造纸师傅的手艺赞不绝口，而如今可以与这些师傅媲美的人少之又少，这不仅反映出当代造纸师傅造纸时的要求标准可能不及以前，同时也暴露出技术传承的缺失。技术不如从前，可能可以将责任归于当代人制作时的要求下降和心态放松，但是却看不出传承功能的缺失。一项技术想要做好，对于某些细节的要求很重要，而这些细节自己去摸索需要的时间可能会很长，如果有前人的指引往往会大幅缩短时间和提升效率，这便需要技术的保存。技术的保存不仅在于生活在相同时代的造纸人之间的模仿学习，还在于文字等记录式的档案保存，便于隔代传承，但是这两块在手工纸制作技艺的保护中还是不足的。

例如，骆鑫祥在调查时表示：现在村里再也找不出第二个能教他手艺的“骆如金”了。这句话不仅反映出“骆如金”的手艺可能在村里已失传，同时也反映出村里愿意从事造纸行业的人越来越少，已无法再现当年二三十人一起学习的情景。骆村现今只有骆鑫祥一户从事造纸，骆鑫祥如有传承手艺的想法，也很难寻找到愿意传承其手法的人。

提及传承问题，“再过几年，也许村里连做小元书的师傅都找不到了。”骆鑫祥愁眉不展道，“这个工作太苦了，连续干13个小时才200来块，工资那么低，没有年轻人愿意学啊。”对此，骆鑫祥表示，随着时间的推移，人工问题越来越严重，纸坊以后的应对之道也只能是减少产量，提高质量，“人少了、老了就少做点，把纸做好，价格加高点吧”。

2. 吸引眼球、拓展价值要开放传播

如今我们的眼光不能局限于小圈子，源自农业社会与乡土宗族体系的造纸人，包括骆鑫祥在内，想到的技艺传承人往往只有自己的家人、同门或者同乡，较少会想到放开眼界从外界寻找合适的人。传承给自己的亲人或许是为了保护自己家庭与家族生存之能力，但是如果亲人无法或者不愿传承也是无可奈何。因此作为一个造纸技艺的拥有者，不能仅想到将技术传给附近的人，拓开地域的限制后，其技艺传承的可能性便会提高，但是前提是需要做好传播，高手和神奇的技艺故事能让外界对其技艺的独特性和重要性印象深刻，这样才可吸引更多元的兴趣。即便从富阳当地来看，骆村的元书纸在电视、网站、社交等传统渠道及新渠道上的传播也少之又少，这不仅对传承有碍，也对其市场前景发展不利，传播或许是技艺传承与保护的第一步。

（二）完善市场行业标准和引荐机制建设相当迫切

1. 没有标准的限制和引导带来的伤害

访谈时，骆鑫祥反映目前手工纸行业诸多领域没有一个统一的标准，鱼龙混杂，致使机械制作的书画练习纸大量流入市场以次充好，对于追求高质量的手工纸厂家无疑是一种致命性的打击。骆村造纸户数的骤然减少一大原因就与此有关。骆鑫祥举例说："例如印书的纸，尤其是古籍纸，国家或有关部门目前没有设定一个统一标准，按道理说添加烧碱加工过的纸不能用作古籍纸，因为其并不是天然古法制成的纸，而且其保存时间有限，反而会对古书造成再次破坏。但很多纸厂将其投入市场，也有很多印刷公司购买此类用纸印刷古籍。"骆鑫祥表示，这对于遵循天然材料、古法加工的造纸厂家是一种伤害。

2. 引荐机制缺位导致的发展焦虑

骆鑫祥又反映，市场上缺乏一个引荐渠道，即某些厂家制作的手工纸适合于某领域客户用，但是二者之间缺乏一个牵线机构，或许会造成需要纸的人无法买到心仪的纸，生产纸的人又生产过量找不到买家。骆鑫祥表示，鑫祥宣纸作坊目前的客户大部分为老客户，新客户的拓展光靠其一己之力具有困难。

手工造纸在当代社会并不是一个流行的产业，很多机制建立不完善，不仅行业标准还无法统一，引荐机构也未建设到位。骆鑫祥在交流中发表了他情感强烈的看法：提高销量，活跃整个手工纸市场是维持手工纸产业的良药，否则仅靠政府搞的抢救性保护无法从根本上解决产业面临的威胁。手工纸产业的发展，除了造纸行业内部人士的努力外，还需要很多的"第三只手"进行比造纸人更高明的调节和指引，仅靠生产厂商一己之力很难应对整个行业如今面临的重重困境。

（三）环保问题与非遗保护矛盾解决需有政策引导

2019年1月调查组回访纸坊时，提及当前各地手工纸坊忧心忡忡的环保问题，骆鑫祥无奈

⊙1

⊙2

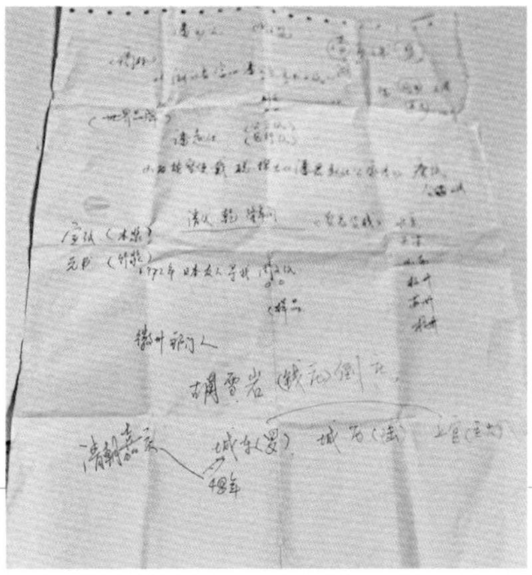

⊙3

地笑笑，表示环保部门就环保问题一年会来纸坊四五次，告诫他们要妥善处理污水排放的问题，也开过不少的会议谈过环保问题。骆鑫祥道："我们小作坊力量薄弱，一个人的力量也没有办法去解决。"他认为环保这块问题需要政府作为主导人，出台行之有效的方法和政策来解决环境保护和非遗保护的矛盾，妥善处理好环保和非遗两者之间的关系。

⊙4

⊙1/2
骆村废弃的纸槽和纸坊
Abandoned papermaking trough and paper mill in Luocun Village

⊙3
骆鑫祥手绘他本人理解的古代骆村造纸传承关系
Inheritance of Papermaking in Ancient Luocun Village drawn by Luo Xinxiang

⊙4
手捧中国科大非遗培训班结业证书的骆鑫祥
Luo Xinxiang holding the graduation certificate of Intangible Cultural Heritage Training Course conferred by University of Science and Technology of China

⊙1

9

第九章
Chapter IX

富阳区元书纸
Yuanshu Paper
in Fuyang District

第十一节
Section 11

鑫祥宣纸作坊

⊙ 1
鑫祥宣纸作坊附近的自然风光
Natural view around Xinxiang Xuan Paper
Mill

鑫祥宣纸作坊

元书纸

Yuanshu Paper of Xinxiang Xuan Paper Mill

纯毛竹元书纸透光摄影图

A photo of pure *Phyllostachys edulis* Yuanshu paper seen through the light

第十二节

富阳竹馨斋元书纸有限公司

浙江省
Zhejiang Province

杭州市
Hangzhou City

富阳区
Fuyang District

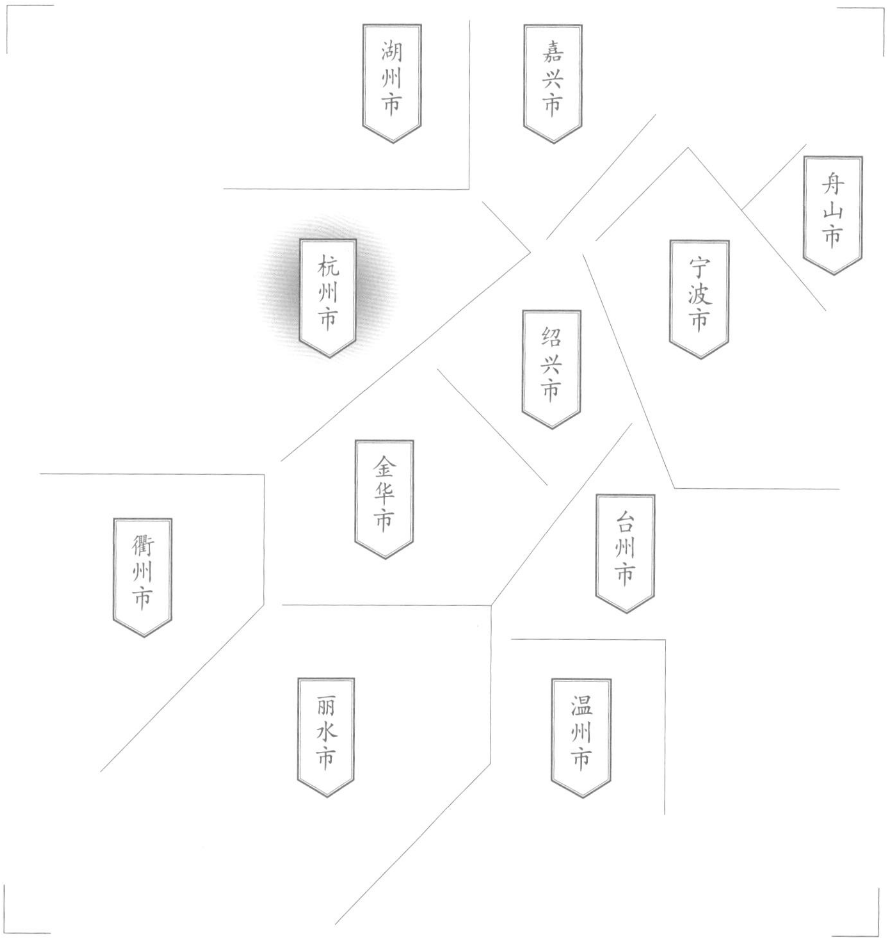

调查对象

富阳区湖源乡新二村富阳竹馨斋元书纸有限公司竹纸

Section 12

Fuyang Zhuxinzhai Yuanshu Paper Co., Ltd.

Subject

Bamboo Paper in Fuyang Zhuxinzhai Yuanshu Paper Co., Ltd. in Xin'er Village of Huyuan Town in Fuyang District

一
富阳竹馨斋元书纸有限公司的基础信息与生产环境

1
Basic Information and Production Environment of Fuyang Zhuxinzhai Yuanshu Paper Co., Ltd.

湖源乡位于富阳区最南端，东南接诸暨市，西邻桐庐县，北接常安镇和常绿镇。湖源本名为“壶源”，以溪为名，1956年始称湖源，一是同音，二是寓“五湖四海同一源”之意。

富阳竹馨斋元书纸有限公司（简称竹馨斋）位于富阳区湖源乡新二村元书纸制作园区。该园区位于新二村周八坞，占地近5 000 m^2，总建筑面积超过2 700 m^2，总投资700余万元，主体工程分为牌坊、陈列馆、造纸作坊和锅炉综合用房等部分，一楼主要为生产区域，二楼为晒纸区域，园区还设有地方政府帮助统一规划建设的污水处理设施。[13] 调查时园区内共有8家造纸户，2016年时有17～18口槽在生产，其中包括竹馨斋在内的2家纸厂有营业执照，另外6家为散户，无营业执照。竹馨斋与富阳大竹元宣纸有限公司紧邻，地理坐标为：东经119° 58′ 50″，北纬29° 49′ 23″。

⊙1

⊙2

⊙3

据竹馨斋负责人李胜玉及其儿子王聪介绍，公司正式注册于2014年5月9日，主要经营纯手工书画纸、元书纸等产品。2015年9月30日，富阳竹馨斋元书纸有限公司被列为浙江大学科学技术与产业文化研究中心的国遗古法探原与竹纸创新研究基地。

调查组2016年8月15日、2019年1月22日两次入厂区调查得到的基础信息为：竹馨斋在新二村元书纸制作园区共有4幢房子作为生产车间及仓库，每幢约80～90 m^2，租金4 000元/幢，共有2口纸槽。2016年时竹馨斋有6名工人，其中2名抄纸工人，2名榨纸工人，2名制浆工人。2019年1月回访时有7名工人，具体分工为2人抄纸，2人晒纸，1人榨纸，1人做杂务，1人制浆（由李胜玉的妻子赵谷兰负责），每年3～4月份砍伐原料时，李胜玉的儿子王聪也会作为一名劳动力加入工作。调查时竹馨斋的工人中有2人为外地人（贵州），其余为本地人，年龄从30岁至60岁不等。

根据李胜玉、王聪提供的产销数据，竹馨斋

⊙1
湖源乡新二村村头的村名石碑
Stone carved the name of Xin'er Village at the entrance of the village in Huyuan Town

⊙2
国遗古法探原与竹纸创新研究基地的授牌
License for Innovation Research Base of Making Bamboo Paper with Ancient Methods

⊙3
新二村元书纸制作园区新建的牌坊
A New Memorial Arch of Yuanshu Papermaking Park in Xin'er Village

[13] 李莲君.富阳建设元书纸制作园区保护旧遗存[EB/OL].中国·浙江非物质文化遗产网.(2019-01-30)[2014-04-18].http://www.zjfeiyi.cn/news/detail/31-5497.html.

路线图
富阳城区
↓
富阳竹馨斋元书纸有限公司
Road map from Fuyang District centre to Fuyang Zhuxinzhai Yuanshu Paper Co., Ltd.

富阳竹馨斋元书纸有限公司位置示意图

Location map of Fuyang Zhuxinzhai Yuanshu Paper Co., Ltd.

考察时间
2016年8月 / 2019年11月

Investigation Date
Aug. 2016/Jan. 2019

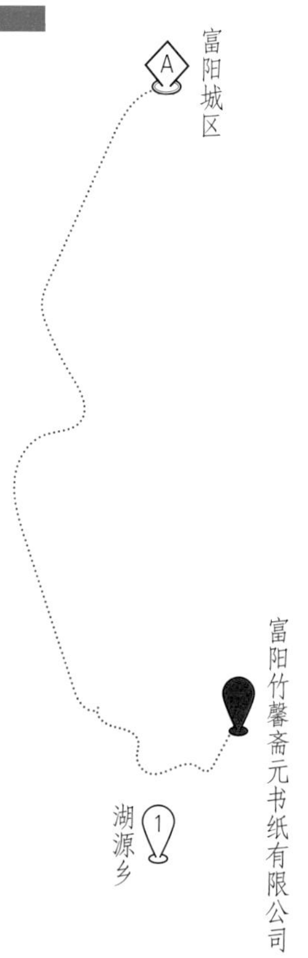

地域名称

造纸点名称

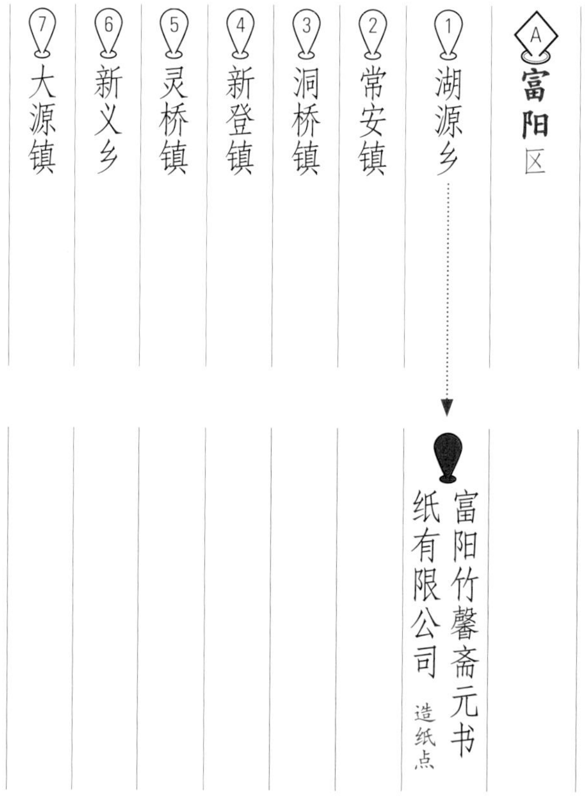

位置分布

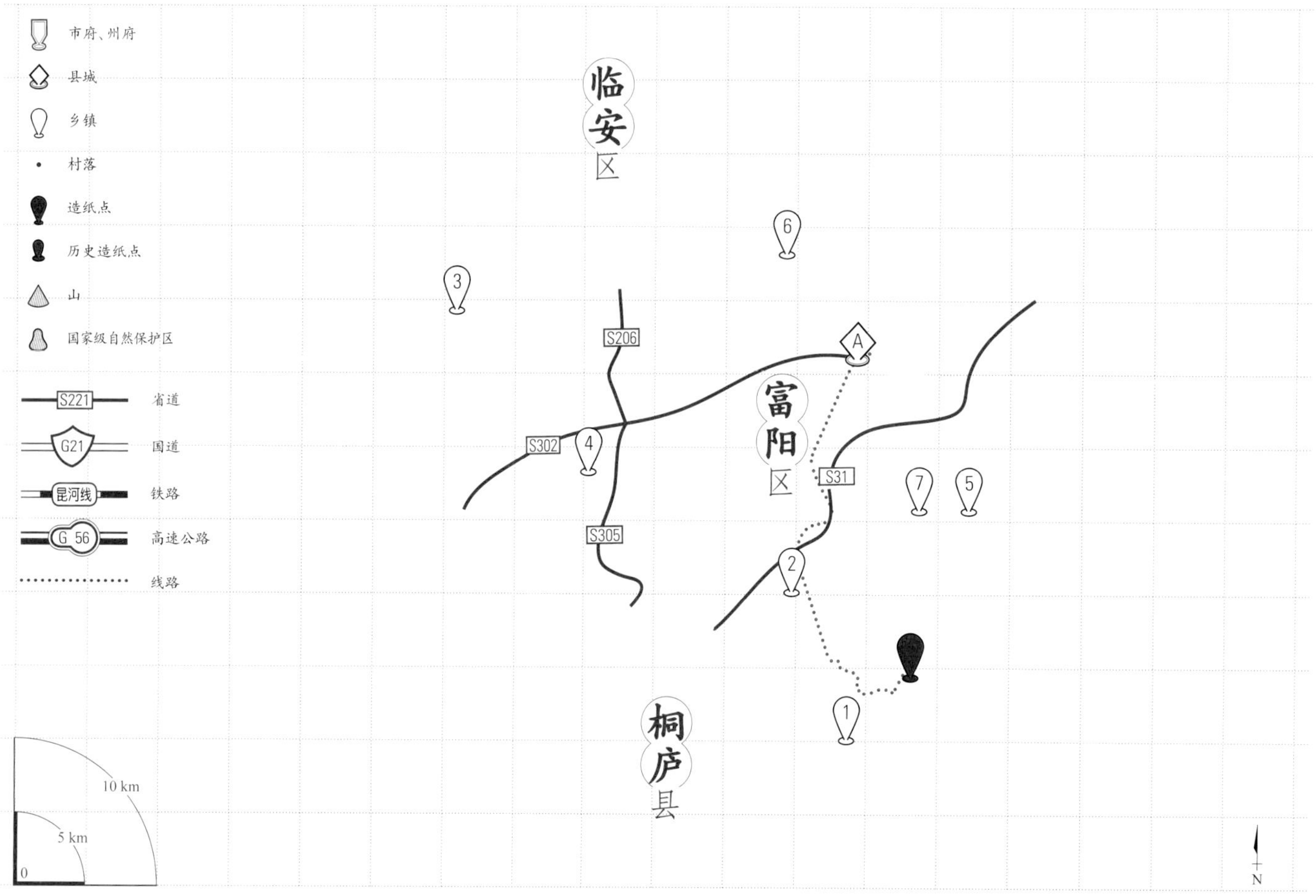

2016年产量2 000刀左右，一刀纸100张，年销售额60万～70万元。2015～2016年四尺古法纯手工元书纸售价400元/刀，六尺售价450元/刀。2017年起，年销售额增至100万元左右。

二
富阳竹馨斋元书纸有限公司的历史与传承

2
History and Inheritance of Fuyang Zhuxinzhai Yuanshu Paper Co., Ltd.

调查组通过对竹馨斋负责人李胜玉及王聪的访谈得知，李胜玉年轻时的经历较为波折。李胜玉1960年出生，回访调查时59岁（2019年）。1983年浙江师范大学毕业以后，李胜玉先后在杭州、富阳等地的高中、初中、小学教书，目前是湖源中心小学的语文老师。20世纪80年代，教师的社会地位较低、收入不高，看到哥哥李胜桃经营纸业生意收入颇丰，李胜玉心中对本业开始动摇，遂追随哥哥的脚步兼职“下海”经商，1985～1987年期间，曾办过2年小化工厂，又做过2年纸业销售生意。不过，当时的政策情况不允许教师经商，80年代末，李胜玉兼职做纸业生意一事被村民举报，他被迫放弃生意，重新以教书为主业。

1990年左右，政策上对教师经商一事放开。1991年左右，李胜玉又开始造纸与卖纸。1994年，有位日本商人主动找到李胜玉与其合作生产老灰纸（又叫竹皮纸，指用毛竹青皮做的纸，“老灰”系日本人的叫法）和四尺、六尺的白宕纸（现称白唐纸）。当地工人仅做过尺寸较小的小元书，没有做过大纸，李胜玉试生产的白宕纸不能满足日本客户要求，屡遭退货，双方合作一年便亏了5万余元。饱受打击的李胜玉一度停止手工纸生产，仅做元书纸贩卖生意，持续经营数年才还清欠款。1997年，另一家日本公司通过安徽省进出口公司与李胜玉合作再次生产老仄纸，有了大渠道经销商支撑的李胜玉在此前研发的基础上，吸取教训，终于研制出四尺、六尺的合格老仄纸。

在王聪的记忆里，与安徽省进出口公司合作后，竹馨斋纸品销量较好，虽然无法回忆出当年的具体销量，但据王聪的推算，当年竹馨斋每口槽一天可以做出11刀成品纸，连续5年左右，每年家里6～7口槽生产出来的纸都能销掉，没有存货，有时家里的纸不够卖，还会从村里其他纸户处收纸售卖。

2001年左右，政策又发生改变，在职教师又不允许经商了，李胜玉只好又回到教师队伍中。2012年，李胜玉所在的湖源中心小学被批准为杭州市的竹纸文化传承学校，每年有5万～10万元的专项拨款用于竹纸研究，该校校长于是让李胜玉承担研究任务。2013年开始，经过一年的尝试，李胜玉成功用古法制作出300刀高端竹纸（即现在的古法纯手工元书纸）。据李胜玉本人接受调查组访谈时的说法，在富阳当地“已经将近40年没有人造出这个纸”。

据李胜玉回忆，其父亲李金木、祖父李立胡均会捞纸。妻子赵谷兰1956年出生，主要负责制浆，除抄纸、晒纸外，其他工序也会一些。

王聪，1991年出生，高中毕业后在杭州多个单位上过班，2015年辞职回到竹馨斋工作，是调查时富阳竹馨斋元书纸有限公司的法定代表人，主要负责竹馨斋的销售及公司日常管理。空余时间王聪也在学习手工造纸的前端技术，已经断断续续学了一年捞纸。

据2019年1月回访时王聪介绍，父亲目前仍在湖源乡小学教书，明年退休，目前竹馨斋的一线生产管理由母亲负责。他本人接手销售后，正在尝试打破竹馨斋原有的经销商为主的销售模式，将销售渠道向大学拓展，并致力于将竹馨斋的产品向“传统＋文创”结合的高端衍生文创产品方向发展。已经计划开发抄经纸及高端竹纸礼盒，有可能于2019年推入市场。

⊙1

⊙2

⊙3

⊙1
李胜玉（右）与王聪
Li Shengyu (right) and Wangcong

⊙2
竹馨斋仍在生产的高端竹纸（古法纯手工元书纸）
High-end bamboo paper made in Zhuxinzhai (a kind of handmade Yuanshu paper applying with ancient methods)

⊙3
竹馨斋抄经纸
Paper for coping the Buddhist scriptures in Zhuxinzhai

三 富阳竹馨斋元书纸有限公司的代表纸品及其用途与技术分析

3 Representative Paper and Its Uses and Technical Analysis of Fuyang Zhuxinzhai Yuanshu Paper Co., Ltd.

⊙4
竹馨斋生产的竹皮纸
Bamboo bark paper produced in Zhuxinzhai

⊙5
竹馨斋生产的小元书（纯竹浆）
Small-sized Yuanshu produced in Zhuxinzhai (applying pure bamboo pulp)

⊙6
竹馨斋生产的古法纯手工元书纸
Handmade Yuanshu paper applying with ancient methods produced in Zhuxinzhai

（一）竹馨斋代表纸品及其用途

竹馨斋生产的纸品主要有竹皮纸、小元书、古法纯手工元书纸3种，也可根据客户意愿制作定制纸。2016年实际生产为2口槽，可生产标准四尺、六尺纸。从用途上来看，竹馨斋的纸品主要为书画用纸。

1. 竹皮纸（又称老仄纸、老灰纸）

竹馨斋生产的竹皮纸用竹料（90%）＋龙须草（10%）制作，尺寸有四尺（70 cm × 138 cm）、六尺（180 cm × 60 cm）两种规格，主要用途为书画。2016年四尺售价130元/刀，六尺售价180元/刀。王聪介绍，竹馨斋生产的竹皮纸目前正在注册老灰纸商标，若注册成功会改名为老灰纸。

2. 小元书

竹馨斋生产的小元书分两种，一种是纯竹浆生产，一种以青皮为原料。两种纸的尺寸规格均为43 cm × 45 cm。纯竹浆小元书和青皮小元书均用于书画，售价分别为1 700元/件、1 250～1 300元/件（一件4 800张）。

3. 古法纯手工元书纸

竹馨斋生产的古法纯手工元书纸为纯竹浆制造，是2014年新开发的产品，主要为书画用途，尺寸有四尺（70 cm × 138 cm）、六尺（180 cm × 60 cm）两种规格，2016年四尺售价为500元/刀，六尺售价为550元/刀。

（二）竹馨斋代表纸品性能分析

测试小组对采样自竹馨斋的古法纯手工元书纸所做的性能分析，主要包括定量、厚度、紧度、抗张力、抗张强度、撕裂度、湿强度、白度、耐老化度下降、尘埃度、吸水性、伸缩性、纤维长度和纤维宽度等。按相应要求，每一指标都重复测量若干次后求平均值，其中定量抽取5个样本进行测试，厚度抽取10个样本进行测试，抗张力抽取20个样本进行测试，撕裂度抽取10个样本进行测试，湿强度抽取20个样本进行测试，白度抽取10个样本进行测试，耐老化度下降抽取10个样本进行测试，尘埃度抽取4个样本进行测试，吸水性抽取10个样本进行测试，伸缩性抽取4个样本进行测试，纤维长度测试了200根纤维，纤维宽度测试了300根纤维。对竹馨斋古法纯手工元书纸进行测试分析所得到的相关性能参数如表9.22所示，表中列出了各参数的最大值、最小值及测量若干次所得到的平均值或者计算结果。

表9.22　竹馨斋古法纯手工元书纸相关性能参数
Table 9.22　Performance parameters of handmade Yuanshu paper applying with ancient methods in Zhuxinzhai

指标		单位	最大值	最小值	平均值	结果
定量		g/m²				28.7
厚度		mm	0.076	0.067	0.071	0.071
紧度		g/cm³				0.404
抗张力	纵向	mN	17.8	14.8	16.1	16.1
	横向	mN	12.0	9.5	11.0	11.0
抗张强度		kN/m				0.906
撕裂度	纵向	mN	105.7	90.2	98.1	98.1
	横向	mN	100.8	84.5	93.8	93.8
撕裂指数		mN·m²/g				3.3
湿强度	纵向	mN	747	643	705	705
	横向	mN	665	556	610	610
白度		%	34.0	33.0	33.7	33.7
耐老化度下降		%	32.1	31.6	31.8	1.9
尘埃度	黑点	个/m²				236
	黄茎	个/m²				0
	双浆团	个/m²				0
吸水性	纵向	mm	16	15	15	10
	横向	mm	15	14	14	1
伸缩性	浸湿	%				0.50
	风干	%				0.75
纤维	长度	mm	1.4	0.1	0.3	0.3
	宽度	μm	54.6	0.7	9.9	9.9

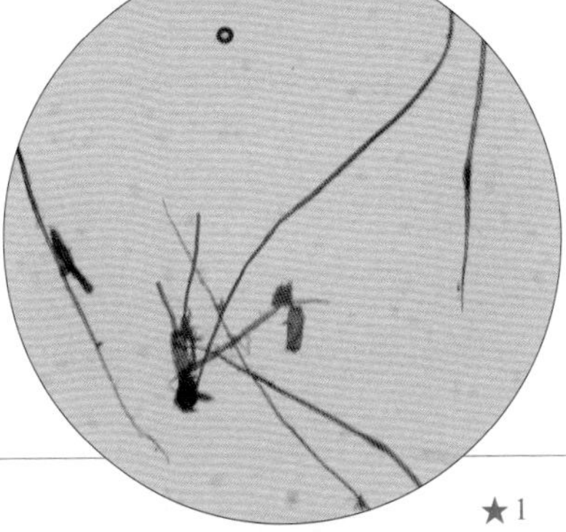

★1

★2

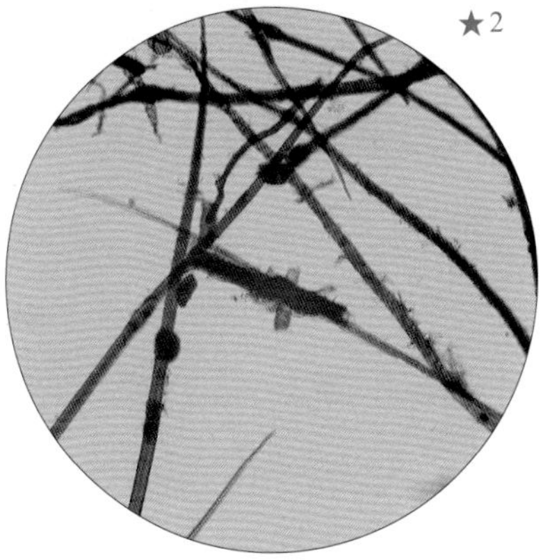

⊙1

由表9.22可知，所测竹馨斋古法纯手工元书纸的平均定量为28.7 g/m^2。竹馨斋古法纯手工元书纸最厚约是最薄的1.134倍，经计算，其相对标准偏差为0.032，纸张厚薄较为一致。通过计算可知，竹馨斋古法纯手工元书纸紧度为0.404 g/cm^3。抗张强度为0.906 kN/m。所测竹馨斋古法纯手工元书纸撕裂指数为3.3 mN·m^2/g。湿强度纵横平均值为658 mN，湿强度较小。

所测竹馨斋古法纯手工元书纸平均白度为33.7%。白度最大值是最小值的1.030倍，相对标准偏差为0.006，白度差异相对较小。经过耐老化测试后，耐老化度下降1.9%。

所测竹馨斋古法纯手工元书纸尘埃度指标中黑点为236个/m^2，黄茎为0，双浆团为0。吸水性纵横平均值为10 mm，纵横差为1 mm。伸缩性指标中浸湿后伸缩差为0.50 %，风干后伸缩差为0.75 %。说明竹馨斋古法纯手工元书纸伸缩性差异不大。

竹馨斋古法纯手工元书纸在10倍和20倍物镜下观测的纤维形态分别如图★1、图★2所示。所测竹馨斋古法纯手工元书纸纤维长度：最长1.4 mm，最短0.1 mm，平均长度为0.3 mm；纤维宽度：最宽54.6 μm，最窄0.7 μm，平均宽度为9.9 μm。

★1
竹馨斋古法纯手工元书纸纤维形态图（10×）
Fibers of handmade Yuanshu paper applying with ancient methods in Zhuxinzhai (10× objective)

★2
竹馨斋古法纯手工元书纸纤维形态图（20×）
Fibers of handmade Yuanshu paper applying with ancient methods in Zhuxinzhai (20× objective)

⊙1
竹馨斋古法纯手工元书纸润墨性效果
Writing performance of handmade Yuanshu paper applying with ancient methods in Zhuxinzhai

四
富阳竹馨斋元书纸有限公司竹纸的生产原料、工艺与设备

4
Raw Materials, Papermaking Techniques and Tools of Bamboo Paper in Fuyang Zhuxinzhai Yuanshu Paper Co., Ltd.

⊙1

⊙2

⊙3

⊙4

⊙1 新二村山上的竹林 Bamboo forest up the hill in Xin'er Village
⊙2 竹馨斋使用的竹浆板 Bamboo pulp board used in Zhuxinzhai
⊙3 竹馨斋附近的水源 Water source by Zhuxinzhai
⊙4 竹馨斋使用的黄柏汁 Golden Cypress extract used in Zhuxinzhai

（一）竹馨斋竹纸的生产原料

1. 主料：嫩毛竹

竹馨斋使用的毛竹为小满前砍下的嫩毛竹，此时的毛竹头上还包着，枝丫还没有分开，这样的毛竹竹质嫩，纤维细腻。从李胜玉的描述看，他对毛竹砍伐时间强调小满前与富阳多数造纸村落在小满开始砍竹的认知有些微差别。

据李胜玉介绍，毛竹的生长环境对纸质的影响也至关重要，比如生长在阳面山上的毛竹纤维较多，生长于阴面山上的毛竹水分较多，泥山的毛竹没有沙山生长的毛竹好，等等。

2019年1月22日调查组回访时了解到，竹馨斋生产竹皮纸时会使用到少量竹浆板，浆板购自四川，2018年价格为6 800元/吨。

2. 辅料一：水

竹馨斋造纸使用的是工业园附近无名山上流下的山泉水，调查组实测pH为5.5～6.0，偏酸性。

3. 辅料二：石灰

竹馨斋造纸时需要用石灰处理竹原料。李胜玉的说法是，使用石灰造出来的竹纸不会霉变，也不容易被虫蛀，寿命长。

4. 辅料三：纸药

李胜玉介绍，竹馨斋造纸时经常用的纸药有3种：

一种是野生黄柏的汁液。2016年左右黄柏32元/kg，汁液系用黄柏树的树皮熬制而成。因为是自制配方，需保密，李胜玉在访谈时未详细说明制作过程。黄柏汁在造纸时加入，加入量根据客户要求而定，作用是防虫。

第二种是野生猕猴桃汁。李胜玉介绍，根据冬夏气温差异，加入的剂量不同，主要作用是利于揭纸分张。

第三种是香椿球。王聪介绍，先将香椿叶捣碎放到皮镬里蒸煮1天1夜，再倒入石灰煮1天1夜，再经过一轮敲打，将敲好的料卷成篮球大小的香椿球，放入水中保存。制浆时使用，50捆料（每捆15～20 kg）加入一个香椿球。

（二）竹馨斋竹纸的生产工艺流程

根据李胜玉的现场描述和调查组的观察提炼，归纳竹馨斋竹纸的生产工艺流程为：

壹	贰	叁	肆	伍	陆	柒	捌	玖	拾	拾壹	拾贰	拾叁	拾肆	拾伍	拾陆	拾柒
砍竹	分段	浸泡	断料	浸坯	蒸煮	漂洗	捆料	淋尿	堆蓬	洗料	打浆	捞纸	压榨	揭纸晒纸	切纸	包装

壹 砍竹

1

李胜玉表示，新二村以前造纸都是选用嫩毛竹，而且在小满前砍下。现在做纸的毛竹基本为直接购买。

⊙5

贰 分段

2 ⊙5～⊙7

将毛竹分段，每段120 cm左右。削去表面的青皮，分段削皮后的竹段称为白筒。用铁榔头将白筒敲碎或直接摔碎，直到白筒能平摊在石头上，即铺开的形态。李胜玉强调，只有将白筒敲碎，石灰浆才能完全浸入。

⊙6

⊙7

⊙5 丈量待分段 Measuring the bamboo sections

⊙6 拷白 Scraping the bark

⊙7 敲碎后的白筒 Chopped bamboo sections

叁

浸　　泡

3 ⊙8⊙9

将敲碎的白筒放入清水中浸泡。李胜玉介绍，生长在泥山的毛竹较软，浸泡的时间短，生长在石山的竹子浸泡的时间需长一些，17～18天左右。另外，根据气候和水温，浸泡的时间长短不一，需根据原料处理的感觉掌握好时间，浸泡得太软或太硬都不行。

⊙8

⊙9

肆

断　　料

4 ⊙10

将水塘里浸泡好的白坯拿出来切段，约33 cm一段，然后捆成捆。

⊙10

伍

浸　　坯

5 ⊙11

将捆好的白坯放入石灰水中浸泡。李胜玉介绍，池中加入的石灰没有固定量，也没有固定比例，需要凭造纸人的经验和感觉，不能太浓，也不能太淡。捆好的白坯均匀摆好后，需浸泡一个晚上。

⊙11

⊙ 8/9 浸泡 Soaking the bamboo sections

⊙ 10 断料 Cutting into materials

⊙ 11 浸坯 Soaking the bamboo sections

陆 蒸煮

6 ⊙12

将泡好的白坯放入蒸锅内蒸煮。先用旺火将冷水烧沸腾，中间加一次水，然后用慢火烧，烧至沸腾后取出。李胜玉接受调查组访谈时介绍，蒸煮的时间也需要凭经验把握，时间太长，影响纸的色光，时间太短，料未煮熟透，更是影响质量。

柒 漂洗

7 ⊙13

白坯中的石灰需要冲洗干净，传统方式是蒸煮后用清水漂洗白坯约10次。李胜玉说，现在使用水泵冲洗白坯，第一次就能将白坯中大部分的石灰冲洗掉，所以最多漂洗8次就足够了。具体流程：白坯先漂洗3次，池中放置3天，看池中水的变化，如果水是红色的，说明白坯中还有石灰，需要继续漂洗，如果池中的水没有变化，即是洗干净了。

捌 捆料

8 ⊙14

将漂洗好的白坯捆好，每捆10～15 kg。

玖 淋尿

9 ⊙15

李胜玉介绍，当地祖祖辈辈造纸都会放人尿。人尿中含有蛋白质，淋在白坯上，能产生一种菌，可以把毛竹中的骨胶“吃”掉。此前造纸还使用过豆浆代替人尿，不过豆浆的价格较高。另外，之前造纸使用的是童子尿，现在使用人尿时已经不讲究了。王聪介绍，目前使用的尿液是从农户家购买的，需提前订购，15～20元/桶，一桶75 kg左右。

⊙12

⊙14

⊙13

⊙15

拾 堆蓬

10 ⊙16

将淋过尿的竹料堆在一起，下面垫上艾草，上面盖上新鲜甘草，再用尼龙布包好，堆放发酵，待竹料上长出菌丝即可。

⊙16

⊙12 蒸煮用的蒸锅 Steamer

⊙13 换水浸泡 Changing water

⊙14 捆料 Binding the materials

⊙15 竹馨斋使用的尿液 Urine used in Zhuxinzhai

⊙16 堆蓬 Piling up

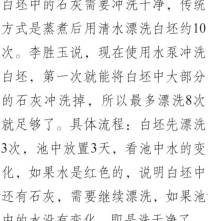

拾壹 洗料

11 ⊙17

将堆蓬发酵好的竹料放在清水中冲洗，需反复洗3～5次。

⊙17

拾贰 打浆

12

将洗好的竹料捆好，一捆5 kg左右，用脚碓或电碓打料，一次打12个料，时间60分钟左右；打好之后的料呈粉状，称为竹粉，把竹粉放入水中，用水泵搅拌，这样浆能够更匀称。

拾叁 捞纸

13

将纸帘往前下压放入纸浆中，微微轻提并轻轻晃动纸帘，使纸浆均匀分布，形成一层湿纸膜。调查时竹馨斋一池浆捞纸数量不一，四尺纸可捞1 000张左右，六尺纸800张左右，八尺纸500张左右。

拾肆 压榨

14

抄好的纸需要榨干水分，当天捞的纸当天压榨。王聪介绍，小元书使用传统木榨，其他纸品使用千斤顶压榨。

拾伍 揭纸晒纸

15

揭纸时先对着湿纸帖一角吹一口气，使湿纸分开，再揭开湿纸贴在焙纸墙上，待纸烘干后揭下即可。王聪介绍，晒纸工人每天凌晨2～4点起床，工作到晚上5～6点。

拾陆 切纸

16

竹馨斋使用裁纸刀将纸边切去，即为切纸。

拾柒 包装

17 ⊙18

切好的纸按100张/包的规格包装好，盖上商标并标明纸的类型。

⊙18

⊙17 洗料 Cleaning the materials

⊙18 竹馨斋使用的印章 Seals used in Zhuxinzhai

（三）竹馨斋竹纸的主要制作工具

壹 裁纸刀 1

用于裁去纸边。实测竹馨斋所用的裁纸刀尺寸为：长19 cm，宽17.5 cm。

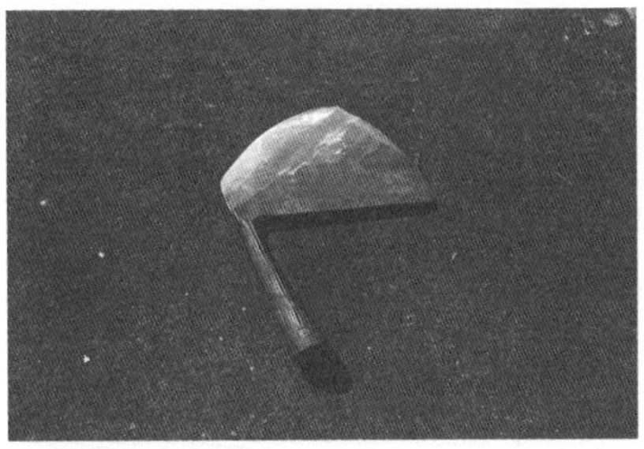

⊙19

贰 石磨 2

用来把竹料磨成粉，便于打浆。实测竹馨斋所用的石磨尺寸为：底磨盘直径285 cm，高7 cm；磨盘上竖立的磨面直径125 cm，厚42 cm。

⊙20

叁 打浆槽 3

用于打浆的水泥制的槽。实测竹馨斋所用的打浆槽尺寸为：长600 cm，宽200 cm。

⊙21

肆 和单槽棍 4

用于抄纸前将浆打匀的棍状工具，前部有木制长方形槽头。实测竹馨斋所用的和单槽棍尺寸为：棍长195 cm，直径5 cm；槽头长28 cm；宽10 cm。

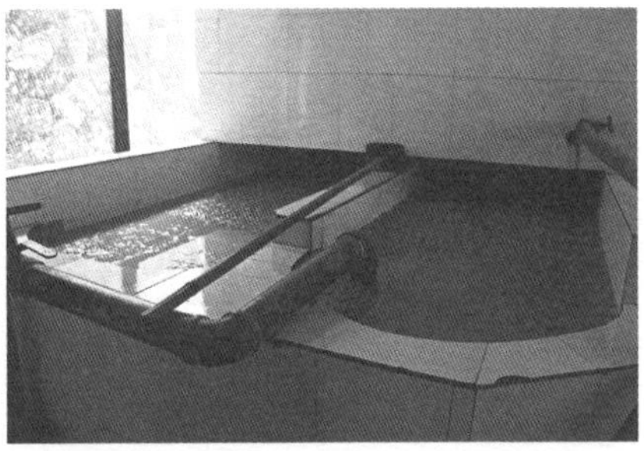

⊙22

伍 手工抄纸槽 5

传统有木制与石砌两种，调查时为水泥浇筑。实测竹馨斋所用的四尺抄纸槽尺寸为：长260 cm，宽235 cm，高88 cm。

⊙23

陆 纸帘 6

用于抄纸的工具，苦竹丝编织而成。从富阳区大源镇永庆制帘厂购买。实测竹馨斋所用的四尺纸帘尺寸为：长154 cm，宽82 cm。

⊙24

⊙19 裁纸刀 Trimming knife

⊙20 石磨 Stone roller

⊙21 打浆槽 Trough for beating the pulp

⊙22 和单槽棍 Stirring stick

⊙23 手工抄纸槽 Handmade papermaking trough

⊙24 纸帘 Papermaking screen

柒 帘架 7

用于支撑纸帘的托架，硬木和竹棍制作。实测竹馨斋所用的四尺帘架尺寸为：长164 cm，宽90 cm，高4 cm。

⊙25

捌 鹅榔头 8

用于牵纸前划松纸帖的工具，杉木制作。实测竹馨斋所用的鹅榔头尺寸为：长8.6 cm，直径2 cm。

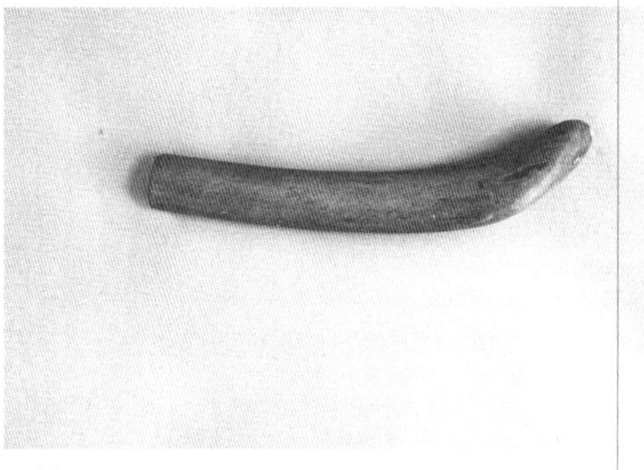

⊙26

玖 榔头 9

用于晒纸前再次打松纸帖。实测竹馨斋所用的榔头尺寸为：长42.5 cm，直径5 cm。

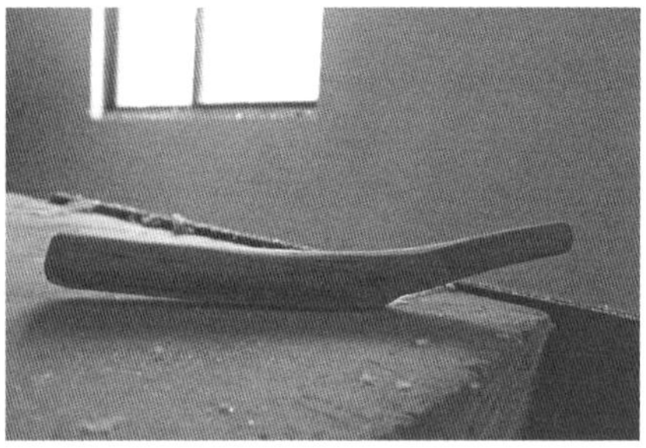

⊙27

拾 松毛刷 10

用于晒纸时将纸刷上铁焙，刷柄为木制，刷毛为松针。实测竹馨斋所用的松毛刷尺寸为：长47 cm，宽13 cm。

⊙28

拾壹 焙墙 11

用于晒纸的烘干墙。传统为土质，调查时为钢板制，双面。实测竹馨斋所用的焙墙尺寸为：长469 cm，高199 cm，上宽30.5 cm，下宽40 cm。

⊙29

拾贰 磨纸刷 12

用来磨去纸边，使纸边整齐。实测竹馨斋所用的磨纸刷尺寸为：长14.5 cm，宽8 cm（左）；长17.5 cm，宽8 cm（右）。

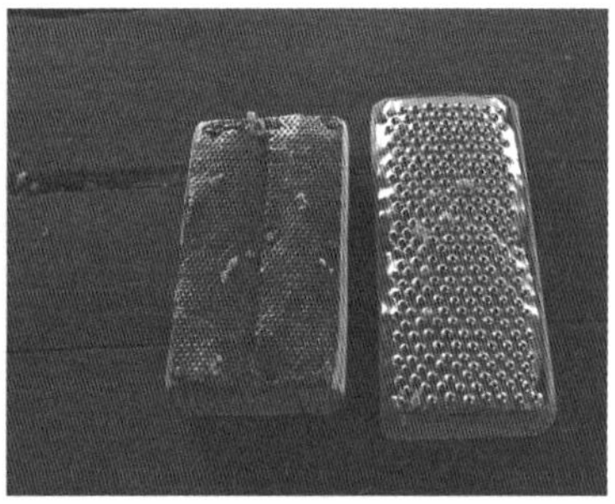

⊙30

⊙25 帘架 Frame for supporting the papermaking screen

⊙26 鹅榔头 Tool for separating the paper

⊙27 榔头 Hammer

⊙28 松毛刷 Brush made of pine needles

⊙29 焙墙 Drying wall

⊙30 磨纸刷 Tool for Trimming the deckle edges

五
富阳竹馨斋元书纸有限公司的市场经营状况

5
Marketing Status of Fuyang Zhuxinzhai Yuanshu Paper Co., Ltd.

综合2016年8月15日、2019年1月22日两次调查时李胜玉、王聪介绍的销售信息，2014～2016年竹馨斋纸品年产量在2 000刀左右，产品销往全国，年销售额60万～70万元。2017年起，由于不断开拓市场，扩大销售途径，竹馨斋年销售额增至100万元左右，相较往年有所好转。按王聪的说法，虽然2017～2018年销售额比往年好，但也只能达到收支相抵状态。

竹馨斋2016年时有6名工人，均是外地人。李胜玉2016年接受访谈时的说法是：当地造纸工人“99%都是从云南、贵州过来的”。造纸工工作时间长，早上4点上班，晚上5点左右下班，工资230～250元/天，工作时间长，又很辛苦，只有外地人愿意做。富阳紧靠杭州，经济较为发达，当地人不愿意做造纸工这样又辛苦收入又一般的工作。

这种以外地工人为主的情况，回访时发现有所好转。调查组2019年1月22日回访时了解到，竹馨斋的外地工人只有2名了。竹馨斋外地工人锐减的原因之一是外地人不会做小元书纸，这种技艺仅本地人会，只能请本地工人做。

⊙31

⊙31 竹馨斋生产的小元书 Small-sized Yuanshu paper produced in Zhuxinzhai

六 富阳竹馨斋元书纸有限公司的品牌文化与习俗故事

6 Brand Culture and Stories of Fuyang Zhuxinzhai Yuanshu Paper Co., Ltd.

（一）竹馨斋品牌文化故事

1.“挑剔”的顾客“监督”造纸

调查组2016年访谈时从李胜玉处了解到，当时北京藏息堂与竹馨斋有合作，并向他订购抄经纸。合作方想要纯手工制作的纸，测试过他生产出的纸后，虽然达到要求，但还是不放心，前前后后来考察六次，以确定合作意向。

2015年双方正式开始合作后，合作方还专门派了一个人在此“监督”李家造纸的流程。李胜玉称，这家“挑剔”的公司之所以能和竹馨斋合作，是因为竹馨斋除了使用铁皮烘墙（古法使用的是泥坯墙）外，其他工序使用的都是古法技艺。

合作方希望竹馨斋能够将铁皮烘墙这一点也改过来，完全依照古法进行手工造纸。2017年，李胜玉采纳合作方的意见，新建了泥坯烘墙。

按照李胜玉的说法，虽然泥坯烘墙已经建好，但还是不“合格”。古法造纸使用的泥坯烘墙上糊的石灰需使用柴禾烧制且要放置3年以上才能使用，石灰壁还需使用盐露（盐滴下来的水）磨光。现在生产的石灰不是柴禾烧制的，质量和放置时间都达不到标准，也买不到可以使用的盐露，所以泥坯烘墙还不能投入使用，与该公司的合作也暂时处于停滞状态。当然，李胜玉的说法到底是否准确不是关键，重要的是自我挑剔的“讲究”。

2. 被误传的“老仄纸”和“白宕纸”

据李胜玉介绍，1994年、1997年竹馨斋曾两度与日本客户合作生产老仄纸和白宕纸。

⊙1

⊙1 竹馨斋新建的泥坯烘墙 Newly-built mud drying wall

"老仄纸"现在又被称为"老灰纸",其实是一种误传,因为"仄"与"灰"字形相近,很多人不认识"仄"字,讹音误将"老仄纸"读为"老灰纸"。另外,现在富阳地区被称为白唐纸的纸品原名为白宕纸,"唐"也是"宕"的误读误传。

不过,调查组并没有找到相关的文献资料支撑李胜玉的说法,因此无法验证这种说法是否准确。

(二)习俗故事

1. 拜山祭祀

李胜玉口述:当地此前有拜山祭祀的风俗,砍毛竹前要先拜山,即烧纸祭拜。拜山仪式一般由年纪较大的组长主持,需提前准备好猪头、蜡烛、酒、烧纸元宝("迷信纸"制作)等祭品以及鞭炮,祭祀时,组长手持烧香祭拜山地菩萨(也称土地菩萨),祈求砍竹过程中"不要出事情"。现在砍竹前已经没有拜山习惯。

2. 与女人有关的造纸忌讳

李胜玉说,当地做纸有一些与女人有关的忌讳。以前抄纸、晒纸均是男人的工作,除了因为烘纸的地方温度高,男性晒纸工夏天在烘纸房工作时穿得较少,女性出入不方便外,还有一种说法是,纸是神圣的,女性在古代社会地位较低,不能进入造纸的地方,会破坏风水。

不过,现在已经没有这种忌讳,也没有这种"破坏风水"的说法了。当地以夫妻合作为工作模式的纸坊中,男性捞纸,晒纸的工作请不到人做,女性便只能亲身学习晒纸技艺了。按照李胜玉的说法,现在的夫妻作坊中,女性是在这种无奈的环境中学会晒纸技艺的。

3. 能烧成白灰的是祖先要的好纸

李胜玉说,纯竹浆生产的"迷信纸"燃烧后纸灰是白色的,还能随风飞起。纸灰能"飞"起是一种好寓意,即指祭祀的纸钱被逝去的先辈"拿"去了。因此衡量"迷信纸"质量好坏,需看纸灰是否为白色,如果不是白色即说明不是纯竹浆生产,而掺有其他原料。

李胜玉说,现在老一辈的人仍相信这种说法,觉得不能用次品欺骗老祖宗,因此纯竹浆生产的祭祀"迷信纸"还有一定的市场。

⊙2

⊙2 竹馨斋中工作的女性晒纸工 Female worker drying the paper in Zhuxinzhai

七
富阳竹馨斋元书纸有限公司的业态传承现状与发展思考

7
Current Status and Development of Fuyang Zhuxinzhai Yuanshu Paper Co., Ltd.

⊙1

⊙2

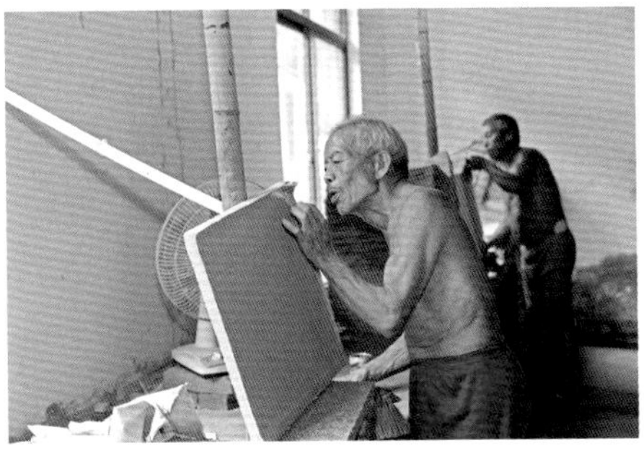

⊙3

⊙1 竹馨斋传承人王聪 Inheritor Wang Cong of Zhuxinzhai

⊙2 新二村废弃的手工纸坊 Abandoned handmade paper mill in Xin'er Village

⊙3 竹馨斋的老年晒纸工 Old worker drying the paper in Zhuxinzhai

（一）竹馨斋传承现状

从竹馨斋的传承来看，短期属于生产正常维系。从李胜玉到王聪，家族主持生产经营人选已经续接，外地聘用的工人仍处于有技术、有体力阶段；2017年，村里的元书纸集中造纸园区依托政府投入的环保设施支持，已经初步缓解了单个纸厂、纸坊无力承担的环保压力与投入问题；虽然目前湖源乡新二村离城区较远，交通的便利度不够，但集中街区型手工造纸模式的打造也为日后体验式、地方工艺文化科普游学打下了发育的基础。

让调查组颇感意外的是，作为竹馨斋年轻一代的传承人，王聪接手竹馨斋的销售工作后，调整老一辈以经销商为主的销售方式，不断转变思路，通过对四川、安徽、江西、北京等地优秀厂商的实地考察，深受启发，逐渐尝试走出了一条以“经销商＋大学”为销售渠道的新路子。在产品结构上，打破老一辈以手工纸原纸生产加工为主的单一产品模式，坚持“传统＋文创”的目标，尝试开发以抄经纸、衍生文化产品、礼盒等为主的高端文创产品。

（二）面临的系列挑战令人心忧

综合2016年8月15日、2019年1月22日两次调查时李胜玉、王聪提供的信息，调查组整理出竹馨斋未来发展过程中将会遇到的系列挑战如下：

1. 受机制纸冲击，古法造纸活态锐减，质量堪忧

李胜玉介绍，在他经历的这些年里，湖源乡的手工造纸业鼎盛时期有120口槽做纸，李家村即有39口槽。现在李家村只有9口槽还在做，其他地方约有20口槽，造纸户数量锐减，且产品多为祭祀用的低端纸。

李胜玉认为，按照目前的状况发展，当地造纸业会被逐渐淘汰。当地造的纸多为低端祭

祀用纸，卖给浙江沿海温州以及台州的玉环等地。浙江—福建沿海地区自古以来的传统是使用手工纸祭拜祖先，所以目前生产祭拜祖先和神佛用纸仍有销路。但李胜玉担心，人的观念会变，手工祭祀纸的市场会逐渐萎缩，被机器纸取代。李胜玉说，即使是他本人，现在也不会使用价格贵的手工竹纸祭拜祖先，而是使用普通纸祭拜。在机制祭祀竹浆纸低价倾销和政府提倡“少烧纸”“不烧纸”的影响下，手工造祭祀用纸的未来发展几乎难以看到出路。

2. 人工成本占比过高，技艺传承或面临断档困境

按照李胜玉的说法，因为嫌工资低、工作时间长等原因，富阳当地人不愿从事手工造纸工作，因此竹馨斋的工人全部来自外地。李胜玉在受访时还给调查组成员算了一笔账：即便贵州的工人能够接受富阳人不太愿意接受的工资，人工成本也让他吃不消。比如2016年手工纸工人工资是200元／天，李胜玉家共有抄纸、榨纸、制浆工人6名，每天的人工工资支出就是1 200元。做一捆纸（4 800张）成本需450元，售价仅430元，是亏本做生意。

李胜玉说，为了不亏本，有些造纸户只能“偷工减料”，比如在竹浆中掺入0.8～1元/kg的废纸，为了节约工资，不找工人，夫妻俩一起做，造纸用的轮滑自己改装，这样才能勉强将纸坊维持下去。

2019年1月22日调查组回访时从王聪处了解到，虽然近两年竹馨斋销售额上升，但也仅能达到收支相抵状态。目前竹馨斋工人的平均年薪为10万元左右，捞纸工与晒纸工的工资较高，平均每年11万～12万元，榨纸工人工资也要算到100元/天。人工成本占比过高仍是待解决的问题。

调查组还了解到，目前竹馨斋的小元书制作技艺面临捞纸、晒纸工人年龄偏大，找不到工人的难题。虽然湖源地区也有部分年轻捞纸工（40岁左右）会做小元书，但愿意出来打工的只有年纪大的人。调查时在竹馨斋做小元书的捞纸工人已经60岁，“还算年轻的”，晒纸工已经70多岁。面对小元书制作工人“老龄化”问题，王聪称只能“走一步算一步”，还未想到合适的解决方法。

3. 政府扶持不能落地问题

李胜玉在受访时一再表示，政府对手工造纸的不重视，也是当地手工造纸业生存艰难的原因之一。政府出面申请的“中国竹纸之乡”“非遗之乡”，更多地体现为一种荣誉，并没有出台具体措施解决小造纸户的谋生本源问题。

李胜玉认为，由于多方面的原因，很多造纸户抛弃了古法造纸的传统，“抛弃了传统，还能做好纸吗？”但这个问题没有引起政府的重视，政府也没有从本质上去关注这个事情，这让李胜玉对富阳手工造纸的前途十分悲观。

4. 环保要求与产品诉求的冲突问题

李胜玉说，一些造纸户为了节省成本，使用强碱类的烧碱处理造纸原料，当然会污染水质，产生环保问题。

李胜玉向调查组强调：竹馨斋没有使用化学

产品处理的手工纸，见风不会腐烂。不过，未使用化学产品的纸，拉力不够，不能用于大写意绘画，想要增加拉力，需要加入檀皮，而使用檀皮又必须用化学用品处理，使用化学用品的檀皮掺入竹浆后会破坏纸的纯天然属性。因此，这是一个很矛盾的问题。

李胜玉说，他在造纸过程中未使用烧碱，而按古法使用了石灰，石灰水沉淀后会变成清水。他认为，竹馨斋实际上不存在环保问题。

⊙1

⊙1 新二村元书纸制作园区内集中建造的泡料池等
Soaking pools in the Yuanshu Papermaking Park of Xin'er Village

元书纸

富阳竹馨斋元书纸有限公司

Yuanshu Paper
of Fuyang Zhuxinzhai Yuanshu Paper Co., Ltd.

古法手工元书纸透光摄影图
A photo of handmade Yuanshu paper applying
with ancient methods seen through the light

第十三节
庄潮均作坊

浙江省
Zhejiang Province

杭州市
Hangzhou City

富阳区
Fuyang District

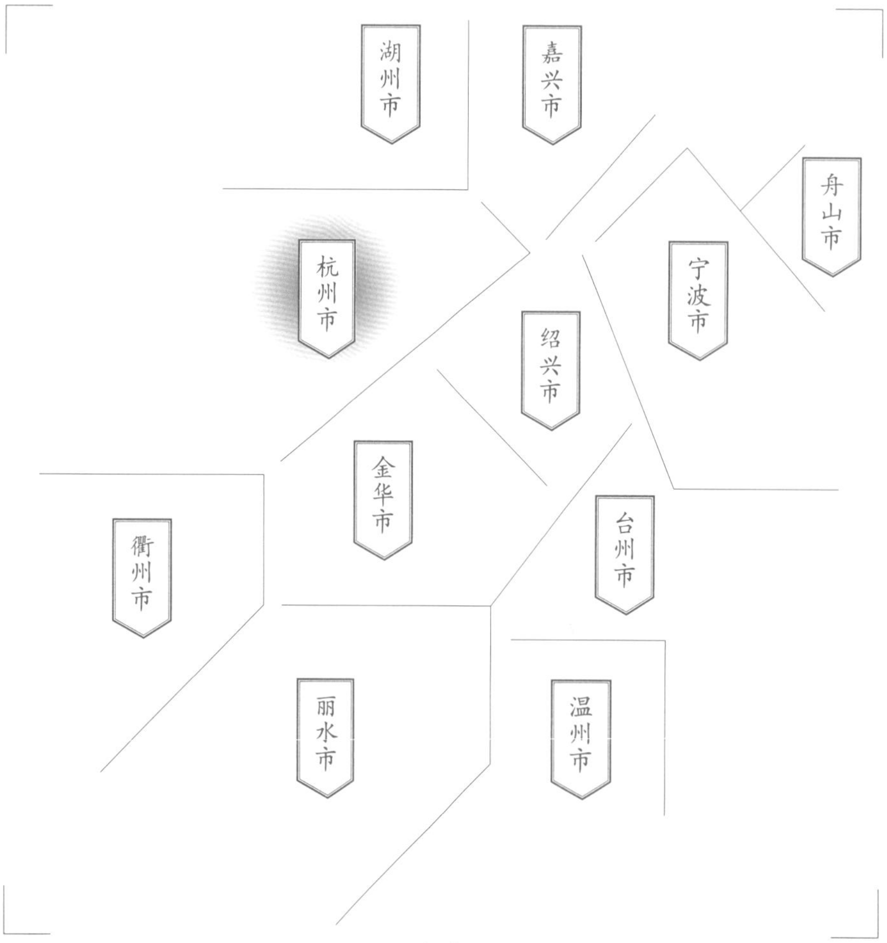

调查对象
富阳区大源镇大同村
庄潮均作坊
竹纸

Section 13
Zhuang Chaojun Paper Mill

Subject
Bamboo Paper in Zhuang Chaojun Paper Mill in Datong Village of Dayuan Town in Fuyang District

一

庄潮均作坊的基础信息与生产环境

1

Basic Information and Production Environment of Zhuang Chaojun Paper Mill

营业执照

统一社会信用代码 92330183MA2ABXA89A

经营者	庄潮均
名称	杭州富阳区大源镇红霞书画纸经营部
类型	个体工商户
经营场所	浙江省杭州市富阳区大源镇大同村庄家
组成形式	个人经营
注册日期	2011年06月17日
经营范围	[illegible]

多证合一

登记机关

⊙1

⊙2

⊙3

庄潮均作坊是一家以元书纸和书画纸为主要产品的手工纸作坊，经营场所位于富阳区大源镇大同行政村庄家自然村，而生产纸品的手工纸坊主要在大同行政村朱家门自然村，纸坊的地理坐标为：东经119° 59′ 45″，北纬29° 56′ 18″。庄潮均作坊负责人为庄潮均，2011年6月17日以妻子方红霞的名字注册了个体工商户，名为“富阳区大源镇红霞书画纸经营部”，不过乡里村人依然习惯叫庄潮均作坊。

调查组于2016年8月12日前往作坊现场考察，通过庄潮均描述及现场观察了解到的基础信息为：作坊有员工18人（包括庄潮均妻子和父母），除去家人和庄潮均自己，另有烧火工2人，抄纸工3人，晒纸工3人，揭纸工3人，切纸工1人，打浆踏料工2人。工人平均年龄50多岁，平均工资为6 000元/月。纸坊有纸槽4口，占地面积500～600 m^2，主要生产元书纸、浆板书画纸、白唐纸、毛竹宣等。

大源镇为秦汉古镇，建制距今已有2 200多年的历史，素有“活水源头”“造纸之乡”之称，传说中用竹造纸已有千年以上历史。大同村是大源镇所辖的15个行政村之一，由原来的朱家门村、兆吉村、庄家坞村3个村合并，区域面积12.5 km^2，庄潮均作坊位于合并前的朱家门自然村内。

⊙1 庄潮均作坊营业执照 Business license of Zhuang Chaojun Paper Mill

⊙2 作坊及周围环境 The paper mill and its surrounding environment

⊙3 作坊外的山野田畴 Mountains outside the paper mill

庄潮均作坊位置示意图

Location map of Zhuang Chaojun Paper Mill

路线图
富阳城区
↓
庄潮均作坊
Road map from Fuyang District centre to Zhuang Chaojun Paper Mill

考察时间
2016年8月 / 2019年1月

Investigation Date
Aug. 2016/Jan. 2019

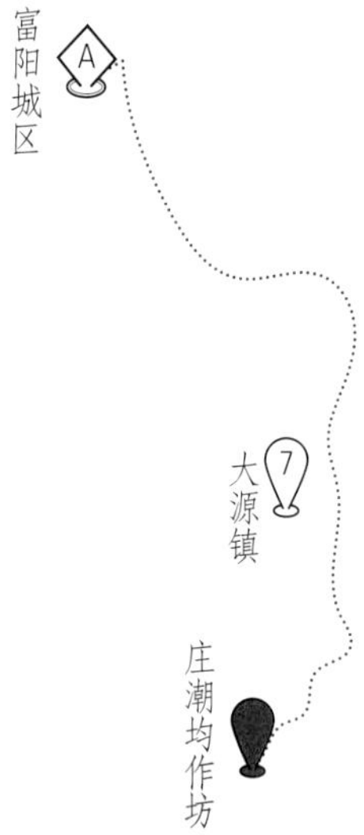

地域名称

A 富阳区
1 湖源乡
2 常安镇
3 洞桥镇
4 新登镇
5 灵桥镇
6 新义乡
7 大源镇

造纸点名称

庄潮均作坊 造纸点

位置分布

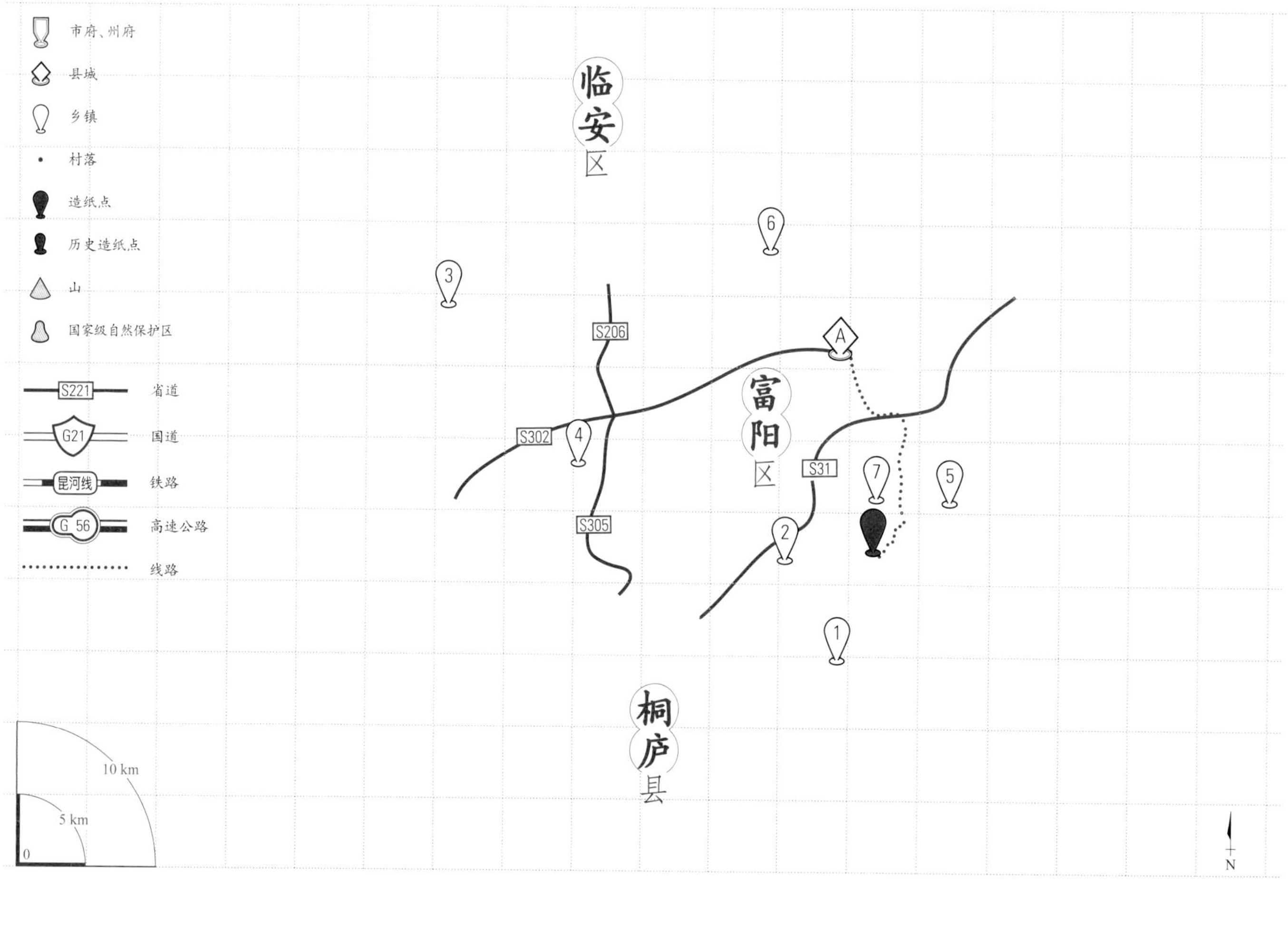

二
庄潮均作坊的历史与传承

2
History and Inheritance of Zhuang Chaojun Paper Mill

庄潮均，富阳区大源镇大同村庄家村人，1974年生，2016年调查时42岁，为手工纸作坊的负责人。据庄潮均的叙述，其家族造纸信息为：家中世代都是造元书纸的，老辈人传说大约起始于明朝时期，至于是明朝的什么朝代就弄不清了。有相对记忆的是传到他本人是第五代。

爷爷庄敬达，旧时乡人均称之为“阿官”，1954年的时候因病去世，时年仅40余岁。据庄潮均介绍，爷爷年轻的时候主要从事的造纸技艺是樱料，即踏料。

庄潮均的父亲庄如全，1936年生，调查时80岁，年迈的他目前仍在庄潮均作坊中负责磨料。1950年，14岁的庄如全便跟着父亲庄敬达从烧火开始，逐步学会了樱料和捞纸。据庄潮均说，父亲最好的技术就是捞纸。生产队时期，庄如全在庄家生产队担任副业队长，负责生产队里的两口纸槽，同时从事捞纸的活。生产队集体造纸阶段过去之后，庄如全也跟着村里的很多人一起到临安等地帮别人家的纸坊做纸来养家糊口。据庄潮均口述，1978年之前，作坊中造的全部都是尺寸为41 cm × 45 cm的传统小元书纸，从1978年开始造四尺的大尺幅元书纸。

母亲李培兰，1947年生，嫁给庄如全之后逐渐学会了揭纸、晒纸的工艺。

二姐庄双英，1965年生，会晒纸。晒纸技术是跟着庄潮均学的，当时庄潮均学会了晒纸技术，24岁的庄双英闲来无事便跟着弟弟学会了。但是嫁人之后就去大润发超市做牛奶销售了。

大哥庄林法，1968年生，20余岁开始跟着父亲学做纸，樱料、捞纸等都会。但因为觉得造纸收入比较低，2003年庄林法外出从事卷帘门生意，就不再造纸了。

庄潮均从小受到父亲庄如全和村中造纸环境的影响，初中毕业后即开始了造纸之路。庄潮均回忆的学艺过程为：17岁的下半年初中毕业后，

⊙1

⊙2

⊙1
庄如全近照
Zhuang Ruquan

⊙2
访谈中的庄潮均
Zhuang Chaojun in interview

因家中没有纸槽不能系统学习造纸技术，便和家人商量到不远处的兆吉村去学造纸技术。当时是跟着兆吉村一位30来岁名叫“杭林”的师傅学习造纸技术的。从庄潮均处了解到，他最初是在晒纸房学习晒纸，后来才逐渐学会了整个造纸工艺。

庄潮均的妻子方红霞，杭州千岛湖镇（淳安县）人，1982年生，调查时34岁，在作坊中负责检验纸张质量。不过据庄潮均介绍，方红霞并无造纸技艺的原家族传承历史，她是嫁到庄潮均家中才开始学会造纸技艺的。

庄潮均介绍，1994年左右，自己开始开手工纸作坊，当时是将家里养猪的地方整顿了一下，修了一处纸槽，开始做毛竹宣。1998年间，在坚持手工纸槽生产的同时，开办了羽毛球厂生产羽毛球，但是由于工人难培训、人工成本比较高的原因，羽毛球厂办了两年便停了，自那以后，庄潮均便专心致志经营自己的纸坊。

2013年，因为庄家那边的造纸师傅不如朱家门多，因此庄潮均特意将纸坊由老家的庄家坞村搬到朱家门村。在朱家门这边租了约1 330 m^2的旧房子，因为是老房子加上乡人看庄潮均为人勤快老实，便没有收租金，只是收了点烟酒便将房子租给庄潮均做纸坊用了。庄潮均访谈中介绍，从2011年起，庄潮均作坊对原材料有很大改变，不再砍竹，而是从外地购买大量竹浆板化浆造纸，同时也会购买少量的新鲜竹料，制作原料的步骤被减掉了。庄潮均坦言自己唯一的儿子庄宇泽（2008年生）正在读小学，如果以后手工造纸行业不景气，他也不愿意儿子从事造纸行业了，他认为“这行太苦了”。

表9.23　庄潮均传承谱系
Table 9.23　Zhuang Chaojun's family geneanlogy of papermaking inheritors

传承代数	姓名	性别	民族	基本情况
第一代	—	—	—	庄潮均只记得祖上有槽厂，但是前两代传承人的名字记不清了
第二代	—	—	—	
第三代	庄敬达	男	汉	生年不详，卒于1954年，终年仅40余岁。旧时乡人称“阿官”，会樱料（即踏料）
第四代	庄如全	男	汉	生于1936年，会樱料和捞纸，至今仍在庄潮均纸坊帮忙磨料
第五代	庄林法	男	汉	生于1968年，20余岁跟随父亲庄如全学习做纸，樱料、捞纸等都会。2003年，庄林法不再做纸，外出做卷帘门生意
	庄潮均	男	汉	生于1974年，17岁在兆吉村跟着名叫“杭林”的师傅学习造纸技术，从晒纸开始逐步学会了整个造纸流程。从1994年至今，经营庄潮均手工纸作坊
	庄双英	女	汉	生于1965年，会晒纸，晒纸技术是跟着庄潮均学的

三

庄潮均作坊的代表纸品
及其用途与技术分析

3
Representative Paper and Its Uses
and Technical Analysis of Zhuang
Chaojun Paper Mill

⊙1

⊙2

⊙3

书画纸
Calligraphy and painting paper
1

四尺元书
4-chi Yuanshu paper
2

六尺条屏
6-chi screen
3

3
9
1

第九章
Chapter IX

富阳区元书纸
Yuanshu Paper
in Fuyang District

第十三节
Section 13

庄潮均作坊

（一）庄潮均作坊代表纸品及其用途

据调查组2016年8月入厂调查获得的信息：庄潮均作坊生产的纸种类多，品种规格也比较丰富，主要有书画纸、本色元书纸、小元书纸、印刷纸、四尺生"宣纸"、毛竹"宣纸"、白唐纸等。纸品用途包括书法练习、绘画、裱画与古籍家谱印刷等。其中书画纸为其代表纸品，经由经销商销往韩国、日本和国内义乌等书画纸市场。

庄潮均作坊书画纸用毛竹浆板及龙须草浆板为原料制作，主要分两种，毛边纸规格为75 cm×144 cm，光边纸（即切除毛边后的纸）规格为70 cm×138 cm，价格均为100元/刀，主要原料及其配比为：60%竹浆板+40%龙须草浆板，用于画工笔画、裱画托纸。

庄潮均作坊除了手工竹浆板造的书画纸，还有用新鲜毛竹作为主要原料制造的纸品，如四尺元书、六尺条屏、毛竹宣、小元书、白唐纸。

四尺元书规格为75 cm×144 cm，纸张呈黄色，价格为120元/刀，主要原料及其配比为：70%竹青+30%龙须草浆板；另一种纸品为六尺条屏，原料配比与四尺元书相近，只不过规格上相对于四尺元书更为窄长，尺寸为60 cm×180 cm，价格为200元/刀。

毛竹宣大小规格为75 cm×144 cm，价格为500元/刀，主要原料及其配比为：80%毛竹料+20%构树皮。

白唐纸大小规格为75 cm×144 cm，价格为200元/刀，主要原料及其配比为：40%白竹肉+60%龙须草浆板。

小元书纸大小规格为43 cm×42 cm，价格为500元/件，每件为4 800张，原料配比为100%竹青，纸张很脆。但调查组于2019年回访时，庄潮均说这种小元书纸自2016年开始就不做了，因为会做这种元书纸的工人年纪都偏大，很难再找到熟练的工人了。

⊙1

⊙2

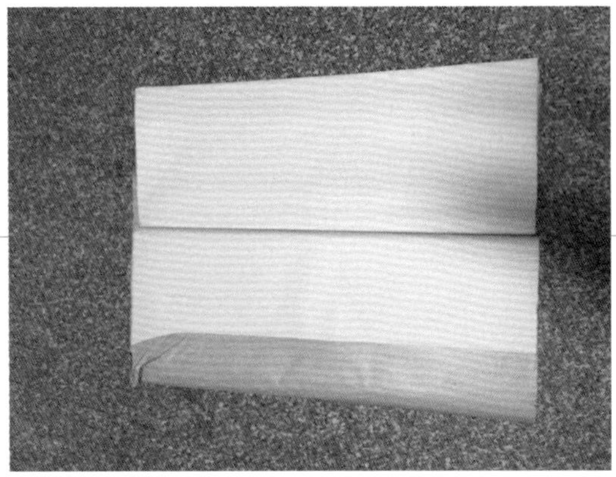

⊙3

（二）庄潮均作坊代表纸品性能分析

测试小组对采样自庄潮均作坊的元书纸所做的性能分析，主要包括定量、厚度、紧度、抗张力、抗张强度、撕裂度、湿强度、白度、耐老化度下降、尘埃度、吸水性、伸缩性、纤维长度和纤维宽度等。按相应要求，每一指标都重复测量若干次后求平均值，其中定量抽取5个样本进行测试，厚度抽取10个样本进行测试，抗张力抽取20个样本进行测试，撕裂度抽取10个样本进行测试，湿强度抽取20个样本进行测试，白度抽取10个样本进行测试，耐老化度下降抽取10个样本进行测试，尘埃度抽取4个样本进行测试，吸水性抽取10个样本进行测试，伸缩性抽取4个样本进行测试，纤维长度测试了200根纤维，纤维宽度测试了300根纤维。对庄潮均作坊元书纸进行测试分析所得到的相关性能参数如表9.24所示，表中列出了各参数的最大值、最小值及测量若干次所得到的平均值或者计算结果。

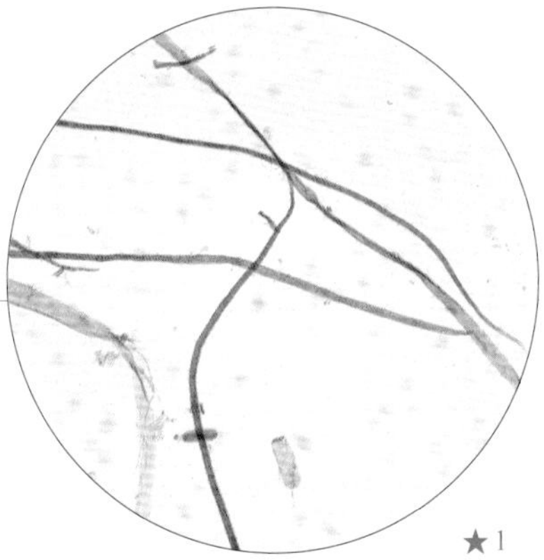

★1

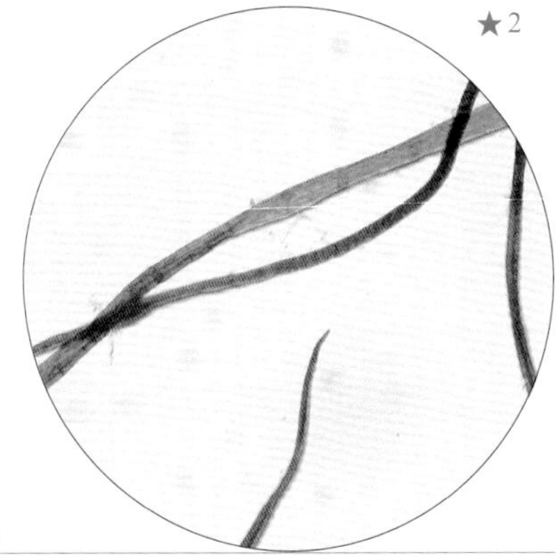

★2

⊙4

⊙1 小元书 Small-sized Yuanshu paper

⊙2 白唐纸 Baitang paper

⊙3 毛竹宣 *Phyllostachys edulis* Xuan paper

★1 庄潮均作坊元书纸纤维形态图（10×） Fibers of Yuanshu paper in Zhuang Chaojun Paper Mill (10× objective)

★2 庄潮均作坊元书纸纤维形态图（20×） Fibers of Yuanshu paper in Zhuang Chaojun Paper Mill (20× objective)

⊙4 庄潮均作坊元书纸润墨性效果 Writing performance of Yuanshu paper in Zhuang Chaojun Paper Mill

表9.24　庄潮均作坊元书纸相关性能参数
Table 9.24　Performance parameters of Yuanshu paper in Zhuang Chaojun Paper Mill

指标		单位	最大值	最小值	平均值	结果
定量		g/m²				48.4
厚度		mm	0.127	0.091	0.109	0.109
紧度		g/cm³				0.452
抗张力	纵向	mN	15.8	12.6	14.2	14.2
	横向	mN	7.9	5.1	6.8	6.8
抗张强度		kN/m				0.70
撕裂度	纵向	mN	610.7	492.2	552.4	552.4
	横向	mN	574.8	486.6	532.6	532.6
撕裂指数		mN·m²/g				11.2
湿强度	纵向	mN	588	515	545	545
	横向	mN	355	193	289	289
白度		%	21.3	20.9	21.1	21.1
耐老化度下降		%	20.0	19.8	19.9	1.2
尘埃度	黑点	个/m²				16
	黄茎	个/m²				40
	双浆团	个/m²				0
吸水性	纵向	mm	11	8	10	4
	横向	mm	9	8	9	1
伸缩性	浸湿	%				0.00
	风干	%				0.00
纤维	长度	mm	1.8	0.1	0.7	0.7
	宽度	μm	59.7	0.7	12.6	12.6

由表9.24可知，所测庄潮均作坊元书纸的平均定量为48.4 g/m²。庄潮均作坊元书纸最厚约是最薄的1.396倍，经计算，其相对标准偏差为0.011，纸张厚薄较为一致。通过计算可知，庄潮均作坊元书纸紧度为0.452 g/cm³。抗张强度为0.70 kN/m。所测庄潮均作坊元书纸撕裂指数为11.2 mN·m²/g。湿强度纵横平均值为417 mN，湿强度较小。

所测庄潮均作坊元书纸平均白度为21.1%。白度最大值是最小值的1.019倍，相对标准偏差为0.015，白度差异相对较小。经过耐老化测试后，耐老化度下降1.2%。

所测庄潮均作坊元书纸尘埃度指标中黑点为16个/m²，黄茎为40个/m²，双浆团为0。吸水性纵横平均值为4 mm，纵横差为1 mm。伸缩性指标中浸湿后伸缩差为0，风干后伸缩差为0。说明庄潮均作坊元书纸伸缩差异不大。

庄潮均作坊元书纸在10倍和20倍物镜下观测的纤维形态分别如图★1、图★2所示。所测庄潮均作坊元书纸纤维长度：最长1.8 mm，最短0.1 mm，平均长度为0.7 mm；纤维宽度：最宽59.7 μm，最窄0.7 μm，平均宽度为12.6 μm。

四 庄潮均作坊的生产原料、工艺与设备

4 Raw Materials, Papermaking Techniques and Tools of Zhuang Chaojun Paper Mill

⊙1

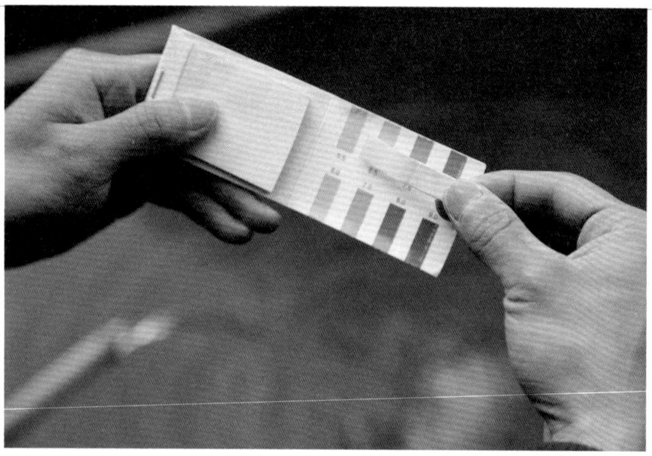

⊙2

2016年调查时庄潮均介绍：目前作坊内延续传统手工捞纸工艺，所有纸品全部采用手工捞纸的方式，根据不同纸的需求，使用不同的纸浆和纸帘，力求造出的纸具备手工纸的特性。2019年回访调查时得知：目前庄潮均作坊的代表纸品为书画纸，使用竹浆板为原料制成；元书纸、白唐纸和毛竹宣用新鲜毛竹作为原料，但产量较少。

（一）庄潮均作坊的生产原料

1. 主料一：竹浆板

富阳传统元书纸的主原料为嫩毛竹，但是将嫩毛竹加工为竹纸浆的过程相当复杂，消耗的人力、财力都比较大，而且环保趋严的压力也非常大，对于纸品走中低端路线的家庭式作坊来说，可谓困难重重。因此，2011年庄潮均作坊为了降低人力物力的投入，削减了以新鲜毛竹为原料的元书纸的产量，转而增大了书画纸的产量，并在制作书画纸时改用购买来的现成的竹浆板，不再砍伐与制作嫩竹原料了。

但除了书画纸之外，纸坊中的元书纸、白唐纸和毛竹宣等其他纸品还是使用新鲜嫩毛竹作为原料。

庄潮均作坊书画纸使用的是100%的马蹄竹浆板，来自四川乐山，是通过上海赤天化浆板集团渠道购买的，每年需要购买20 000 kg，每1 000 kg需要6 500元，买回后处理得到竹浆，出浆率为70%。

2. 主料二：龙须草浆板

据庄潮均介绍，自从经营手工纸作坊开始，一直使用龙须草浆板作为另一种主要原料。龙

⊙1 竹浆板 Bamboo pulp board

⊙2 山泉水pH比照 Comparing the mountain spring water pH

生

产

原

料

395

第九章
Chapter IX

富阳区元书纸
Yuanshu Paper
in Fuyang District

第十三节
Section 13

庄潮均作坊

须草浆板购自河南内乡的仙鹤纸业，出浆率为60%。2019年回访庄潮均作坊时得知，纸坊每年需购进15 000 kg左右的龙须草浆板，每1 000 kg价格达12 000元。

3. 主料三：毛竹

据庄潮均介绍，除了书画纸之外，如元书纸、毛竹宣、白唐纸等纸品主要是用从当地购来的毛竹作为原料的，但为了降低原料成本、人力成本和时间成本，近几年削减了毛竹的购买量。据2019年1月调查组回访了解到的情况，按照1捆竹料50 kg，每捆45元的价格，庄潮均作坊每年约需投入4 500元购买100多捆竹料，即5 000 kg的毛竹料。

4. 辅料：水

对于元书纸来说，造纸时使用的水的质量好坏会显著影响纸的质量。纸坊的位置通常要离水源近，方便用到干净、无污染的水。庄潮均作坊就是选择了离山泉水出口近的地理位置，直接引用作坊附近的山泉水，保证了水源的充足和造纸用水的质量。经调查组成员现场取样检测，水的pH约为5.5，偏酸性。

（二）庄潮均作坊书画纸的制作工艺流程

调查组成员于2016年8月12日对庄潮均作坊书画纸的生产工艺进行了实地调查和访谈，归纳出该纸坊书画纸的主要制作工艺流程如下：

壹	贰	叁	肆	伍	陆	柒
浸泡	打浆	捞纸	压榨	晒纸	检验	切纸包装

壹 浸泡

1 ⊙1

购买回来的竹浆板呈绝干状态，必须先经过浸泡才能够进行打浆。由于竹浆板较松，将竹浆板放入水中浸泡1夜（约10个小时）即可。而对于书画纸所需要的龙须草浆板来说，由于其本身含水量多，买回以后放入水中浸泡大约60分钟，取出后还需用石碾碾磨约30分钟才可打浆。据庄潮均介绍，石碾一次可磨100 kg浆料，碾磨完用袋子装好运至打浆机旁待用。

⊙1

贰 打浆

2 ⊙2

制作书画纸使用的原料是60%的竹浆板和40%的龙须草浆板，除了这两种原料之外，在打浆时不需添加其他任何材料，只需往打浆池中加清水，将浆料搅拌均匀细腻即可，同时避免浆料粘在池壁上造成浪费。庄潮均表示，他每次会放150～160 kg浆料入打浆池，水要放满。

⊙2

⊙1 浸泡浆板 Soaking the pulp board

⊙2 打浆池中正在打浆 Beating the pulp in the pool

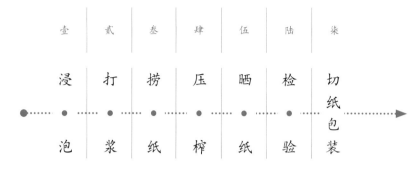

叁 捞纸

3 ⊙3～⊙5

打好的浆料通过管道运输至纸槽中，即可进行捞纸。

庄潮均作坊沿用富阳传统的吊帘方式单人手工捞纸，捞纸工站于纸槽旁，两手分别握住帘床左右两端，将帘床缓缓斜浸入浆液中，待纸帘完全进入浆液中后，再缓缓抬起帘床，抬起时使靠近捞纸工的一边高度稍高于另一对边，使浆液在纸帘上均匀分布。然后将纸帘上多余的浆液推出，一层薄薄的湿纸便形成了。

富阳造元书纸的传统是不用纸药的，因此端帘出水的动作要轻缓而平稳，与中国大部分造纸技艺传统有较强动作的荡帘、抖水有着显著区别。

松手后，帘床自动吊于槽中水面上方约2 cm处，捞纸工一手捏住纸帘靠近身体一边的中间位置并抬起，一手捏住纸帘相对应的一边中间位置，将湿纸面朝下，缓缓逐步将湿纸放置于纸架上，待纸帘与纸架完全贴合，将靠近身体一端的纸帘边往下轻轻按压，再迅速揭起，放置于帘床上继续捞纸。如此重复操作，纸架上便会形成逐渐变高的湿纸堆。

据庄潮均介绍，他们纸坊的纸槽底部有螺旋状的机器，通电后可将槽底的浆料翻上来，防止纸浆沉淀。纸槽旁置有水泵，捞纸工可根据槽内水位和浆料浓度控制浆料和清水进槽，大约每捞100张纸就要放一次纸浆进槽。

⊙3

⊙4

一名捞纸工人每天可捞1 000张纸左右，多的可以达到1 300～1 400张。每天工作14～15个小时，从凌晨3～4点工作至傍晚6～8点，每月工作24天左右，休息时间工人自己调节，比较弹性。2016年工人月薪约为6 000元/月。

⊙9

⊙10

⊙11

肆 压榨

4 ⊙6～⊙12

捞纸工完成当天的工作量以后，他的活还没完，捞纸工还要用千斤顶对湿纸块进行压榨。压榨的纸量即为捞纸工一天捞的纸量，一般是1 300张左右，从晚上6点开始压纸，大约压榨1小时即可。然后将压榨好的干纸帖靠在墙边，等待第二天晒纸。

⊙5

⊙6

⊙7

⊙8

⊙3 捞纸工将帘床斜浸入浆液 Papermaker putting the papermaking screen into the pulp

⊙4 纸帘上形成湿纸膜 Wet paper forming on the papermaking screen

⊙5 捞纸工在补充纸浆进纸槽 Adding papermaking pulp into the papermaking trough

⊙6/11 压榨工序图示 The pressing procedures

伍
晒纸

5 ⊙13～⊙16

技艺要点：第一步，晒纸工将晾放过夜的半干纸帖放置于晒纸板上，然后进行“拍边”，即沿着捞纸时留下的线的印子，将纸帖四周边缘处不整齐的纸边拍掉。第二步，在纸帖上方洒点水，用鹅榔头在纸帖上划几下，目的是使纸边变松。第三步，用手捻一捻纸边角，使其边角一张张分开，便于将纸揭下来。第四步，晒纸工对着纸边角轻轻吹一口气，手捏一个边角将整张纸揭下来，用松毛刷将其刷服帖于焙壁上。第五步，沿着焙壁，从左到右依次晒纸，待到焙壁上的纸有边角脱离的现象，便可将纸揭下，放置于一边。

每晒6～7张纸，便要用鹅榔头划一划纸帖。

庄潮均作坊中的晒纸工大约一天可以晒1 400～1 500张纸，多的时候可晒1 500～1 600张纸，每天凌晨1点开始工作，需要工作十几个小时。

⊙12
压榨好的干纸帖
Dried paper pile

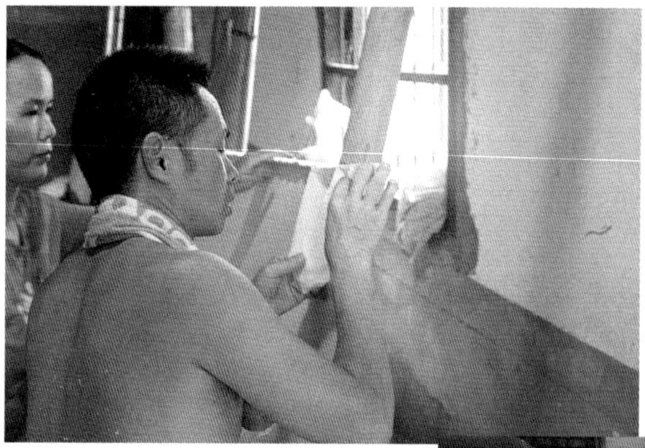
⊙13
晒纸工对着纸边角吹气揭纸
The worker blowing the corner of the paper to separate the paper layers

⊙14
晒纸工将湿纸从纸帖上整张揭下
The worker peeling paper down

⊙15
晒纸工将湿纸刷上焙壁
The worker pasting the wet paper on a drying wall

⊙16
晒纸工将晒干的纸从焙壁上揭下
The worker peeling the paper down a drying wall

工
艺
流
程

399

第九章
Chapter IX

富阳区元书纸
Yuanshu Paper
in Fuyang District

Section 13
第十三节

庄潮均作坊

陆

检 验

6 ⊙17

晒好的纸即可拿去堆放并检验。检验时要剔除有破损、有明显杂质黑点的纸，保证成品纸质量上乘、完好无缺。

⊙17

柒

切 纸 包 装

7 ⊙18

庄潮均作坊沿用传统的手工切纸工艺，请切纸工进行切纸。据庄潮均口述：切纸时，将一定尺寸的木框架放置于纸上，切纸工一手握着切纸刀，一手按住木框，沿着木框的边缘，切去位于木框限定范围外的纸。不同尺寸的纸使用不同尺寸的木框。切好的纸以100张为1刀，包装好以后即可放入仓库等待出售。

⊙18

⊙
18
堆纸仓库
Paper warehouse

⊙
17
庄潮均演示检验工序
Zhuang Chaojun showing how to check the paper

（三）庄潮均作坊的主要制作工具

壹 打浆机 1

用于打磨浆料的机器，通过电动搅拌，使浆料达到捞纸所需要的均匀细腻程度。庄潮均家的打浆机是自造的，原料加人工费一共花了10 000多元。实测庄潮均作坊打浆机尺寸为：长309.5 cm，宽225 cm，高80 cm。

贰 纸槽 2

用于盛放纸浆的方形容器，由水泥堆砌而成。捞纸工站于其侧边进行捞纸工作。实测庄潮均作坊纸槽尺寸为：长291 cm，宽228 cm，高95.5 cm。

⊙2

叁 纸帘 3

由细竹丝编织而成的捞纸工具，刷有黑色土漆，表面光滑平整，在捞纸时其表面形成一层湿纸膜。调查组2019年1月回访时得知，庄潮均作坊使用的纸帘购于富阳区大源镇的大源纸帘厂，购买时的价格为800元／m²，四尺大小的纸帘价格为600元。纸帘一年买两次，一张纸帘一般可用半年，不过纸帘的寿命和捞纸工人的技术有关，手艺好的师傅可以用一年整。实测庄潮均作坊纸帘尺寸为：长150 cm，宽81 cm。

⊙1

⊙3

肆 帘床 4

捞纸时用于放置和固定纸帘的木质框架，用两条绳子吊着，不捞纸时悬于水面上方。庄潮均作坊使用的帘床购于骆村，是骆村的木工做的，使用的原材料是杉木和毛竹，约600元一个。实测庄潮均作坊帘床尺寸为：长155.5 cm，宽91 cm。

⊙4

⊙1 打浆机 Beating machine

⊙2 纸槽 Papermaking trough

⊙3 纸帘 Papermaking screen

⊙4 帘床 Frame for supporting the papermaking screen

伍

焙壁

5

用于晒纸的设施，由两块光滑的钢板焊接而成，中间为空心，以容纳加热后的水蒸气，底部烧柴火，通过水蒸气使钢板达到一定温度。据庄潮均介绍，这个焙壁是其自己建造的，人工成本、原材料等共花费十多万元。实测庄潮均作坊焙壁尺寸为：长681 cm，高202 cm，上宽40 cm，下宽50 cm。

⊙5

⊙6

陆

松毛刷

6

晒纸时使纸牢牢贴于焙壁上的工具。刷柄为木制，刷毛为松针。购自湖源，价格为60元一个。实测庄潮均作坊使用的松毛刷尺寸为：长41 cm，宽12 cm。

柒

鹅榔头

7

晒纸时用于划松纸帖的工具，木制，形似鹅脖子。实测庄潮均作坊使用的鹅榔头尺寸为：长23 cm，直径3 cm。

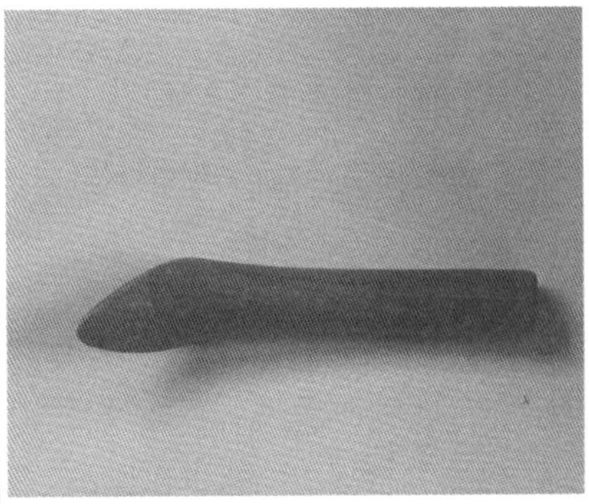

⊙7

⊙5 焙壁 Drying wall

⊙6 松毛刷 Brush made of pine needles

⊙7 鹅榔头 Tool for separating the paper

捌
木耙
8

用于搅拌浆料的工具。实测庄潮均作坊所用木耙尺寸为：总长144 cm；木板底长28 cm，宽11.5 cm。

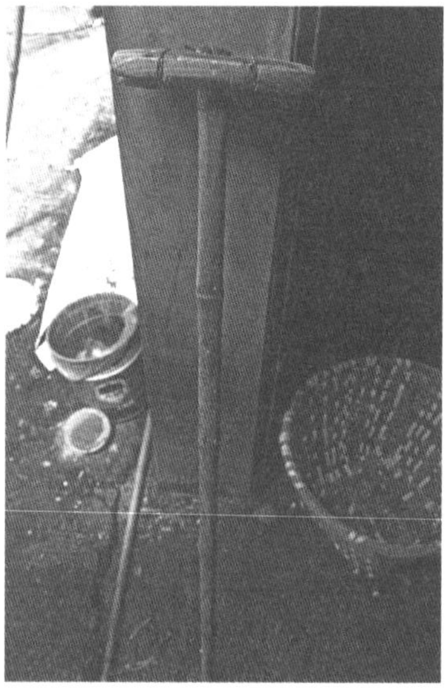

⊙8

拾
草耙
10

用于清洗焙壁的工具，棕树皮制成。实测庄潮均作坊所用草耙尺寸为：长62 cm。

玖
切纸刀
9

用于切纸的工具。切纸刀通常由切纸师傅喻安新从大源定做，400元一把，一年至少需要三四把刀，稍微钝一点就不能用了。

⊙9

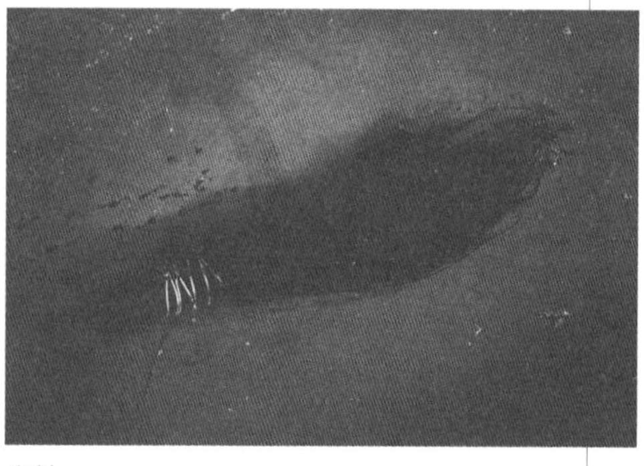

⊙11

拾壹
压榨机
11

用于压榨湿纸帖的工具。将叠在一起的湿纸帖放在上面，再加上木板和千斤顶进行压榨。实测庄潮均作坊压榨机尺寸为：长161 cm，宽109 cm，高165 cm。

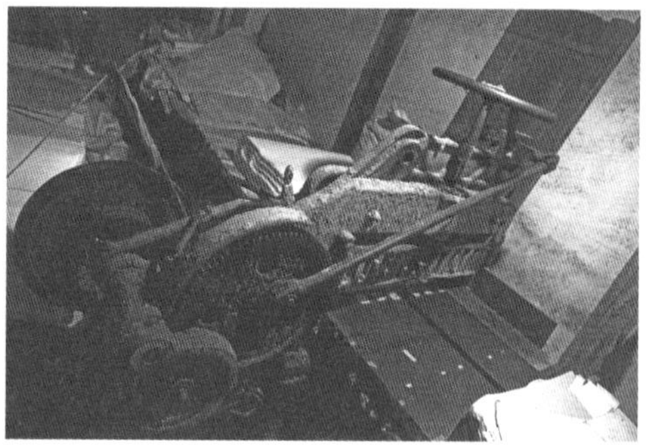

⊙10

⊙12

⊙8 木耙 Wooden rake
⊙9 切纸刀 Pape knife
⊙10 小元书专用切纸机 Paper cutter for small-sized Yuanshu paper
⊙11 草耙 Pitchfork
⊙12 压榨机 Pressing machine

五 庄潮均作坊的市场经营状况

5 Marketing Status of Zhuang Chaojun Paper Mill

据2016年访谈时庄潮均的介绍，作坊内正常情况下有4口槽生产，入厂调查当日由于一名捞纸工请假，仅有3口槽在生产。平均日生产量为4 000～5 000张纸。所有纸品都是根据客户订单来安排生产，因此不存在纸品积压的问题。作坊内所有纸品年销售额约为100万元，其中包括70多万元的人员工资和20多万元的原料成本，因此净利润不足10万元。2019年回访调查时，庄潮均作坊净利润也稳定在10万元左右，与2016年的情况相差不大。

2019年1月调查组回访时，庄潮均介绍目前作坊中的纸品外销主要销往韩国、日本，卖到韩国、日本的书画纸是通过一个名为印宝松的经销商来出口的，自家生产的书画纸近90%都是卖给他；另一部分内销的纸卖给了义乌、苏州木渎书画用纸市场，主要用于裱画，其中义乌的销售商将从庄潮均家买的纸统一以自己的品牌“成珍”对外出售。

庄潮均介绍，大概在2011年的时候，作坊除了自己家的5口槽在生产外，还让附近纸农代加工了5口槽，也就是有10口槽同时生产。那时候销路不用愁，安徽泾县有一个叫张根生的人，每个月都会来收自家的纸去做加工纸，一次300刀，一个月来好几次，有的时候甚至一个星期一次，生产的纸不够卖，那可真是供不应求，年利润高达20多万元。但是好景不长，2012～2013年间，在机械纸的冲击下，张根生收纸的量少了，渐渐就不来收了，自己也就没有再寻找代加工纸槽去生产纸了。

⊙13

⊙13 仓库中待出售的成品纸 Paper for sale in the warehouse

六
庄潮均作坊的文化记忆与造纸习俗

6
Brand Culture and Stories of Zhuang Chaojun Paper Mill

⊙1

⊙2

（一）“超级白纸”

提及父辈造纸的技艺，庄潮均自豪地说：“我父亲那时候曾经造出过‘超级白纸’！”据庄潮均介绍，“超级白纸”亦称为超级元书纸，是送到中华人民共和国国务院作为外交专用纸的。据庄潮均的说法，这种“超级白纸”千年不腐不烂，是国家外交部拟写外交协议书用纸。当时是在生产队集体造纸时期，父亲担任生产队副业队长，同时也是一名抄纸工，就是那时候生产出这种“超级白纸”的。这种特级元书纸使用很嫩很嫩的竹子作为原料，竹子外面还包着笋壳，对于纸的规格大小、质量标准也都有很高的要求，一经生产出来全都被外交部收购了，也因此没有“超级白纸”的样品留存下来。

（二）造纸习俗之拜菩萨

庄如全那辈的造纸工人每次造纸前都会有一套拜菩萨的流程，这是现在的造纸工所没有的习俗。据庄如全和妻子李培兰回忆，以前造纸之前，上山砍竹需要向山神祭祀；开年捞纸之前需要面对着纸槽拜“槽桶菩萨”，对着壁笼拜“壁笼菩萨”，对着压榨工具拜“压纸菩萨”，祈求造纸顺利，造出质量上乘的纸。拜菩萨的时候需要特意从村里面念佛经的老婆婆那里买来祭祀用的纸元宝，带上烧好的鸡、鱼、肉等，在纸坊的工具面前虔诚祭拜。

（三）造纸习俗之女人不能进纸坊

庄如全还告知：很早之前捞纸的地方女人是不能进去的，尤其是压纸工进行压榨的时候，女人不能靠近。以前没有千斤顶作为压纸工具，都是制作简易的木制压榨工具，毛竹皮弄起来的绳索绑在木桩上，靠3～4个男人用人力进行压榨。压榨的时候，如果有女人走过，绳子断了的话是要怪女人的，所以女人不能去。

⊙1
调查组成员在向庄潮均请教『超级白纸』
A researcher inquiring the knowledge of "super white paper" from Zhuang Chaojun

⊙2
纸坊外废弃的纸槽
Abandoned papermaking trough outside the paper mill

七
庄潮均作坊的业态传承现状与发展思考

7
Current Status and Development of Zhuang Chaojun Paper Mill

据庄潮均描述："造纸很累，赚的钱也很少。"但是调查组成员却并没有发现庄潮均有放弃造纸的意图。庄潮均从17岁开始造纸，家中更是世世代代造纸，除了造纸，他表示没有想过去找第二条出路。庄潮均有一个儿子，还在读小学，当问及是否想让儿子以后继承这份工作时，庄潮均摇摇头，笑着说："他们以后是坐在电脑前上班的，怎么会干这么累的事。"

庄潮均本人是作坊中最年轻的，其他工人年龄基本都在50～60岁。招工难、工人年纪大是作坊内存在的比较严重的问题。当聊起造纸师傅们年纪大了造不动了怎么办时，庄潮均表示自己也不知道等现在这批工人年纪大了、干不动了，作坊是否还能找到工人继续生存下去。对于手工造纸术的传承问题，庄潮均表示希望得到国家的重视，造纸术传承千年，是四大发明之一，不应该就此没落下去。然而近几年来，很多小微的造纸工坊都坚持不下去了，渐渐面临破产，他希望国家能出台相关的政策来扶持这一行业，鼓励、引导有兴趣的年轻人来学习这门技术，让手工造纸技艺可以继续传承下去。

2019年1月回访庄潮均作坊时，他正在为环保问题忧虑。庄潮均向调查组透露，杭州市是很重视环保问题的，自家的手工造纸作坊环保部门也登门过几次。一是污水的排放问题；二是希望纸坊能够不用柴火改用煤气或者电来烘纸。庄潮均无奈地说："对于我们这种小作坊，不管是煤气还是电都太贵了，根本吃不消！"这是现下庄潮均作坊急需解决的困境，他也希望政府有关部门能够给出妥善的解决之道，而不是一味地进行整改。

⊙3

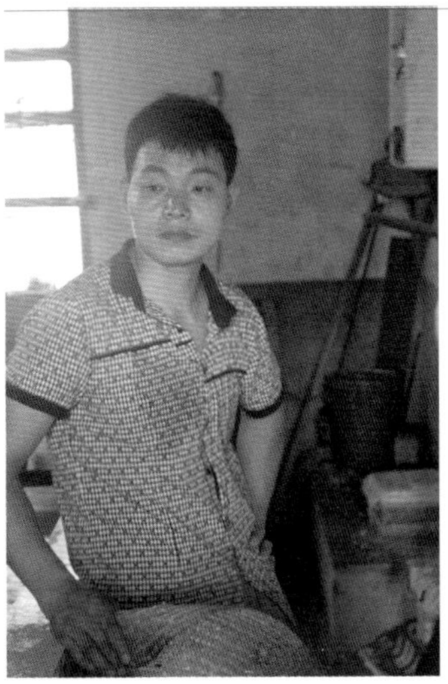

⊙4

⊙3 小村中的庄潮均作坊 Zhuang Chaojun Paper Mill in the village

⊙4 交流到传承时忧心的庄潮均 Zhuang Chaojun showing his worries about the papermaking inheritance

元书纸

Yuanshu Paper
of Zhuang Chaojun Paper Mill

元书纸（毛竹+龙须草浆）透光摄影图
A photo of Yuanshu paper (*Phyllostachys edulis* + *Eulaliopsis binata* pulp) seen through the light

第十四节

杭州山元文化创意有限公司

浙江省
Zhejiang Province

杭州市
Hangzhou City

富阳区
Fuyang District

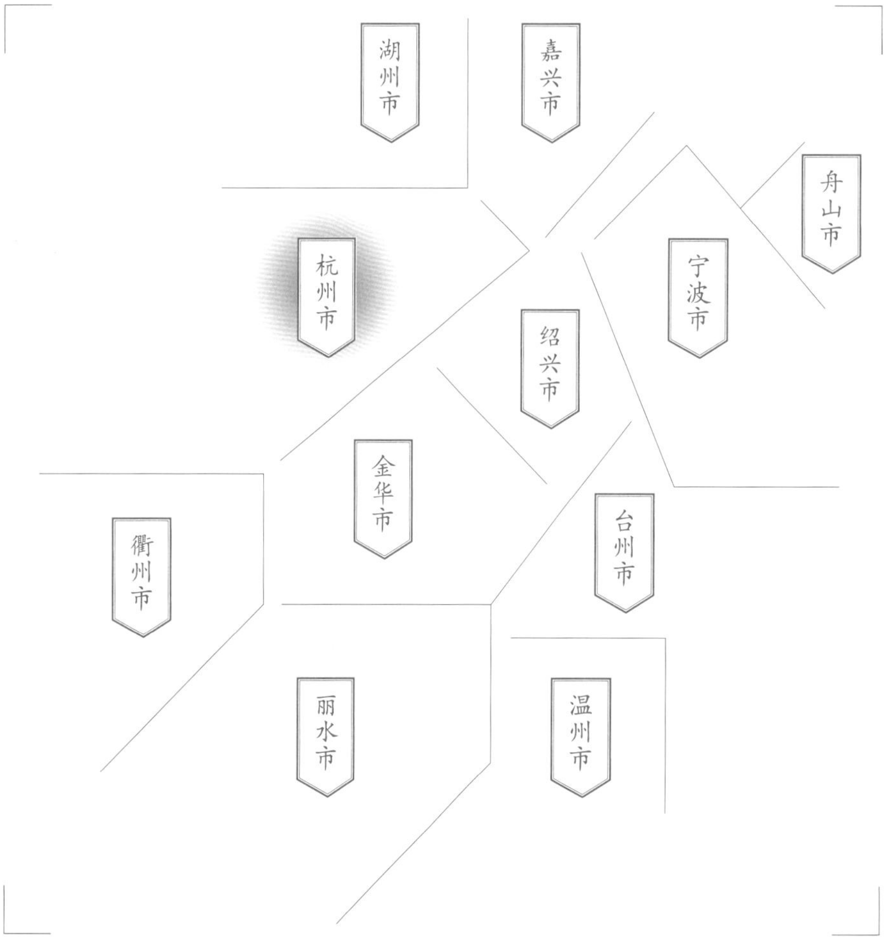

调查对象

富阳区新登镇袁家村
杭州山元文化创意有限公司
竹纸

Section 14
Hangzhou Shanyuan Cultural and Creative Co., Ltd.

Subject

Bamboo Paper in Hangzhou Shanyuan Cultural and Creative Co., Ltd. in Yuanjia Village of Xindeng Town in Fuyang District

一 杭州山元文化创意有限公司的基础信息

1 Basic Information of Hangzhou Shanyuan Cultural and Creative Co., Ltd.

杭州山元文化创意有限公司（简称山元文化）位于杭州市富阳区新登镇袁家行政村，地理坐标为：东经119° 38′ 28″，北纬30° 3′ 58″。

2016年7月29日、2016年8月4日、2016年10月2日、2016年12月13日、2019年1月23日及2019年3月5日，调查组成员数次前往杭州山元文化创意有限公司进行田野调查，所获基础信息为：杭州山元文化创意有限公司生产毛竹原料的元书纸，目前该公司在袁家村建有一个车间用于捞纸和晒纸，没有自己制浆，制浆主要由同在富阳区的大源镇大同村造纸户完成。截至2019年1月23日，山元文化共有1个捞纸槽，年产量450刀左右，总计有5个工人从事造纸。

⊙1

调查时发现，山元文化的作业方式与传统的富阳纸坊不同，是“以销定产+体验式营销”的运营模式，根据自己明确销售需求的量从富阳逸古斋元书纸有限公司采购原料，并委托朱中华团队进行“山山居”元书纸生产；然后在袁家村体验式博物馆及杭州滨江体验式展示馆进行销售展示。

⊙2

新登镇距富阳城区中心25 km，2016年全镇辖28个行政村、4个社区，常住人口10.4万。新登镇是富阳除城区外的第一大镇，素有“千年古镇、罗隐故里”之称。三国东吴黄武五年（226年）从富春县分出始置新城县，后梁开平元年改名新登县，1961年撤县并入富阳县，原县城改为新登镇。从始建县至今已有约1 800年历史。

新登镇现存有古城墙、古城河、联魁塔、古牌坊、罗隐碑林、湘溪廊桥等历史文化遗产，是富阳区的城市副中心，先后被列为全国小城镇综合改革试点镇、联合国开发计划署“可持续发展的中国小城镇”试点镇等。

⊙1 袁家村村名指示石 Stone signpost of Yuanjia Village

⊙2 袁家村村口趣味化的指路牌 Interesting signposts at the entrance to Yuanjia Village

路线图
富阳城区
↓
杭州山元文化创意有限公司
Road map from Fuyang District centre to Hangzhou Shanyuan Cultural and Creative Co., Ltd.

杭州山元文化创意有限公司位置示意图

Location map of Hangzhou Shanyuan Cultural and Creative Co., Ltd.

考察时间
2016年7月 / 2016年8月 / 2016年10月 / 2016年12月 / 2019年1月 / 2019年3月

Investigation Date
Jul. 2016/Aug. 2016/Oct. 2016/Dec. 2016/Jan. 2019/Mar. 2019

地域名称

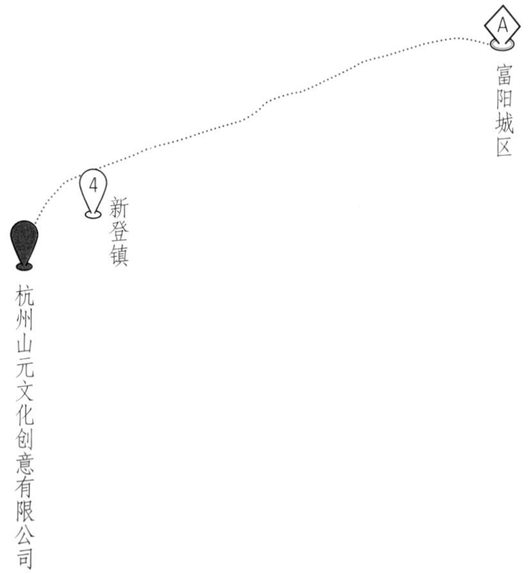

A 富阳区
1 湖源乡
2 常安镇
3 洞桥镇
4 新登镇
5 灵桥镇
6 新义乡
7 大源镇

造纸点名称

杭州山元文化创意有限公司 造纸点

位置分布

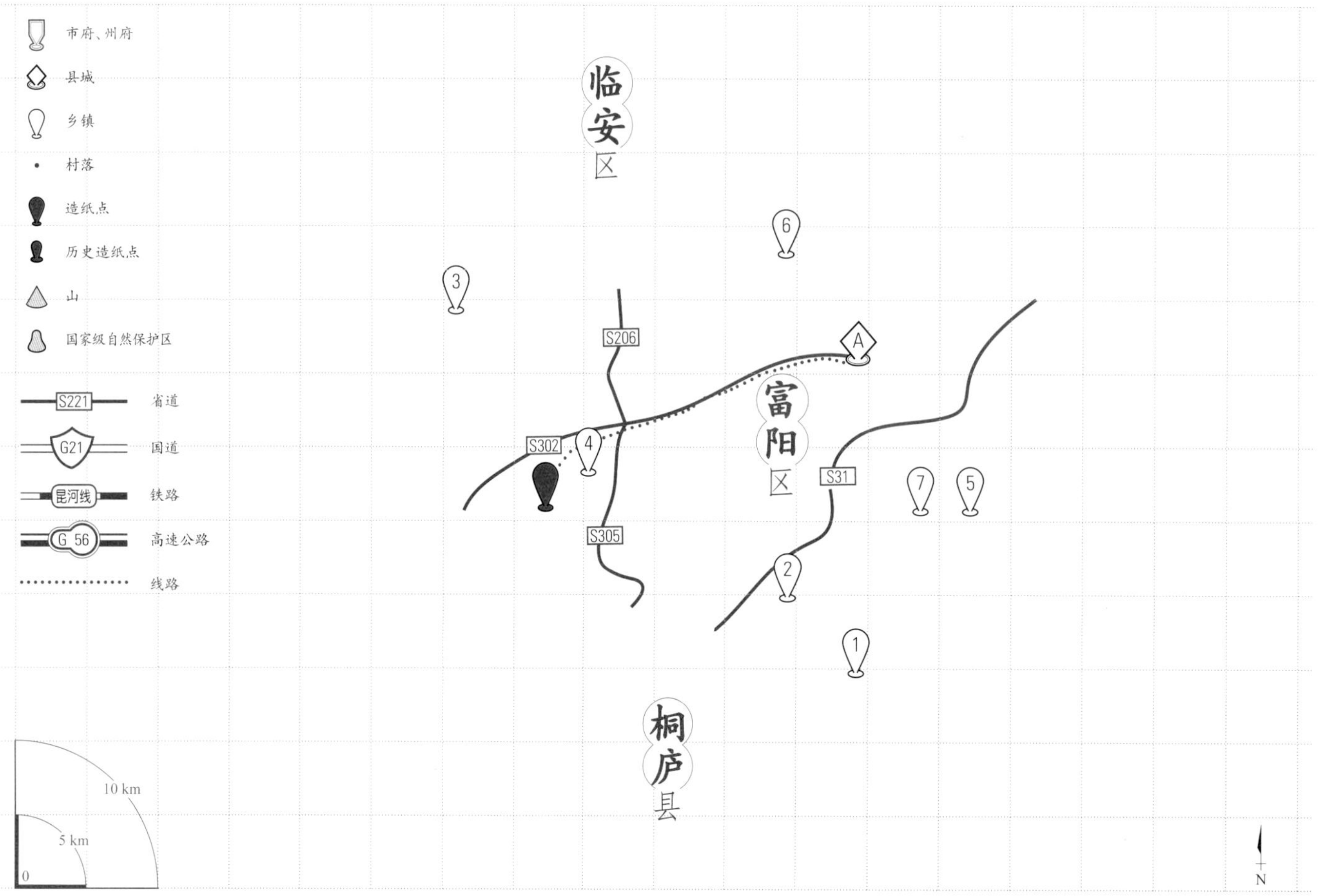

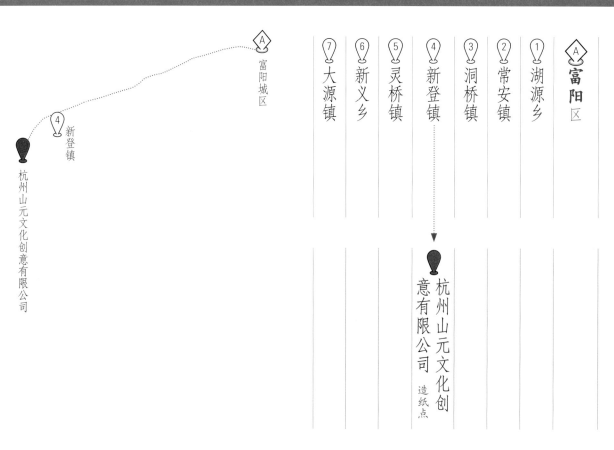

二
杭州山元文化创意有限公司的历史与传承

2
History and Inheritance of Hangzhou Shanyuan Cultural and Creative Co., Ltd.

杭州山元文化创意有限公司为2017年5月新建，系浙江大铭新材料股份有限公司投资，后者1995年9月19日在杭州市市场监督管理局登记注册，现任法人代表为袁大铭，其子袁建波为董事兼总经理。调查时，杭州山元文化创意有限公司负责人为袁建波。

据袁建波介绍，他本人1974年出生，从小喜欢画画，于是被父亲送到安徽合肥学习绘画。父亲袁大铭和大伯袁大金1960年之前均在当年的袁家大队从事造纸。当时袁家大队共有6口纸槽，父亲袁大铭是拌料工，也就是从事原料纤化的工作；大伯袁大金从事晒纸工作。1978年改革开放以后，思路活跃的袁大铭不再做纸，先后修过鞋、做过豆腐、给区工商所跑过供销。

⊙1

⊙2

⊙3

⊙1/2
浙江大铭新材料股份有限公司
Zhejiang Daming New Material Joint Stock Co., Ltd.

⊙3
袁大铭和克林顿合影
Yuan Daming and Clinton

20世纪80年代末，袁大铭在袁家村办了一个小工厂做电线电缆、家用电器插头等生意，当时他到合肥市黄山电扇厂跑销售，有位朋友向他介绍了中国科学技术大学化学系苏红禹老师关于聚合物（一种高分子材料）的一个“863”项目。袁大铭觉得这个项目在国内刚起步，前景看好，于是1990年时，他把电线厂所有设备搬到合肥市青年路的租用厂房开始运营，1995年左右袁大铭回到富阳，将厂区搬到富阳高新园区，成立浙江大铭新材料股份有限公司。

杭州山元文化创意有限公司创建于2017年5月，主要从事手工纸体验式生产及销售、乡村文化旅游产业开发。公司在袁家村购置5亩（3333 m^2）地，投入500万～600万元，开办了一个集私人博物馆与会所于一体的休闲体验旅游园。该园区一共两层，一楼为生产展示车间和试纸体验活动区，二楼为古画展示与沙龙区。与之配套的在该楼对面有一个集住宿和餐饮于一体的休闲区。其业态模式是将手工造纸与体验式文化旅游结合起来，开拓以纸为媒的文化旅游服务体验模式。另外，公司还在杭州市滨江区开了一家体验店，2019年调查回访时正在装修，使用面积为190 m^2，预计2019年3月中下旬开始营业。

至调查时，山元文化的这种运营模式仍处于起步阶段，未形成盈利，经营资金主要由大铭公司其他业务模块支持。

⊙1

⊙2

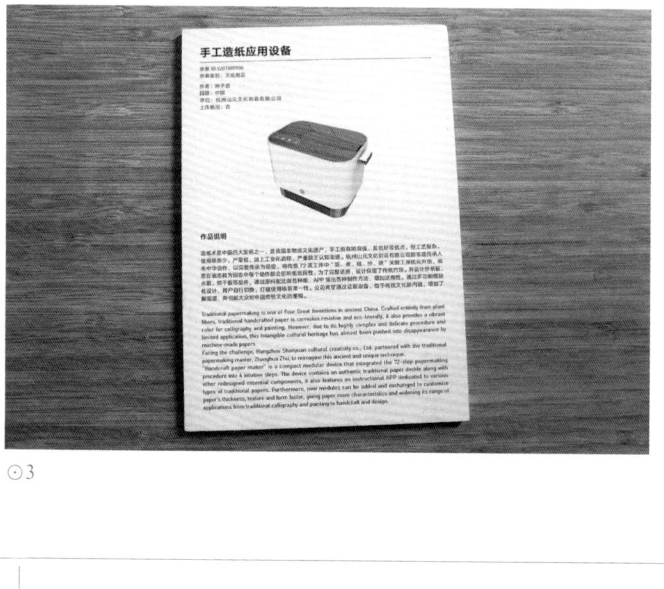

⊙3

⊙1
调研组成员访谈袁建波（正面右一）和袁大金（正面右二）
Members of the research group interviewing Yuan Jianbo (right one facing the camera) and Yuan Dajin (left one facing the camera)

⊙2/3
休闲体验旅游园的体验捞纸槽和拟开发的小型造纸箱
Papermaking trough for visitors's trial papermaking in the Leisure Park and the small papermaking box to be developed

三
杭州山元文化创意有限公司的代表纸品及其用途与技术分析

3
Representative Paper and Its Uses and Technical Analysis of Hangzhou Shanyuan Cultural and Creative Co., Ltd.

（一）山元文化代表纸品及其用途

山元文化代表纸品为“山山居”元书纸。山元文化制作的毛竹元书纸采用传统富阳元书纸的生产工艺，原料为90%嫩毛竹加10%青檀皮，较为适合宋明工笔画风格的画家使用，特征是纸质趋向紧密，纤维分布紧实，渗墨性不强。2018年售价为1 600～1 800元/刀。

（二）山元文化代表纸品性能分析

测试小组对采样自山元文化的毛竹元书纸所做的性能分析，主要包括定量、厚度、紧度、抗张力、抗张强度、撕裂度、撕裂指数、湿强度、白度、耐老化度下降、尘埃度、吸水性、伸缩性、纤维长度和纤维宽度等。按相应要求，每一指标都重复测量若干次后求平均值，其中定量抽取5个样本进行测试，厚度抽取10个样本进行测试，抗张力抽取20个样本进行测试，撕裂度抽取10个样本进行测试，湿强度抽取20个样本进行测试，白度抽取10个样本进行测试，耐老化度下降抽取10个样本进行测试，尘埃度抽取4个样本进行测试，吸水性抽取10个样本进行测试，伸缩性抽取4个样本进行测试，纤维长度测试了200根纤维，纤维宽度测试了300根纤维。对山元文化毛竹元书纸进行测试分析所得到的相关性能参数如表9.25所示，表中列出了各参数的最大值、最小值及测量若干次所得到的平均值或者计算结果。

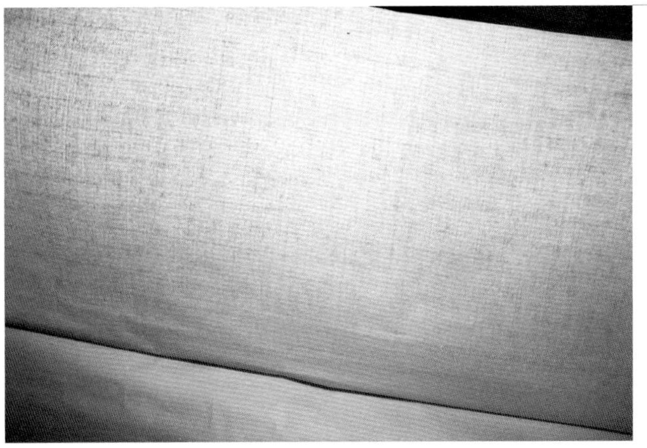

⊙4

⊙4
毛竹元书纸原纸（长142.5 cm，宽76 cm）
Phyllostachys edulis Yuanshu paper (length 142.5 cm, width 76cm)

表9.25 山元文化毛竹元书纸相关性能参数
Table 9.25 Performance parameters of *Phyllostachys edulis* Yuanshu paper in Shanyuan Cultural and Creative Co., Ltd.

指标		单位	最大值	最小值	平均值	结果
定量		g/m²				21.7
厚度		mm	0.058	0.050	0.053	0.053
紧度		g/cm³				0.409
抗张力	纵向	mN	20.7	15.3	17.8	17.8
	横向	mN	13.3	8.7	11.0	11.0
抗张强度		kN/m				0.960
撕裂度	纵向	mN	187.5	160.4	168.8	168.8
	横向	mN	142.6	111.6	121.7	121.7
撕裂指数		mN·m²/g				6.7
湿强度	纵向	mN	923	694	811	811
	横向	mN	493	288	430	430
白度		%	37.2	35.9	36.7	36.7
耐老化度下降		%	35.4	34.2	34.9	1.8
尘埃度	黑点	个/m²				76
	黄茎	个/m²				52
	双浆团	个/m²				0
吸水性	纵向	mm	19	13	16	9
	横向	mm	12	11	12	4
伸缩性	浸湿	%				0.50
	风干	%				0.75
纤维	长度	mm	2.6	0.4	1.2	1.2
	宽度	μm	29.4	4.1	13.1	13.1

⊙1

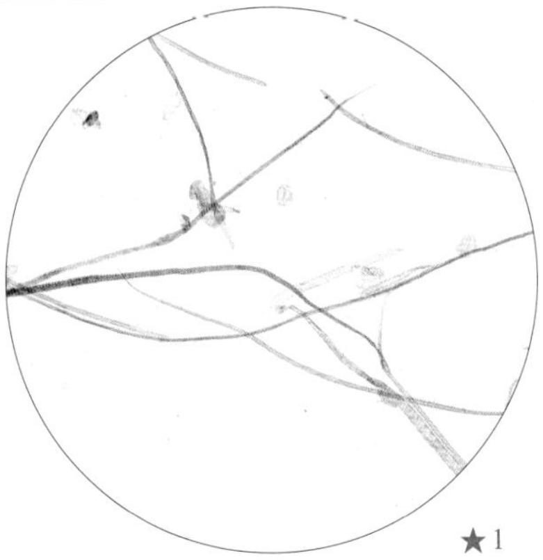

★1

★2

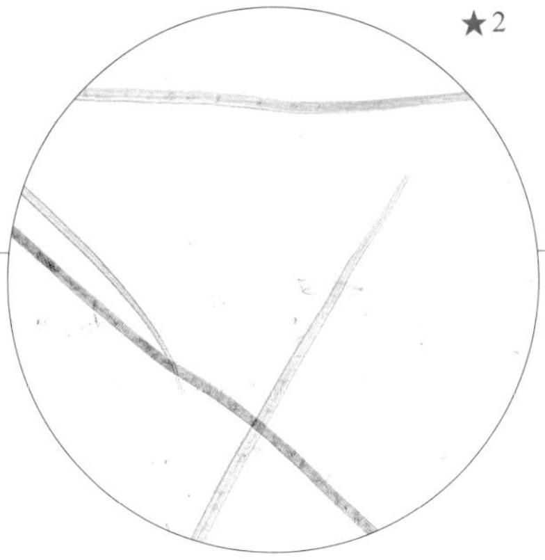

由表9.25可知，所测山元文化毛竹元书纸的平均定量为21.7 g/m^2。山元文化毛竹元书纸最厚约是最薄的1.160倍，经计算，其相对标准偏差为0.012，纸张厚薄较为一致。通过计算可知，山元文化毛竹元书纸紧度为0.409 g/cm^3。抗张强度为0.960 kN/m。所测山元文化毛竹元书纸撕裂指数为6.7 mN·m^2/g。湿强度纵横平均值为473 mN，湿强度较小。

所测山元文化毛竹元书纸平均白度为36.7%。白度最大值是最小值的1.036倍，相对标准偏差为0.009，白度差异相对较小。经过耐老化测试后，耐老化度下降1.8%。

所测山元文化毛竹元书纸尘埃度指标中黑点为76个/m^2，黄茎为52个/m^2，双浆团为0。吸水性纵横平均值为9 mm，纵横差为4 mm。伸缩性指标中浸湿后伸缩差为0.50 %，风干后伸缩差为0.75 %。说明山元文化毛竹元书纸伸缩差异不大。

山元文化毛竹元书纸在10倍和20倍物镜下观测的纤维形态分别如图★1、图★2所示。所测山元文化毛竹元书纸纤维长度：最长2.6 mm，最短0.4 mm，平均长度为1.2 mm；纤维宽度：最宽29.4 μm，最窄4.1 μm，平均宽度为13.1 μm。

★1
山元文化毛竹元书纸纤维形态图（10×）
Fibers of *Phyllostachys edulis* Yuanshu paper in Shanyuan Cultural and Creative Co., Ltd. (10× objective)

★2
山元文化毛竹元书纸纤维形态图（20×）
Fibers of *Phyllostachys edulis* Yuanshu paper in Shanyuan Cultural and Creative Co., Ltd. (20× objective)

⊙1
山元文化毛竹元书纸润墨性效
Writing performance of *Phyllostachys edulis* Yuanshu paper in Shanyuan Cultural and Creative Co., Ltd.

四 杭州山元文化创意有限公司毛竹元书纸的生产原料、工艺和设备

4 Raw Materials, Papermaking Techniques and Tools of *Phyllostachys edulis* Yuanshu Paper in Hangzhou Shanyuan Cultural and Creative Co., Ltd.

⊙1

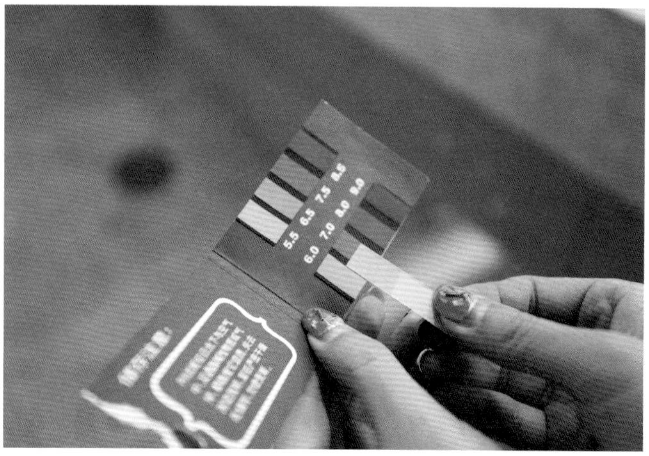

⊙2

⊙1 竹浆 Bamboo pulp

⊙2 pH测试 Testing the pH

（一）山元文化毛竹元书纸的生产原料

1. 主料：嫩毛竹和檀皮

山元文化毛竹元书纸的竹浆从砍伐到加工成浆全部为纯手工制作，由于这一部分工序是在大源镇大同村委托生产，因此毛竹原料多取自大同村一带的嫩毛竹。袁建波表示，所谓嫩毛竹是指农历小满前后新长出的毛竹。一般朱中华团队一次运过来的原料至少为10天的量，100页料，一页12.5 kg左右。最多1次运过来的原料为30天的量，约300页料。

青檀树为我国特产树种，广泛分布在长城以南地区，在石灰岩山地生长良好，也能生长在酸性花岗岩山地及河滩地、河谷溪旁、家前屋后。青檀一般生长在泾县及周边地区，其树皮是制作宣纸的重要原料之一，也广泛应用到其他纸品制作中。山元文化毛竹元书纸的原料之一青檀皮从安徽省宣城市自安徽泾县购买，2018年购买价格为2 000元/kg，购买后委托泾县当地千年古宣宣纸厂进行后续加工，加工费80元/kg。2018年山元文化制作毛竹元书纸一共用了250 kg左右青檀皮，运费一共700元。

2. 辅料：水

山元文化造纸选用的是山涧水。据调查组成员在现场的测试，其制作所用的水pH为5.5～6.0，偏酸性。

（二）山元文化毛竹元书纸的生产工艺流程

根据调查组成员的多轮调查，综合袁建波及朱中华的介绍，山元文化毛竹元书纸制作的前段工序系直接从杭州富阳逸古斋元书纸有限公司购买制作好的竹料，后段工序在袁家村造纸车间完成。在袁家村部分的生产工艺流程为：

壹	贰	叁	肆	伍
打浆	抄纸	压榨	晒纸	盖印

壹 打浆

1 ⊙3～⊙5

将从大同村运来的竹料取出浸入水中（目的是为了防止霉烂变色），需要使用时取出竹料放入碓中打浆。使用碓的原因是碓打出的浆料形态更好，纤维帚化状态更好，成纸质量更高。一个碓搭配一个抄纸槽，用碓打好的浆料用木桶运到抄纸槽中。据袁建波的说法，造好纸从碓打成浆到成纸不能超过2个小时。一个碓10小时打出的浆料可抄纸600张，碓头重量为30 kg。碓打完的浆还需放入打浆机中打5个来回，大约需要10分钟。

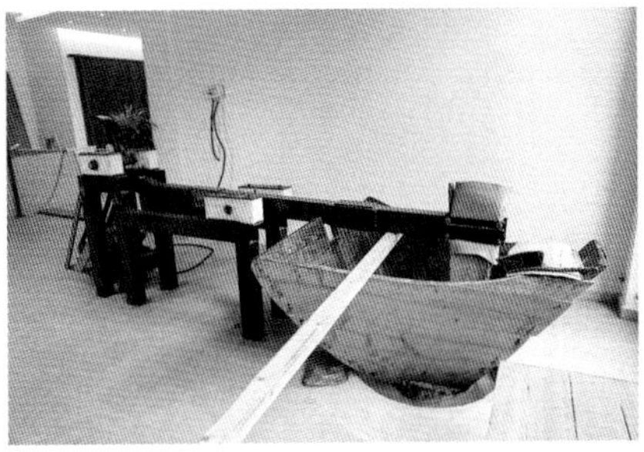
⊙3

⊙4

⊙5

贰 抄纸

2 ⊙6⊙7

纸浆通过管道进入捞纸槽后，捞纸工将纸帘斜插入捞纸槽，使纸浆分布在纸帘上。左右上下轻轻荡晃纸帘进行捞纸。一个捞纸工一天工作10小时左右，可抄600张四尺大小的“山山居”牌元书纸。

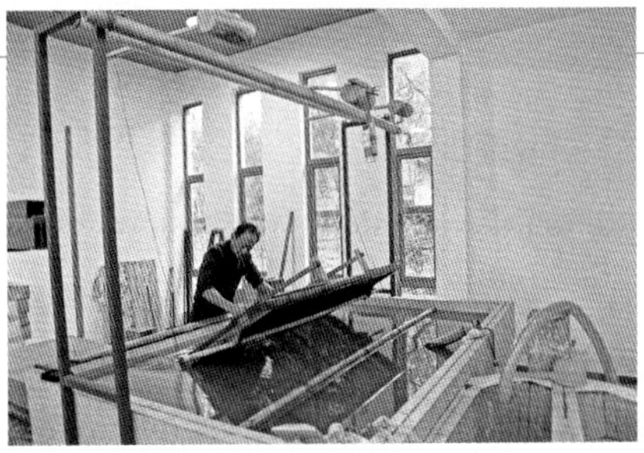
⊙6

⊙7

⊙3 袁家村造纸车间的碓 Pestle in papermaking workshop in YuanJia Village

⊙4 打浆前的竹料 Bamboo materials before beating

⊙5 小型放浆池 Small pulp pool

⊙6/7 捞纸 Papermaking

叁 压榨

3 ⊙8

当天捞的纸当天压榨，使用50吨的千斤顶，压榨约60分钟，然后将半干的纸帖竖着靠墙放置一个晚上。

肆 晒纸

4 ⊙9⊙10

通常凌晨4点开始烧火，一般需将烘纸的焙笼（焙墙）加热到70～80 ℃。晒纸工将纸帖上半干半湿的纸一张张分别揭下，然后用刷子将纸一张张刷到焙笼上，烘干后再一张张撕下。

伍 盖印

5 ⊙11

以200张为单元对齐，盖上品牌、规格印后，按一刀100张进行成品包装。

⊙8

⊙9

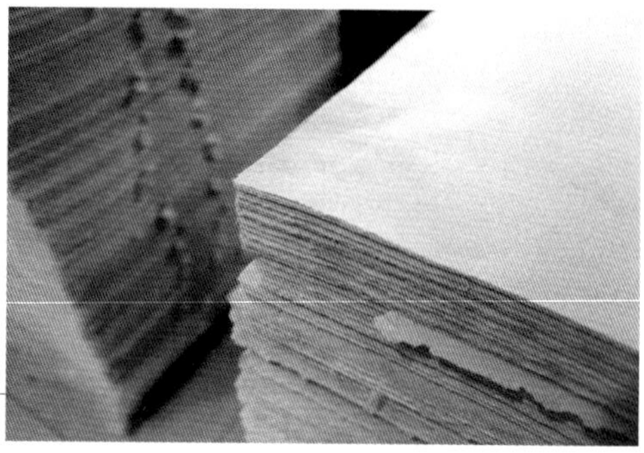

⊙10

⊙11

⊙8 压榨 Pressing the paper

⊙9/10 晒纸 Drying the paper

⊙11 盖完印后的成品纸 Final product of paper after stamping

Hangzhou Shanyuan Cultural and Creative Co., Ltd.

（三）山元文化毛竹元书纸的主要制作工具

壹 纸槽 1

调查时系水泥浇筑。实测山元文化所用的四尺抄纸槽尺寸为：长277 cm，宽206 cm，高80 cm，壁厚10 cm。

⊙12

贰 纸帘 2

用于抄纸的工具，苦竹丝编织而成。山元文化使用的纸帘是从富阳区大源镇永庆制帘厂购买的，据袁建波介绍，四尺纸帘价格为1 200元，如果需要加水印则一个字35元。实测山元文化所用的四尺纸帘尺寸为：长153 cm，宽84 cm。

叁 帘架 3

支承纸帘的托架，硬木制作。实测山元文化所用的四尺帘架尺寸为：长154.5 cm，宽94 cm，高8 cm。

⊙14

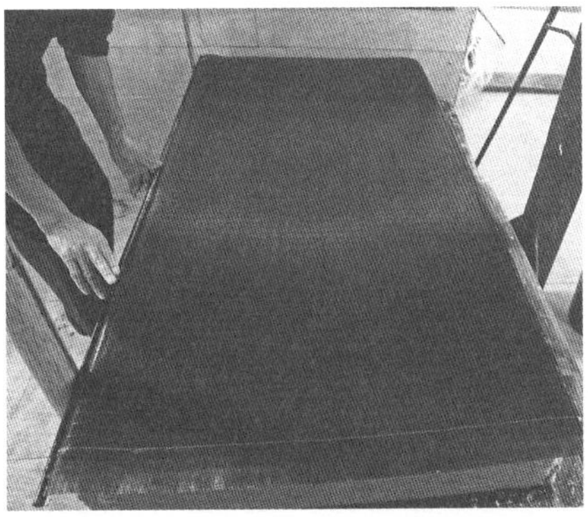

⊙13

肆 鹅榔头 4

牵纸前用于打松纸帖的工具，檀木制作。实测山元文化所用的鹅榔头尺寸为：长20 cm，直径3 cm。

⊙15

伍 松毛刷 5

晒纸时将湿纸刷上焙壁的工具，刷柄为木制，刷毛为松针。实测山元文化所用的松毛刷尺寸为：长50 cm，宽13 cm。

⊙16

⊙12 纸槽 Papermaking trough
⊙13 纸帘 Papermaking screen
⊙14 帘架 Frame for supporting the papermaking screen
⊙15 鹅榔头 Tool for separating the paper
⊙16 松毛刷 Brush made of pine needles

陆 扒 6

抄纸前在槽中将纸浆打匀的工具，松木制作。实测山元文化所用扒的尺寸为：柄长140 cm，直径2 cm；扒头长16 cm，宽9 cm，厚3 cm。

⊙17

玖 千斤顶 9

压榨湿纸帖所用。实测山元文化所用的千斤顶尺寸为：长23 cm，宽18 cm，高32 cm。

柒 刮 刀 7

用来刮掉焙墙上不太黏的米糊。每天第一次晒纸前需清洗焙墙和刷上米糊，便于湿纸刷上。但烘晒一定数量的纸后，米糊由于蒸发等原因导致无法黏住湿纸，这样湿纸就无法晒均匀，所以需要用刮刀将焙墙上"平"的米糊刮掉再重刷一遍米糊。实测山元文化所用的刮刀尺寸为：最长处长16 cm，宽13 cm。

⊙18

⊙20

捌 焙 墙 8

晒纸所用，使用山元文化自身研发的新型耐热材料制作。实测山元文化的焙墙尺寸为：长351 cm，高200 cm，上宽7 cm，下宽12 cm。

⊙19

拾 打浆槽 10

造纸原料在打浆槽中混合，以便于进行后续捞纸工作。实测山元文化所用的打浆槽尺寸为：长141 cm，宽95 cm，高78 cm。

⊙21

⊙17 扒 Rake
⊙18 刮刀 Scraper
⊙19 烘墙 Drying wall
⊙20 千斤顶 Lifting jack
⊙21 打浆槽 Beating trough

Hangzhou Shanyuan Cultural and Creative Co., Ltd.

拾壹 打料碓 11

用于将造纸原料的纤维打散，便于原料纤化。实测山元文化所用的打料碓尺寸为：长420 cm，宽149 cm，高114 cm。

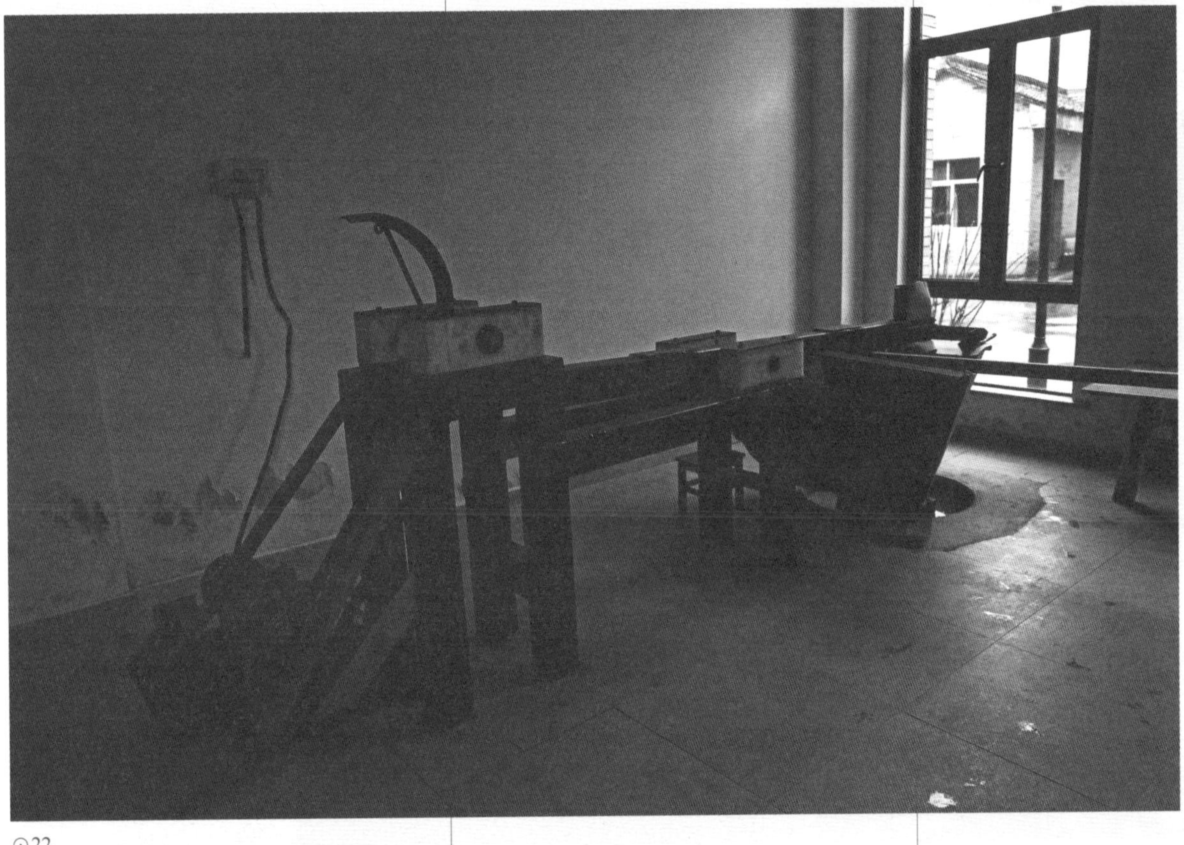

⊙22

⊙22 打料碓 Pestle for beating

⊙1

⊙2

⊙1/2
山元文化的体验与展示空间
Experiencing and displaying zone in Shanyuan Cultural and Creative Co., Ltd.

五
杭州山元文化创意有限公司的市场经营状况

5
Marketing Status of Hangzhou Shanyuan Cultural and Creative Co., Ltd.

调查组数次跟随富阳逸古斋元书纸有限公司负责人朱中华前往新登镇的杭州山元文化创意有限公司，通过与朱中华及山元文化负责人袁建波等交流得知，山元文化目前主要采用体验式文化旅游的运营模式，将核心业务造纸的上游工序——原料采集、加工外包给富阳逸古斋元书纸有限公司；自身则以手工纸的生产过程为主题，基于捞纸、压榨、晒纸等主要工序的演示，开展手工造纸体验式文化旅游中的创意体验，同时经营元书纸销售业务来获得经济收益。袁建波表示，目前最主要的业务收入来自高校和政府部门的文化旅游活动以及书画爱好者的成品纸销售等，但因为公司成立时间短，业态发育还不丰富，经济效益还难以显现。

值得一提的是，由于有着投资人与负责人一致的天然优势，杭州山元文化创意有限公司将手工造纸与大铭新材料股份有限公司化工产业的部分科研成果进行了跨界应用，例如大铭新材料股份有限公司针对手工纸体验开发的新型材料晒纸墙，在山元文化公司得到了快速的落地应用，该材料将新型涂料涂在晒纸墙上，便于晒纸墙受热、导热及快速烘干，使得湿纸成型时纤维伸缩更加紧凑。这种新技术应用在晒纸墙上，一方面有利于晒纸过程中纸张成型更快，另一方面减少了体验者在体验时等待烘纸的时间，提升了其体验感。因此，可以说杭州山元文化创意有限公司通过跨界应用实现了传统工艺与新技术融合的特色市场经营路径。

⊙3

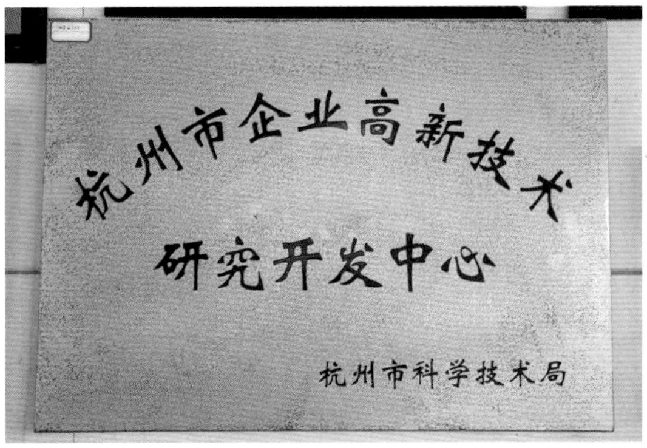

⊙4

⊙ 3 / 4
体现研发实力的荣誉
Honors reflecting research and development strength

六
杭州山元文化创意有限公司的品牌文化

6
Brand Stories of Hangzhou Shanyuan Cultural and Crentive Co., Ltd.

杭州山元文化创意有限公司将纸品品牌取名为“山山居”。问及缘由，袁建波介绍说：公司发源地是富阳，富阳是山水城市，整座城依山傍水。“山山居”，“山山”取意群山之间，“居”取意宜居和山水人文情怀，“山山居”传达的是依山居水的生活状态和美好愿景。

“山山居”不仅体现了富阳人一直以来的生活状态和生活方式，还寄托了袁建波及整个山元文化创意人对元书纸及手工纸的期望和自己生活的理想。

七

杭州山元文化创意有限公司的业态传承现状与发展思考

7
Current Status Development of Hangzhou Shanyuan Cultural and Creative Co., Ltd.

杭州山元文化创意有限公司成立时间很短，本身的技艺传承历史从时间延续上说还未及展开。虽然袁大铭早期在新登镇的袁家村造过纸，但一方面已经有近40年时间不再造纸，另一方面袁大铭并未参与到山元文化创意有限公司的造纸体验业态中来，而主持造纸文化体验业务的袁建波没有学过造纸技艺，目前的运营形式是委托加工+外聘造纸师傅，因而与其家庭及家族传承关系较弱。

体验式“非遗”文化旅游是2010年以后国内新流行的文化产业的一种发展模式，杭州山元文化创意有限公司运营模式的创新之处在于：将手工造纸技艺+艺术与体验式旅游结合起来进行文化旅游服务定制。据访谈中袁建波诠释的想法，山元文化希望打造重核心价值而非核心业务的模式，在农村老家这个第一产业的土地上，探索将第二、第三产业的要素有效融合起来。虽然这一模式的应用仍处于起步和实验的阶段，但袁建波表示相信在不久的将来会成为手工造纸行业发展的新选择与新趋势。

然而，杭州山元文化创意有限公司正在尝试的手工造纸体验式“非遗”文化旅游运营也存在一些问题。比如，第一，造纸行业通常会让人想到污染严重，采用手工造纸的企业在制浆环节环保监管比较严格，山元文化也不例外，政府对其环保的监管让其只能从其他地方运输浆料进行生产。第二，截至2019年1月23日，山元文化共有5个工人从事造纸。目前该公司在袁家村建有一个车间用于捞纸和晒纸。据袁建波介绍，当地技术工人不足、招聘难及专业技术人员素质要求高成为其公司发展一直以来的问题。第三，受政府政策及建设周期等因素影响，该公司制浆场地与设施尚未建设好，现在是将生产的上游部分全部外包给大源镇大同村的造纸作坊，由此带来对核心产品的有效控制能力缺失，不可避免地会产生对外包服务商的依赖。

杭州山元文化创意有限公司

元书纸

Yuanshu Paper of Hangzhou Shanyuan Cultural and Creative Co., Ltd.

『山山居』元书纸（毛竹+青檀皮）透光摄影图

A photo of "Shanshanju" Yuanshu paper (*Phyllostachys edulis* + *Pteroceltis tatarinowii* Maxim bark) seen through the light

后 记

《中国手工纸文库·浙江卷》的田野调查起始于2016年7月下旬到8月上旬，先后到富阳区（原富阳县）大源镇大同村调查了杭州富阳逸古斋元书纸有限公司和杭州富阳宣纸陆厂的手工纸车间。说起来也特别有缘分，在这一年的6月至7月，文化部在全国推动的第一批8所高校中国非物质文化遗产传承人群驻校研修研习培训计划中，中国科学技术大学承办的手工造纸“非遗”传承人第一届研修班到富阳访学，而富阳竹纸制作技艺选送的研修学员正是富阳逸古斋与富阳宣纸陆厂的两位造纸技艺传承人，因缘际会之下，浙江手工造纸的调查工作就与访学计划同步开展了。

从2016年盛夏大同村的开端到2019年季春对丽水市松阳县李坑村最后一个皮纸作坊的调查，田野调查研究历经了近3年的时间。其间，深入浙江省各手工纸造纸点的调查、采样按照既定规划持续不懈地进行，而根据需要随时走乡串户一次又一次的补充调查以及文献求证则几乎贯穿始终。其中仅仅“概述”部分引文注释一手文献的核对，一个负责文献研究的小组就先后在浙江省图书馆、杭州市图书馆蹲点查核了近20天（2019年6月25～29日、7月1～14日）。

Epilogue

Field investigation of *Library of Chinese Handmade Paper: Zhejiang* started around late July and early August of 2016, when the researchers visited papermaking workshops of Hangzhou Fuyang Yiguzhai Yuanshu Paper Co., Ltd. and Hangzhou Fuyang Lu (meaning six in Chinese, connoting that everything goes smoothly) Xuan Paper Factory located in Datong Village of Dayuan Town in Fuyang District (former Fuyang County). At almost the same time, i.e.,around June and July in 2016, Ministry of Culture initiated an Intangible Cultural Heritage Protection Training Program of China, funding the inheritors to study in campus (8 universities for the 1st session) for their production and protection explorations. University of Science and Technology of China hosted the handmade papermaking inheritors, among whom were two bamboo papermakers from Yiguzhai Yuanshu Paper Co., Ltd. and Fuyang Lu Xuan Paper Factory in Fuyang District. So with their recommendation, all the grantees visited Fuyang District, and our researchers took advantage of the occasion and started their initial investigations.

Our field investigation lasted for almost three years, from the first visit to Datong Village in the summer of 2016, to the spring of 2019, when we finished our investigation of a bast paper mill in Likeng Village of Songyang County in Lishui City.

浙江是中国历史上非常著名的手工纸产区，剡溪藤纸、温州皮纸、越州与富阳竹纸等，早在唐宋时期就享誉中国、畅销四海。但到《浙江卷》田野调查时段，前三类名纸基本上已经处于中断后尝试恢复、一丝苟存的衰微状态，只有富阳竹纸虽然比起高峰时期有明显收缩，但中高端用纸依然富有生机并拥有较好的市场空间。也正是由于杭州市富阳区当代以竹纸为主业态的手工纸的丰富多样，田野调查获得的信息较为充足，因此《浙江卷》分为上、中、下三卷，其中中卷和下卷都是富阳手工纸，这是浙江当代手工纸业态现状的如实呈现。

具体到每一章节，田野调查及文献研究通常由多位成员合作完成，前后多轮补充修订多数也不是由一人从头至尾独立承担，因而事前制定的作为指导性工作规范的田野调查标准、撰稿标准、示范样稿实际执行起来依然具有差异，田野信息采集格式和初稿表达存在诸多不统一、不规范处，在初稿基础上的统稿工作因而显得相当重要。

初稿合成后，统稿与补充调查工作由汤书昆、朱赟、朱中华、沈佳斐主持，

During the period, the researchers studied on the papermaking sites in Zhejiang Province repeatedly and sedulously for sample collection, planned or spontaneous investigations and verification. For instance, a group working on literature review in the Introduction part, stayed in Zhejiang Library and Hangzhou Library for literature study for almost twenty days (June 25-29, and July 1-14, 2019).

Zhejiang Province is a historically famous papermaking area, with Teng paper in Shanxi Area, bast paper in Wenzhou City, bamboo paper in Yuezhou Area and bamboo paper in Fuyang District as its representative famous paper types enjoying a national reputation since the Tang and Song Dynasties. However, when we started our field investigation, the former three paper types were experiencing a declining status, managing to recover from ceased production. Among them, bamboo paper in Fuyang District, high and middle-end paper, was well developed and enjoyed a flourishing market, though not comparable to its historical boom. Therefore, due to abundant data we obtained in our investigation in Fuyang District of Hangzhou City, which is a dominant area harboring bamboo paper production, Zhejiang volume actually consists of three sub-volumes. The second and third volumes of Zhejiang series are both focusing on handmade paper in Fuyang District, which vividly shows its dominance in current status of handmade paper industry in Zhejiang Province.

Field investigation and literature studies of each section and chapter are accomplished by the cooperative efforts of multiple

从2018年12月开始，以几乎马不停蹄的节奏和驻点补稿补图的方式，共进行了3轮集中补稿修订，最终形成定稿。虽然我们觉得浙江手工纸调查与研究有待进一步挖掘与完善之处仍有不少，但《浙江卷》从2016年7月启动，纸样测试、英文翻译、示意图绘制、编辑与设计等团队的成员尽心尽力，所呈现内容的品质一天天得到改善，书稿的阅读价值和图文魅力也确实获得了显著提升，可以作为目前这个工作阶段的调查与研究成果出版和接受读者的检验。

《浙江卷》书稿的完成和完善有赖于团队成员全心全意的投入与持续不懈的努力，在即将付梓之际，特在后记中对各位同仁的工作做如实的记述。

researchers, and even the modification was undertaken by different people. Therefore, investigation rules, writing norms and format set beforehand may still fail to make amends for the possible deviation in our first manuscript, and modification is of vital importance in our work.

Modification and supplementary investigation were headed by Tang Shukun, Zhu Yun, Zhu Zhonghua, and Shen Jiafei after the completion of the first manuscript. Since December 2018, the team members have put into three rounds of sedulous efforts to modify the manuscript, and revisit the papermaking sites for more information and photos. Of course, we admit that the volume cannot claim perfection, yet finally, through meticulous works in sampling testing, translation, map drawing, editing and designing since we started our handmade paper odyssey in July 2016, the book actually has been increasingly polished day by day. And we can be positive that the book, with fluent writing and intriguing pictures, is worth reading, and ready for publication.

On the verge of publication, we acknowledge the consistent efforts and wholehearted dedication of the following researchers:

一、 田野调查、文稿撰写与修订增补

第一章　浙江省手工造纸概述

撰稿	初稿主执笔：汤书昆、朱赟、陈敬宇 修订补稿：汤书昆、朱赟、沈佳斐 参与撰稿：王圣融、潘巧、王怡青、姚的卢、陈欣冉、廖莹文、孔利君、郭延龙、叶珍珍

第二章　衢州市

第一节	浙江辰港宣纸有限公司（地点：龙游县城区灵山江畔）
田野调查	汤书昆、朱中华、朱赟、陈彪、刘伟、何瑗、程曦、郑斌、潘巧、江顺超、钱霜霜
撰稿	初稿主执笔：汤书昆、汪竹欣 修订补稿：汤书昆、江顺超 参与撰稿：朱赟
第二节	开化县开化纸（地点：开化县华埠镇溪东村、村头镇形边村）
田野调查	汤书昆、朱中华、朱赟、姚的卢、陈欣冉、沈佳斐、潘巧、江顺超、钱霜霜
撰稿	初稿主执笔：汤书昆、朱赟 修订补稿：汤书昆、江顺超 参与撰稿：王怡青

第三章　温州市

第一节	泽雅镇唐宅村潘香玉竹纸坊（地点：瓯海区泽雅镇唐宅村）
田野调查	林志文、汤书昆、朱赟、朱中华、陈彪、刘伟、何瑗、程曦、沈佳斐、潘巧、江顺超、钱霜霜
撰稿	初稿主执笔：朱赟 修订补稿：汤书昆、钱霜霜
第二节	泽雅镇岙外村林新德竹纸坊（地点：瓯海区泽雅镇岙外村）
田野调查	林志文、朱赟、姚的卢、陈欣冉、沈佳斐、潘巧、江顺超、钱霜霜
撰稿	初稿主执笔：姚的卢 修订补稿：汤书昆、林志文、江顺超 参与撰稿：沈佳斐
第三节	泰顺县榅桥村翁士格竹纸坊（地点：泰顺县筱村镇榅桥村）
田野调查	汤书昆、朱中华、朱赟、黄飞松、姚的卢、陈欣冉、沈佳斐、潘巧、江顺超、钱霜霜
撰稿	初稿主执笔：汤书昆、潘巧 修订补稿：汤书昆、朱中华 参与撰稿：姚的卢
第四节	温州皮纸（地点：泽雅镇周岙上村）
田野调查	汤书昆、林志文、朱赟、朱中华、潘巧、黄飞松、沈佳斐、江顺超、钱霜霜
撰稿	初稿主执笔：潘巧、汤书昆 修订补稿：汤书昆、朱赟 参与撰稿：沈佳斐

第四章　绍兴市

第一节	绍兴鹿鸣纸（地点：柯桥区平水镇宋家店村）
田野调查	汤书昆、朱中华、王圣融、郑斌、朱有善、王黎明、潘巧、江顺超、钱霜霜
撰稿	初稿主执笔：汤书昆、王圣融 修订补稿：朱中华、汤书昆 参与撰稿：郑斌
第二节	嵊州市剡藤纸研究院（地点：嵊州市浦南大道 388 号）
田野调查	汤书昆、朱中华、沈佳斐、朱起杨
撰稿	初稿主执笔：沈佳斐、汤书昆 修订补稿：汤书昆、沈佳斐

第五章　湖州市

	安吉县龙王村手工竹纸（地点：安吉县上墅乡龙王村）
田野调查	朱中华、朱赟、姚的卢、陈欣冉、郑久良、潘巧、江顺超、钱霜霜
撰稿	初稿主执笔：陈欣冉 修订补稿：汤书昆、朱赟 参与撰稿：潘巧

第六章 宁波市

	奉化区棠岙村袁恒通纸坊（地点：奉化区萧王庙街道棠岙村溪下庵岭墩下 13 号）
田野调查	朱中华、朱赟、何瑗、王圣融、尹航、郑久良、潘巧、江顺超、钱霜霜
撰稿	初稿主执笔：何瑗 修订补稿：汤书昆、朱中华 参与撰稿：钱霜霜

第七章 丽水市

	松阳县李坑村李坑造纸工坊（地点：松阳县安民乡李坑村）
田野调查	汤书昆、朱中华、沈佳斐、石永宁
撰稿	初稿主执笔：沈佳斐、石永宁 修订补稿：汤书昆

第八章 杭州市

第一节	杭州临安浮玉堂纸业有限公司（地点：临安区於潜镇枫凌村）
田野调查	朱中华、朱赟、何瑗、王圣融、叶婷婷、尹航、沈佳斐、潘巧、江顺超、钱霜霜
撰稿	初稿主执笔：王圣融 修订补稿：汤书昆、沈佳斐
第二节	杭州千佛纸业有限公司（地点：临安区於潜镇千茂行政村平渡自然村）
田野调查	朱中华、朱赟、何瑗、王圣融、尹航、沈佳斐、潘巧、江顺超、钱霜霜
撰稿	初稿主执笔：王圣融 修订补稿：汤书昆、潘巧、朱中华
第三节	杭州临安书画宣纸厂（地点：临安区於潜镇千茂行政村下平渡村民组）
田野调查	朱中华、朱赟、何瑗、王圣融、尹航、沈佳斐、潘巧、江顺超、钱霜霜
撰稿	初稿主执笔：何瑗 修订补稿：汤书昆、钱霜霜、朱中华

第九章 富阳区元书纸

第一节	新三元书纸品厂（地点：富阳区湖源乡新三村冠形塔村民组）
田野调查	朱中华、朱赟、汤书昆、刘伟、何瑗、程曦、沈佳斐、潘巧、江顺超、钱霜霜
撰稿	初稿主执笔：王圣融 修订补稿：汤书昆、江顺超
第二节	杭州富春江宣纸有限公司（地点：富阳区大源镇大同村方家地村民组）
田野调查	朱中华、刘伟、何瑗、沈佳斐、潘巧、江顺超、钱霜霜
撰稿	初稿主执笔：汪竹欣、王圣融 修订补稿：汤书昆、钱霜霜
第三节	杭州富阳蔡氏文化创意有限公司（地点：富阳区灵桥镇蔡家坞村）
田野调查	朱中华、汤书昆、朱赟、何瑗、程曦、叶婷婷、沈佳斐、潘巧、江顺超、钱霜霜
撰稿	初稿主执笔：何瑗 修订补稿：汤书昆、朱赟 参与撰稿：潘巧
第四节	杭州富阳逸古斋元书纸有限公司（地点：富阳区大源镇大同行政村朱家门自然村）
田野调查	汤书昆、朱赟、汤雨眉、刘伟、何瑗、程曦、姚的卢、陈欣冉、沈佳斐、陈彪、潘巧、江顺超、钱霜霜
撰稿	初稿主执笔：汤雨眉、朱赟 修订补稿：汤书昆 参与撰稿：王圣融、王怡青
第五节	杭州富阳宣纸陆厂（地点：富阳区大源镇大同行政村兆吉自然村第一村民组）
田野调查	汤书昆、朱赟、朱中华、刘伟、王圣融、尹航、沈佳斐、潘巧、江顺超、钱霜霜、汤雨眉、陈彪
撰稿	初稿主执笔：朱赟 修订补稿：汤书昆 参与撰稿：江顺超
第六节	富阳福阁纸张销售有限公司（地点：富阳区湖源乡新三行政村颜家桥自然村）
田野调查	朱赟、朱中华、刘伟、何瑗、程曦、沈佳斐、桂子璇、江顺超、钱霜霜

撰稿	初稿主执笔：程曦 修订补稿：汤书昆、沈佳斐
第七节	杭州富阳双溪书画纸厂（地点：富阳区大源镇大同行政村兆吉自然村方家地村民组）
田野调查	朱中华、朱赟、刘伟、何瑗、沈佳斐、桂子璇、江顺超、钱霜霜
撰稿	初稿主执笔：何瑗 修订补稿：汤书昆、朱中华 参与撰稿：桂子璇
第八节	富阳大竹元宣纸有限公司（地点：富阳区湖源乡新二村元书纸制作园区）
田野调查	汤书昆、朱中华、朱赟、何瑗、程曦、沈佳斐、朱起杨、潘巧、桂子璇、江顺超、钱霜霜
撰稿	初稿主执笔：汤书昆、朱赟 修订补稿：汤书昆、沈佳斐 参与撰稿：潘巧
第九节	朱金浩纸坊（地点：富阳区大源镇大同行政村朱家门自然村 20 号）
田野调查	朱赟、朱中华、程曦、沈佳斐、桂子璇、江顺超、钱霜霜
撰稿	初稿主执笔：程曦 修订补稿：汤书昆、钱霜霜
第十节	盛建桥纸坊（地点：富阳区湖源乡新二行政村钟塔自然村 46 号）
田野调查	朱中华、朱赟、刘伟、何瑗、程曦、沈佳斐、潘巧、江顺超、钱霜霜
撰稿	初稿主执笔：程曦 修订补稿：汤书昆、江顺超
第十一节	鑫祥宣纸作坊（地点：富阳区大源镇骆村（行政村）秦骆自然村 241 号）
田野调查	朱中华、朱赟、刘伟、何瑗、程曦、沈佳斐、潘巧、江顺超、钱霜霜
撰稿	初稿主执笔：程曦 修订补稿：汤书昆、钱霜霜
第十二节	富阳竹馨斋元书纸有限公司（地点：富阳区湖源乡新二村元书纸制作园区）
田野调查	汤书昆、朱赟、朱中华、刘伟、何瑗、程曦、潘巧、沈佳斐、桂子璇、江顺超、钱霜霜
撰稿	初稿主执笔：潘巧、汤书昆 修订补稿：汤书昆、沈佳斐 参与撰稿：刘伟
第十三节	庄潮均作坊（富阳区大源镇红霞书画纸经营部）（地点：富阳区大源镇大同行政村庄家自然村）
田野调查	朱中华、朱赟、刘伟、何瑗、程曦、汪竹欣、沈佳斐、潘巧、江顺超、钱霜霜
撰稿	初稿主执笔：何瑗 修订补稿：汤书昆、钱霜霜 参与撰稿：汪竹欣
第十四节	杭州山元文化创意有限公司（地点：富阳区新登镇袁家村）
田野调查	汤书昆、朱中华、朱赟、刘伟、何瑗、王圣融、王怡青、沈佳斐、潘巧、江顺超、钱霜霜
撰稿	初稿主执笔：王圣融、朱赟 修订补稿：朱中华、汤书昆 参与撰稿：汤书昆、朱赟、王怡青

第十章 富阳区祭祀竹纸

第一节	章校平纸坊（地点：富阳区常绿镇黄弹行政村寺前自然村 71 号）
田野调查	朱中华、朱赟、刘伟、何瑗、程曦、汪竹欣、沈佳斐、潘巧、江顺超、钱霜霜
撰稿	初稿主执笔：汪竹欣 修订补稿：汤书昆、沈佳斐
第二节	蒋位法作坊（地点：富阳区大源镇三岭行政村三支自然村 21 号）
田野调查	朱赟、朱中华、何瑗、刘伟、沈佳斐、江顺超、钱霜霜、潘巧
撰稿	初稿主执笔：刘伟 修订补稿：汤书昆、江顺超
第三节	李财荣纸坊（地点：富阳区灵桥镇新华村）
田野调查	朱中华、朱赟、刘伟、何瑗、汪竹欣、沈佳斐、潘巧、江顺超、钱霜霜
撰稿	初稿主执笔：汪竹欣 修订补稿：汤书昆、潘巧
第四节	李申言金钱纸作坊（地点：富阳区常安镇大田村 32 号）
田野调查	汤书昆、朱赟、朱中华、刘伟、何瑗、程曦、沈佳斐、潘巧、江顺超、钱霜霜

撰稿	初稿主执笔：何瑗 修订补稿：汤书昆、沈佳斐
第五节	李雪余屏纸作坊（地点：富阳区常安镇大田村105号）
田野调查	朱中华、汤书昆、朱赟、刘伟、何瑗、程曦、沈佳斐、潘巧、江顺超、钱霜霜
撰稿	初稿主执笔：何瑗 修订补稿：汤书昆、沈佳斐
第六节	姜明生纸坊（地点：富阳区灵桥镇山基村）
田野调查	朱赟、朱中华、叶婷婷、尹航、沈佳斐、潘巧、江顺超、钱霜霜
撰稿	初稿主执笔：叶婷婷 修订补稿：汤书昆、钱霜霜 参与撰稿：江顺超
第七节	戚吾樵纸坊（地点：富阳区渔山乡大葛村）
田野调查	朱中华、朱赟、刘伟、何瑗、程曦、汪竹欣、沈佳斐、桂子璇、江顺超、钱霜霜
撰稿	初稿主执笔：汪竹欣 修订补稿：汤书昆、江顺超
第八节	张根水纸坊（地点：富阳区湖源乡新三村）
田野调查	朱中华、朱赟、何瑗、叶婷婷、沈佳斐、桂子璇、江顺超、钱霜霜
撰稿	初稿主执笔：叶婷婷 修订补稿：汤书昆、桂子璇
第九节	祝南书纸坊（地点：富阳区灵桥镇山基村）
田野调查	朱赟、朱中华、叶婷婷、尹航、沈佳斐、桂子璇、江顺超、钱霜霜
撰稿	初稿主执笔：叶婷婷 修订补稿：汤书昆、江顺超

第十一章　富阳区皮纸

第一节	五四村桃花纸作坊（地点：富阳区鹿山街道五四村）
田野调查	方仁英、陈彪、李少军、朱中华、汤书昆
撰稿	初稿主执笔：方仁英 修订补稿：汤书昆 参与撰稿：陈彪
第二节	大山村桑皮纸恢复点（地点：富阳区新登镇大山村）
田野调查	方仁英、李少军、朱中华
撰稿	初稿主执笔：方仁英 修订补稿：汤书昆、李少军

第十二章　工具

第一节	永庆制帘工坊（地点：富阳区大源镇永庆村）
田野调查	朱中华、朱赟、何瑗、叶婷婷、尹航、沈佳斐、桂子璇、江顺超、钱霜霜
撰稿	初稿主执笔：尹航 修订补稿：汤书昆、钱霜霜
第二节	光明制帘厂（地点：富阳区灵桥镇光明村）
田野调查	朱赟、刘伟、朱中华、何瑗、程曦、沈佳斐、桂子璇、江顺超、钱霜霜
撰稿	初稿主执笔：刘伟 修订补稿：汤书昆、沈佳斐
第三节	郎仕训刮青刀制作坊（地点：富阳区大源镇朝阳南路二弄）
田野调查	朱中华、朱赟、王圣融、叶婷婷、尹航、王怡青、沈佳斐、桂子璇、江顺超、钱霜霜
撰稿	初稿主执笔：朱赟 修订补稿：汤书昆

二、技术与辅助工作

实物纸样测试分析	主持：朱赟、陈龑 成员：朱赟、陈龑、王圣融、刘伟、何瑗、汪竹欣、王怡青、姚的卢、叶珍珍、尹航、孙燕、廖莹文、郭延龙
手工纸分布示意图绘制	郭延龙

实物纸样纤维图及透光图制作	朱赟、王圣融、刘伟、何瑗、汪竹欣、王怡青、姚的卢、廖莹文、陈龑、郭延龙
实物纸样拍摄	黄晓飞
实物纸样整理	朱赟、汤书昆、刘伟、何瑗、汪竹欣、王圣融、倪盈盈、沈佳斐、郑斌、付成云、蔡婷婷、潘巧、王怡青、姚的卢、尹航、陈欣冉、廖莹文、孔利君、郭延龙、叶珍珍
附录及参考文献整理	汤书昆、朱赟、沈佳斐

三、 总序、编撰说明、附录与后记

	总序
撰稿	汤书昆
	编撰说明
撰稿	汤书昆、朱赟
	附录
名词术语整理	朱赟、沈佳斐、倪盈盈、唐玉璟、蔡婷婷
	后记
撰稿	汤书昆

四、 统稿与翻译

统稿主持	汤书昆、朱中华
统稿规划	朱赟、沈佳斐
翻译主持	方媛媛
统稿阶段其他参与人员	陈敬宇、林志文、李少军、徐建华、潘巧、桂子璇、江顺超、钱霜霜

I. Field investigation, writing and modification

Chapter I Introduction to Handmade Paper in Zhejiang Province

Writer	First manuscript written by: Tang Shukun, Zhu Yun, Chen Jingyu Modified by: Tang Shukun, Zhu Yun, Shen Jiafei Wang Shengrong, Pan Qiao, Wang Yiqing, Yao Dilu, Chen Xinran, Liao Yingwen, Kong Lijun, Guo Yanlong and Ye Zhenzhen have also contributed to the writing

Chapter II Quzhou City

Section 1	Zhejiang Chengang Xuan Paper Co., Ltd. (location: Lingshan Riverside of Longyou County)
Investigators	Tang Shukun, Zhu Zhonghua, Zhu Yun, Chen Biao, Liu Wei, He Ai, Cheng Xi, Zheng Bin, Pan Qiao, Jiang Shunchao, Qian Shuangshuang
Writers	First manuscript written by: Tang Shukun, Wang Zhuxin Modified by: Tang Shukun, Jiang Shunchao Zhu Yun has also contributed to the writing
Section 2	Kaihua Paper in Kaihua County (location: Xidong Village of Huabu Town and Xingbian Village of Cuntou Town in Kaihua County)
Investigators	Tang Shukun, Zhu Zhonghua, Zhu Yun, Yao Dilu, Chen Xinran, Shen Jiafei, Pan Qiao, Jiang Shunchao, Qian Shuangshuang
Writers	First manuscript written by: Tang Shukun, Zhu Yun Modified by: Tang Shukun, Jiang Shunchao Wang Yiqing has also contributed to the writing

Chapter III Wenzhou City

Section 1	Pan Xiangyu Bamboo Paper Mill in Tangzhai Village of Zeya Town (location: Tangzhai Village of Zeya Town in Ouhai District)
Investigators	Lin Zhiwen, Tang Shukun, Zhu Yun, Zhu Zhonghua, Chen Biao, Liu Wei, He Ai, Cheng Xi, Shen Jiafei, Pan Qiao, Jiang Shunchao, Qian Shuangshuang
Writers	First manuscript written by: Zhu Yun Modified by: Tang Shukun, Qian Shuangshuang
Section 2	Lin Xinde Bamboo Paper Mill in Aowai Village of Zeya Town (location: Aowai Village of Zeya Town in Ouhai District)
Investigators	Lin Zhiwen, Zhu Yun, Yao Dilu, Chen Xinran, Shen Jiafei, Pan Qiao, Jiang Shunchao, Qian Shuangshuang
Writers	First manuscript written by: Yao Dilu Modified by: Tang Shukun, Lin Zhiwen, Jiang Shunchao Shen Jiafei has also contributed to the writing
Section 3	Weng Shige Bamboo Paper Mill in Wenqiao Village of Taishun County (location: Wenqiao Village of Xiaocun Town in Taishun County)
Investigators	Tang Shukun, Zhu Zhonghua, Zhu Yun, Huang Feisong, Yao Dilu, Chen Xinran, Shen Jiafei, Pan Qiao, Jiang Shunchao, Qian Shuangshuang
Writers	First manuscript written by: Tang Shukun, Pan Qiao Modified by: Tang Shukun, Zhu Zhonghua Yao Dilu has also contributed to the writing
Section 4	Bast paper in Wenzhou City (location: Zhouaoshang Village of Zeya Town)
Investigators	Tang Shukun, Lin Zhiwen, Zhu Yun, Zhu Zhonghua, Pan Qiao, Huang Feisong, Shen Jiafei, Jiang Shunchao, Qian Shuangshuang
Writers	First manuscript written by: Pan Qiao, Tang Shukun Modified by: Tang Shukun, Zhu Yun Shen Jiafei has also contributed to the writing

Chapter IV Shaoxing City

Section 1	Luming Paper in Shaoxing County (location: Songjiadian Village of Pingshui Town in Keqiao District)
Investigators	Tang Shukun, Zhu Zhonghua, Wang Shengrong, Zheng Bin, Zhu Youshan, Wang Liming, Pan Qiao, Jiang Shunchao, Qian Shuangshuang
Writers	First manuscript written by: Tang Shukun, Wang Shengrong Modified by: Zhu Zhonghua, Tang Shukun Zheng Bin has also contributed to the writing
Section 2	Shanteng Paper Research Institute in Shengzhou City (location: No.388 Punan Ave., Shengzhou City)
Investigators	Tang Shukun, Zhu Zhonghua, Shen Jiafei, Zhu Qiyang
Writers	Fist manuscript written by: Shen Jiafei, Tang Shukun Modified by: Tang Shukun, Shen Jiafei

Chapter V Huzhou City

Investigators	Handmade Banboo Paper in Longwang Village of Anji County (location: Longwang Village of Shangshu Town in Anji County) Zhu Zhonghua, Zhu Yun, Yao Dilu, Chen Xinran, Zheng Jiuliang, Pan Qiao, Jiang Shunchao, Qian Shuangshuang
Writers	The first manuscript written by: Chen Xinran Modified by: Tang Shukun, Zhu Yun Pan Qiao has also contributed to the writing

Chapter VI Ningbo City

	Yuan Hengtong Paper Mill in Tang'ao Village of Fenghua District (location: No.13 Xixia Anling Dunxia of Tang'ao Village in Xiaowangmiao Residential District of Fenghua District)
Investigators	Zhu Zhonghua, Zhu Yun, He Ai, Wang Shengrong, Yin Hang, Zheng Jiuliang, Pan Qiao, Jiang Shunchao, Qian Shuangshuang
Writers	First manuscript written by: He Ai Modified by Tang Shukun, Zhu Zhonghua Qian Shuangshuang has also contributed to the writing

Chapter VII Lishui City

	Likeng Paper Mill in Likeng Village of Songyang County (location: Likeng Village of Anmin Town in Songyang County)
Investigators	Tang Shukun, Zhu Zhonghua, Shen Jiafei, Shi Yongning
Writers	First manuscript written by: Shen Jiafei, Shi Yongning Modified by: Tang Shukun

Chapter VIII Hangzhou City

Section 1	Hangzhou Lin'an Fuyutang Paper Co., Ltd. (location: Fengling Village of Yuqian Town in Lin'an District)
Investigators	Zhu Zhonghua, Zhu Yun, He Ai, Wang Shengrong, Ye Tingting, Yin Hang, Shen Jiafei, Pan Qiao, Jiang Shunchao, Qian Shuangshuang
Writers	First manuscript written by: Wang Shengrong Modified by: Tang Shukun, Shen Jiafei
Section 2	Hangzhou Qianfo Paper Co., Ltd. (location: Pingdu Natural Village of Qianmao Administrative Village of Yuqian Town in Lin'an District)
Investigators	Zhu Zhonghua, Zhu Yun, He Ai, Wang Shengrong, Yin Hang, Shen Jiafei, Pan Qiao, Jiang Shunchao, Qian Shuangshuang
Writers	First manuscript written by: Wang Shengrong Modified by: Tang Shukun, Pan Qiao, Zhu Zhonghua
Section 3	Hangzhou Lin'an Calligraphy and Painting Xuan Paper Factory (location: Xiapingdu Villagers' Group of Qianmao Administrative Village in Yuqian Town of Lin'an District)
Investigators	Zhu Zhonghua, Zhu Yun, He Ai, Wang Shengrong, Yin Hang, Shen Jiafei, Pan Qiao, Jiang Shunchao, Qian Shuangshuang
Writers	First manuscript written by: He Ai Modified by: Tang Shukun, Qian Shuangshuang, Zhu Zhonghua

Chapter IX Yuanshu Paper in Fuyang District

Section 1	Xinsan Yuanshu Paper Factory (location: Guanxingta Villagers' Group of Xinsan Village in Huyuan Town of Fuyang District)
Investigators	Zhu Zhonghua, Zhu Yun, Tang Shukun, Liu Wei, He Ai, Cheng Xi, Shen Jiafei, Pan Qiao, Jiang Shunchao, Qian Shuangshuang
Writers	First manuscript written by: Wang Shengrong Modified by: Tang Shukun, Jiang Shunchao
Section 2	Hangzhou Fuchunjiang Xuan Paper Co., Ltd. (location: Fangjiadi Villagers' Group of Datong Village in Dayuan Town of Fuyang District)
Investigators	Zhu Zhonghua, Liu Wei, He Ai, Shen Jiafei, Pan Qiao, Jiang Shunchao, Qian Shuangshuang
Writers	First manuscript written by: Wang Zhuxin, Wang Shengrong Modified by: Tang Shukun, Qian Shuangshuang
Section 3	Hangzhou Fuyang Caishi Cultural and Creative Co. Ltd. (location: Caijiawu Village of Lingqiao Town in Fuyang District)
Investigators	Zhu Zhonghua, Tang Shukun, Zhu Yun, He Ai, Cheng Xi, Ye Tingting, Shen Jiafei, Pan Qiao, Jiang Shunchao, Qian Shuangshuang
Writers	First manuscript written by: He Ai Modified by: Tang Shukun, Zhu Yun Pan Qiao has also contributed to the writing
Section 4	Hangzhou Fuyang Yiguzhai Yuanshu Paper Co. Ltd. (location: Zhujiamen Natural Village of Datong Administrative Village in Dayuan Town of Fuyang District)
Investigators	Tang Shukun, Zhu Yun, Tang Yumei, Liu Wei, He Ai, Cheng Xi, Yao Dilu, Chen Xinran, Shen Jiafei, Chen Biao, Pan Qiao, Jiang Shunchao, Qian Shuangshuang
Writers	First manuscript written by: Tang Yumei, Zhu Yun Modified by: Tang Shukun Wang Shengrong and Wang Yiqing have also contributed to the writing
Section 5	Hangzhou Fuyang Xuan Paper Lu Factory (location: No.1 Villagers's Group of Zhaoji Natural Village in Datong AdministrativeVillage of Dayuan Town in Fuyang District)
Investigators	Tang Shukun, Zhu Yun, Zhu Zhonghua, Liu Wei, Wang Shengrong, Yin Hang, Shen Jiafei, Pan Qiao, Jiang Shunchao, Qian Shuangshuang, Tang Yumei, Chen Biao
Writers	First manuscript written by: Zhu Yun Modified by: Tang Shukun Jiang Shunchao has also contributed to the writing

Section 6	Fuyang Fuge Paper Sales Co., Ltd. (location: Yanjiaqiao Natural Village of Xinsan Administrative Village in Huyuan Town of Fuyang District)
Investigators	Zhu Yun, Zhu Zhonghua, Liu Wei, He Ai, Cheng Xi, Shen Jiafei, Gui Zixuan, Jiang Shunchao, Qian Shuangshuang
Writers	First manuscript written by: Cheng Xi Modified by: Tang Shukun, Shen Jiafei
Section 7	Hangzhou Fuyang Shuangxi Calligraphy and Painting Paper Factory (location: Fangjiadi Villagers' Group of Zhaoji Natural Village of Datong Administrative Village in Dayuan Town of Fuyang District)
Investigators	Zhu Zhonghua, Zhu Yun, Liu Wei, He Ai, Shen Jiafei, Gui Zixuan, Jiang Shunchao, Qian Shuangshuang
Writers	First manuscript written by: He Ai Modified by: Tang Shukun, Zhu Zhonghua Gui Zixuan has also contributed to the writing
Section 8	Fuyang Dazhuyuan Xuan Paper Co., Ltd. (location: Yuanshu Papermaking Park in Xin'er Village of Huyuan Town in Fuyang District)
Investigators	Tang Shukun, Zhu Zhonghua, Zhu Yun, He Ai, Cheng Xi, Shen Jiafei, Zhu Qiyang, Pan Qiao, Gui Zixuan, Jiang Shunchao, Qian Shuangshuang
Writers	First manuscript written by: Tang Shukun, Zhu Yun Modified by: Tang Shukun, Shen Jiafei Pan Qiao has also contributed to the writing
Section 9	Zhu Jinhao Paper Mill (location: No.20 Zhujiamen Natural Village of Datong Adminstrative Village in Dayuan Town of Fuyang District)
Investigators	Zhu Yun, Zhu Zhonghua, Cheng Xi, Shen Jiafei, Gui Zixuan, Jiang Shunchao, Qian Shuangshuang
Writers	First manuscript written by: Cheng Xi Modified by: Tang Shukun, Qian Shuangshuang
Section 10	Sheng Jianqiao Paper Mill (location: No.46 Zhongta Natural Village of Xin'er Adminstrative Village in Huyuan Town of Fuyang District)
Investigators	Zhu Zhonghua, Zhu Yun, Liu Wei, He Ai, Cheng Xi, Shen Jiafei, Pan Qiao, Jiang Shunchao, Qian Shuangshuang
Writers	First manuscript written by: Cheng Xi Modified by: Tang Shukun, Jiang Shunchao
Section 11	Xinxiang Xuan Paper Mill (location: No.241 Qinluo Natural Village of Luocun Village in Dayuan Town of Fuyang District)
Investigators	Zhu Zhonghua, Zhu Yun, Liu Wei, He Ai, Cheng Xi, Shen Jiafei, Pan Qiao, Jiang Shunchao, Qian Shuangshuang
Writers	First manuscript written by: Cheng Xi Modified by: Tang Shukun, Qian Shuangshuang
Section 12	Fuyang Zhuxinzhai Yuanshu Paper Co., Ltd. (location: Yuanshu Papermaking Park in Xin'er Village of Huyuan Town in Fuyang District)
Investigators	Tang Shukun, Zhu Yun, Zhu Zhonghua, Liu Wei, He Ai, Cheng Xi, Pan Qiao, Shen Jiafei, Gui Zixuan, Jiang Shunchao, Qian Shuangshuang
Writers	First manuscript written by: Pan Qiao, Tang Shukun Modified by: Tang Shukun, Shen Jiafei Liu Wei has also contributed to the writing
Section 13	Zhuang Chaojun Paper Mill (Hongxia Calligraphy and Painting Paper Sales Department in Dayuan Town of Fuyang District) (location: Zhuangjia Natural Village of Datong Administrative Village in Dayuan Town of Fuyang District)
Investigators	Zhu Zhonghua, Zhu Yun, Liu Wei, He Ai, Cheng Xi, Wang Zhuxin, Shen Jiafei, Pan Qiao, Jiang Shunchao, Qian Shuangshuang
Writers	First manuscript written by: He Ai Modified by: Tang Shukun, Qian Shuangshuang Wang Zhuxin has also contributed to the writing
Section 14	Hangzhou Shanyuan Cultural and Creative Co., Ltd. (location: Yuanjia Village of Xindeng Town in Fuyang District)
Investigators	Tang Shukun, Zhu Zhonghua, Zhu Yun, Liu Wei, He Ai, Wang Shengrong, Wang Yiqing, Shen Jiafei, Pan Qiao, Jiang Shunchao, Qian Shuangshuang
Writers	First manuscript written by: Wang Shengrong, Zhu Yun Modified by: Zhu Zhonghua, Tang Shukun Tang Shukun, Zhu Yun and Wang Yiqing have also contributed to the writing

	Chapter X Bamboo Paper for Sacrificial Purposes in Fuyang District
Section 1	Zhang Xiaoping Paper Mill (location: No.71 Siqian Natural Village of Huangdan Administrative Village in Changlü Town of Fuyang Distict)
Investigators	Zhu Zhonghua, Zhu Yun, Liu Wei, He Ai, Cheng Xi, Wang Zhuxin, Shen Jiafei, Pan Qiao, Jiang Shunchao, Qian Shuangshuang
Writers	First manuscript written by: Wang Zhuxin Modified by: Tang Shukun, Shen Jiafei
Section 2	Jiang Weifa Paper Mill (location: No.21 Sanzhi Natural Village of Sanling Administrative Village in Dayuan Town of Fuyang Distict)
Investigators	Zhu Yun, Zhu Zhonghua, He Ai, Liu Wei, Shen Jiafei, Jiang Shunchao, Qian Shuangshuang, Pan Qiao
Writers	First manuscript written by: Liu Wei Modified by: Tang Shukun, Jiang Shunchao

Section 3	Li Cairong Paper Mill (location: Xinhua Village of Lingqiao Town in Fuyang Distict)
Investigators	Zhu Zhonghua, Zhu Yun, Liu Wei, He Ai, Wang Zhuxin, Shen Jiafei, Pan Qiao, Jiang Shunchao, Qian Shuangshuang
Writers	First manuscript written by: Wang Zhuxin Modified by: Tang Shukun, Pan Qiao
Section 4	Li Shenyan joss Jinqian Paper Mill (location: No.32 Datian Village of Chang'an Town in Fuyang Distict)
Investigators	Tang Shukun, Zhu Yun, Zhu Zhonghua, Liu Wei, He Ai, Cheng Xi, Shen Jiafei, Pan Qiao, Jiang Shunchao, Qian Shuangshuang
Writers	First manuscript written by: He Ai Modified by: Tang Shukun, Shen Jiafei
Section 5	Li Xueyu Ping Paper Mill (location: No.105 Datian Village of Chang'an Town in Fuyang District)
Investigators	Zhu Zhonghua, Tang Shukun, Zhu Yun, Liu Wei, He Ai, Cheng Xi, Shen Jiafei, Pan Qiao, Jiang Shunchao, Qian Shuangshuang
Writers	First manuscript written by: He Ai Modified by: Tang Shukun, Shen Jiafei
Section 6	Jiang Mingsheng Paper Mill (location: Shanji Village of Lingqiao Town in Fuyang District)
Investigators	Zhu Yun, Zhu Zhonghua, Ye Tingting, Yin Hang, Shen Jiafei, Pan Qiao, Jiang Shunchao, Qian Shuangshuang
Writers	Manuscript written by: Ye Tingting Modified by: Tang Shukun, Qian Shuangshuang Jiang Shunchao has also contributed to the writing
Section 7	Qi Wuqiao Paper Mill (location: Dage Village of Yushan Town in Fuyang District)
Investigators	Zhu Zhonghua, Zhu Yun, Liu Wei, He Ai, Cheng Xi, Wang Zhuxin, Shen Jiafei, Gui Zixuan, Jiang Shunchao, Qian Shuangshuang
Writers	First Manuscript written by: Wang Zhuxin Modified by: Tang Shukun, Jiang Shunchao
Section 8	Zhang Genshui Paper Mill (location: Xinsan Village of Huyuan Town in Fuyang District)
Investigators	Zhu Zhonghua, Zhu Yun, He Ai, Ye Tingting, Shen Jiafei, Gui Zixuan, Jiang Shunchao, Qian Shuangshuang
Writers	First manuscript written by: Ye Tingting Modified by: Tang Shukun, Gui Zixuan
Section 9	Zhu Nanshu Paper Mill (location: Shanji Village of Lingqiao Town in Fuyang District)
Investigators	Zhu Yun, Zhu Zhonghua, Ye Tingting, Yin Hang, Shen Jiafei, Gui Zixuan, Jiang Shunchao, Qian Shuangshuang
Writers	First manuscript written by: Ye Tingting Modified by: Tang Shukun, Jiang Shunchao

Chapter XI Bast Paper in Fuyang District

Section 1	Taohua Paper Mill in Wusi Village (location: Wusi Village of Lushan Residential District in Fuyang District)
Investigators	Fang Renying, Chen Biao, Li Shaojun, Zhu Zhonghua, Tang Shukun
Writers	First manuscript written by Fang Renying Modified by: Tang Shukun Chen Biao has also contributed to the writing
Section 2	Mulberry Paper Recovery Site in Dashan Village (location: Dashan Village of Xindeng Town in Fuyang District)
Investigators	Fang Renying, Li Shaojun, Zhu Zhonghua
Writers	First manuscript written by: Fang Renying Modified by: Tang Shukun, Li Shaojun

Chapter XII Tools

Section 1	Yongqing Screen-making Mill (location: Yongqing Village of Dayuan Town in Fuyang District)
Investigators	Zhu Zhonghua, Zhu Yun, He Ai, Ye Tingting, Yin Hang, Shen Jiafei, Gui Zixuan, Jiang Shunchao, Qian Shuangshuang
Writers	First Manuscript written by: Yin Hang Modified by: Tang Shukun, Qian Shuangshuang
Section 2	Guangming Screen-making Factory (location: Guangming Village of Lingqiao Town in Fuyang District)
Investigators	Zhu Yun, Liu Wei, Zhu Zhonghua, He Ai, Cheng Xi, Shen Jiafei, Gui Zixuan, Jiang Shunchao, Qian Shuangshuang
Writers	First manuscript written by: Liu Wei Modified by: Tang Shukun, Shen Jiafei
Section 3	Lang Shixun Scraping Knife-making Mill (location: 2nd lane of Chaoyangnan Rd. in Dayuan Town of Fuyang District)

Investigators	Zhu Zhonghua, Zhu Yun, Wang Shengrong, Ye Tingting, Yin Hang, Wang Yiqing, Shen Jiafei, Gui Zixuan, Jiang Shunchao, Qian Shuangshuang
Writers	First manuscript written by: Zhu Yun Modified by: Tang Shukun

2. Technical Analysis and Other Related Works

Paper sample test and analysis	Headed by: Zhu Yun, Chen Yan Members: Zhu Yun, Chen Yan, Wang Shengrong, Liu Wei, He Ai, Wang Zhuxin, Wang Yiqing, Yao Dilu, Ye Zhenzhen, Yin Hang, Sun Yan, Liao Yingwen, Guo Yanlong
Distribution maps of handmade paper	Drawn by: Guo Yanlong
Fiber pictures and those showing through the light	Made by: Zhu Yun, Wang Shengrong, Liu Wei, He Ai, Wang Zhuxin, Wang Yiqing, Yao Dilu, Liao Yingwen, Chen Yan, Guo Yanlong
Paper sample pictures	Photographed by: Huang Xiaofei
Paper samples	Sorted by: Zhu Yun, Tang Shukun, Liu Wei, He Ai, Wang Zhuxin, Wang Shengrong, Ni Yingying, Shen Jiafei, Zheng Bin, Fu Chengyun, Cai Tingting, Pan Qiao, Wang Yiqing, Yao Dilu, Yin Hang, Chen Xinran, Liao Yingwen, Kong Lijun, Guo Yanlong, Ye Zhenzhen
Appendices and references	Arranged by: Tang Shukun, Zhu Yun, Shen Jiafei

3. Preface, Introduction to the Writing Norms, Appendices and Epilogue

	Preface
Writer	Tang Shukun
	Introduction to the Writing Norms
Writers	Tang Shukun, Zhu Yun
	Appendices
Terminology	Sorted by: Zhu Yun, Shen Jiafei, Ni Yingying, Tang Yujing, Cai Tingting
	Epilogue
Writer	Tang Shukun

4.Modification and Translation

Director of modification and verification	Tang Shukun, Zhu Zhonghua
Planners of modification	Zhu Yun, Shen Jiafei
Chief translator	Fang Yuanyuan
Other members contributed to the modification efforts	Chen Jingyu, Lin Zhiwen, Li Shaojun, Xu Jianhua, Pan Qiao, Gui Zixuan, Jiang Shunchao, Qian Shuangshuang

在历时多个月的集中修订、增补与统稿工作中，汤书昆、朱赟、朱中华、沈佳斐、方媛媛、陈敬宇、郭延龙等作为主持人或重要模块的负责人，在文稿内容、图片与示意图的修订增补，代表性纸样的测试分析，英文翻译，文献注释考订，数据与表述的准确性核实等方面做了大量力求精益求精的工作。另一方面，从2019年8月开始，责任编辑团队、北京敬人工作室设计团队、北京雅昌艺术印刷有限公司印制团队接手书稿后不辞辛劳地反复打磨，使《浙江卷》一天天变得规范和美丽起来。从最初的对田野记录进行提炼整理，到能以今天的面貌和品质问世，上述团队全心全意的工作是不容忽视的基础。

在《浙江卷》的田野调查过程中，先后得到富阳朱家门村竹纸文物收藏与研究者朱有善先生、温州瓯海区非物质文化遗产保护中心潘新新先生、绍兴平水镇传统工艺民宿创办人宋汉校先生、富阳历史名纸桃花纸造纸老师傅叶汉山先生、富阳稠溪村乌金纸造纸老师傅郑吉申先生、富阳大同村元书纸年轻造纸师傅朱起杨先生等多位浙江手工造纸传统技艺和非物质文化遗产研究与保护专家的帮助与指导，在《中国手工纸文库·浙江卷》正式出版之际，我谨代表田野调查和文稿撰写团队，向所有这项工作进程中的支持者与指导者表达真诚的感谢！

汤书昆

于中国科学技术大学

2019年10月

Tang Shukun, Zhu Yun, Zhu Zhonghua, Shen Jiafei, Fang Yuanyuan, Chen Jingyu and Guo Yanlong, et al., who were in charge of the writing, modification and other related works, all contributed their efforts to the completion of this book. Their meticulous efforts in writing, drawing or photographing, mapping, technical analysing, translating, format modifying, noting and proofreading should be recognized and eulogized in the achievement of the high-quality work. Since August 2019, the editors of the book, Beijing Jingren Book Design Studio, Bejing Artron Printing Service Co., Ltd. have been dedicated to the polishing and publication of the book, whose efforts enable a field investigation-based research to be presented in a stylish and quality way.

Many experts from the field of handmade paper production and intangible cultural heritage research and protection have helped in our investigations: Zhu Youshan, a collector and researcher of bamboo paper from Zhu Jiamen Village in Fuyang District; Pan Xinxin from Intangible Cultural Heritage Protection Centre in Ouhai District of Wenzhou City; Song Hanxiao, Traditional Handicraft Homestay Program initiator from Pingshui Town of Shaoxing city; Ye Hanshan, Taohua paper (historically famous paper) maker from Fuyang District; Zheng Jishen, Wujin papermaker from Chouxi Village of Fuyang District; and Zhu Qiyang, a young papermaker of Yuanshu paper from Datong Village in Fuyang District, et al. On the verge of publication, sincere gratitude should go to all those who have supported and recognized our efforts!

Tang Shukun

University of Science and Technology of China

October 2019